深厚覆盖层筑坝技术丛书

覆盖层工程勘察钻探技术与实践

FUGAICENG GONGCHENG KANCHA ZUANTAN JISHU YU SHIJIAN

余　挺　谢北成　陈卫东　等　著

中国电力出版社
CHINA ELECTRIC POWER PRESS

内 容 提 要

深厚覆盖层筑坝技术丛书由中国电建集团成都勘测设计研究院有限公司（简称成都院）策划编著，包括《覆盖层工程勘察钻探技术与实践》《深厚覆盖层工程勘察研究与实践》《深厚覆盖层建高土石坝地基处理技术》等多部专著，系统总结了成都院自 20 世纪 60 年代以来持续开展深厚覆盖层筑坝勘察、设计、科研等方面的成果与工程应用。

本书为《覆盖层工程勘察钻探技术与实践》，主要围绕水电工程覆盖层钻探技术与实践这一主题，系统总结覆盖层钻探技术研究成果和经验总结，主要内容包括钻探设备与机具、钻进方法、冲洗液、套管护壁钻探技术、覆盖层金刚石回转钻探技术、空气潜孔锤取心跟管钻探技术、绳索取心钻探技术、覆盖层特殊钻探技术、覆盖层孔内试验与测试、钻探技术管理和钻探实践等。

本书可供水电、水利、岩土、交通、国防工程等领域的科研、勘察、设计、施工人员及高等院校有关专业的师生参考。

图书在版编目（CIP）数据

覆盖层工程勘察钻探技术与实践/余挺等著．—北京：中国电力出版社，2019.3
（深厚覆盖层筑坝技术丛书）
ISBN 978-7-5198-2714-4

Ⅰ.①覆… Ⅱ.①余… Ⅲ.①土层—筑坝—工程地质勘察 Ⅳ.①TV541

中国版本图书馆 CIP 数据核字（2019）第 059666 号

出版发行：中国电力出版社
地　　址：北京市东城区北京站西街 19 号（邮政编码 100005）
网　　址：http://www.cepp.sgcc.com.cn
责任编辑：安小丹（010—63412367）　杨伟国
责任校对：王海南
装帧设计：赵姗姗
责任印制：吴　迪

印　　刷：三河市万龙印装有限公司
版　　次：2019 年 8 月第一版
印　　次：2019 年 8 月北京第一次印刷
开　　本：787 毫米×1092 毫米　16 开本
印　　张：23 印张
字　　数：525 千字
印　　数：0001—1500 册
定　　价：120.00 元

序　言

我国水力资源十分丰富，自 20 世纪末以来，水电工程建设得到迅速发展，经过长期工程经验总结和不断技术创新，我国目前的水电工程建设技术水平总体上已经处于世界领先地位。在水电工程建设过程中，建设者们遇到了大量具有挑战性的复杂工程问题，深厚覆盖层上筑坝即是其中之一。我国各河流流域普遍分布河谷覆盖层，尤其是在西南地区，河谷覆盖层深厚现象更为显著，制约了水电工程筑坝的技术经济和安全性。因此，深厚覆盖层筑坝勘察、设计和施工等问题，成为水电工程建设中的关键技术问题之一。

成都院建院 60 余年以来，在我国西南地区勘察设计了大量的水电工程，其中大部分涉及河谷深厚覆盖层问题，无论在工程的数量、规模，还是技术问题的典型性和复杂程度上均位居国内同行业前列。

早在 20 世纪 60 年代，成都院就在岷江、大渡河流域深厚覆盖层上勘察设计了多座闸坝工程，并建成发电。20 世纪 70 年代承担了国家"六五"科技攻关项目"深厚覆盖层建坝研究"，从那时开始，成都院就不断地开展了深厚覆盖层勘察技术和建坝地基处理技术的研究工作，取得了大量的研究成果。在覆盖层勘探方面，以钻探技术为重点，先后创新提出了"孔内爆破跟管钻进""覆盖层金刚石钻进与取样""空气潜孔锤取心跟管钻进""孔内深水爆破"等技术，近年来又首创了"超深复杂覆盖层钻探技术"体系，成功完成深达 567.60m 的特厚河谷覆盖层钻孔。在覆盖层工程勘察方面，系统研究了深厚覆盖层地质建造、工程勘察方法及布置原则、工程地质岩组划分、物理力学性质与参数、工程地质评价等关键技术问题，建立了一套完整科学的深厚覆盖层工程地质勘察评价体系。在深厚覆盖层建坝地基处理方面，以高土石坝地基防渗为重点，提出了深厚覆盖层上高心墙堆石坝"心墙防渗体＋廊道＋混凝土防渗墙＋灌浆帷幕"的组合防渗设计成套技术，创新了防渗墙垂直分段联合防渗结构型式，首创了坝基大间距、双防渗墙联合防渗结构和坝基廊道与岸坡连接的半固端新型结构型式等。这些工程技术研究成果在成都院勘察设计的大量工程中得到了应用，建成了以太平驿、小天都等水电站为代表的闸坝工程，以冶勒、瀑布沟、长河坝、猴子岩等水电站为代表的高土石坝工程等。

本丛书以成都院承担的代表性工程勘察设计成果为支撑，融合相关科研成果，针对深厚覆盖层筑坝工程勘察和地基处理设计与施工等方面遇到的关键技术问题，系统总结并提出了主要勘探技术手段和工艺、地质勘察方法和评价体系、建坝地基处理技术方案和施工措施等，并介绍了典型工程实例。丛书由《覆盖层工程勘察钻探技术与实践》《深厚覆盖层工程勘察研究与实践》《深厚覆盖层建高土石坝地基处理技术》等多部专著组成。

　　本丛书凝聚了几代成都院工程技术人员在深厚覆盖层筑坝勘察、设计和科研工作中付出的心血与汗水，值此丛书出版之际，谨向开创成都院深厚覆盖层筑坝历史先河的前辈们致以崇高的敬意！向成都院所有参与工作的工程技术人员表示衷心的感谢！也向所有合作单位致以诚挚的谢意！

余挺

2019 年 3 月于成都

前　言

深厚覆盖层作为内外地质作用的产物，具有成因类型的多样性、分布范围的广泛性、产出厚度的多变性、组成结构的复杂性、构造作用的罕遇性、工程特性的差异性等特点。

我国水能资源主要集中于西南地区，该地区河谷覆盖层广泛分布，一般厚度为数十米，部分河段厚度超过 500m。随着西部地区水电开发快速推进，如何勘探河谷覆盖层厚度、组成，查明覆盖层工程地质特性，分析与评价工程地质问题，研究覆盖层利用等均是深厚覆盖层建坝的关键技术。而勘探覆盖层厚度、组成结构是工程勘察评价的基础。为此，成都院研发了覆盖层钻探设备、机具、冲洗液、钻进方法、钻探工艺、孔内试验与测试等系统技术方法，并成功应用于覆盖层勘探实践。

20 世纪 70 年代前，成都院在岷江流域和大渡河流域上的紫坪铺、映秀湾、太平驿、福堂、龚嘴、马奈等水电站勘探过程中，研发并应用了"孔内爆破跟管钻进技术"，成功钻穿厚约 80m 砂卵砾石层，取得了很好的勘探效果；在砂砾石层中，一般采用"套管固壁，清水管钻冲击钻进"取样；在砂夹砾石层中，采用"双管一次击进取样器"钻进并分段取样；在砂层、淤泥层中，采用"真空活塞取砂器和取淤器"取原状样。

20 世纪 90 年代前，成都院研发并应用了"覆盖层金刚石钻进与取样技术"，突破了金刚石在破碎松散地层中使用的"禁区"，研发了 SM、KL 植物胶冲洗液，岩心采取率平均 93%左右，取出了砂卵石层近似原状样。研发了孔底局部反循环钻具，提高了松散地层的取心质量。该技术成为《水利水电工程钻探规程》（DL/T 5013—1992）的重要内容。

21 世纪初，针对严重漏失的架空地层钻探，成都院研发并应用"空气潜孔锤取心跟管技术"，实现了同步取心跟管钻进，使架空地层钻孔质量和钻进效率跃上了新的台阶，为覆盖层中架空地层与缺水地区的钻探找到了一种行之有效的钻探工艺。

近年来，成都院针对高原高寒缺氧地区超深复杂覆盖层钻探，研发形成了"超深复杂覆盖层钻探技术体系"，包括高原高寒地区钻探设备配套技术、孔内深水爆破器、改进内外丝扣直接连接套管、多缸同步拔管机、覆盖层纠斜工法等。该技术体系已成功应用于西藏某水电工程勘察，完成了一批特厚覆盖层河床钻孔，钻进覆盖层最厚达567.60m，钻进质量达到预期目标。该技术体系共取得 6 项专利，并成为《水电工程覆盖层钻探技术规程》（NB/T 35066—2015）和《水电工程钻探规程》（NB/T 35115—2018）的重要内容。

本书共分为 12 章，第一章简述了覆盖层工程勘察与覆盖层工程勘察钻探；第二章介绍了钻探设备与机具；第三章论述了覆盖层钻探特性、钻进方法的分类及选择、冲击钻进、硬质合金回转钻进、液动冲击回转钻进、振动钻进等；第四章论述了冲洗液的作用与分类、冲洗液的钻探性能、无固相冲洗液、植物胶冲洗液、固相冲洗液、特殊用途冲洗液等；第五章介绍了套管护壁的适宜性、钻探原理和操作技术；第六章介绍了金刚石回转钻探的原理、工艺和操作技术；第七章介绍了空气潜孔锤取心跟管钻探的原理、工艺及操作技术；第八章介绍了绳索取心钻探的原理、器具和操作技术；第九章介绍了覆盖层钻探所涉及的水上钻探、取心取样、护壁堵漏、防斜纠斜等特殊钻探技术；第十章介绍了覆盖层孔内试验与测试的原理和现场操作技术；第十一章介绍了钻探策划、实施、检查、验收等技术管理；第十二章介绍了 10 个典型工程的覆盖层工程勘察钻探实践。

全书由余挺、谢北成、陈卫东负责组织策划与审定；第一章由谢北成、邵磊撰写；第二章由李朝华、张光西撰写；第三章由徐键、李朝华撰写；第四、五、七章由徐键撰写；第六、八章由张光西撰写；第九章由徐键、张光西、李朝华撰写；第十章由唐茂勇撰写；第十一章由张光西、黄猛、苏长林撰写；第十二章由苏长林撰写。

本书由成都院土石坝技术中心组织策划，各相关单位参与，历时三年精心编写而成。编写过程中得到了公司领导、总工程师办公室、科技信息档案部、勘测设计分公司勘察中心等相关领导的大力帮助，在此对公司各级领导及专家表示衷心感谢！此外，书中借鉴了部分国内其他单位的工程勘察钻探实践成果，在此一并致谢！

受作者水平所限，书中难免存在不足和疏漏之处，敬请批评指正！

编著者
2019 年 3 月于成都

目　录

序言

前言

第一章　概述 ·· 1

　　第一节　工程勘察 ·· 1

　　第二节　覆盖层工程勘察钻探 ······································ 3

第二章　钻探设备与机具 ·· 15

　　第一节　钻探设备 ·· 15

　　第二节　钻探机具 ·· 24

第三章　钻进方法 ··· 36

　　第一节　覆盖层钻探特性 ·· 36

　　第二节　钻进方法的分类及选择 ··································· 47

　　第三节　冲击钻进 ·· 49

　　第四节　回转钻进 ·· 56

　　第五节　冲击回转钻进 ·· 69

　　第六节　振动钻进 ·· 75

第四章　冲洗液 ·· 82

　　第一节　冲洗液的功能与分类 ····································· 84

　　第二节　冲洗液的钻探性能 ·· 85

　　第三节　无固相冲洗液 ·· 90

　　第四节　植物胶冲洗液 ·· 96

　　第五节　固相冲洗液 ··· 109

　　第六节　特殊用途冲洗液 ··· 119

第五章　套管护壁钻探技术 ··· 129

　　第一节　套管护壁的形成及适宜性 ································ 129

　　第二节　套管及器具 ·· 130

　　第三节　跟进套管 ·· 135

　　第四节　起拔套管及孔内残留的打捞 ····························· 148

　　第五节　现场操作 ·· 149

第六章　覆盖层金刚石回转钻探技术 ···································· 153

　　第一节　钻进原理 ·· 153

第二节 金刚石钻具 ……………………………………………………… 154

第三节 金刚石钻进工艺 ………………………………………………… 173

第四节 现场操作技术要点 ……………………………………………… 184

第七章 空气潜孔锤取心跟管钻探技术 ……………………………… 186

第一节 潜孔锤跟管钻进 ………………………………………………… 186

第二节 空气潜孔锤取心跟管钻进 ……………………………………… 187

第三节 空气潜孔锤取心跟管钻具 ……………………………………… 189

第四节 设备与机具 ……………………………………………………… 193

第五节 钻进工艺 ………………………………………………………… 193

第八章 绳索取心钻探技术 …………………………………………… 197

第一节 绳索取心钻具 …………………………………………………… 198

第二节 绳索取心钻杆及附属机具 ……………………………………… 205

第三节 绳索取心钻进 …………………………………………………… 209

第九章 覆盖层特殊钻探技术 ………………………………………… 215

第一节 水上钻探 ………………………………………………………… 215

第二节 松散细颗粒土取心技术 ………………………………………… 242

第三节 护壁堵漏技术 …………………………………………………… 248

第四节 孔斜控制技术 …………………………………………………… 257

第十章 覆盖层孔内试验与测试 ……………………………………… 266

第一节 抽水试验 ………………………………………………………… 266

第二节 注水试验 ………………………………………………………… 275

第三节 动力触探试验 …………………………………………………… 279

第四节 标准贯入试验 …………………………………………………… 283

第五节 十字板剪切试验 ………………………………………………… 286

第六节 静力触探试验 …………………………………………………… 290

第七节 旁压试验 ………………………………………………………… 297

第八节 波速测试 ………………………………………………………… 301

第十一章 钻探技术管理 ……………………………………………… 305

第一节 钻探设计 ………………………………………………………… 305

第二节 作业准备 ………………………………………………………… 311

第三节 过程控制 ………………………………………………………… 314

第四节 验收及资料管理 ………………………………………………… 320

第十二章 钻探实践 …………………………………………………… 325

第一节 紫坪铺水利枢纽 ………………………………………………… 325

第二节 瀑布沟水电站 …………………………………………………… 328

第三节 冶勒水电站 ……………………………………………………… 332

第四节 锦屏一级水电站 ………………………………………………… 335

第五节　泸定水电站 ………………………………………………………… 339

第六节　藏木水电站 ………………………………………………………… 342

第七节　ML 水库电站 ……………………………………………………… 345

第八节　岷江航电老木孔水电站 …………………………………………… 352

第九节　伊朗水电站 ………………………………………………………… 353

第十节　温哥华广场 ………………………………………………………… 354

参考文献 ……………………………………………………………………… 357

第一章

概　　述

随着科学技术的高速发展，人类探索地球、利用地球的工程比比皆是。近年来，三峡水电站、摩天大楼、高铁建筑、海底隧道、桥梁、填海工程和城市地铁的成功实施，为人类建筑史谱写了美丽的篇章。随着工程建设活动的不断推进，工程建筑遭遇覆盖层（或建筑物基础坐落于覆盖层上，或将覆盖层移除建基于基岩）将是不可回避的现实问题，覆盖层工程勘察也就成为工程勘察的重要部分。

在诸多工程勘察方法中，钻探、坑探和物探是最常用的。坑探是直接揭露工程建筑所涉及地层，收集地层的各类资料，并进行现场测试及试验，所涉及的环境影响、安全风险大、成本费用高；相较坑探而言，钻探尽管存在"一孔之见"的局限性，但其相对制约条件少、相对成本低、工期相对可控、实现的可行性大等优势不言而喻。物探设备简单、运输方便、费用省、时间短，能够及时提出地质测绘工作难以推断而又亟待解决的问题，实际工作中常与钻探配合使用，由钻探验证其成果；相比物探而言，钻探虽然具有设备机具重、搬迁运输难度大、作业场地要求高、辅助工程（工作）量大等短处，但其资料直观可视、试验测试数据可靠、物探资料验证标尺等优势是物探无法替代的。无论是野外还是室内，都离不开坑孔提供作业条件或试样，工程实践中，钻探方法是工程勘察的有效方法。工程勘察阶段的覆盖层勘察，由于工程建设地点不确定（勘察的目的就是选择工程建设地址），更受工期、安全、成本、社会、环境因素影响，一方面要求工程勘察资料准确，另一方面要求工期和安全受控，更要考虑工程勘察的投入产出比，才能评估工程勘察方案实施的可行性，因而，钻探责无旁贷地成为覆盖层工程勘察的首选方法。

🌊　第一节　工　程　勘　察

一、工程勘察任务

工程建设的实践证明，工程勘察是工程建设的基础，它关乎工程建设的安全、质量、投资和进度。具体而言，其主要任务可分为：

（1）查明工程区有关的地形地貌条件，地层岩性条件，地质构造、物理地质作用、水文地质条件等。

（2）查明工程区岩土体物理力学性质。

（3）分析主要工程地质问题，进行工程地质评价。

（4）为工程场地选择、工程布置、建筑物轴线、建筑物类型提供地质依据。

（5）为选定建筑物各部位进行工程地质评价，提供地质参数及地基处理建议。

二、工程勘察内容

基岩按其成因一般分为岩浆岩、沉积岩、变质岩。无论哪种成因的基岩，由于其物理力学指标均可为工程建筑提供优质的工程地质条件，存在的工程地质问题相对较少，对于工程建筑而言，毫无疑问是首选的利用对象。

覆盖层是经过各种地质作用而覆盖在基岩之上的各种成因的松散堆积物、沉积物的总称，分布广泛，是一个具有区域性的普遍现象。在正常的河流沉积厚度基础上，由于地壳抬升、冰川运动、滑坡淤堵、泥石流等内外动力地质作用导致河谷深切造成的上覆覆盖层现象更为显著，在世界范围内均具较好的代表性和典型性。广义而言，覆盖层是指地球的风化壳，具体指第四系地层，按成因分为残积、崩坡积、洪积、冲积、冰积、淤积、风积等，几种主要成因类型覆盖层的特征如表 1-1 所示。

表 1-1   **主要成因类型覆盖层的特征**

成因类型	堆积方式及条件	堆积物特征
残积	岩石经风化作用而残留在原地的碎屑堆积物	碎屑物自表部向深处逐渐由细变粗，其成分与母岩有关，一般不具层理，碎块多呈棱角状，土质不均，具有较大孔隙，厚度在山丘顶部较薄，低洼处较厚，厚度变化较大
崩坡积	风化碎屑物由雨水或融雪水沿斜坡搬运，或由本身的重力作用堆积在斜坡上或坡脚处而成	碎屑物岩性成分复杂，与高处的岩性组成有直接关系，从坡上往下逐渐变细，分选性差，层理不明显，厚度变化较大，厚度在斜坡较陡处较薄，坡脚地段较厚
洪积	由暂时性洪流将山区或高地的大量风化碎屑物携带至沟口或平缓地堆积而成	颗粒具有一定的分选性，但往往大小混杂，碎屑多呈亚棱角状，洪积扇顶部颗粒较粗，层理紊乱呈交错状，透镜体及夹层较多，边缘处颗粒细，层理清楚，其厚度一般高山区或高地处较大，远处较小
冲积	由长期的地表水流搬运，在河流阶地、冲积平原和三角洲地带堆积而成	颗粒在河流上游较粗，向下游逐渐变细，分选性及磨圆度均好，层理清楚，除牛轭湖及某些河床相沉积外，厚度较稳定
冰积	由冰川融化携带的碎屑物堆积或沉积而成	粒度相差较大，无分选性，一般不具层理，因冰川形态和规模的差异，厚度变化大
淤积	在静水或缓慢的流水环境中沉积，并伴有生物、化学作用而成	颗粒以粉粒、黏粒为主，且含有一定数量的有机质或盐类，一般土质松软，有时为淤泥质黏性土、粉土与粉砂互层，具清晰的薄层理
风积	在干旱气候条件下，碎屑物被风吹扬，降落堆积而成	颗粒主要由粉粒或砂粒组成，土质均匀，质纯，孔隙大，结构松散

目前对覆盖层厚度分类尚无统一标准，根据水电工程现状及经验，一般认为：厚度小于 40m 为浅覆盖层、厚度 40～100m 为深厚覆盖层、厚度 100～300m 为超深厚覆盖层；厚度大于 300m 为特深厚覆盖层。

三、工程勘察方法

工程勘察方法一般包括：工程地质测绘、钻探、坑探、物探，试验和长期观测，勘察原始资料整理。工程地质测绘是工程勘察方法中最基本的方法；钻探、坑探是直接了解地下地质情况的可靠手段，物探是一种间接方法；试验和长期观测是定量说明地区工程地质条件、提供设计所需地质数据的方法；勘察原始资料整理是通过整理得来的成果提供出工程建筑设计和施工所需的地质资料和依据。

❋ 第二节　覆盖层工程勘察钻探

一、工程钻探发展历程

工程勘察钻探用于工民建、道路交通、水电水利、考古、油气等工程勘察，根据钻孔在工程勘察中的用途分为无岩心钻探和取心钻探，工程勘察取心钻探现场布置如图 1-1 所示；工程施工钻用于形成建筑物基础（或结构）所需的凿孔作业或开采油气盐所需的凿井作业。工程勘察钻探和工程施工钻的工艺、原理大多可以相互借鉴，或改进后各取所需，常见同一钻孔既用作勘察也用作施工。

1. 世界钻探简史

人类的钻井活动已有数千年的历史，经历了四个阶段：①从远古到 11 世纪中叶，用原始手工工具挖掘大口径浅井；②11 世纪中叶到 19 世纪中叶，用竹木制作工具，以人畜为动力，冲击钻凿小口径深井；③19 世纪中叶到 20 世纪初，用钢铁制造设备和工具，以蒸汽机为动力，进行冲击钻井，即顿钻；④20 世纪初至今，以内燃机和电动机为动力的旋转（回转）钻井阶段，其又可以细分为经验阶段、科学阶段、智能化阶段。

中国毫无疑问是钻井技术的发明国。英国著名科学家李约瑟博士（Joseph Needham）在其所著《中国科学技术史》（*Science and Civilization in China*）一书中写道："今天在勘探油田时所用的这种钻探井或凿洞的技术，肯定是中国人发明的。因为我们有许多证据可以证明，这种技术早在汉代（公元前 1 世纪～公元 1 世纪）就已经在四川加以利用。不仅如此，他们长期以来所应用的方法，同美国加利福尼亚州和宾夕法尼亚州在利用蒸汽动力以前所用的方法基本相同。"李约瑟还说："中国的卓筒井工艺革新，在 11 世纪就传入西方，直到公元 1900 年以前，世界上所有的深井基本上都是采用中国人创造的方法打成的。"

随着石油的开发，钻井技术取得了快速发展，1845 年罗伯特·比尔特获得了旋转钻机的发明专利，1856 年首次将蒸汽机用于钻机的动力，从此机械旋转钻机逐步取代

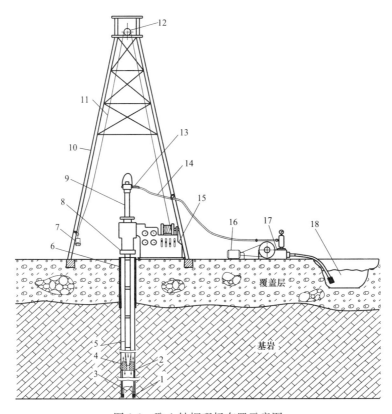

图 1-1　取心钻探现场布置示意图

1—钻头；2—岩心管；3—岩心；4—异径接头；5—钻杆；6—护壁管；7—提梁；8—卡盘；
9—立轴钻杆；10—塔架；11—钢丝绳；12—天轮；13—水龙头；14—高压胶管；15—钻机；
16—动力机；17—泥浆泵；18—泥浆池

了冲击式钻机。1859 年，美国塞尼加石油公司（Seneca Oil Co.）在宾夕法尼亚州泰特斯沃尔镇（Titusvill）的油溪区（Oil Creek），使用中国的绳索钻井方法（机械顿钻）钻出一口深约 21m、日产原油 4.8t 的采油井，通常人们把这口井作为近代石油工业的起点，即德雷克井，它迎来了人类社会石油时代的到来。

20 世纪初，旋转钻进工艺新技术不断涌现。1909 年，美国工程师休兹（H. R. Hughes）制造了双牙轮钻头，1933 年改进为三牙轮钻头；1914 年，首次应用膨润土钻井泥浆；1923 年，俄罗斯工程师卡佩柳什尼克研制和应用了结构原理全新的孔底动力机，利用冲洗液能量驱动的涡轮钻具，出现了涡轮钻进；20 世纪 60 年代中后期，诞生了一种全新的孔底动力驱动的钻进工艺方法——螺杆钻具，推动了定向钻进技术的进一步发展。

地质钻探领域一直使用钢制钻头，切削磨料经历了巨大变化。1862 年，法籍瑞士工程师 J·R·里舒特（Jean Rudolphe Leschot）首先将天然金刚石钻头应用于矿山钻探；19 世纪末，美国工程师提出在硬岩中使用钻粒钻进，钻粒为铸铁砂（发明于英国，称 calyx），后来用强度大、耐磨、经过油浴淬火而成的钢粒取代了铁砂；1923 年，德国施勒特尔（Shileteer）发明了硬度仅次于金刚石的碳化钨和钴的新合金，开始采用镶焊硬质合金切削具的环状取心钻头；20 世纪 40 年代，出现了采用孕镶细粒金刚石取心钻头和全面钻头，其工作部分是烧结在钻头钢体上的金属胎体，其中包镶了可破碎最坚硬岩石的细粒金刚石晶体，自此金刚石钻进就逐步取代了钻粒钻进；1954 年，美国通用电气公司用人工方法合成了单晶体人造金刚石，20 世纪 70 年代后在人造金刚石的基础上先后开发了聚晶金刚石（PCD）、金刚石复合片（PDC）、三角聚晶巴拉赛特（Balaset），以及斯拉乌基奇（Слаутич）等多种新型超硬复合材料，为钻探工程提供了极为丰富而廉价的钻探磨料，使金刚石钻探技术获得十分广泛的应用。

20 世纪 30～60 年代，风动潜孔锤获得了较为广泛的应用；20 世纪 40 年代，苏联 Н·葛莫夫（Гемов）研制了滑阀式正作用液动冲击器，美国巴辛格尔（Bassingale）也研制了活阀式正作用液动冲击器；20 世纪 50 年代，美国的艾莫雷（Emory or Aymore）研制了活阀式反作用冲击器；20 世纪 70 年代，出现了金刚石钻进用高频液动冲击器；目前，各类冲击器都取得了较大的发展。

1947 年，美国长年公司（Long-year Co.）将绳索取心钻探技术用于金刚石地质岩心钻探，到 20 世纪 50 年代形成不同口径的系列取心钻具，1988 年南非威斯特兰已实现其最深钻孔为 5424m，目前已成为世界范围内应用最广的一种岩心钻探方法。20 世纪 70 年代，俄罗斯出现了高效率的水力输送岩心钻进方法。

在钻探设备方面，19 世纪 60 年代出现了最早的人力驱动的回转钻机。1864 年，蒸汽驱动钻机应用于意大利与法国之间的切尼斯山隧道，花岗岩中钻速达 25～30cm/h。美国沙利文（Sullivan）蒸汽驱动螺旋摩擦给进式金刚石岩心钻机最大钻深 457m（1500in），岩心尺寸为 28.6cm。1867 年，美国人 M.C. 布洛克注册了蒸汽驱动金刚石钻机的专利，转速达 250r/min。1872 年，英国人毕芒特（Beaumont）少校设计了一种金刚石钻机，于 1875 年钻了一口深 697.5m 的钻孔。1878 年，美国沙利文（Sullivan）机械公司总工程师赫尔（Albert Hall）设计了沙利文式金刚石钻机，其后的几代产品至今仍在世界上享有盛名。1886 年，德国人设计了一种复合式钻机，用钢绳冲击钻头施工浅部软岩、金刚石钻头钻硬岩，成功完成一口深 1748m 的钻孔。1880 年以后，金刚石钻机迅速应用到世界各地。20 世纪初，美国长年公司开发了立轴式给进 UG 型金刚石钻机；20 世纪 40 年代，出现了螺旋差动给进式和液压立轴式钻机；1953 年，全液压钻机开始应用。

在石油天然气钻井领域，20 世纪 70 年代以后进入科学发展阶段，以地层压力预测理论为基础的钻井工程设计技术、以流变学理论为基础的优质泥浆技术、以水力学和射流理论为基础的喷射钻井技术以及固井、固控的设备和技术等一大批先进的钻井工艺方法获得了广泛应用。20 世纪 90 年代以后，油气田钻井进入了自动化、智能化的快速发展时期，代表性的技术有：最优化钻井技术、无线随钻测量与控制技术、欠平衡钻井技术、大位移水平井、膨胀套管技术、连续管钻井技术、超深井钻探技术和自动导向钻井技术等。

在水井钻凿方面，俄罗斯梭罗维耶夫（Соловьев Н. В.）在《钻探技术》一书中介绍：1818 年，根据物理学家的建议，法国农业部创立了钻探专用基金；1830 年，巴黎钻探技师杰古谢在图尔地区钻成了一口 120m 深的自喷水井；1833 年，巴黎市政府开始组织地下水钻探工作，到 1839 年井深已达 492.5m，此后实现了用套管加固孔壁，从而进一步加深了钻孔深度，到 1841 年 2 月 26 日，已钻至 548m 深的含水层，从孔里涌出的喷泉高达 33m，此钻探技师谬洛被王室授予最高的法兰西奖励——光荣军团勋章；1855 年，曾在巴黎钻成 528m 深的孔，日产水量 15000m^3。

2. 中国钻探简史

中国古代钻探技术始于水井的穿凿，传说距今四五千年以前黄帝时期即已开始原始的挖井活动，舜帝时期的伯益可以说是凿井的先驱。上起商周，下至战国，前后一千年左右的先秦时期，凿井井形由方形发展到圆形，井材从自然土井到陶井、砖井，技术不断发展，为深井钻凿奠定了基础。公元前 250 年左右，秦昭王任命李冰为蜀郡太守，李冰不仅建造了举世闻名的都江堰水利工程，还在四川成都东南的华阳镇开凿了中国第一口盐井——广都盐井，解决了人民对岩盐的需求。汉至唐的 1113 年时期，是最大口径浅井的鼎盛时期，据史书记载，临邛火井深度已达 138.24m，四川仁寿的高产凌井深度已达 248.8m。

北宋庆历年间（1041～1048 年），被称为中国古代第五大发明的小口径卓筒井（即直立筒井）出现，其技术特点可归纳为 5 点：一是采用竹篾绳索冲击钻探设备与工艺；二是发明了人类历史上第一种锻铁制造的钻头；三是首创了以竹套管保护孔壁的方法；四是用小直径的竹管做成捞砂筒捞取岩屑、岩泥或作汲卤筒；五是用竹木制造了可冲击和提升钻具的全套设备，并可用畜力代替部分人力。深井凿井技术推进了宋代四川深井盐业生产的蓬勃发展，也为古代石油天然气的开发开辟了道路。

明清时期（1254～1900 年），深井钻凿工艺日臻成熟，从设备到凿井工艺形成一套完整的技术体系，也成为现代顿钻技术的先驱。明代钻进工艺的重要突破之一是用木套管代替了竹套管，改善了竹套管口径小的局限，钻孔结构由"二径结构"发展成"三径"或"多径"结构；此外，打捞工具与打捞技术、井斜测量与修正技术、井径测量与修整孔壁技术、木套管修理技术等方面均有很大改进。道光十五年（1835 年），钻凿了世界第一口超千米的深井——燊海井，井深达 1001.42m，这是中国古代钻井工艺成熟的标志，也是世界钻井史上的里程碑，该井直至 1989 年才停产，连续开采了 154 年，实为世界罕见。道光三十年（1850 年），钻成了一口 1100m 深的天然气井——磨子井。

20 世纪初，英国人成立的福公司从英国运来蒸汽钻机，采用回转取心工艺，手镶金刚石钻头钻进，在河南焦作勘探煤矿，并训练了最早的一批机械岩心钻探工人，开启了中国机械岩心钻探的序幕。20 年代，我国引进了冲击钻机开展盐井钻探和油气钻探，后改进为旋转钻。1947 年，立轴式钻机引进到中国。这一时期中国钻探技术和装备基本上是引进西方国家的。

新中国成立后，工业发展迫切需要资源，促使地质工程蓬勃发展，钻探工作量急剧增加。中国钻探技术与装备受苏联的影响，地质岩心钻探方面经历了从硬质合金钻进、钻粒钻进再到金刚石钻进的发展历程，钻机也从手把式钻机、油压立轴钻机、转盘钻机再过渡到全液压钻机。20 世纪 70 年代末，小口径金刚石钻探配套技术逐步在全国推广应用，岩心钻探技术接近国际水平；21 世纪初实施的中国大陆科学钻探工程"科钻一井"推动了中国科学钻探工程普遍开展，并进入国际科学钻探界前列；2006 年国务院发布《关于加强地质工作的决定》后，钻探工作量迅猛增长，全液压动力头钻机实现了更新换代，并出口到世界 28 个国家和地区。

3. 水电水利工程勘察钻探简史

新中国成立以来，水电资源逐渐成为国家能源的支柱，水电水利工程勘察中的钻探技术也随着经济发展的需求而进步，经历了初创期、发展期、巩固提高期、稳定期和跃进期。

新中国成立初期，为了开发水电资源，全国组建水电工程地质钻探机组共 20 余台，钻探人员不足 300 人，分布在黄河盐锅峡、刘家峡、东北小丰满、官厅和浙江黄坛口等水电勘探工地上。钻探设备以手把式钻机和人力手摇岩心钻机为主，修配用车床也是人力摇动。钻探工艺是以铁砂钻进为主，有极少的合金及金刚石。钻进河床砂卵砾石层是人力冲击钻进，每台机组月进尺只有 30～60m。

1953～1954 年举办了几期钻探技术短训班，培训钻探技术工人 100 余人，建立了北京和武汉两所水电学校（中技），共培养出钻探技术人员 200 余人，1955～1957 年期间是水电钻探大发展期。1955 年制定颁发了水电系统第一本《水电钻探规程》和《技术安全规程》，1956 年首次提升钻探工程师 7 名、技术员 8 名、助理技术员若干，钻探人员发展到 2000 余人，开动岩心钻机 100 余台，主要钻探设备都已国产化，钻探工艺是铁砂及钢粒钻进，黄河的一些坝址采用木船进行水上钻探，年钻探总进尺达 8 万余米，岩心采取率达 85% 左右。

1957～1965 年是水电钻探事业巩固提高期。钻探人员发展到 3000 余人，开动岩心钻机约 300 台（其中，小口径金刚石钻探机组占总开动钻机台数的 40% 左右），台月钻探进尺达千米以上（包括压水试验等），年钻探总进尺 20 万 m 左右，采用多种取心技术及机具破碎复杂地层，岩心采取质量有较显著提高，岩心采取率一般可达 85%～90%。主要钻探设备及器材全部国产化（其中，多数是手把钻机，少数油压钻机），部分机组采用扭管机拧卸钻杆。1955～1958 年期间，在黄河上游刘家峡和龙羊峡等水电勘测工地上，首次在地处悬崖陡壁急流峡谷的坝址处架起横跨黄河的钢索吊桥上进行水下坝基钻探，冬季时将木笼平台架设在黄河冰洞内进行水下钻探；在东北地区开展了冰上水下钻探；在黄河和长江等河流上大量采用木船进行水上钻探（包括河床斜孔）等。

20 世纪 70～90 年代，水电钻探进入技术稳定期。20 世纪 70 年代，建成了杭州水电钻探机械制造厂，水电直属系统全部装备国产化的液压立轴钻机，约 50% 机组采用扭管机拧卸钻杆，金刚石钻探机组占总开动钻机台数的 40% 左右，台年钻探进尺

1000m 以上（包括压水试验），平均岩心采取率 93％左右。该期间研发了"爆破跟管技术""金刚石钻进取心技术"，覆盖层钻进取心取得重大技术进步。20 世纪 80 年以来，砂卵砾石层钻探技术水平逐渐成熟，成都、昆明及西北勘测设计院采用套管固壁、清水铁砂及孔内爆破钻进，成都院在某工地采用这种钻进工艺成功钻穿厚约 80m 砂卵砾石层。在不含孤石的砂砾石层中，一般采用套管固壁，清水管钻冲击钻进；在砂夹砾石层中，采用"双管一次击进取样器"钻进，同时击进并分段取样；在砂层、淤泥层中，采用真空活塞取砂器和取淤器取原状样。为适应水电钻探技术发展需要，于 1981 年重新修订了《水电钻探规程》。

进入 21 世纪，随着水电水利工程向"高（坝）、大（型）、多（上马多）"方向发展，水电水利钻探也进入了跃进期。仅成都院就开动岩心钻机 200 余台，一年钻探总进尺达 10 万 m，该时期覆盖层钻探技术更是得到了充分应用和提升：钢粒钻被淘汰；完善爆破跟管技术；全面熟练应用覆盖层金刚石钻探；复杂地层钻进取心技术频被突破。

20 世纪 50 年代以来，覆盖层工程勘察中的钻探技术取得了四次重大创新：

（1）第一次创新。20 世纪 50 年代中期，紫坪铺水利枢纽第一个河床钻孔，不到 8m 的覆盖层整整用去了两个月的时间，难以在覆盖层中形成钻孔，更勿用说取心取样了。20 世纪 50～70 年代，结合岷江流域的紫坪铺水利枢纽、映秀湾水电站、太平驿水电站、中坝水电站、福堂水电站、大索桥水电站以及大渡河流域的龚嘴、福林、马奈水电站等工程钻探实践，为了解决松散覆盖层中形成钻孔、延伸钻孔深度、实现孔内套管通过孤石、揭穿覆盖层达到基岩，创新出了"孔内爆破跟管钻进技术"。

（2）第二次创新。20 世纪 70 年代后期，岷江上游及大渡河中下游河段需建立一批水电站，这批水电工程所在区域覆盖层深度均约 100m。为了克服爆破跟管钻进取心率低、不能取出细颗粒物质、钻进效率低且劳动强度大等不足，20 世纪 80～90 年代中期，创新并完善了"覆盖层金刚石钻进与取样技术"，突破了金刚石禁止在破碎松散地层中使用的"禁区"，取出了砂卵石层近似原状样，大幅度降低了劳动强度，提高了钻探效率。

（3）第三次创新。21 世纪初，面对严重漏失的架空地层，开展了"空气潜孔锤取心跟管技术"研究，利用空气潜孔锤钻进速度高的优势，找到其与岩心钻探双管钻进取心技术的最佳结合点，实现了同步取心跟管钻进，研发出了自成体系的"空气潜孔锤取心跟管钻进技术"，使架空层钻孔质量和钻进效率跃上了新的台阶，为覆盖层中架空层与缺水地区的钻探找到了一种行之有效的新工艺。

（4）第四次创新。2010 年，针对高原高寒缺氧地区水电工程超深复杂覆盖层钻探，研发出高原高寒缺氧地区钻探设备配套技术，有效地解决了设备动力出力不足的问题，为高原高寒缺氧地区钻探设备的适宜性提出了新的途径；研发了孔内深水爆破器，形成了"孔内深水爆破技术"，为受限环境钻探拓宽了"跟管爆破钻探技术"领域；首次提出钻探套管采用内外丝扣直接连接方式，大大减少了套管在给进与拔出的阻力，丰富、完善了覆盖层套管护壁手段；借鉴岩土工程施工拔管机，研制出新型拔管机——多缸同步拔管机，实现了拔管深度达 320m，解决了套管跟进深度增大套管起拔困难的难题，开创了水电水利行业钻探跟管的先例；结合覆盖层钻探实际研发双滑块造斜器，提出覆盖层纠斜工法并成功用于实践，为覆盖层钻探钻孔纠斜提供了一种新方法；研制出新型高效复合型冲洗液体系，为覆盖层钻探护壁堵漏提供了一套新材料、新工艺。这些新技术、新方法、新材料，既可单独使用，又可有机联合使用。形成的"超深复杂覆盖层钻探技术"体系在国内外均系首创，其研究成果达国际领先水平，并已成功应用于西藏某水电规划勘察设计工作，完成了一批超深厚、特深厚覆盖层河床钻孔 8 个，总进尺 3790m，钻孔覆盖层深度最浅 371.60m、最深 567.60m，钻进深度、取心质量、钻孔孔斜、进度均达到预期目标，为了解河谷覆盖层形成机制、土体结构与特征提供了第一手真实的资料。

水电水利工程勘察钻探史就是覆盖层工程勘察钻探技术的发展史。覆盖层工程勘察钻探技术的每一次创新，在引领覆盖层工程勘察钻探生产面貌发生深刻变化之时，也促进了钻探技术的进步，推动了覆盖层勘察技术水平的不断提升，使覆盖层工程地质问题得以查明，使覆盖层工程地质条件不明导致的许多疑难技术得以突破。

二、覆盖层工程勘察钻探技术

1. 覆盖层工程勘察特点与问题

覆盖层上工程勘察与基岩上工程勘察方法、手段有差异。主要工程地质问题评价的标准不同。随着人类建筑活动的增多，能够提供的满足建筑物要求的理想场地越来越少，工程建筑面对覆盖层问题是不可回避的。较其他工程建筑所面临的覆盖层而言，无论从覆盖层组成成分、结构，还是覆盖层厚度，水电工程所涉及的覆盖层均具有典型的代表性，国内、外陆续修建的一批高土石坝工程均涉及覆盖层的处理、利用。国内、外在深厚覆盖层上建高土石坝工程实例如表 1-2 所示。

表 1-2　　　　　　国内、外在深厚覆盖层上建高土石坝典型工程实例

工程名称	所在地	建成年份	坝型	坝高（m）	坝基土层性质	覆盖层最大厚度（m）
塔贝拉	巴基斯坦	1975	土质斜心墙堆石坝	147	砂砾石	230
阿斯旺	埃及	1967	土质斜心墙堆石坝	122	砂砾石	250
马尼克 3 号	加拿大	1968	黏土心墙堆石坝	107	砂砾石	126
马特马克	瑞士	1959	土质斜心墙堆石坝	115	砂砾石	100
谢尔庞松	法国	1966	心墙堆石坝	122	砂砾石	120
下峡口	加拿大	1971	心墙堆石坝	123.5	砂砾石	82
佐科罗	意大利	1965	沥青斜墙土石坝	117	砂砾石	100
塔里干	伊朗	2006	黏土心墙堆石坝	110	砂砾石	65

续表

工程名称	所在地	建成年份	坝型	坝高（m）	坝基土层性质	覆盖层最大厚度（m）
碧口	中国·甘肃	1977	心墙土石坝	101	砂砾石	40
小浪底	中国·河南	2000	斜心墙堆石坝	160	砂砾石	80
察汗乌苏	中国·新疆	2008	面板堆石坝	110	砂卵砾石	40
泸定	中国·四川	2011	黏土心墙堆石坝	79.5	砂砾石	148.6
硗碛	中国·四川	2006	砾石土心墙堆石坝	125.5	砂砾石	72
瀑布沟	中国·四川	2009	砾石土心墙堆石坝	186	砂砾石	76
龙头石	中国·四川	2008	沥青混凝土心墙堆石坝	72.5	砂砾石	70
狮子坪	中国·四川	2009	土心墙堆石坝	136	砂砾石	110
毛尔盖	中国·四川	2011	土心墙堆石坝	147	砂砾石	51
冶勒	中国·四川	2007	沥青混凝土心墙堆石坝	125	冰水堆积覆盖层	＞420
长河坝	中国·四川	2017	砾石土心墙堆石坝	240	砂砾卵漂石层	79.3
猴子岩	中国·四川	2017	混凝土面板堆石坝	223.5	砂砾石	85.5
金平	中国·四川	2015	沥青混凝土心墙堆石坝	90.5	卵漂石层	85
黄金坪	中国·四川	2018	沥青混凝土心墙堆石坝	85.5	砂砾卵漂石层	130

20 世纪 60～70 年代，中国在覆盖层上建成的多座土石坝坝高大多较低，仅碧口工程坝高超过 100m。自 21 世纪以来，中国在覆盖层上的建坝技术得到长足进步，成功建成了一批深厚、超深厚、特深厚覆盖层上的高土石坝工程。伴随着水电梯级开发的推进，覆盖层工程勘察将面临更多的研究条件和机会。根据水电开发规划，中国西部地区正在建设和拟建设一批调节性能好的高坝大库工程，国内在覆盖层上在建和待建的典型工程如表 1-3 所示。

表 1-3　　　国内在覆盖层上在建和待建的典型工程（截至 2018 年 10 月）

工程名称	建设状态	覆盖层厚度（m）	坝型	坝高（m）	装机规模（MW）	所属流域/河流
双江口	在建	67.8	砾石土心墙堆石坝	314	2000	大渡河
金川	待建	80.0	混凝土面板堆石坝	111.5	800	大渡河
安宁	待建	94	沥青混凝土心墙堆石坝	60	400	大渡河
巴底	待建	130.0	沥青混凝土心墙堆石坝	100	720	大渡河
硬梁包	在建	116	低闸坝	38	1200	大渡河
其宗	在建	120	心墙堆石坝	360	4500	金沙江
ML 工程	待建	＞500	土质心墙堆石坝	150	1920	YL 江

2. 覆盖层工程勘察钻探特点与问题

工程勘察不可避免覆盖层问题，首先是如何采用有效的勘探、试验方法查明覆盖层的分布范围、成因类型、厚度、层次结构，获取覆盖层的物理力学性质、水理性质、水文地质条件等基础资料。毋庸置疑，钻探是目前大量使用且直观有效的覆盖层勘探方法，它不仅能够探明覆盖层的厚度，还可以取心鉴定地质结构，划分地层界线，同时为水文地质试验、工程地质测试和孔内摄像等作业提供必要的条件，以探求地层的渗透特性和更加形象地描述孔内的地质特征。

水电作为清洁可再生能源，在中国能源建设中占有重要的地位，一个大型水电水利工程勘测设计工作长达数年，甚至数十年，往往需要进行上万米的钻探，如：二滩水电站钻探工作量达 36410m、糯扎渡水电站钻探工作量达 40924m、长河坝水电站钻探工作量达 16000m、三峡水利枢纽工程钻探工作量达 131720m，远超其他工程建筑的钻探工作量。据不完全统计，在多条大江大河（岷江、大渡河等）覆盖层钻探的比重常占钻探总工作量的 30%～40%，随着覆盖层筑坝技术的提高以及经验的积累，加之后续水电水利工程基础条件越来越差、作为坝基的覆盖层厚度越来越厚，水电水利工程覆盖层钻探比例也随之增大到 50% 以上，有的甚至超过 70%。

水电水利工程的主要建筑物都避不开大江大河和湖泊，为了充分论证水工建筑物的稳定性、可靠性，覆盖层工程勘察钻探往往都要钻穿覆盖层并查清其组成结构，必须涉及砂卵砾石、漂石、孤石、流沙、软弱夹层、风化破碎带、滑坡等地层，钻探中成孔、岩土样采取及水文工程地质取样等方面的难度远远超过基岩钻探，但覆盖层又是水电水利工程绕不开、必须面对的课题，因而覆盖层钻探在水电水利工程建设中尤为重要。实践证明，工程勘察中钻探是不可或缺的方法，有钻探即有覆盖层钻探，相伴而生的覆盖层钻探技术（尤其是历史悠久的浅覆盖层钻探技术的形成以及深厚、超深厚、特深厚覆盖层钻探技术的发展）成为必然。覆盖层越复杂、取样的组（次）数越多，钻探成孔、取样工作就越困难；而越是地层变化大，地质就越关注，并希望取心（样）越近似原状样，孔内试验也越多。可见，覆盖层钻探技术面临的首要问题是如何利用有限的钻探工作量满足工程勘察所需。

覆盖层钻探普遍具有以下特点：覆盖层往往都是堆积、洪积、沉积、坡积、冰积、风化、地壳运动等各种成因交织形成的，导致其组成结构、成分不一，因而同一钻孔钻进参数不一，取心不易；各种地壳运动形成的覆盖层，其成分为砂卵砾石层、漂石、孤石、流沙层等，物质成分复杂、性质迥异，钻进时地层受力不均，孔斜难以控制，除采用常规的一些防斜措施外，还需要有针对性的防斜措施；覆盖层一般多为形成不久或正在形成的地层，基本未胶结，孔内易出现探头石、塌孔埋钻、缩径等事故，成孔极难；覆盖层厚度差异大、基覆界线不圆滑、极难推测，事前的钻孔结构设计难以准确定位，极易导致由于准备不充分而无法到达目的孔深，如某工程坝址原预计覆盖层深度 150m，计划的设备和事前拟定的钻孔结构均达极限，达到孔深 300m 也未揭穿覆盖层厚度，被迫终孔；覆盖层架空、粗颗粒偏多、细颗粒冲失，导致液态冲洗介质漏失，护壁堵漏难度加大。

　　针对覆盖层的特点，覆盖层钻探方法形成了跟管钻进法、覆盖层金刚石钻进法和空气潜孔锤取心跟管钻进法，常用的还有黏土回填钻进法。

　　跟管钻进法是选用厚壁套管护壁（在工程勘察中常用的厚壁套管主要有 $\phi108$、$\phi127$、$\phi146$、$\phi168$ 等口径）进行钻进取心，一般是先用钻具在覆盖层中钻进取心一个或多个回次，然后将厚壁套管用重锤下砸跟进至孔底护壁，继续向下钻进取心，然后继续下砸跟进套管，周而复始地边钻进取心、边跟进厚壁套管护壁，直至钻进至设计孔深。其缺点非常明显：岩心采取率低、无法采取原状样、使用器材比较多，辅助工作多、钻进效率低、钻孔结束后要起拔套管、易发生事故、厚壁套管比较笨重致使上下工序多、工人体力消耗大。

　　覆盖层金刚石钻进法是采用 SD 系列金刚石钻具（两级单动的双层岩心管钻具），利用 SM 植物胶冲洗液的稠黏、降失水、能流动、减震、润滑减阻等特点来保护岩心、防止孔壁坍塌进行钻进取心。其优点是：可以明显提高钻进效率、提高岩心采取率、采取到近原状样、节约成本、降低劳动强度；其缺点有：需要配套专用的高转速金刚石钻机、变量泥浆泵、立式高速泥浆搅拌机等设备，SM 植物胶冲洗液配置需要一定的时间和经验，严重漏失地层成本过高。

　　空气潜孔锤取心跟管钻进法是成都院研发的针对漂石与孤石等架空层的钻进取心技术，是利用高压空气驱动与跟管取心钻具上端连接的潜孔锤产生高频冲击力和来自地面钻机施加给钻具的钻进压力，合并传给中心取样钻具，同时采用高压空气作冷却钻头并带出岩屑的冲洗液，中心钻头进行冲击回转取心钻进，岩心随之进入岩心管，套管钻头进行冲击回转钻进扩孔并带动套管随钻向孔底延伸，钻进回次结束后，中心取样钻具被提到地面，而套管靴总成连同套管则滞留在孔内，采集岩心后，再将钻具下到孔底，通过人工伺服使中心钻具到位，再次进行冲击回转取心跟管钻进，如此周而复始实现空气潜孔锤取心跟管钻进。

　　黏土回填钻进法是在严重漏浆段采用黏土或水泥封堵漏失段后，重新扫孔至原孔深后继续钻进取心。钻探作业实际工作中，根据实际情况和需要，同一孔内采用多种钻探方法组合使用以适应地层需要，如使用覆盖层金刚石钻进方法时，在上部覆盖层可先采用跟管钻进或空气潜孔锤取心跟管钻进法，上部用套管保护，待进入下部砂卵砾石层时再使用覆盖层金刚石钻进，在大漏失地段采用黏土回填钻进法通过，砂卵砾石层取心较为困难段有时也使用反循环取心工艺。钻探的目的就是查明覆盖层厚度、结构、物质组成、物理力学性质和水理性质，但钻探方法、工艺的选取一般依据的就是覆盖层厚度、结构、物质组成、物理力学性质和水理性质，因而覆盖层钻探目的与覆盖层钻探方法、工艺的选取存在天然的因果矛盾，这是覆盖层钻探所必须面对的另一问题。

　　3. 覆盖层工程勘察钻探需解决的技术问题

　　为了解决覆盖层钻探所遭遇的以上问题，只能通过钻探科技攻关、技术进步及规范管理，以期提高钻探质量、效率，降低钻探成本、安全风险。但无论采用何种钻探方法，也无论面对何种地层，覆盖层工程勘察钻探都面临以下几方面的技术问题：

　　（1）孔深与孔径的匹配。覆盖层钻探的主要对象是结构松散、组成复杂的地层，孔深视建筑物（高度、基础形式及宽度）及覆盖层（为满足工程勘察所需，水电水利工程通常是见完整基岩后20m才能终孔）情况而定，钻孔深度从几十米至数百米；钻探孔径依据勘察目的和钻孔深度设计，钻孔越深、孔径越大，配套设备出力要求越大、设备越重、搬迁架设难度越大，因而在满足工程勘察需求条件下，钻探都尽量选择小口径；孔内试验、工程勘察往往要求终孔孔径宜大，因此只有孔深与孔径合理匹配，才可能完成预计的钻探任务。

（2）取心（样）、试验要求与护壁技术之间的矛盾。由于覆盖层本身结构松散、内聚力低，钻探过程中孔壁易坍塌、垮孔，而要达到设计孔深，就需要保持孔壁稳定，同时要进行水文地质试验和工程地质测试，也需要保持孔壁稳定，需进行的压水试验、注水试验、抽水试验等水文地质试验和标准贯入、动力触探、十字板剪切实验、旁压试验等工程地质测试，试验工作占用时间常常多于钻进时间，钻进终孔后，还需测定孔内稳定的地下水位，部分钻孔还需安装长期水文观测装置，便于长期观测，这些工作对保持孔壁稳定时间提出了更高要求，钻进中必需采用适当的冲洗液、套管等护壁固壁、提高取心质量的技术措施。另外，各类孔内试验要求保持钻孔原有物质结构状态及水理环境，钻进中采用的护壁固壁、提高取心质量的技术措施本身对水文地质试验资料的真实性和准确性有一定影响。可见，保持孔壁稳定是覆盖层钻探的一大技术难题，尽管在下达钻孔任务时可以明确工程勘察的主要目的是取心还是试验，使技术措施更有针对性，但护壁措施与试验之间的矛盾是覆盖层钻探必须面对的，护壁所用冲洗液的适宜性是一个绕不开的课题。

（3）孔斜控制。覆盖层钻探面临地层条件多变、钻探设备基础不稳、钻探参数随时调整以适应地层条件要求等，都易引发孔斜问题，较基岩钻探而言，覆盖层钻探会有更多的孔斜控制工作要做，不但要有纠斜措施，更为必要的是防斜措施。针对钻孔弯曲的各种原因认真分析，提出钻孔防斜工艺，按照地层条件布置和设计，钻孔尽量避开或减小地层促斜，以降低地质因素对钻孔孔斜的影响，确保设备安装和开孔技术质量，正确选用钻具，采用合理的钻进方法和规程参数，配备必要的纠斜工器具，都是孔斜控制的可选项。

覆盖层工程勘察钻探面对的钻孔结构、冲洗液、孔斜控制等问题，自然是钻探技术人员研究的技术课题，经过几代钻探技术人员的不懈探索，技术课题被不断攻克，取得实践成果的同时，总结提炼形成了完善的钻探技术，并在实践中不断创新、改进，形成了解决覆盖层工程勘察问题的钻探技术系列，为工程建设的推进提供了技术支持。

三、覆盖层钻探技术应用前景

覆盖层是各类建筑工程可使用的场地与地基，建筑物的稳定性和安全性对工程勘察要求高。水电水利开发将河床砂、卵砾石层作为大坝基础，必须解决砂卵石层及其他松散覆盖层的勘探取心（样），以查明覆盖层的厚度、结构及分布、含水层的渗透系数及各层间的水力联系，并获取心（样）进行室内或现场试验，从而做出正确的工程地质评价，提供可靠的地质依据。面对地层结构复杂、近地表常遇覆盖层架空层、钻孔严重漏失、孔壁垮塌的地层条件，超深复杂覆盖层的钻探问题严峻地摆在水电水利钻探工作者面前，但要查明类似的超深覆盖层地层结构，钻探手段必不可少。

据不完全统计，近百余项工程中，上万个钻孔涉及覆盖层，覆盖层钻进进尺累计超过 20 万 m，揭穿的最深覆盖层近 600m，最复杂的覆盖层结构层次 10 多种。

随着国内可开发利用的水力资源不断减少，在国家全面实施"一带一路"发展战略的带动下，中国水电产业"走出去"全面升级，已形成包括规划、设计、施工、装备制造、输变电等在内的全产业链整合能力。目前，中国已经与 80 多个国家建立了水电规划、建设和投资的长期合作关系，承建了近 200 项国际水电工程，占国际水电市场 50% 以上的份额，业务涉及东南亚、南亚、西亚、非洲、大洋洲、南美洲、拉美地区，合作模式也趋于多元化，中国在全球水电建设中越来越多地扮演着"领跑者"角色，成为推动世界水电发展的重要力量。工程勘察作为水电工程建设的先导性和基础性工作，也必然将"走出去"，工程勘查中面临的覆盖层钻探工作，同样是一项不可或缺的需要稳步推进的工作。

在"坚持人与自然和谐共生"的发展理念下，中国面向未来深度布局，一系列重大项目与国家重大专项远近结合、梯次接续，值得期待；深空、深海、深地、深蓝战略布局中，深地既包含地球深部的矿物资源、能源资源的勘探开发，也包含城市空间安全利用、减灾防灾等方面的内容，未来城市近地表 200m 地下空间的建（构）筑物和地热能的开发利用均面临水文地质、工程地质、环境地质问题，无一例外地离不开覆盖层问题。覆盖层钻探技术必将为全球城市地下空间、水电水利、地热能、环境治理、地质灾害处理等工程提供强有力的基础技术支撑。

第二章

钻探设备与机具

工程勘察钻探的目的是采用钻孔工艺获取孔内岩心或通过孔内试验取得地层物理力学参数，以期了解地层结构，这就得借助专门的技术手段在人无法到达的地下岩土中形成小直径的圆柱形通道，即勘探钻孔。钻探设备是钻探作业中所使用的机械设备和装置的总称，包括钻机、泥浆泵、钻塔、动力机、泥浆搅拌机、钻进参数检测仪表和附属设备等。钻探机具一般指钻探所用的管材、钻杆柱、钻具、钻头等。不同的钻孔孔径、深度和钻探作业环境要求有不同的设备与机具，但常用的主要钻探设备（钻机、泥浆泵、钻塔、泥浆搅拌机）和机具（管材、钻杆柱、钻具、钻头）基本原理都是一样的。

第一节　钻探设备

一、钻机

钻机是钻探的主要设备，是驱动、控制钻具钻进并能升降钻具的机械。根据钻探目的和对象不同，按钻机的钻进方法、用途、装载方式进行分类，如表 2-1 所示。

表 2-1　　　　　　　　　　工程勘察用钻机分类表

分类方法	钻机种类
钻进方法	回转式钻机、冲击式钻机、振动钻机、复合钻机
用途	岩心钻机、坑道钻机、水文水井钻机、工程勘察钻机、石油和天然气钻机
装载形式	散装式、滑橇式、拖车式、自行式

岩心钻机主要用于固体矿产地质勘探、工程地质勘察、水文地质勘探、水井钻探和科学钻探等。岩心钻机一般是回转式钻机，按照回转器的形式可分为立轴式、转盘式、动力头式三种。

覆盖层工程勘察钻探常用钻机有立轴式回转岩心钻机、全液压动力头式岩心钻机和工程勘察钻机。

1. 立轴式回转岩心钻机

（1）立轴式回转岩心钻机由回转机构、给进机构、升降机构、传动机构、操纵装置及机座等组成。

钻机的回转机构称为回转器，它能传递动力，驱动钻具回转，使钻具以不同转速实现钻头连续破碎岩石，并可按要求作正向或反向回转运动。回转器是回转钻进的重要执行机构，其结构与性能需满足以下要求：回转器的转速和扭矩能适应钻进工艺孔内情况变化的要求，钻进过程中岩层性质变化很大，而且经常会遇到复杂地层，由于地质和工艺的需要，孔径也需变化，不同条件选用的钻进方法和钻进规程也不尽相同，因此钻头克取岩石的转速和扭矩也是需要经常变化的；孔内如需要特殊钻进工艺时，要求回转器能反向回转，故要求回转器一般应具备有1~2个反向回转档；回转器应有良好的导向作用，以便钻进时保证钻孔的钻进方向不会改变；根据使用要求，回转器能在一定范围内变更倾角，可钻进不同方向的钻孔，以满足地质勘探工作的需要；为了保证钻头的正常钻进和钻进质量的要求，回转器应做到回转运动平稳，震动摆动小。

给进机构是回转钻进的主要执行机构之一，其任务是：称量钻具重量；进行加压或减压钻进，调节和保持孔底钻头上的轴向压力和钻进速度；根据钻头的钻进速度给进钻具，保证钻头连续不断地钻孔；平衡钻具重量；倒杆、提动和悬挂钻具；强力起拔钻具等。给进机构性能应满足以下工艺要求：能根据地层性质、钻进方法、钻头类型和直径无级调节轴心压力；在孔内情况变化之前，调好的最优压力能保持恒定不变，由于孔深与钻进条件的变化，给进机构要具备既有加压又有减压钻进的能力；能无级地调节钻进速度，最好能自动调节；给进速度应与不同钻进条件下的机械钻速相适应；钻进工艺要求给进机构不仅能带动钻具向下钻进，也要能向上提动；有快速提升和一定的起重能力；孔内发生异常情况时，能将钻具迅速提离孔底；遇到卡钻时，可强力起拔钻具当作千斤顶用；能准确、迅速地反映孔内情况，以便及时掌握和分析孔内情况，调整钻进工艺或采取处理措施。

升降机构（卷扬机或绞车）用于提、下钻具、套管或其他东西。在某些条件下，可利用升降机悬挂钻具，进行快速扫孔或采用主动钻杆进行减压钻进。处理孔内事故时，常利用升降机构进行强力起拔，或完成其他特种工作。

传动机构用于驱动钻机的动力机到钻机各工作机构的动力传递，其任务是：传递与切断动力、变速与变矩、实现柔性传动和过载保护、分配动力与换向；改变运动形式，如将旋转运动转变为往复运动及驱动仪表等。

操纵装置用于分配动力、调节钻机各工作机构的运动速度，改变工作机构的运动方向和形式。机械传动式钻机的操纵机构一般与有关的部件设置在一起，而液压传动的操纵机构多集中设置在一起成为独立的部件，称为操纵台。

机座的作用是为钻机各部件提供安装空间和支撑，使各部件合理地组装成一部完整的机器。

（2）立轴式回转岩心钻机结构具有如下特点：回转器有一根较长的立轴，在钻进中可起到导正和固定钻具方向的作用；回转器可调整角度，可施工斜孔；回转器采用悬臂安装，受到立轴回转器通孔直径限制，不能通过粗径钻具，适合完成较小口径的钻孔，开孔直径的大小由钻机让开孔口的距离确定；需要配备钻塔，升降作业多用卷扬机与滑轮组配合完成；钻机可按照部件解体，能适应一般野外搬迁作业要求。

（3）机械传动、液压给进的立轴式回转岩心钻机是目前国内广泛使用的一种主要机型，已形成完整系列（见表 2-2）。

表 2-2 XY 系列立轴式回转岩心钻机

主要参数		钻进深度 （m）	钻杆直径 （mm）	立轴正 转级数	最高转速 （r/min）	最低转速 （r/min）	给进行程 （mm）	驱动功率 （kW）
钻机型号	XY-1	100	43	3～6	1200	180	300～400	7.5～10
	XY-2	300	43～53	3～8	1200	120	400～500	15～22
	XY-3	600	43～53	4～6	1100	120	500～600	30～35
	XY-4	1000	53～60	6～8	1100	100	500～600	35～45
	XY-5	1500	53～60	6～8	1000	100	500～600	50～60
	XY-6	2000	53～63.5	6～10	1000	100	500～750	55～75
	XY-7	2500	50～114	10	960	85	700	75～85
	XY-8	3000	71～114	8	1000	95	1000	90～130
	XY-9	4000	71～114	10	950	80	1200	160～170

用于超深厚覆盖层的 XY-4 型钻机（见图 2-1）钻深能力 1000m，采用机械传动、液压给进，具有结构合理、运转平稳、工作可靠、操作方便、解体性能好、便于修理等特点。

图 2-1 XY-4 型立轴式岩心钻机

（4）常用立轴式岩心钻机技术参数详见表 2-3。

表 2-3 常用立轴式岩心回转钻机技术参数

项目			型号与参数				
			XY-1	XY-2		XY-4	
钻进能力	钻进深度（m）		100	530	380	1000	700
	钻杆直径（mm）		42	42	50	42	50
	立轴钻速 （r/min）	正转	142～570 三档	65～1172 八档		101～1191 八档	
		反转	无	51	242	83	251

项目		型号与参数		
		XY-1	XY-2	XY-4
给进能力	立轴通径（mm）	44	76	68
	立轴行程（mm）	450	600	600
	立轴最大加压力（kN）	15	40	60
	立轴最大起拔力（kN）	25	60	80
卷扬机单绳最大提升力（kN）		10	30	30
配备动力（kN）	柴油机	10.3	22	31
	电动机	7.5	19.85	30

2. 全液压动力头式岩心钻机

全液压动力头式钻机是指主、辅助传动均为液压传动，以动力头为主要结构特征的岩心钻机，简称动力头钻机。全液压钻机与立轴式钻机最本质的区别是钻机的主传动（回转与升降钻具）方式不同，前者是液压，后者是机械传动，而给进、卡夹等辅助动作均为液压。

全液压动力头钻机结构特点有：动力头可沿桅杆移动，导向性较好且实现了长行程给进，不仅大幅度增加了纯钻进时间，还由于钻进过程连续，可大幅度减少孔内事故发生的概率，并提高岩心采取率；钻进角度调整及钻机移动搬迁方便，一般不需要单独配置钻塔，减少了辅助作业时间；动力头与孔口夹持器配合可实现拧卸管，简化了钻机的结构及配套装置；钻机工作过程中的所有动作均由液压系统中的液压元件完成，减轻了操作者的劳动强度及操作人员数量；钻机过载保护性能好，回转及给进实现无极调速，钻压可精确控制，可根据地层条件、机具情况优选钻进参数，较好地满足钻探工艺要求；传动系统简单，便于布局，质量相对较轻，易于安装和拆卸；与机械传动钻机相比，消耗功率较大，传动效率较低，造价高，维护保养要求较高。

典型动力头式岩心钻机有：YDX-3型全液压动力头式岩心钻机（见图2-2）、XD-3型全液压动力头式岩心钻机（见图2-3）等。YDX-3型全液压动力头式岩心钻机N（ϕ76mm）口径钻深能力为1000m，拖车式装载；XD-3型全液压动力头式岩心钻机N（ϕ76mm）口径钻深能力为700m，动力头和主机分别用拖车装载，动力机用电动机。

动力头式岩心钻机关键部件主要包括：动力头、主卷扬、给进机构、液压卡盘、液压系统等。

（1）动力头是为钻机提供回转扭矩的核心部件，主要包括液压马达、变速箱、末级减速齿轮箱以及卡盘。动力头液压马达一般为变量马达，能实现无级变速，也可以采用定量马达，马达可以是一个或多个。马达将扭矩输出至变速箱，通过变速箱可以手动变档，一般设计2~4个档位，根据不同工况可以选择不同的档位。动力传递至末级减速箱后再传给动力头主轴，主轴与液压卡盘连接。卡盘的功用是夹持机上钻杆，将回转装置的回转运动和扭矩、给进装置的轴向运动和给进力（或上顶力）传递给钻杆柱。

图 2-2 YDX-3 型钻机

图 2-3 XD-3 型岩心钻机

（2）主卷扬是钻机用于悬挂、升降钻具和套管的主要执行机构，在某些条件下利用主卷扬悬挂钻具，进行快速扫孔等工作。

（3）给进机构的功能主要有：向钻头施加轴向压力，并随钻孔加深连续送进钻具；可以悬挂钻具、提动钻具及实施快速倒杆。钻机给进机构的主要形式有：油缸直推、油缸链条、油缸钢丝绳、马达链条和马达齿条等。一般全液压岩心钻机采用油缸直推或油缸链条的给进形式，以达到精确控制钻压的目的。油缸—链条给进机构原理如图 2-4 所示，当液压油缸无杆腔进油时，油缸推力通过定滑轮、动滑轮及链条传递给链条托板及动力头，实现钻具提升及减少钻头压力的功能；同理，当油缸有杆腔进油时，油缸拉力通过下定滑轮、动滑轮及链条传递给动力头，实现钻具下放及加压。

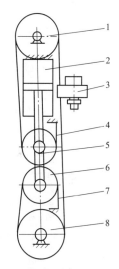

图 2-4 给进机构原理图
1—上定滑轮；2—液压油缸；
3—动力头；4、7—链条；
5、6—动滑轮；8—下定滑轮

（4）液压卡盘主要包括液压打开油缸、卡紧弹簧、卡瓦条、卡瓦座和主轴。动力经动力头末级减速传递给卡盘主轴，通过弹簧向下压卡盘帽，通过卡瓦座用弹簧力的径向分力夹紧钻杆，从而带动钻杆回转。卡盘不仅要给钻杆径向夹紧力驱动其回转，升降钻具时还要承受整个钻具的质量及其与孔壁的摩擦力。液压卡盘靠液压油顶开油缸，压紧弹簧，而使卡瓦座松开钻杆。

（5）动力机将机械能传递给液压泵，液压泵将机械能变为液压能传递给各个执行机构。主阀控制主要执行机构动作的方向，可以控制动力头的正反转、给进系统的提升与给进、主卷扬的提升与下降、绳索绞车的提升与下降。负载敏感泵与负载敏感阀组成的负载敏感系统能根据负载变化自动调节泵的输出流量，避免了压力与流量的损失，提高了系统的效率。

常用于孔深小于1000m钻孔的全液压动力头岩心钻机技术参数如表2-4所示。

表2-4　　　　孔深小于1000m的钻孔全液压动力头岩心钻机技术参数

项　目			钻机型号与参数			
			YDX-1B	XD-2	HYDX-4	XD-3（4）
钻进能力（m）	钻孔直径	φ55.5	600	700	1000	1000（1200）
		φ71	400	500	700	700（900）
		φ89	240	200	500	300（400）
		φ114	—	—	300	200（300）
动力头	扭矩范围（N·m）		380～1120	890～1540	3700	1600
	转速范围（r/min）		370～1100	40～800	0～1100	0～910（0～950）
	主轴通径（mm）				121	94
给进机构	油缸给进行程（mm）		1800	1800	3500	1800（3500）
	提升能力（kN）		70	90	150	100
	给进能力（kN）		35	35	125	35（40）
主卷扬	最大提升能力（kN）		30	49	57	54
	提升速度（m/min）		26	4～38	—	6～46
	容绳量（m）		30	30	50	30
	钢丝绳直径（mm）		14	16	18	16
绳索取心卷扬	提升力（kN）		11	12	12	12
	提升速度（m/min）		110	25～130	—	25～130
	容绳量（m）		600	1000	1000	1000（1500）
	钢丝绳直径（mm）		5	5	6	5
桅杆	高度（m）		—		9.6	9.5
	钻进角度（°）		—		45～90	45～90
	滑动行程（mm）				600	
动力系统	型号		2台洋马柴油发动机	电动机	康明斯6BTA5.9-C180	电动机
	额定功率（kW）		35.5	37	132	45（55）
	额定转速（r/min）		2800	1470	2200	1470
外形尺寸（长×宽×高，mm×mm×mm）			2800×1800×1600	—	5600×2100×2200	—
质量（kg）			解体部件不大于200	2600	6800	3600
备注			分体式	—	平台式	轮胎拖车式

3. 工程勘察钻机

工程勘察钻机主要用于工程地质勘察作业，也可用于普查勘探、浅层水文地质勘察、水井钻进以及物探爆破孔施工等。

工程勘察钻机主要用于钻进取样，钻进的孔径和深度相对较小。钻机主要特点是：具有多功能，以适应不同地层钻进的需要，如具备两种或两种以上钻进方法（冲击、回转、振动、静压），可以使用多种循环方式以及不同的冲洗介质（空气、清水、泥浆、泡沫）作业；多为整体安装，即全部设备组装在汽车或拖车底盘上，整体迁移，机动灵活，对工作现场的适应性强；环境污染小，钻进过程中要求频繁地取样或测试工作，取样要求严格，且需提取不扰动的原状土样。

典型工程勘察钻机如 DPP100-4 型钻机（见图 2-5）主要由传动箱（DPP100-4E 型汽车分动箱）、减速箱、回转器、卷扬机、变速箱、泥浆泵、井架总成、油路及操作系统等组成。钻机所需动力均来自汽车发动机。机械系统动力由发动机变速器经传动箱将动力分成两路，一路传至钻机减速箱驱动卷扬机、回转器和泥浆泵工作；而另一路则传至汽车后桥驱动汽车行驶。钻机油路系统油泵动力由汽车变速箱上的取力器提供，气路系统气源则取自汽车气路。

图 2-5　DPP100-4 型汽车钻机

小型工程勘察钻机技术参数详见表 2-5。

表 2-5　　　　　　　　　　　　小型工程勘察钻机技术参数

项　　目		型号与参数			
		SH30-2	XY-1	HT-150	GY-200-1A
钻进能力	钻孔深度（m）	30	110～142	150～30	290～60
	钻孔直径（mm）	110～142	75～150	75～150	46～300
	钻杆直径（mm）	42	42	4250	4250
回转机构	形式	转盘	立轴	立轴	立轴
	转速范围（r/min）	1844110	142285570	58～598	68～900
	通孔直径（mm）	150	44	48	

项　　目		型号与参数			
		SH30-2	XY-1	HT-150	GY-200-1A
给进机构	给进行程（mm）	—	450	450	400
	提升能力（kN）	—	24.5	30	39
	给进能力（kN）	—	14.7	23	29
卷扬机	最大提升力（kN）	14.7	10	12.5	30
	提升速度（m/min）	0.24，0.57，1.48	0.420.811.68	0.31~3.23	0.27~1.64
动力系统	柴油机（kW）	4.5	10.5	8.8	14.7
	电动机（kW）	5.5	7.5	7.5	15
外形尺寸（长×宽×高，mm×mm×mm）		—	1640×920×1240	1310×700×1360	1820×980×1400
质量（kg）		550			

二、泥浆泵

钻探中泵的作用是输送冲洗液，使冲洗液形成孔内循环液清除岩屑、冷却润滑钻头和钻具、保护孔壁，供给钻具能量，输送特种物质。钻进过程中，钻头在孔底不断破碎岩石产生岩屑，泵使冲洗液循环，将岩屑携带至地面，保持孔底清洁，有利于钻头继续破碎岩石；钻头钻具直接同孔壁接触，在高速旋转冲击下，会产生摩阻力和高温，利用泵送冲洗液形成孔内循环，减少钻进时的摩阻力和摩擦产生的高温损坏钻头钻具；泵入孔内的冲洗液增大内液柱压力，如冲洗液为泥浆时，泥浆在孔壁上能形成薄层泥皮，冲洗液的压力平衡地压，从而保护孔壁。泵可将具有能量的液体输送给涡轮钻具、螺杆钻具、液动冲击钻具及其他水力冲击钻具，提供动力介质驱动这些钻具破碎岩石。在某些工作中（如堵漏、封孔时），利用泵向孔内灌注特种物质，如水泥浆或其他堵漏物质。

泵的种类很多，按工作原理一般分为叶轮泵、容积泵、喷射泵三大类。叶轮泵是依靠叶轮的旋转运动输送液体，如离心泵、轴流泵、混流泵、漩涡泵等；容积泵是依靠工作时的容积变化输送液体，有往复泵（柱塞泵、活塞泵）、回转泵（螺杆泵、齿轮泵）；喷射泵是依靠液体的流动的能量输送液体。目前，钻探多采用往复式泥浆泵，其工作原理为：活塞在曲柄连杆的带动下，由左向右移动时，泵缸活塞左侧部分容积增大，压力降低，形成负压，水在外界大气压力作用下顶开吸水阀进入泵室，这一过程为吸水过程；当活塞由右向左运动时，泵缸活塞左侧部分容积减小，压力增大，顶开排水阀，水被排出，这一过程称为排水过程；活塞的往复形成了吸排水过程。根据往复泥浆泵结构特点，有四种分类方法：按照缸数有单缸泵、双缸泵、三缸泵、四缸泵四种类型；按照液力端的工作机构有活塞式和柱塞式两种类型；按照作用方式有单作用和双作用两种类型；按液缸的布置方案和相互位置有卧式、立式、V形等。BW系列泥浆泵在钻探得到广泛应用，常用的有 BW-150 型泥浆泵、BW-250 型泥浆泵和 BW-1200 型泥浆泵。常用 BW 系列泥浆泵型号与技术参数详见表 2-6。

表 2-6　　　　　　　　　　BW 系列往复式泥浆泵型号与技术参数

参数 　　　　　型号	BW-150	BW-160/10	BW-250	BW-1200
类型	三缸单作用往复活塞泵	卧式三缸单作用往复活塞泵	卧式三缸单作用往复活塞泵	卧式双缸单作用往复活塞泵
缸径（mm）	70	70	8065	150130 11085
行程（mm）	70	70	100	250
泵速（次/min）	222～47	200～55	200～42	71
流量（L/min）	150～32	160～44	250～52 166～35	1200900 630360
额定压力（MPa）	1.8～7	2.5～10	2.5～6 4～7	3.2～1.3
额定功率（kW）	7.5	11、13.24	15	75/90
外形尺寸（长×宽×高，mm×mm×mm）		1830×800×1030	1100×995×650	2845×1300×2100
质量（kg）	516	540	500	4000

三、钻塔

钻塔是钻探设备的重要组成部分，可安放和悬挂天车、游动滑车、大钩、提引器等，在钻进过程中用于起下钻进设备和工具，起下和存放钻杆、起下套管等。

钻塔按照材质不同分为木质钻塔、钢质钻塔；按照结构形式分为桅杆钻塔［见图 2-6（a）］、A 形钻塔［见图 2-6（b）］、四脚钻塔［见图 2-6（c）］、三脚钻塔、K 形钻塔等。桅杆钻塔的设计根据钻机整体设计要求进行，将钻机升降系统、减压钻进系统等集

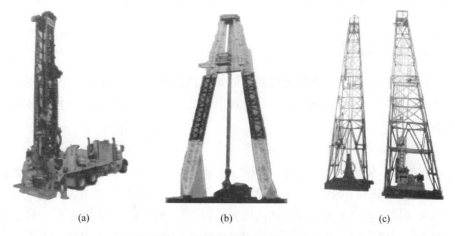

(a)　　　　　　　　　　(b)　　　　　　　　　　(c)

图 2-6　常用钻塔结构图

（a）桅杆钻塔；（b）A 形钻塔；（c）四脚钻塔图

23

中在桅杆上；桅杆钻塔与钻探机械设备集中组合，可实现自起自落，使用方便，效率高。四脚钻塔为封闭式桁架结构，内部操作空间较大、可配备塔衣，承载性和稳定性较好。

四、泥浆搅拌机

泥浆搅拌机用于搅拌配制泥浆，按结构形式分立式搅拌机与卧式搅拌机两类。目前还没有统一的标准系列产品，一般都是生产单位自制。立式单筒泥浆搅拌机技术规格详见表2-7。

表2-7　　　　　　　　　　立式单筒泥浆搅拌机技术规格表

型　号	NJ-300型	NJ-600型
总容量（L）	400	750
有效容量（L）	300	600
搅拌筒直径（mm）	850	1000
螺旋桨个数	2	
螺旋桨转数（r/min）	600	800
螺旋桨直径（mm）	320	325
外形尺寸（mm×mm×mm）	1310×1130×1640（不含动力机）	
质量（kg）	200	400
最大分解质量（kg）	150	200
动力机	7.5kW电动机；195型12HP柴油机	

❀ 第二节　钻探机具

一、管材性能要求

管材是钻探工程主要消耗的材料，通常包括普通钻杆、加重钻杆、绳索取心钻杆、岩心管和套管等。为保证钻探取心质量和作业安全，通常根据孔深度和具体情况选择不同性能的管材。

1. 管材钢级和性能

管材钢级、机械性能、尺寸、外形、重量、技术要求、试验方法、检验规则、包装等，一般执行GB/T 9808—2008《钻探用无缝钢管》的规定，该标准适用于地质岩心钻探、水文地质钻探、水井钻探等钻探用套管料、岩心管料及套管接箍料、普通钻杆料及钻杆接头料、绳索取心钻杆料、岩心管料、钻铤料及钻铤锁接头料用无缝钢管。不同钢级管材的机械性能详见表2-8。

表 2-8 不同钢级管材的机械性能

钢级	抗拉强度 R_m（MPa）	非比例延伸强度 $R_{p0.2}$（MPa）	断后延伸长率（%）	20℃冲击吸收能量（J）	硬度（HRC）	热处理
ZT380	640	380	14	—	—	正火、正火＋回火
ZT490	690	490	14	—	—	
ZT520	780	520	14	—	—	
ZT590	780	590	14	—	—	
ZT640	790	640	14	—	—	
ZT750	850	750	14	54	26～31	调质
ZT850	950	850	14	54	28～33	
ZT950	1050	950	13	54	30～35	

注　冲击试验方向为纵向，试样为全尺寸（高×宽，10mm×10mm），夏比 V 形缺口。

2. 工程勘察钻探常用钢管的公称外径和公称壁厚

工程勘察钻探常用钢管的公称外径和公称壁厚参见表 2-9。

表 2-9　工程勘察钻探常用钢管的公称外径和公称壁厚（GB/T 9808—2008）

类型	公称外径（mm）	公称壁厚（mm）	单位长度理论质量（kg/m）
普通钻杆料	33.0	6.0	3.99
	42.0	5.0	4.56
		7.0	6.04
	50.0	5.6	6.13
		6.5	6.97
	60.3	7.1	9.31
		7.5	9.77
	73.0	9.0	14.2
		9.19	14.46
	89.0	9.35	18.36
		10.0	19.48
绳索取心钻杆料	43.5	4.75	4.54
	55.5	4.75	5.94
	70.0	5.0	8.01
	71.0	5.0	8.14
	89.0	5.5	11.33
	114.3	6.4	17.03
套管料、岩心管料	60	4.2	5.78
	73	3.0	5.18
		4.5	7.6
		5.5	9.16

续表

类型	公称外径 （mm）	公称壁厚 （mm）	单位长度理论质量 （kg/m）
套管料、岩心管料	76	5.5	9.56
	89	4.5	9.38
		5.5	11.33
		6.5	13.22
	108	4.5	11.49
	114	5.21	13.98
	127	4.5	13.59
		6.4	19.03
	146	5.0	17.39
	168	8	31.56
	219	10	51.54

3. 管材尺寸偏差要求

普通单双管钻具、套管、岩心管和接头料用管材外径和壁厚允许偏差一般需满足表 2-10 要求。

表 2-10　　　　　管材外径和壁厚允许偏差

管材外径	外径 D_0 （mm）	壁厚 t（mm）	
		$\leqslant 10$	>10
热轧（挤压） 管材	$+1.0\% D_0$ 或 $+0.65$，取其中较大值 $-0.5\% D_0$　-0.35	$+15\% t$ 或 $+0.45$，取其中较大值 $-10\% t$　-0.35	$+12.5\%$ -10.0%
冷拔（轧） 管材	$\pm 0.5\% D_0$ 或 ± 0.20，取其中较大者	$\pm 8\% t$ 或 ± 0.15，取其中较大者	

绳索取心钻杆用管材的外径、内径和壁厚允许偏差详见表 2-11。

表 2-11　　　　　通用型绳索取心钻杆用管材尺寸及允许偏差

钻杆代号	公称尺寸	外径（mm）		内径（mm）		壁厚允许偏差
		最小值	最大值	最大值	最小值	
R-ACS	44	44.5	44.8	35.0	34.7	$\pm 6\% t$
R-BCS	56	55.5	55.8	46.1	45.8	$\pm 6\% t$
R-NCS	70	69.9	70.25	60.35	60.0	$\pm 6\% t$
R-HCS	89	88.9	89.38	78.1	77.62	$\pm 7\% t$
R-PCS	114	114.3	114.9	101.6	101.0	$\pm 8\% t$

4. 管材的其他技术要求

（1）ZT590 以下钢级管材中化学成分的磷含量不应大于 0.03%、硫含量不应大于

26

0.02%；ZT590 及以上钢级的管材中化学成分磷含量不应大于 0.02%、硫含量不应大于 0.015%。

(2) 管材的内外表面不允许有目视可见的裂纹、折叠、结疤、扎折和离层。

(3) 管材应采用涡流检验、漏磁检验或超声波检验中的一种方法进行无损检测。

二、钻杆柱

钻杆柱由主动钻杆、孔内钻杆、接头等组成，是钻进机具中重要的组成部分，也是容易出折断事故的薄弱环节。钻杆柱是连通地面钻进设备与地下破岩工具的纽带，钻杆柱把钻压和扭矩传递给钻头，实现连续给进，为清洁孔底和冷却钻头提供输送冲洗介质的通道；同时，钻杆柱还是更换钻头、提取岩心管和进行事故打捞的工作载体。

1. 钻杆柱的结构

主动钻杆位于钻杆柱的最上部，由钻机立轴或动力头的卡盘夹持，向其下端连接的孔内钻杆传递回转力矩和轴向力。主动钻杆上端连接水龙头，以便向孔内输送冲洗液。主动钻杆断面有圆形、四方、六方和双键槽型，长度尺寸常有 4.5m 或 6.0m。

钻杆柱的连接方式有内丝连接、外丝连接、焊接接头连接等方式。内丝连接是用接头连接的内丝钻杆两端内壁车有扁梯形螺纹，我国金刚石岩心钻探（非绳索取心）均采用内丝钻杆螺纹连接；外丝连接是用接箍连接的外丝钻杆两端管壁有内、外加厚，并车有带锥度的三角螺纹，接箍外径较钻杆大，可减少钻杆磨损和其在孔内的弯曲程度，但却占用较大的钻杆外环状间隙；焊接接头连接是钻杆两端与钻杆接头之间用焊接的方法连接起来，接头之间再用螺纹连接。在水井、地热井钻进中常用烘装焊接连接方式的钻杆，在金刚石绳索取心钻进中则采用对焊连接方式的钻杆。

普通钻杆一般包含外丝钻杆、内丝钻杆和坑道钻杆。外丝钻杆用于深孔提钻取心或无岩心钻进，由钻杆体、接箍及锁接头组配，并形成钻柱使用，可加工为左螺旋纹作为反丝钻杆，常用于钻孔事故处理。内丝钻杆主要用于小直径金刚石取心钻探，也可用于取样钻探、工程地质钻探等，由钻杆体、上下接头组成，钻杆体两端一般为内加厚，并加工为内螺纹。坑道钻探主要使用外平钻杆、螺旋钻杆和水平绳索取心钻杆等。我国绳索取心钻杆有通用型（S）、加强型（P）和薄壁型（M）三种，可根据孔深和孔内工况合理选用，根据连接方式可分为直连钻杆、端加厚直连钻杆、接头连接式钻杆、焊接式钻杆。浅部水文钻探多使用岩心钻探用管材，深井和地热勘察钻探施工一般选用石油钻管材，常规深度的水文水井钻探用管材系列与地质岩心钻探和石油天然气钻探管材有所不同，参见 20 世纪 80～90 年代原地矿部制定的技术标准 DZ/T 106—1994、DZ/T 107—1994、DZ/T 109—1994。石油钻杆一般由无缝钢管制成，壁厚通常为 9～11mm，钻杆由钻杆管体与钻杆接头两部分组成，钻杆管体与接头的连接有两种方式：一种是对焊钻杆，另一种是细螺纹连接。

2. 钻杆柱的材质

常规钻杆通常由含不同合金成分的无缝钢管制成，常用合金成分有 Mn、MnSi、MnB、MnMo、MnMoVB 等，并严格限制 S、P 等有害成分的含量。目前，地质管材钢级和性能一般执行 GB/T 9808—2008《钻探用无缝钢管》的规定，制作钻杆柱的钢管力学性能见表 2-8。钻杆的钢级越高，其屈服强度越大。

三、钻具

钻具由钻头、扩孔器、取心钻具组成。

1. 钻头

钻头是位于钻柱最前端的钻探工具。在钻头钢体上或胎体内，用不同方法烧结或镶焊硬或超硬耐磨材料，实现在轴压回转或冲击回转方式下破碎岩石。钻头种类繁多，结构各异，通常按照用途、钻进方法或工艺、镶嵌形式、切磨材料、制造方法等进行分类（见表 2-12）。

表 2-12　　　钻头分类表

分类方法	钻头种类		
用途	全断面钻进钻头		
	取心钻进钻头		
	定向钻头		
	套管钻头		
钻进方法或工艺	单管钻头		
	双管钻头		
	绳索取心钻头		
	反循环钻头		
	冲击回转钻头		
镶嵌形式	表镶钻头		
	孕镶钻头		
	表孕镶钻头		
	镶块式钻头		
切磨材料	天然金刚石钻头	天然表镶金刚石钻头	
		天然孕镶金刚石钻头	
	人造金刚石钻头	单晶钻头	人造金刚石孕镶钻头
		聚晶钻头	柱状聚晶钻头
			三角聚晶钻头
		金刚石复合片钻头	
		金刚石烧结体钻头	
	硬质合金钻头和牙轮钻头		
制造方法	热压钻头		
	无压浸渍钻头		
	低温电镀钻头		
	二次镶嵌钻头		

取心钻头根据切削齿的种类分为硬质合金取心钻头、金刚石取心钻头。硬质合金取心钻头是在圆筒状的空白钻头上镶焊硬质合金切削具，根据钻进地层选择硬质合金的规格型号，并确定在钻头上镶焊的数量、排列方式、角度等，有单双粒钻头、普通式钻头、阶梯式肋骨钻头、针状合金钻头等，一般硬质合金钻头可钻进Ⅱ～Ⅶ级地层，几种常见的硬质合金钻头及适用地层见表 2-13。金刚石取心钻头是目前应用最广泛的碎岩工具，根据结构类型、金刚石切削齿镶嵌形式分类，如表 2-14 所示。

表 2-13　　　　　　　　　　　常用硬质合金钻头适用地层

名　称	钻头结构形式	适用地层
单双粒钻头	钻头镶焊小八角合金	4～5 级、部分 6 级的钙质砂岩，尤其是煤田软硬互层效果较好
普通式钻头	钻头镶方柱状合金或八角合金	钻进 2～5 级岩石，如均质大理岩、石灰岩等
阶梯式肋骨钻头	钻头镶八角方柱或薄片合金，肋骨片较厚，有大冲洗液通道	钻进 3～5 级岩石，如页岩、砂页岩，遇水膨胀岩层和胶结性差的砂岩
螺旋式肋骨钻头	钻头外侧有三块与钻头底唇水平面呈 45°角的螺旋肋骨	钻进 2～4 级较软地层、覆盖层、黏土层
针状合金钻头	先把针状合金制成铜基胎块，再镶焊到空白胎体上	钻进 4～7 级岩层以及研磨性较高的岩层

表 2-14　　　　　　　　　　　　　金刚石钻头分类表

名　称	特　点	适用地层
圆弧唇面孕镶金刚石取心钻头	圆弧形唇面，可根据地层情况采用热压法、无压法和低温电镀法制造	适用于各种硬度和研磨性地层
尖齿孕镶金刚石取心钻头	同心圆尖齿或交错尖齿形，尖齿具有掏槽作用，稳定性好。可根据地层情况采用热压法、无压法制造	适用于硬—坚硬地层钻进
阶梯交错孕镶金刚石取心钻头	具有挤压破碎作用，钻进效率高，可根据地层情况采用热压法、无压法制造	适用于软硬互层钻探
圆弧唇面天然表镶金刚石取心钻头	采用圆弧形唇面，金刚石粒度可采用 25～60 粒/克拉，采用无压法制造	适用于中硬—硬的完整岩层
复合片取心钻头	平底结构，是复合片钻头常用结构，采用热压法、无压法和二次镶焊法制造	适用于钻进软—中硬地层
尖齿复合片取心钻头	复合片加工成尖齿形状，角度可根据岩层性质来确定，采用热压法、无压法和二次镶焊法制造	适用于钻进致密均质泥岩和砂岩

全断面钻进钻头根据切削齿的种类或工作方法分为牙轮钻头、硬质合金全断面钻头、复合片全断面钻头等。牙轮钻头作为一种钻削岩石的工具，通过牙轮滚动带动其上切削齿冲击、压碎和剪切破碎岩石，能适应从软到硬的多种地层钻进，按照牙轮的数量，可分为单牙轮钻头、双牙轮钻头、多牙轮钻头；硬质合金全断面钻头一般为刮刀形式，刮刀钻头结构简单、制造方便，适用于可钻性 4 级的泥岩和页岩等软地层钻进；复

合片全断面钻头适用于钻进软至中硬地层，分为钢体式和胎体式两种类型，根据地层的软硬程度设计为3翼、4翼、5翼的结构形式。

2. 扩孔器

扩孔器在钻进过程中起到保持钻孔直径、稳定钻头和钻具的作用，位于钻头和岩心管之间，两端都有与金刚石钻头及岩心管连接的螺纹，直径略大于钻头直径（一般比钻头直径大0.5mm）。扩孔器按照用途分为单管扩孔器、双管扩孔器、绳索取心扩孔器。在硬岩和研磨性岩石中钻进地质勘探孔时广泛采用金刚石扩孔器，金刚石扩孔器是一个钢制空心圆筒，扩孔器表面带冲洗液水槽。一般根据地层情况选用扩孔器（见表2-15）。

表2-15　　　　　　　　　　扩孔器与地层的适宜性

常见岩石举例		大理岩，石灰岩，泥灰岩，蛇纹岩，辉绿岩，安山岩，辉长岩，片岩，白云岩，硬砂岩，橄榄岩			片麻岩，玄武岩，闪长岩，石英二长岩，混合岩，花岗闪长岩，流纹岩，花岗岩，钠长岩			石英斑岩，高硅化灰岩，坚硬花岗岩，碧玉岩，石英岩，石英脉，含铁石英岩		
可钻性	类别	中硬			硬			坚硬		
	级别	4～6			7～9			10～12		
研磨性		弱	中	强	弱	中	强	弱	中	强
扩孔器	表镶	●	●	●	●	●				
	孕镶		●	●	●	●	●	●	●	●

注　●为适宜。

3. 取心钻具

钻进时，根据不同地层情况，因地制宜地选用有效的取心钻具，保证岩心采取率和品质满足地质要求。常用的取心钻具有单管钻具、双管钻具、三层管钻具等。

（1）单管钻具。

单管钻具结构简单、取心直径较大，适用于金刚石、复合片、硬质合金钻进。硬质合金钻进用单管钻具一般无需扩孔器，在完整、致密和少裂隙的岩层或对取心质量要求不高时采用。常用的单管钻具有投球单管钻具、金刚石单管钻具等。

投球单管钻具结构如图2-7所示，回次终了卡住岩心之后，投入球阀关闭阀座内孔，隔离钻杆内水柱，可减少岩心脱落机会。该钻具一般适用于可钻性Ⅲ、Ⅳ级具有黏性的岩层和煤层顶板，以及不易被冲蚀的硬煤层钻进。其缺点是提钻卸钻时，钻杆内的冲洗液会在孔口喷出。

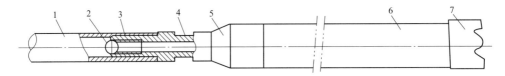

图2-7　投球单管钻具

1—钻杆；2—钢球；3—球阀；4—投球接头；5—异径接头；6—岩心管；7—钻头

金刚石单管钻具（见图 2-8）卡簧安装于钻头内锥面或扩孔器内锥面，为防止钻进中卡簧上窜或翻转，可在钻头内腔中设置卡簧座与限位短节，为防止钻孔弯曲和上部异径接头磨损，可在岩心管与异径接头之间加装上扩孔器，或在异径接头外表面喷焊或镶焊硬质合金。

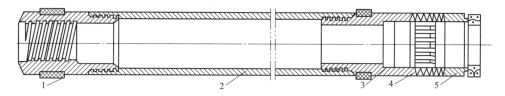

图 2-8　金刚石单管钻具

1—异径接头；2—岩心管；3—扩孔器；4—卡簧；5—钻头

（2）双管钻具。

双管钻具由内外两层岩心管组成，其优点是钻进过程中冲洗液从内外管之间的环状间隙到达钻头，不直接与岩心接触，防止了冲洗液对岩心的冲刷、冲蚀，有利于提高岩心的采取率及岩心品质。常用的双管钻具有双动双管和单动双管钻具两大类。

双动双管钻具钻进时，内外两层岩心管同时回转，一般适用于可钻性 1～6 级松软易坍塌以及可钻性 7～9 级中硬、破碎、易冲蚀的岩层钻进。该类钻具在钻进中可避免冲洗液直接冲刷和钻杆内水柱压力作用，缓和岩心互相挤压和磨耗，但不能避免机械力对岩心的破坏作用。典型的双动双管钻具结构（见图 2-9）岩心管长度一般为 1.5～2m，内外管钻头差距视地层而定，一般为 30～50mm，如岩矿层松软、胶结性差、易被冲刷，则差距要大；反之，则差距应减少。黏性大、膨胀易堵地层钻进可以增大内管钻头内出刃或使用肋骨钻头。

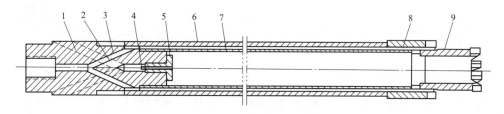

图 2-9　普通双动双管钻具

1—回水孔；2—送水孔；3—双管接头；4—球阀；5—阀座；6—外管；7—内管；8、9—外内硬质合金钻头

单动双管钻具钻进时，外管回转而内管不转，该类钻具不仅可避免冲洗液直接冲刷岩心，同时还可避免机械力对岩心的破坏作用，一般适用于可钻性 7～12 级的完整和微裂隙或不均质和中等裂隙的岩层，普通单动双管钻具结构如图 2-10 所示。在钻进前，应检查单动装置的灵活程度、内外管的垂直度和同心度。取心时，卡簧座应坐落于钻头内台阶上，提断岩心拉力一般由外管承受。钻进规程参见金刚石钻进和硬质合金钻进，由于双管内外水路过水断面小，泵压一般要高于单管钻具 0.2～0.3MPa。

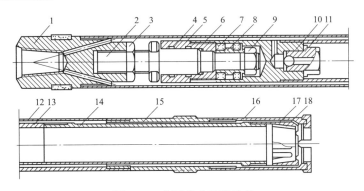

图 2-10　普通单动双管钻具

1—异径接头；2—心轴；3—背帽；4—密封圈；5—轴承上接头；6—轴承套；7—轴承；
8—内套；9—螺帽；10—球阀；11—球阀座；12—外管；13—内管；14—短节；
15—扩孔器；16—钻头；17—卡簧座；18—卡簧

（3）三层管钻具。

三层管钻具是在双层岩心管钻具的内管中增设一层岩心容纳管，岩心容纳管可采用金属或非金属材料的完整圆筒式衬管。三层管钻具可以提高复杂地层取心质量，但钻具配合精度要求高，特别是半合管式三层管，为保证配合精度，半合管长度一般为 1.5m，采用的钻头较普通钻头底唇面要厚些，对钻进效率有一定影响。常用的三层管钻具有活塞式双动三层管钻具（见图 2-11）、爪筒式双动三层管钻具、内管钻头超前单/双动三层管钻具等。

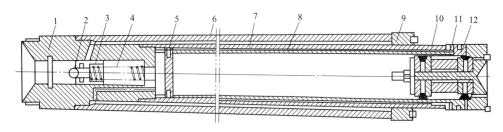

图 2-11　活塞式双动三层管钻具

1—分水接头；2—球阀；3—阀座；4—弹簧；5—半合管定位销；6—外层岩心管；
7—内层岩心管；8—半合管；9—外管钻头；10—活塞；11—内管钻头；12—螺钉

四、取样器具

取样是覆盖层工程勘察的重要工作之一，取样需要采用专用取样器。取样一般选用比钻孔孔径小 1～2 级的取土器；取样孔段在地下水位以上时，一般采用干钻法取样；土质较硬时，一般采用二重管或三重管取样器；勘探区已有经验时，可以采用重锤少击法取样；取土器由孔内提出后，用专用工具拧卸，用自由钳拧卸时要小心夹持。取样器按照壁厚分为薄壁和厚壁两类，按照入土方式可分为贯入式和回转两类。

1. 贯入式取样器

对贯入式取样器的规格要求见表 2-16。

表 2-16

贯入式取样器规格表

取土器类型		取样管外径 (mm)	刀口角度 (°)	面积比 (%)	内间隙比 (%)	外间隙比 (%)	说明
厚壁取土器		89　108	＜10	13~20	0.5~1.5	0~2.0	废土长度 200mm
薄壁取样器	敞口	50　75　100	5~10	≤10	0	0	
	自由活塞	75　100		≥10	0	0	
	水压固定活塞				0.5~1.0	0	
	固定活塞			≤13	0.5~1.0	0	

薄壁取样器壁厚仅为 1.25~2.0mm，取样扰动小，质量高，但因壁薄，不能在硬和密实的土层中使用。按照结构形式有以下几种：

（1）敞口式（见图 2-12、图 2-13，国外称为谢尔贝管），是最简单的一种薄壁取样器，取样操作简便，但易逃土。

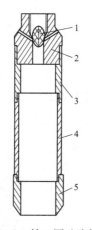 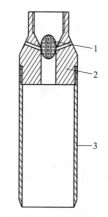

图 2-12　敞口厚壁取样器　　　　　图 2-13　敞口薄壁取土器

1—球阀；2—废土管；3—取样管；4—衬管；5—加厚管靴　　　1—球阀；2—固定螺钉；3—薄壁管

（2）固定活塞式（见图 2-14），是在敞口薄壁取样器内增加一个活塞以及一套与之相连接的活塞杆，活塞杆可通过取样器的头部并经由钻杆的中空延伸到地面，该取样器取样质量高，成功率高。

（3）水压固定活塞式（见图 2-15），是去掉活塞杆，将活塞连接到钻杆底部，取样管与可动活塞连接，取样时通过钻杆施加水压，驱动活塞缸内的可动活塞，将取样管压入土中。

（4）自由活塞式（见图 2-16），与固定活塞式不同之处在于活塞杆不延伸至地面，而只穿过接头，并用弹簧锥卡予以控制，取样时依靠土试样将活塞顶起。

厚壁取样器是指内装镀锌铁皮衬管的对分式取样器。由于镀锌铁皮衬管对土样质量影响较大，现正被塑料或酚醛层压纸管代替。

2. 回转式取样器

常用的回转型取样器有单动二（三）重管取样器（见图 2-17、图 2-18）和双动二（三）重管取样器（见图 2-19）两种。单动二（三）重管取样器类似岩心钻探中的双层岩

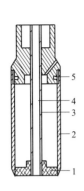

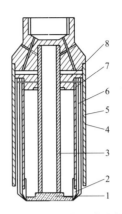

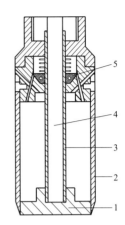

图 2-14 固定活塞取样器

1—活塞；2—取样管；
3—活塞杆；4—消除真空杆；
5—弹簧锥卡

图 2-15 水压固定活塞取样器

1—固定活塞；2—取样管管靴；3—活塞杆；
4—活塞缸；5—竖向导杆；6—取样管；
7—衬管；8—可活动塞

图 2-16 自由活塞取样器

1—活塞；2—薄壁取样管；
3—活塞杆；4—消除真空杆；
5—弹簧锥卡

心管，取样时外管旋转，内管不动；如在内管再加衬管，则成为三重管，代表型号为丹尼森（Denison）取样器，单动三重管取样器可用于中等—较硬的土层。双动二（三）重管取样器与单动不同之处在于取样内管也旋转，可切入坚硬地层，一般适用于坚硬黏性土，密实砂砾—软岩。一般可以按表 2-17 确定回转取样器的规格。

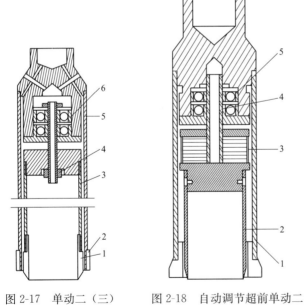

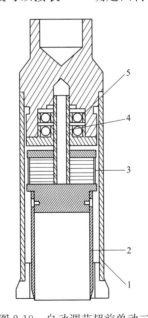

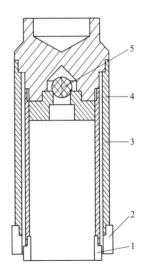

图 2-17 单动二（三）
重管取样器

1—内管钻头；2—外管钻头；
3—内管；4—调节螺母；
5—外管；6—单动轴承

图 2-18 自动调节超前单动二
（三）重管取样器

1—外管；2—内管；
3—调节弹簧；4—滑动阀；
5—单动轴承

图 2-19 双动二（三）
重管取样器

1—内管钻头；2—外管钻头；
3—内管；4—外管；
5—止回阀

表 2-17　　　　　　　　　回转取样器的规格表　　　　　　　　（单位：mm）

取样器类型		外径	土样直径	长度	内管超前
双（三）重管	单动	102	71	1500	固定
		140	104		可调
	双动	102	71		固定
		140	104		可调

第三章

钻 进 方 法

在工程勘察钻探的实践中，形成了多种钻进方法。按照给予钻探器具外力的形式，可分为冲击式、回转式、冲击回转式钻进；按照驱动动力的提供方式，可分为人力、电动、柴油动力钻进；按照钻头的类型，可分为钢粒、合金、金刚石、金刚石复合片钻进。钢粒钻进是早期工程钻探的主要方法，随着国内工业技术的发展，合金钻进逐渐取代了钢粒钻进；随着人造金刚石工业技术的日益成熟，合金及金刚石钻进技术普遍得到应用，已成为工程勘察的主要技术方法，在金刚石聚晶技术发展的基础上，由金刚石复合块（片）构成的金刚石复合片钻进已在工程勘察中得到广泛应用。另外，按照钻杆柱的类型，可分为钢丝绳、钻杆钻进；按照振动力提供方式，可分为潜孔锤、声波钻进；按照护壁方式，可分为跟管护壁（爆破、锤击、孔底扩孔）、冲洗液护壁钻进。在实际应用中，常常是多种分类的组合。

覆盖层钻探通用的钻进方法有：冲击钻进（含洛阳铲、冲击管钻、钢丝绳冲击钻进、冲抓锥钻进）、回转钻进（含硬质合金、金刚石）、冲击回转（含液动冲击回转钻进、气动冲击回转钻进）及振动钻进。随着技术的不断进步，针对覆盖层不同特性而形成的套管护壁取心、覆盖层金刚石回转、空气潜孔锤取心跟管、绳索取心等钻探技术，充实了覆盖层钻探钻进方法；水上钻探、松散细颗粒土取样、护壁堵漏、孔斜控制等特殊钻探技术，填补了覆盖层钻进方法的空白。

确定钻进方法时，需要在分析覆盖层钻探特性的基础上，充分考虑覆盖层结构及所含岩石种类。覆盖层结构包括土粒单元的大小、矿物成分、形状、相互排列及联结关系等微观结构和土体的层理、孔隙等宏观结构，在不同结构的覆盖层钻探中，会遇到不同地层的稳定性及钻孔漏失钻进问题。组成覆盖层的岩石的物理力学性质直接影响钻进效率，坚硬岩石一般钻进效率较低。

第一节 覆盖层钻探特性

一、稳定性

在勘察钻探和其他岩土工程施工过程中，地层被打开后长期保持初始状态的能力称为地层的稳定性。覆盖层稳定性是决定孔壁稳定的重要因素，在稳定性差地层中钻进时，孔壁会发生破坏（崩落、坍塌、膨胀），岩心采取率下降，钻头的非正常磨损量增大；时有孔壁垮塌、垮孔、埋钻等孔内事故发生，导致费工、费时地处理孔内事故，致使钻探效率明显降低，严重的孔内事故甚至形成报废孔。覆盖层稳定性与覆盖层结构、成因、形成年代、埋深有关。

覆盖层结构包括微观结构和宏观结构。微观结构是指土粒的原位集合体特征，是由土粒单元的大小、岩石成分、形状、相互排列及其连接关系，土中水的性质及孔隙特征等因素形成的综合特征。宏观结构是同一层土中的物质成分和颗粒大小都相近的各部分之间的相互关系的特征，表征为土层的层理、裂隙及大孔隙等，常称土的构造。由于砂土颗粒较大，土粒相互堆积在一起，形成粒状的单粒结构，颗粒之间没有或仅有微小的联结力，单粒结构可以是疏松的，也可以是紧密的，土粒的粒度、形状及土粒在空间的相对位置决定其密度，密度的大小相对地反应了该类土的密实度，也反应了土的稳定性。黏性土的主要结构有蜂窝状结构和絮状结构。如粉粒及细砂，粒径在 $0.005\sim$ 0.075mm 的粉粒粒组，蜂窝状结构孔隙很大、结构形式很不稳定。如细小的黏粒，粒径在 $0.0001\sim0.005\text{mm}$，絮状结构孔隙更大，结构很不稳定，该类结构黏性土受固结作用和胶结作用时间长，从而土粒之间的结构强度得以提高。

按地质成因不同，一般分为人工堆积、残积、坡积、洪积、冲积、淤积、冰积、风积和化学堆积等覆盖层。人类活动形成的人工填土，如人为填土、建筑弃渣等，稳定性最差。岩石经过物理、化学风化作用而残留在原地的岩屑物形成残积覆盖层没有经过水平搬迁移动，其颗粒大小取决于母岩的岩性，颗粒棱角明显，没有层理，具有较大的孔隙，透水性较强，一般不含地下水，只有在低洼地段且下伏岩石为不透水层时，该层才会有滞水出现；高处的风化碎屑物，由于雨水、雪水或自身重力等作用，堆积在斜坡或坡脚形成坡积覆盖层，其结构比较松散，一般具有潜水及滞水，岩性成分多样复杂；残积及坡积覆盖层一般稳定性较差。山区或高处的水流将大量的碎屑物块挟带下来，堆积在前缘的平缓地带形成洪积覆盖层，河流挟带的泥、砂、石等碎屑在平缓地段沉积堆积形成冲积覆盖层，湖泊内因机械作用、化学作用或生物作用形成湖积盖层，在地表水聚集或地下水出露的洼地内，植物死亡腐烂分解的残杂物形成沼泽堆积覆盖层。在海洋中靠近海岸、水深在 20m 内区域受海浪、海潮等作用堆积的滨海堆积覆盖层，冲积、湖积、沼泽堆积、滨海堆积覆盖层经过水力搬运、沉积，其稳定性相对比较稳定。与冰川活动、冰川融化的冰下水活动有关的堆积物形成冰川堆积覆盖层，包括冰碛堆积、冰水堆积、冰碛湖堆积物，一般稳定。

覆盖层大致形成时间距今在 200 万～300 万年之间，时间跨度达 100 万年。时间越老的地层稳定性越好，反之则差。

不同地区的覆盖层深度变化较大，有的较浅，有的很深。现已开展的工程勘察中查明覆盖层最大深度达数百米，如：冶勒水电站右岸覆盖层深达 420m 以上，ML 水库河谷覆盖层深达 567.60m，乌东德水电站滑坡覆盖层达 780m。随着覆盖层厚度的增加，上覆层压重越大，覆盖层的稳定性越好。

实际操作中，依据覆盖层孔隙率、实际可钻性和颗粒胶结物的类型进行稳定性评价，其中：第Ⅰ组地层，不要求采取专门技术措施来加固孔壁；第Ⅱ组地层，在使用专门的冲洗液、润滑剂、限制起下钻速度等工艺措施下也能保持孔壁稳定性；第Ⅲ组地层，要求在钻穿该孔段后，用套管和水泥灌浆来加固孔壁；第Ⅳ组地层，必须采用专门的工艺手段来钻进，如超前钻或边钻边加固。覆盖层稳定性可按表3-1进行分类，以表述覆盖层稳定性的优劣程度。

表 3-1 覆盖层稳定性分级表

地层特征	需要护壁的工艺措施	稳定性程度	稳定性类型
挤压或胶结成整块、弱孔隙率	钻具振动和冲洗液冲刷不会破坏孔壁	稳定	Ⅰ
不同程度的孔隙和硬度	钻具振动和冲洗液冲刷会破坏孔壁	较稳定	Ⅱ
强孔隙的脆性地层和高塑性的黏结性	容易被钻具振动破坏的水溶性和永冻层	弱稳定	Ⅲ
疏松、松散、易流动的地层	容易被冲刷蚀和破坏的地层	不稳定	Ⅳ

二、渗透性

1. 地层的渗透性

覆盖层渗透性反映了液体（地下水或冲洗液）在压力差作用下从覆盖层中渗透的能力，表征覆盖层渗透性指标为渗透系数。

影响砂性土渗透性的主要因素为渗透流体和土的颗粒大小、形状、级配以及密度。渗透流体的影响主要是黏滞度，而黏滞度又受温度影响，温度越高，黏滞度越低，渗流速度越大。

土颗粒的影响是颗粒越细，渗透性越低；级配良好的土，因细颗粒充填大颗粒的孔隙，减小孔隙尺寸，从而降低渗透性。土的密度增加，孔隙减小，渗透性也会降低。

影响黏性土渗透性的主要因素为颗粒的矿物成分、形状和结构（孔隙大小和分布），以及土—水—电解质体系的相互作用。黏土颗粒的形状为扁平的，有定向排列作用，因此渗透性具有显著的各向异性性质。

渗透性的毛管模型表明，渗透流速与孔隙直径的平方成正比，而单位流量与孔隙直径的四次方成正比。孔隙率相同的黏性土，粒团间大空隙占高比例的结构的渗透性，比均匀孔隙尺寸的结构的渗透性大得多，黏性土的微观结构和宏观结构对渗透性影响很大，因此，实验室内的测定结果并不能反映实际的土体情况。层状黏土水平方向的渗透性往往远大于垂直方向；而黄土和黄土状土中，由于垂直大孔隙发育，其中垂直方向的渗透性大于水平方向；裂缝黏土由于存在裂缝网络，所以渗透系数接近于粗砂，且具有严格的方向性。研究实际土体的渗透性时，必须注意它的特殊规律。

土中的水受水位差和应力的影响而流动，砂土渗流基本服从达西定律。黏性土因为结合水的黏滞阻力，只有水力梯度增大到起始水力梯度，克服了结合水黏滞阻力后，水才能在土中渗透流动，黏性土渗流不符合达西定律。

在工程勘察中实测地层渗透性的方法是：完整岩石中采用压水试验测得地层的渗透

指标透水率（Lu 值）、在覆盖层中采用抽水试验测得渗透系数（K 值）、在基岩破碎带及地下水位埋深很深时采用注水试验测得渗透系数（K 值）。

水电工程地质勘察中对地层渗透性分级见表 3-2。

表 3-2　　　　　　　　　　　土的渗透性分级

渗透系数 K（cm/s）	透水率 Lu	渗透性等级	代表性土类
$K<10^{-6}$	$q<0.1$	极微透水	黏土
$10^{-6}\leqslant K<10^{-5}$	$0.1\leqslant q<1$	微透水	黏土—粉土
$10^{-5}\leqslant K<10^{-4}$	$1\leqslant q<10$	弱透水	粉土—细粒土质砂
$10^{-4}\leqslant K<10^{-2}$	$10\leqslant q<100$	中等透水	砂—砂砾
$10^{-2}\leqslant K<10^{0}$	$100\leqslant q$	强透水	砂砾—砾石、卵石
$10^{0}<K$		极强透水	粒径均匀的巨砾

根据地层的漏失程度不同以及采用的堵漏措施不同，钻探界对地层的渗透性分类如表 3-3 所示。

表 3-3　　　　　　　　　　钻探用地层渗透性分类

地层的渗透性类别	漏失性特性	吸收液体数量（m³/h）	地层特征举例	采取的堵漏措施
Ⅰ	局部漏失	5	疏松的砂岩，细粒和中粒砂岩，弱孔隙性石灰岩	采用黏土泥浆
Ⅱ	强漏失	5～10	中粒砂岩，粗粒砂岩，孔隙性石灰岩，裂隙性白云岩和火山岩	带添加剂的黏土泥浆
Ⅲ	严重漏失	10～15	粗粒砂岩，强裂隙性石灰岩和白云岩	采用速凝型混合剂
Ⅳ	灾害性漏失	>15	蜂窝状石灰岩和白云岩，盐岩	下套管

2. 覆盖层渗透稳定性

在一定水力梯度作用之下，无黏性土体内的细颗粒随渗流移动并被带出边界面（称为管涌）和边界面附近土体整体浮动的现象（称为流土），称为土的渗透变形，这是土体渗透破坏的主要形式。颗粒级配曲线上缺乏中间粒径的颗粒而细颗粒含量又不多的砂砾料的渗透稳定性最差。

黏性土渗透破坏的主要形式是边界面上的剥落和沿裂缝或洞穴的冲刷和侵蚀。此类土体抵抗渗透破坏能力同它的矿物、物理化学、结构等特性有关。具有稳固团粒结构的凝聚性土，渗透稳定性好；具有不稳定胶结的分散性土，渗透稳定性差。

3. 渗透性对钻探的影响

覆盖层的渗透性对钻探的影响主要是钻进过程中出现冲洗液的漏失或出现钻孔内涌砂（水）。孔内漏失一方面容易产生孔内事故，造成钻进效率低下；另一方面，大量的冲洗液渗透到地层中升高钻探成本。孔内涌砂（水）直接的结果是孔底形成堆积，无法形成钻孔。

三、研磨性及其分级

用机械方法破碎地层的过程中，钻头与地层产生连续或间断的接触和摩擦，钻头破碎地层的同时，其自身也受到地层的磨损而逐渐变钝。地层磨损工具的能力称为地层的研磨性，其决定着碎岩工具的寿命和效率，对钻进规程参数选择、钻头设计及使用具有重大影响。

覆盖层地层的研磨性，取决于覆盖层中所含卵砾石的矿物性质、胶结状态及研磨状态。含卵砾石的矿物性质包括硬度、颗粒度、颗粒形状、密度及岩石颗粒间的硬度差，所含石英及其他坚硬矿物的百分比等。岩石颗粒的硬度越大，岩石的研磨性也越强，富含石英的岩石具有强研磨性；岩石颗粒形状越尖锐，颗粒尺寸越大，造岩硬度相同时，单矿物岩石的研磨性越低，非均质和多矿物的岩石（如花岗岩）研磨性较强，因为这类岩石中较软的矿物（云母、长石）首先被破碎下来，使岩石表面变得粗糙，同时石英颗粒出露，而增强了研磨性。胶结物的黏结强度越低，岩石的研磨性越强。研磨时，环境介质会改变岩石的研磨性，湿润和含水的岩石研磨性降低。岩石的研磨性还与钻头的耐磨性、移动速度、岩屑能否完全排出等有密切关系，如钻压不大、转速很高，或者钻压很大、转速很低，都可能增大磨损量。要从岩石的研磨性出发选择钻头切削具材料，以保证钻头的均衡磨损。

研磨性的测试通常采用模拟某种钻进过程的方法来研究地层的研磨性，不同的测量工具及不同的测量方法所得结果具有相对的性质。常用的测试方法及其分级如下：

1. 标准杆件磨损法

标准杆件磨损法如图 3-1（a）所示，它是用标准杆件与地层互相研磨，根据研磨杆的损失量作为地层研磨性指标，其研磨杆分为钢杆和金刚石杆两种。

标准钢杆研磨法的测试设备是改装的台钻或其他的研磨试验装置，研磨杆采用含碳 0.9%、硬度 HB250 的高纯度碳钢制成，外径 $\phi 8mm$ 平端圆件作为标准金属棒，其一端钻有 $\phi 4mm$、深 10～12mm 的圆孔。把金属棒夹在钻床上，让金属棒在岩块上按照压力 $P=150N$、转速 $n=400r/min$、时间 $T=10min$ 进行回转测试，测试结束后，按照地层摩擦后的平均失重 a（mg）作为研磨性指标。根据研磨性指标把地层研磨性分成Ⅷ个级别（见表 3-4）。

表 3-4　　　　　　　　　与钻磨法对应的地层研磨性分级

研磨性级别	地层类别	研磨性指标 a（mg）	代表性地层举例
Ⅰ	极弱研磨性	<5	石灰岩、大理岩、不含石英的软硫化物（方铅矿、闪锌矿）、石盐
Ⅱ	弱研磨性	6～10	硫化物矿、泥板岩、软的页岩（泥质页岩、炭质页岩）
Ⅲ	中下研磨性	11～18	角岩、细粒岩浆岩岩石、铁钒矿、硅质石灰岩
Ⅳ	中等研磨性	19～30	石英和长石砂岩、细粒辉绿岩、石英脉、碧玉铁质岩
Ⅴ	中上研磨性	31～45	中粗粒斜长岩、细粒花岗岩、细粒闪长岩、云英岩、片麻岩
Ⅵ	较强研磨性	46～65	中—粗粒花岗岩、闪长岩、正长岩、角斑岩、辉岩、闪岩、石英硅化页岩

研磨性级别	地层类别	研磨性指标 a（mg）	代表性地层举例
Ⅶ	强研磨性	66～90	玢岩、闪长岩、花岗岩、霞石正长岩
Ⅷ	极强研磨性	＞90	含刚玉的岩石

标准金刚石杆件切槽法的测试设备是改制的车床或其他的研磨试验装置，研磨杆是 ϕ8mm 的孕镶金刚石棒，孕镶层高度 3mm，金刚石为 70 目、JR3 级、浓度 75% 的中等硬度胎体。测试要求：岩心直径 39±1mm；回转速度 106±1r/min；压力 450N；切槽进程 400r。我国《地质岩心钻探规程》（DZ/T 0227—2010）中，按金刚石切槽法将岩石研磨性分为 3 类 4 等级，详见表 3-5。

表 3-5   岩石研磨性分类

研磨性分类	按钢杆研磨法		按金刚石杆切槽法	
	研磨性等级	研磨性指标 a(mg)	研磨性等级	研磨性指标 a(mg)
弱研磨性	Ⅰ	＜5	1	≤1.0
弱研磨性	Ⅱ	5～10	1	≤1.0
中等研磨性	Ⅲ	10～18	2	1.1～2.5
中等研磨性	Ⅳ	18～30	2	1.1～2.5
中等研磨性	Ⅴ	30～45	3	2.6～5.0
强研磨性	Ⅵ	45～60	3	2.6～5.0
强研磨性	Ⅶ	60～90	4	＞5.0
强研磨性	Ⅷ	＞90	4	＞5.0

2. 标准圆盘磨损法

标准圆盘磨损法如图 3-1（b）所示，它是用表面抛光的淬火钢或硬质合金圆盘做试样，直径 ϕ30mm，厚度不小于 2mm（在碎屑岩石中测试时不小于 3.5mm），在接近于牙轮钻头的比压和冲洗液作用下对岩石作滑动摩擦，以金属圆盘的磨损量表示岩石的研磨性指标。

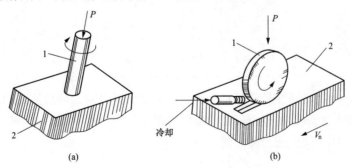

图 3-1 测定岩石研磨性的主要方法

（a）标准杆件磨损法；（b）标准圆盘磨损法

1—金属试样；2—岩石试样；P—加在金属试样上的载荷；V_n—给进速度

此方法按照单位摩擦路径上的相对磨损量把研磨性分成12个等级（见表3-6）。

表3-6 与标准圆盘磨损法对应的岩石研磨性分级

研磨性级别	岩石	对淬火钢的相对研磨性	对硬质合金的相对研磨性
1	泥岩和碳酸盐岩	1～3	1～3
2	石灰岩	6.5	6
3	白云岩	6	12
4	硅质结晶岩石	9	20
5	含铁—镁岩石及含5%石英的研磨性岩石	10	25
6	长石岩	12	30
7	石英含量大于15%长石岩及含10%石英的弱研磨性岩石	13	40
8	石英晶质岩石	16	45
9	石英碎屑岩，硬度 H_y>3500MPa	16～25	50
10	石英碎屑岩，硬度 H_y=2000～3500MPa 及含10%～20%石英的岩石	25～35	50
11	石英碎屑岩，硬度 H_y=1000～2000MPa 及含30%石英的岩石	35～60	50
12	石英碎屑岩，硬度 H_y<1000MPa	60～95	50

3. 往复式球磨法

往复式球磨法是样品筒在专用试验台上以1400次/min的频率往复振动20min，让铅丸与岩石对磨，然后测量铅弹的失重，则研磨性系数为：

$$K_a = \Delta Q / 100 \tag{3-1}$$

式中 K_a——岩石的研磨性系数；

ΔQ——铅弹的失重，mg。

此方法按研磨性系数 K_a 的大小把岩石的研磨性分成6个级别（见表3-7）。

表3-7 往复式球磨法对岩石研磨性分级

指标	研磨性级别					
	Ⅰ	Ⅱ	Ⅲ	Ⅳ	Ⅴ	Ⅵ
研磨性程度	极弱	弱	中下	中上	强	极强
研磨性系数 K_a（mg）	<0.5	0.5～1.0	1.0～1.5	1.5～2.0	2.0～2.5	2.5～3.0 及更大

在钻探中，地层研磨性是选择钻头种类的重要依据之一。研磨性强的地层，合金钻进时一般采用负镶嵌角、多排密集合金排列、水口及水槽数量减小；用热压金刚石钻头钻进时，选用胎体硬度要适当高一些。

四、可钻性

1. 可钻性

地层可钻性反映在一定钻进方法下地层抵抗被钻头破碎的能力。覆盖层的可钻性主要取决于覆盖层中所含漂卵砾石的力学性质及覆盖层的结构，并与钻进的工艺技术措施有关。

覆盖层中漂石、卵石、砾石等质地坚硬，主要由坚硬的火成岩、变质岩和沉积岩等组成，其可钻性级别一般在Ⅶ~Ⅺ级，覆盖层中所含漂卵砾石的可钻性直接影响了覆盖层的可钻性。一般来讲，粒径越大，钻进效率越低，其可钻性越差，可钻性级别越高；钻进漂石的难度比钻进卵石的难度大，钻进效率要低，漂石的可钻性级别比卵石的可钻性级别高；漂卵砾石的力学性质是确定卵（砾）石、漂（块）石覆盖层可钻性的重要因素，通常花岗岩质漂卵砾石的钻进效率比灰岩质漂卵砾石的钻进效率低，其相应的可钻性级别更高。与机械碎岩有关的力学性质主要有变形特性（即岩石的弹性、塑性和脆性）、强度特性（即岩石的抗压、抗剪、抗拉和抗弯强度）和表面特性（即岩石的硬度和研磨性等）。一般造岩矿物或碎屑的弹性模数、硬度、强度越高，或某种高力学性质的矿物（如石英）含量越高，则岩石也具有高弹性模数、硬度、强度和研磨性；通常岩浆岩和变质岩的弹性模数、强度、硬度大于沉积岩，而塑性系数则相反。岩石在拉、压、剪、弯不同力的作用下表现出来的力学特性，一般单向抗压强度（σ_c）最大，抗拉强度（σ_t）最小，抗剪强度（τ）和抗弯强度（σ_b）介于它们之间，即 $\sigma_c > \tau > \sigma_b \geqslant \sigma_t$。岩石受压时颗粒间的距离缩小，内聚力和内摩擦力增加，所以岩石的强度和弹性模数大；而岩石受拉时情况正好相反，故强度和弹性模数最小。因此，在钻孔碎岩时，应充分利用岩石抗剪、抗弯和抗拉强度小的弱点，寻求相应的碎岩方法，提高碎岩效率。一般平行于层理方向的弹性模数 $E/\!/$ 和硬度 $H/\!/r$ 大于垂直于层理方向的弹性模数 $E\perp$ 和硬度 $H\perp r$，垂直于岩石层理方向上的硬度小，则容易钻进，这一各向异性很好地解释了在层理发育的岩层钻进，钻孔总是趋向垂直于岩层的孔斜规律和原因。这些力学性质对钻进速度、碎岩功耗和钻头寿命等有直接的影响，对岩石可钻性分级时，国内外钻探界都是把越难钻进的岩石列入越高的级别，级别越高，岩石的"可钻性"越差，岩石可钻性级别的大小与钻进速度的大小是相反的。

覆盖层的结构是指土层空间展布及相互接触关系，表征为土层的层理、裂隙及孔隙等，工程勘察实践中，覆盖层孔隙越少、裂隙越小、密实度越高，钻进效率越高，其可钻性级别越低；覆盖层水平层理越明显，钻进效率越高，可钻性级别越低；地层颗粒之间胶结性越好，钻进速度越快，可钻性级别越低。

钻探设备、钻孔口径和深度、钻进方法等影响岩石可钻性。同一地层，小口径钻进因钻头环状面积小，单位进尺需要破碎的地层量小，其钻进速度比大口径钻进速度快；大型设备的动力比小型设备的动力大，给予所钻地层的轴向力及切向力大，其钻进速率快；冲击钻进及冲击回转钻机的破碎岩石效果一般比纯回转钻进的破碎效果好。

2. 可钻性分级

（1）按岩石力学性质指标分级。

按单一的岩石力学性质分级法。按岩石的压入硬度把岩石分成 4 类 12 级，按摆球的回弹次数把岩石分成 12 级，但单一的岩石力学性质指标难以反映孔底岩石破碎过程的实质，当上述两种方法确定的可钻性出现不一致的情况，可按照回归方程式（3-2）

来确定岩石的可钻性 K_d 值。

$$K_d = 3.198 + 8.854 \times 10^{-4} H_y + 2.578 \times 10^{-2} H_N \quad (3-2)$$

式中　K_d——岩石的可钻性值，级；

　　　　H_y——岩石的压入硬度，MPa；

　　　　H_N——摆球的回弹次数，次。

按照岩石的联合力学指标分级法。岩石联合力学指标是其动强度指标 $F_d(1/\text{mm})$ 和研磨性系数 $K_a(\text{mg})$ 的函数，反映了强度和研磨性共同对岩石破碎效果的影响。联合指标 ρ_m 的计算式如下：

$$\rho_m = 3F_d^{0.8} K_a \quad (3-3)$$

式中　ρ_m——岩石联合力学指标，mg/mm。

根据联合指标 ρ_m 确定的岩石可钻性分级参见表 3-8。

表 3-8　　　　　　　按联合指标确定的回转钻进条件下岩石可钻性分级表

岩石特征	岩石可钻性等级	联合指标值	岩石特征	岩石可钻性等级	联合指标值
软、疏松	Ⅰ～Ⅱ	1.0～2.0	硬—坚硬	Ⅷ	15.2～22.7
	Ⅲ	2.0～3.0		Ⅸ	22.8～34.1
中软—中硬	Ⅳ	3.1～4.5		Ⅹ	34.2～51.2
	Ⅴ	4.6～6.7	极硬	Ⅺ	51.3～76.8
中硬—硬	Ⅵ	6.8～10.1		Ⅻ	76.9～115.2
	Ⅶ	10.2～15.1			

（2）按实际钻进速度分级。

地质矿产行业标准《地质岩心钻探规程》（DZ/T 0227—2010）中给出的岩石可钻性分级见表 3-9。

表 3-9　　　　　　　　　　　岩石可钻性分级表

岩石级别	钻进时效（m/h）		代表性岩石举例
	金刚石	硬合金	
Ⅰ～Ⅳ	—	＞3.9	粉砂质泥岩，炭质页岩，粉砂岩，中粒砂岩，煌斑岩
Ⅴ	2.9～3.6	2.5	硅化粉砂岩，炭质硅页岩，滑石透闪岩，白色大理岩，黑色片岩，透辉石大理岩，大理岩
Ⅵ	2.3～3.1	2.0	角闪斜长片麻岩，白云斜长片麻岩，石英白云石大理岩，黑云母大理岩，白云岩，角闪岩，黑云母石英片岩，角岩
Ⅶ	1.9～2.6	1.4	透辉石岩，白云斜长片麻岩，黑云角石英片岩
Ⅷ	1.5～2.1	—	花岗岩，闪长岩，斜长角闪岩，混合片麻岩，凝灰岩
Ⅸ	1.1～1.7	—	花岗岩，橄榄岩，斑状花岗闪长岩
Ⅹ	0.8～1.2	—	钠长斑岩，花岗岩，石英岩，硅质凝灰砂砾岩
Ⅺ	0.5～0.9	—	石英岩，凝灰岩，熔凝灰岩
Ⅻ	＜0.6	—	熔凝灰岩，硅质岩

（3）按岩石坚固性系数（普氏系数）分级。

俄罗斯学者提出的岩石坚固性系数（普氏系数）至今仍在矿山和海洋勘探、采矿中广泛应用。岩石的坚固性反映的是岩石在几种变形方式组合作用下抵抗破坏的能力。因为在钻掘施工中往往不是采用纯压入或纯回转的方法破碎岩石，故把岩石单轴抗压强度极限的 1/10 作为岩石的坚固系数，即 $f = R/10$（R 是岩石单轴抗压强度，MPa）。普氏围岩分级见表 3-10。

表 3-10　　　　　　　　按普氏系数围岩分级表

级别	坚固性程度	岩石性质	坚固性系数 f
Ⅰ	最坚固的岩石	最坚固、最致密的石英及玄武岩；其他最坚固的岩石	20
Ⅱ	很坚固的岩石	很坚固的花岗岩类；石英斑岩、硅质片岩；坚固程度较Ⅰ稍差的石英岩；最坚固的砂岩及石灰岩	15
Ⅲ	坚固的岩石	致密花岗岩；很坚固的砂岩及石灰岩；石英质矿脉，坚固的砾岩；很坚固的铁矿岩	10
Ⅲa	坚固的岩石	坚固的石灰岩；不坚固的花岗岩；坚固的砂岩；坚固的大理岩；白云岩；黄铁矿	8
Ⅳ	相当坚固的岩石	一般的砂岩；铁矿石	6
Ⅳa	相当坚固的岩石	砂质页岩；泥质砂岩	5
Ⅴ	坚固性中等的岩石	坚固的页岩；不坚固的砂岩及石灰岩；软的砾岩	4
Ⅴa	坚固性中等的岩石	各种（不坚固的）页岩；致密的泥灰岩	3
Ⅵ	相当软的岩石	软的页岩；很软的石灰岩；白垩；岩盐；石膏；冻土；无烟煤；普通泥灰岩；破碎的砂岩；胶结的卵石及粗砂粒；多石块的土	2
Ⅵa	相当软的岩石	碎石土；破碎的页岩；结块的卵石及碎石；坚硬的烟煤；硬化的黏土	1.5
Ⅶ	软土	黏土（致密的）；软的烟煤；坚固的表土层，黏土质土壤	1.0
Ⅶa	软土	轻砂质黏土（黄土，细砾土）	0.8
Ⅷ	壤土状土	腐殖土；泥炭；轻压黏土；湿砂	0.6
Ⅸ	松散土	砂；小的细砾土；填方土；已采下的煤	0.5
Ⅹ	流动性土	流砂；沼泽土；含水黄土及其他含水土壤	0.3

（4）按破碎比功法分级。

用圆柱形压头作压入试验，通过压力与侵深曲线图求出破碎功，折算出单位面积上的破碎比功（A_s），根据破碎比功法对岩石可钻性分级见表 3-11。

表 3-11　　　　　　　　破碎比功法对岩石可钻性分级见表

岩石级别	Ⅰ	Ⅱ	Ⅲ	Ⅳ	Ⅴ	Ⅵ	Ⅶ	Ⅷ	Ⅸ	Ⅹ
破碎比功 A_s（Jm/cm²）	≤2.5	2.5~5.0	5.0~10	10~15	15~20	20~30	30~50	50~80	80~120	≥120

（5）不同行业分级。

根据多年实践，国内不同行业各自形成了覆盖层的可钻性分级，实际工作可参照。城乡建筑勘察钻进效率对覆盖层可钻进分级见表 3-12，水电水利勘察采用的覆盖层按砂卵石含量及粒径可钻性分级见表 3-13。

表 3-12　　　　　　　　　　螺旋钻进条件下的覆盖层可钻性分级

可钻性级别	1m 纯钻时间（min）	代表性地层
Ⅰ	0.8	含少量卵砾石杂质的植物生长层，淤泥层，疏松的黄土、砂、亚沙土、砂质黏土
Ⅱ	1.5	含量 10% 以下卵砾石杂质的砂质黏土，塑性黏土，硅藻土，炭黑，中等密度的砂层
Ⅲ	2.0	含量 10%～30% 小卵砾石杂质的砂质-泥质土层，亚黏土、黏土和砂质黏土，结实黄土
Ⅳ	4.1	含量大于 30% 卵砾石杂质的砂质-泥质土层，亚黏土、黏土和亚砂土，冻结的砂层、淤泥、泥炭、砂质黏土
Ⅴ	7.2	坚硬的冻土层、致密的淤泥、冰积砾石层、冰层
Ⅵ	12.7	含黏土质或砂质夹层的冻结砾石岩、坚硬的黏土

表 3-13　　　　　　　　水电水利工程回转钻进条件下覆盖层可钻性分级

可钻性级别	地层硬度	代表性地层
Ⅰ	松软疏松	次生黄土、次生红土、泥质土壤，松软的砂质土壤、冲击砂土层、湿的硅藻土，泥炭质腐质土层
Ⅱ	软松软疏散的	黄土层、红土层、松软的泥灰层，含有 10%～20% 砾石的黏质及砂质土层、姜黄土层、泥炭及腐植土层，粒径小于 20mm、含量 30%～50% 的砂卵石层
Ⅲ	软的	轻微胶结的砂层，含超过 20% 砾石的黏质及砂质土层，含超过 20% 砾石砂姜黄土层、泥炭及腐殖土层，粒径小于 20mm、含量大于 50% 的砂卵石层
Ⅳ	较软的	粒径 20～40mm、含量 30%～50% 的砂卵石层
Ⅴ	稍硬的	粒径 20～40mm、含量超过 50% 的砂卵石层，粒径 40～60mm、含量 30%～50% 的砂卵石层
Ⅵ	中等硬的	粒径 40～60mm、含量超过 50% 的砂卵石层，粒径 60～80mm、含量 30%～50% 的砂卵石层
Ⅶ	中等硬的	粒径 60～80mm、含量超过 50% 的砂卵石层，粒径 60～80mm、含量 30%～50% 的砂卵石层
Ⅷ	硬的	粒径 80～100mm、含量超过 50% 的砂卵石层粒径 100～130mm、含量 30%～50% 的砂卵石层
Ⅸ	硬的	粒径 100～130mm、含量超过 50% 的砂卵石层，粒径 130～200mm、含量 30%～50% 的砂卵石层
Ⅹ	坚硬的	粒径 130～200mm、含量超过 50% 的砂卵石层，粒径大于 200mm、含量 30%～50% 的砂卵石层
Ⅺ	坚硬	粒径大于 200mm、含量超过 50% 的砂卵石层

❀　第二节　钻进方法的分类及选择

一、钻进方法的分类

不同钻探领域采用不同的标准对钻探方法进行分类。在工程勘察中，常按克取地层工具材质不同分为钻粒钻进、合金钻进、金刚石钻进，按破碎地层的外力方式不同分为冲击钻进、回转钻进以及冲击回转钻进等。一般钻进方法分类可参见图3-2。

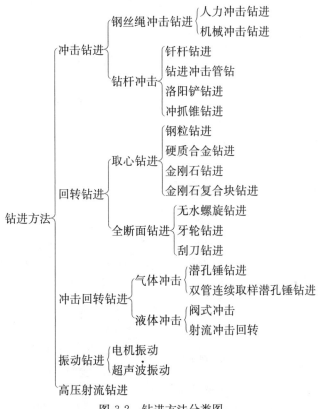

图 3-2　钻进方法分类图

覆盖层常用的钻进方法有：洛阳铲、冲击管钻、钢丝绳冲击钻进、冲抓锥钻进、螺旋回转钻进、钢粒回转钻机、合金回转钻进、金刚石回转钻进、金刚石复合片钻进、空气潜孔锤冲击回转钻进、超声波振动钻进等，其分类见图3-3。钢粒钻进是我国20世纪早期工程钻探的主要方法，随着国内工业技术的发展，合金钻进逐渐取代了钢粒钻进，随着人造金刚石工业技术的日益成熟，合金及金刚石钻进技术普遍得到应用，已成为工程勘察的主要技术方法，在金刚石聚晶块技术发展的基础上，由金刚石复合块（片）的构成的金刚石复合片钻进已在工程勘察中日益广泛应用。

二、钻进方法的选择

不同钻进方法有其不同的适应条件，覆盖层工程勘察中，一般根据覆盖层钻探特性、勘察要求选择钻进方法，钻探方法的初步选择可参照表3-14。钻探方法对覆盖层钻探特性又有一定的影响，因而在选择钻探方法时，还得考虑钻探方法对覆盖层钻探特性的关联关系，现场交通、供水、气候等环境条件也是选择钻进方法时必须考虑的重要因素。

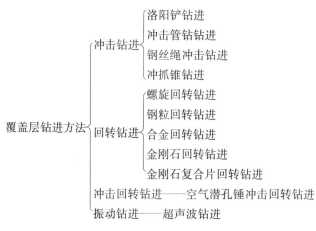

图3-3　覆盖层常用钻进方法

表3-14　　　　　　　　　　　　常用钻探方法选择表

覆盖层钻探特性			钻探要求	钻进方法
稳定性	透水性	可钻性		
Ⅰ、Ⅱ	中等以下	Ⅳ以下	钻孔口径较小的只取代表样钻孔	洛阳铲钻进
Ⅲ及以下		全部	孔深不超过100m，大口径不取心成孔	钢丝绳冲击钻进
Ⅲ及以下		Ⅵ以下	50m以内的取心钻探	冲击管钻进
Ⅲ以下		Ⅻ及以下	孔深不超过80m、大口径不取心成孔	冲抓锥钻进
Ⅰ、Ⅱ		黏土粉土及砂土	孔深不超过30m、不取心钻孔	螺旋回转钻进
所有地层	所有地层	所用地层	钻孔顶角小于15°、口径大于73mm钻孔	钢粒回转钻进
		Ⅻ及以下	取心钻探	合金回转钻进
		所用地层		金刚石回转钻进
		Ⅷ以下		金刚石复合块回转钻进
		所有地层		空气潜孔锤冲击回转钻进
		所有地层		超声波钻进

　　多年工程勘探实践中，不同的工程对钻探的要求不同，一般的工业民用建筑要求勘探深度在20m，高层建筑勘探钻孔深度有的需要揭穿覆盖层深入基岩；大型工程要求勘探的深度较深，如水电工程勘探要求达到水工建筑高度的1.5倍，孔深达到300m以上；受地形地质条件限制，有的水利引水线路需要实施超过800m深度的钻孔。

　　水电水利工程勘察在国土资源勘察钻探的钻进方法的基础上，结合行业工程勘察的特殊需要，形成并完善了套管护壁回转取心钻探技术、覆盖层金刚石钻探技术、覆盖层空气潜孔锤取心跟管钻探技术、覆盖层绳索取心钻探技术及覆盖层特殊钻探技术等。这些钻探技术是在勘察实践中，结合水电水利工程勘察钻探实际需求，在不同时期针对工程勘察中所遇工程钻探问题，经过"技术创新—实践—再创新"形成的，它们很好地解决了工程勘察中的实际问题，收到了较好的勘察效果，为国家一大批巨型、大型工程建设提供了有力的勘察技术支撑，丰富了钻探技术。

☷ 第三节　冲　击　钻　进

冲击钻进是最早的钻进方法，早在公元前250年的广都盐井开凿时即使用冲击钻进技术，尽管钻探技术发展很快、方法多样，直到20世纪初还在大量沿用，至今取水、考古等工程勘察与施工中仍在使用该古老的钻进技术。

冲击钻进是靠钻具的自身重量或局部施加一定的冲击力破碎地层实现钻进的一种钻进方法，以重力、气动或液动为动力实现冲击作用。对于软岩，只要给予的外力强度大于地层的结构强度，即产生破坏；对于坚硬的岩石，犹如"滴水穿石"一样，经过反复多次的冲击，岩石产生破坏。

冲击钻进的特点是：需要的设备简单、机具少，设备材料投入少，搬迁轻便；操作简单，一般经过简单培训即可掌握；一般不需要特别修建钻场；既可以使用冲洗液钻进，也可以不采用冲洗液钻进。破碎地层是依靠钻具末端的冲击力不连续进行，效率不高，冲击力一般来自钻具的自由落体或外部施加的自由落体产生的冲力，因此，与回转钻进、冲击回转转进相比，只能施工垂直钻孔。

冲击钻进适宜于松散的覆盖层（土层），如砂土、砂卵石、土层等，在工业民用建筑地基勘探、交通线路、港航选址等工程勘察中广泛使用，在水电水利工程中广泛应用在建筑料场、移民集镇、大口径试验测试孔勘察中。

冲击钻进按照动力来源分为人力冲击钻进、畜力冲击钻进及机械冲击钻进。20世纪50年代前，由于我国经济基础薄弱，工业基础差，为加速建设，常常采用人力冲击钻进、畜力冲击钻进。按照使用的钻进破岩工具不同，冲击钻进可分为洛阳铲钻进、冲击管钻、钢丝绳冲击钻进、冲抓锥钻进等。

一、洛阳铲

20世纪50年代，在古都洛阳建设城市时，常遇到古墓，以机器钻探取样，费时费工，于是作业人员就利用凹形探铲，准确地探测出千余座古墓，此后这种采用特殊工艺制造出来的洛阳铲推广到全国，在建筑、公路、铁路、矿山、学校选址等领域里都发挥了重要作用，洛阳铲成为地基勘察及考古勘探中的主要工具之一。

洛阳铲一般应用在不含卵石的砂土层、松散的细粒土中，可打入地下十几米，通过对铲头带出的地层的物质成分、结构、颜色和包含物的辨别，可以判断出土质、年代等。

　　洛阳铲由铲头、配重杆、加长杆主要部件组成（见图 3-4），常见的洛阳铲铲夹宽仅 2 寸，宽成 U 字半圆形，长 20～40cm，直径 5～20cm，铲上部安装富有韧性的木杆柄。随着时代的发展，一般的洛阳铲已经被淘汰，新的铲子是在洛阳铲的基础上改造的，分重铲和提铲（也叫泥铲）。铲柄用螺纹钢管 50cm 左右，可层层相套，根据需要延长，平时搬迁背在双肩挎包里，转移方便，使用时拆开即可连接。

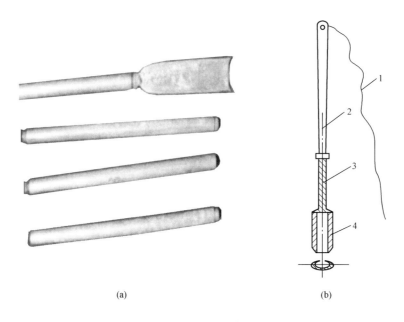

(a)　　　　　　　　　　　(b)

图 3-4　洛阳铲示意图
（a）洛阳铲照片；（b）洛阳铲机构示意图
1—铲绳；2—铲杆；3—铲柄；4—铲头

　　按适宜地层不同，洛阳铲分为土铲、破砖铲、泥砂铲、筒子铲、掏砂铲等。土铲主要用来开凿由土构成的土壤；破砖铲用于打碎石块、砖瓦，用于一般的铲头遇到强硬石材无法继续挖掘探测而专门设计的一种铲头；泥砂铲主要用于砂质土壤，普通铲头无法把泥砂带出时，在土铲的基础上增加铲头处两侧护翼，让洛阳铲在泥土能够快捷地工作；筒子铲主要是对付淤泥，在其他铲头看起来几乎不可能带出的如水一样的泥砂，它却可以轻松带出，也是被探测人员称绝的铲头；掏砂铲一般用于戈壁、砂滩、河滩、砂地等，这些地方土质松软不易带出，掏砂铲独有的设计解决了这一难题，能顺利带出土壤。

　　使用洛阳铲时，身体站直，两腿叉开，双手握杆，置于胸前，铲头着地，位于两足之间，用力向下垂直打探。开口到底，不断将铲头旋转，四面交替下打，以保持孔的圆柱形。否则探不下去，拔不上来，将铲卡在孔中。打的孔要正、要直，不弯、不歪。打垂直孔也并不十分容易。测验探孔的正直弯曲，可以拿电筒之类，借助光线，垂直从孔口往下照，光线射到孔底，则孔是直的。如果光线射到孔壁，下不去了，则孔是弯的，必须修整工具后再打。

二、冲击管钻

冲击管钻又称为打入式管钻，通过地表施加一定的冲击力，使管状钻具破碎地层，实现钻进的一种方法，是工程勘察中用于土层的一种重要钻进方法。根据冲击管钻使用钻具不同，分为无阀式管钻、阀式管钻，阀式管钻又分为球阀式管钻和平阀式管钻。

1. 无阀式管钻

无阀式管钻适宜于土层、砂层及粒径小于 100mm 卵砾石层小口径钻进。无阀式管钻钻具（见图 3-5）由异径接头、冲击杆、岩心管、管靴组成，在岩心管上开有出水口。无阀式管钻的管靴下部加工成带切削刃，刃角为 15°～20°，并进行淬火调质处理。管靴的外径大于岩心管外径 5～6mm。钻具长度一般为 2m。在岩心管上，纵向开出 60mm 宽、500～700mm 长的切口，方便清除筒内残留土。

由于弯曲的钻具在冲击过程中会挂住孔壁，下落时会左右摇晃，只有直的钻具，其重心才能平稳向下，打出直孔，因此，要选择铅直的钻杆和岩心管，并且钻杆、岩心管、异径接头及钻头等的丝扣都要在一个同心上。整套钻具连接以后，如有弯曲或偏斜，就不能用。为了能够起到良好的导向作用，粗径钻具不宜太短，一般以 6m 左右较为合适，短了重量轻，冲击时也无力。

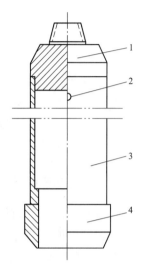

图 3-5 无阀式管钻钻具

1—异径接头；2—出水孔；
3—岩心管；4—钻头

无阀管钻钻进中，一般先采用小一级的钻具打入地层取样，再用大一级钻具扩孔。通过调节冲击锤的重量及冲击锤的自由落体高度来控制冲击力，每次冲击的进尺一般不大于 0.10～0.6mm，在黏性土中，回次进尺 0.4～0.5m；砂砾石层回次进尺 0.5～0.6m；松散的地层中，回次进尺可以达到 1.5m。回次进尺的长度与地层的性质有关，主要是保持进入岩心管的土在提钻过程中不出现掉落。

开孔时，可先以钻机回转钻孔，要采取措施保证开孔垂直，为今后管钻冲击打好基础。在冲击前，应先将钻具轻轻放至孔底，拉直钢丝绳，而后提至一定高度进行冲击。一般冲击一次起一次钻，如冲击和取样都顺利时，也可以冲击两次再起钻。取原状土，则只能冲击一次，以免影响取样质量。每次冲击进度，在黏土层中以 0.2～0.25m 比较合适，在砂质土层中以 0.3～0.4m 比较合适。一次进尺过多，往往会造成提起困难，反而影响工作效率。至于每次钻进究竟多少最好，要按土层的密实情况具体掌握，以工作进行得顺当、安全且取样质量又好为原则。如钻孔发生弯曲，影响管钻上下活动时，可换为小一级钻具，或用钻机以肋骨钻头扫孔。为防止钻孔发生弯曲，除整个钻具要圆直外，在变径时要导向，并且大滑轮应对正钻孔中心。

2. 阀式管钻

阀式管钻适用于粉细砂层、软土地层小口径钻进。在无阀式管钻钻具的结构上，增加球阀或平阀，防止土体脱落，球阀式冲击钻具如图 3-6 所示。

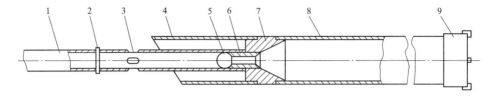

图 3-6 球阀式冲击钻具

1—钻杆；2—挡销；3—回水孔；4—取粉管；5—球阀；6、7—接头；8—岩心管；9—钻头

使用阀式管钻时，其操作同无阀式管钻。此外，需要地层中大多数卵石的粒径小于管钻阀门开口直径；使用跟管护壁时先跟管后取样；管钻外径与套管内径间隙应保持在 5～10mm；抽筒长度不得大于 1.6m，冲程宜为 150～300mm；管钻取样长度以不超过抽筒长度的 1/2 为宜；套管内水位宜高于管钻。

三、钢丝绳冲击钻进

孔深不超过 100m 的覆盖层钻探，一般采用钢丝绳冲击钻进，利用钻头或抽筒采取岩样取得地层地质资料。钢丝绳冲击钻进的原理是：利用钢丝绳连接钻具，借助钻具重量，在一定的冲程高度内周期性地冲击孔底、破碎地层钻进。常用的 CZ 型钢绳冲击式钻机如图 3-7 所示，其技术参数如表 3-15 所示。

图 3-7 CZ 型钢丝绳冲击钻机

表 3-15 　　　　　　　　　　　CZ 型钢绳冲击式钻机技术参数表

型号	CZ-22A	CZ-22B	CZ-22S	CZ-30（Ⅱ）
最大钻孔直径（mm）	600	1000	1200	1000
最大钻孔深度（m）	300	300	200	500
钻具最大质量（kg）	1600	1600	2000	2500
电动机功率（kW）	30	37	45	45
整机质量（kg）	7500	7800	8500	13500

续表

型号		CZ-22A	CZ-22B	CZ-22S	CZ-30（Ⅱ）
外形尺寸 （m×m×m）	运输时	8.6×2.35×2.75	8.6×2.35×2.75	8.6×2.35×2.75	8.6×2.35×2.75
	工作时	5.8×2.33×12.7	8.6×2.35×2.75	8.6×2.35×2.75	8.6×2.35×2.75
公路最大时速 （km/h）		20	20	20	20

1. 冲击钻进的设备与机具

钻具可以是钻头、冲筒、冲套和抽筒形式。在无水、软土中用冲筒、冲套，软土直接进入钻头，凭借挤压摩擦力由钻头直接提出钻孔；在含水砂层和黏土层中，一般用抽筒采取土层样；在漂（块）卵石和硬夹层土层中，一般采用实心钻头破碎地层，钻头有一字钻头和十字钻头两种，为保持钻进中钻头的顺利回转及钻孔浑圆度，采用十字钻头时一般需设计加工副刃。

2. 冲击钻进工艺

钻进效率取决于钻具重量、冲程和冲击频率。钢丝绳冲击钻进钻具重量是钻头、钻杆及绳卡重量之和，钻头重量一般根据不同地层按单位刃长上的重量设计为：软土 $200\sim300N/cm$，中硬岩 $350\sim400N/cm$，硬岩 $500\sim650N/cm$。冲程是指钻头冲击运动时提离孔底的高度，冲程与单次冲击功、冲击力有关，冲程越大，则冲击力、冲击功越大，单次进尺越长。冲程一般为 $0.5\sim1.0m$，地层越软，冲程选值越小；地层越硬，冲程选值越大。冲击频率是单位时间内冲击地层的次数，当钻机和钻具确定后，冲击频率与冲程是相互联系、相互制约的，冲程越大，则冲击频率越小。不同的地层宜采用不同的冲击频率，软土宜 $15\sim25$ 次/min，砂卵石及碎石层中宜 $45\sim60$ 次/min。一般情况下，可按表3-16确定冲程和冲击频率。

表 3-16　　　　　　　　　　　　冲程与冲击频率对应表

冲程（m）	冲击频率（次/min）
1.1	50
0.95	54
0.78	58
0.48	60

3. 操作注意事项

钻具的总重量应小于钻机设计承载的提上能力，否则钻机会出事故或无法工作。钻具的连接必须牢固，使用活环连接钢丝绳时，必须要有钢丝绳导槽，防止连接时对钢丝绳的破损；使用绳卡连接时，绳卡数量必须超过3个以上，相邻绳卡的卡子应成反向或对扣。下钻前，应仔细检查钻头、钻杆、钢绳等是否符合标准，严禁损坏的钻具下入钻孔。钻具进入钻孔后，需要加盖孔口盖，让钢绳处于孔盖的中心，防止地面操作时，地面物体掉入孔内，引发事故。新钻头使用一定时间或孔段后，需要及时补充焊接，保持钻头直径能满足孔径要求，补充焊接应对称，保持钻头平衡，必要时需对补焊部位进行修磨。钻具的冲击力与地层有关，操作中提钻需缓慢平稳，下降钻具时应全部打开刹车，让钻具无阻力高速自由下降，以提高冲击效果。松绳是控制单次冲程的直接手段，既不能太松，也不能太紧，应保持适宜，做到勤松、少松，以保持每次冲击力充分作用到地层。

四、冲抓锥钻进

冲抓锥钻进是利用锥形抓斗、借助抓斗张开闭合机构，在一定的冲程高度内周期性地张开放到孔底、收拢抓取孔底岩样的钻进。冲抓锥钻进适用于松散砂土、黏土、填土、砂卵石地层中成孔，冲抓锥钻进适用于卵石粒径小于 130mm 且松散地层中大于 150mm 口径的钻孔钻进。成孔直径宜为 60～1200mm，孔深不宜大于 30m。

1. 冲抓锥钻进原理

冲抓锥由吊环、自动挂卸器、配重体、连杆、开合机构、滑轮组、锥瓣等组成，冲抓锥钻进原理如图 3-8 所示。冲抓锥工作时，依靠自重向孔底冲击，张开的锥瓣插入孔底地层。冲击后操纵卷扬机，钢丝绳先通过滑轮组将 4 片锥瓣闭合，挖取孔底泥砂或砾石，然后将整个锥头提出孔外，利用固定于塔架上的自动挂卸器实现自动挂卸。挂牢挂钩后放松钢丝绳，即张开锥瓣，取出的孔内杂物卸于孔口出渣斗车中。待出渣斗车拖离孔口后，便可将锥头从挂卸器上脱下，再进行冲击，开始下一轮循环作业，周而复始以达到造孔目的。冲抓锥瓣的开闭由自动开合机构完成，锥头的挂卸由自动挂卸器完成，冲抓锥的冲击力可由调整配重体块数和改变冲击高度予以控制。

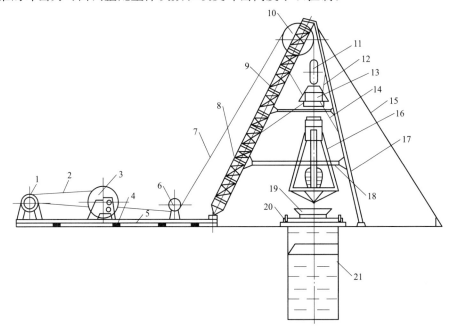

图 3-8 冲抓锥钻进原理图

1—电动机；2—传动皮带；3—卷扬机；4—枕木；5—底架；6—下滑轮；7—钢丝绳；8—主塔腿下段；
9—主塔腿上段；10—上滑轮；11—绳卡；12—挂卸器吊环；13—自动挂卸器；14—挂卸器拉绳；15—防风绳；
16—冲抓锥钻头；17—副支腿；18—固定支架；19—移动除渣车；20—轨道；21—护壁筒或孔壁

2. 冲抓锥钻进的特点

冲抓锥结构简单，操作容易，安装、拆卸、维修、搬迁方便，其钻进工艺能在较短时间内为工人所接受和掌握，适应性强。不但能在一般地层（如黏土、砂土、砂砾石层）中使用，而且在复杂地层（特别是卵砾石层）中钻进成孔具有较好的使用效果；冲抓锥钻进不需要特殊、复杂的钻探工具和研磨材料，成本低、速度快、效率高、质量好，利于地质技术人员观察描述地层结构、产状，了解卵砾石层的原级配样。由于冲抓锥可在无需泥浆护壁的地层中干孔作业，因而孔内取出的岩屑极易拉运出渣，即使是泥浆护壁的钻孔，由于岩屑大多未经回转钻进破碎搅拌混合，清洁拉运亦较为容易，作业现场文明干净。

冲抓锥钻进不能适用于结构致密、完整的地层或胶结性较好的卵砾石层；冲抓锥钻进深孔能力有限，一般在30m范围内；用冲抓锥进行钻探成孔时，钻孔超径（充盈）系数较大，一般可达1.20以上，在岩土工程施工中，冲抓锥除在一般地层（如砂土层、黏土层等）可顺利钻进凿孔外，对卵砾石层、孤石（漂石）层以及杂填土层等松散复杂地层同样具有较高的钻进效率。

3. 冲程

不密实的黏性土中，宜采用1.0～1.5m冲程钻进，要防止抓瓣嵌入过深，难以闭合和提升；坚硬、较密实的黏土中，宜采用2～3m冲程钻进，若用双绳冲抓时，可用外套绳提锥连续冲击数次，使土松动，再收内套绳，闭合抓瓣抓土；松散砂土中，宜采用0.5～1.0m小冲程钻进，应使用较大比重的泥浆，并投入黏土护壁；砂卵石层中，宜采用1.5～2.0m中冲程钻进。若地层较密实时，冲程可加大至2～3m，且落锥要快，若地层稳定性差，可提高泥浆比重或投入黏土球挤入护壁。粒径较大卵石和漂石中，宜采用小冲程钻进，并用外套绳提起冲锥连续冲击，冲击时内套绳要慢放，利于抓取。

4. 冲抓钻进泥浆

根据不同地层，泥浆性能指标可参照表3-17控制。

表 3-17　　　　　　　　　不同地层泥浆性能指标

地 层	性能					
	密度 （g/cm³）	黏度 （s）	含砂量 （%）	失水量 （mL/30min）	胶体率 （%）	pH值
不含水的黏性土层	1～1.08	15～16	<4	<30	≥90	8.50～11
粉、细、中砂层	1.08～1.10	16～17	4～8	<20		8.50～11
粗砂、砾石层	1.10～1.20	17～18	4～8	<15		8.50～11
卵石层、漂石层	1.15～1.20	18～28	<4	<15		8.50～11
承压水层	1.30～1.70	>25	<4	<15		8.50～11

5. 钻进操作要领

将冲抓锥提起（呈闭合状），检查锥中心是否与钻孔中心一致，并检查冲抓锥开闭是否灵活自如。采用双绳冲抓锥时，应防止钢丝缠绕，冲抓时内套绳放松长度应比冲程多1～2m。班长负责做好作业记录，重点关注地层变化，造孔期间应连续作业，正常情况下不允许中途停工，以防钻孔坍塌。作业现场"三通一平"工作完成并具备开工条件后，人员、设备和机具即可进场，按设计确定桩孔位置。在设备安装过程中，要注意使挂卸器中心与天车滑轮、孔位中心在一条直线上。挂卸器的位置距离地面 3.2～3.5m 范围内为宜，以使冲抓锥瓣提出孔口张开卸料时不受孔口出渣斗车限制，又能使接绳器上行时不受天车滑轮限制。冲抓锥钻进地层一般为松散破碎且胶结性差的地层，为防止钻孔坍塌，在每个孔冲抓前必须下好孔口护筒，周围用黏土夯实，并合理布设泥浆填充系统（包括泥浆池及通向孔口的泥浆槽）。冲抓锥提出孔口 1.5m 时应停止提升，将出渣车推至冲抓锥下端，然后缓慢放松内套绳，使抓瓣张开卸渣。冲抓锥钻进是用抓瓣抓取土石成孔，不得用来击碎土石。若遇不可抓取的卵石、漂石、探头石时，应及时改用冲击钻头破碎钻进，防止损坏抓瓣。根据地层变化情况，可加入一定量的泥浆处理剂，开孔后应连续不断地向孔内补充泥浆，以保证泥浆充满整个钻孔。一般埋深较浅时，可进行人工或机械挖掘，较深时可采用筒式肋骨合金钻头进行切割清除，钻进时应轻压慢转，同时配合冲抓锥抓取。采用筒式肋骨合金钻头切割取心困难时，可先采用小径合金钻头（ϕ168）在孔底打适量小眼，割分成块状，然后配合冲抓锥进行捞取。

☀ 第四节 回 转 钻 进

回转钻进是继冲击钻进（顿钻）之后的钻进方法，也是现代钻进的主要钻进方法。回转钻进通常分为钢粒回转钻进、硬质合金（合金）回转钻进及金刚石回转钻进。钢粒回转钻进现在已很少使用，不再叙述；PDC 钻头或聚晶体（PCD）钻头镶嵌块出刃大，以大的出刃切入和切削方式破碎地层，与硬质合金钻头破碎地层方式相近似；金刚石回转钻进将在第六章叙述。本节介绍合金回转钻进。

利用镶焊在钻头刚体上的合金作切削具，破碎克取（压入、压碎、切削）地层，实现钻进的一种钻探方法，通常称为合金钻进。按地层可钻性Ⅻ级分级，合金钻进适宜的地层Ⅰ～Ⅶ级及部分Ⅷ级地层，即中等硬度以下的地层，如砂岩、页岩、石灰岩等。

与钢粒钻进比较，合金钻进有如下优点：合金是镶焊在钻头体上，可以钻进任意倾角的钻孔，钻孔的方向不受限制，而钢粒钻进只能钻进铅直钻孔；根据不同的岩性，可以采用多种结构合金钻头，扩大了该钻进方法的适应地层；针对不同地层的特性，采取压入、切削、压碎等克取地层的方式破碎岩石，钻进效率高；钢粒钻进时，进尺需要采砂，钻进时钻具不断轴向跳动，造成钻具及钻机连续震动，合金钻进时，合金可始终与地层接触，钻头破碎地层过程中，钻具工作平稳，震动较小；钻进过程中克取地层与合金的磨损是相对连续的，取出的岩心比较光滑，有利于地质鉴定分析；钻进过程中需要控制的钻进参数相对较少，不需要时刻关注孔底钢粒的情况，便于操作，容易控制，孔内事故少；通过控制钻具及钻头等，比较容易控制钻孔弯曲，保证了钻孔的孔斜质量。

一、合金钻进碎岩机理

在合金钻进过程中，一方面合金切削刃在轴向压力及切向回转力合成作用下不断地实现钻进，另一方面合金的切削刃受到地层的磨损，不断地由锐变钝，两方面贯穿钻进的始终。因此，研究合金钻进时，主要研究：合金钻头通过轴心压力和钻具的回转作用，克取破碎孔底地层；在地层被克取破碎的同时，合金本身不断磨钝和磨损。

对于不同性质的地层，合金钻进破碎地层的机理是有差异的，比较典型的是两类，即塑性地层和脆性地层。塑性地层具有明显的高塑性，钻进时地层的破碎与金属切削的状态相同；脆性地层具有明显的脆性，在外力作用下破碎具有明显的不规则性及随机性。一般采用力学平衡分析和孔底碎岩机理两种方法。

1. 塑性地层的破碎机理

钻头上切削具切入地层的必要条件是：切削具施加在地层接触面上的压强必须大于或等于地层的抗压强度。只有满足式（3-4），切削具才能切入地层，否则，切削具只能在地层表面产生磨蚀，破碎效果很差。

$$\frac{P_y}{S} \geqslant \sigma_0 \qquad (3-4)$$

式中　P_y——单个切削具上的轴向压力，kN；

　　　S——切削具与地层的接触面面积，m^2；

　　　σ_0——地层的抗压强度，MPa。

一个单斜面的切削具在轴向压力的作用下，切入的深度 h_0 与 OB 面上正压力 N_1 $\tan\phi$、摩擦力 N_2 和 OA 面上的 N_2、$N_2\tan\phi$ 之间的关系如图3-9所示。

单次切入地层的深度可按式（3-5）计算：

$$\begin{cases} h_0 = \eta \dfrac{P_y}{b\sigma_0\tan\beta} \\ \eta = \dfrac{\cos^2\phi}{\sin(\beta+2\phi)} \end{cases} \qquad (3-5)$$

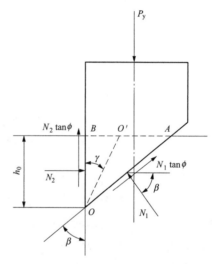

图3-9　单斜刃切削具切入塑性地层示意图

P_y—轴向压力；β—刃角；h_0—切入深度；

γ—刃尖切入角；N_1—后面上的正压力；

N_2—前面上的正压力；ϕ—摩擦角；

$\tan\phi$—摩擦系数

式中　h_0——单次切入地层的深度，mm；

　　　η——系数，一般情况下；$\eta=0.88\sim0.97$；

　　　P_y——单个切削具上的轴向压力，kN；

　　　b——切削具的宽度，mm；

　　　σ_0——地层的抗压强度，MPa；

　　　β——切削具的刃角，（°）；

　　　ϕ——地层的摩擦角，（°）。

式（3-5）表明，对于塑性岩体来说，切入深度基本上与轴向压力成正比，与切削具的宽度、刃角、地层的抗压强度成反比，基本上反映了实际情况，实践中是可行的。反映的是在轴向压力静止作用下，发生塑性变形，切削具在塑性地层的压入深度。

在轴向压力作用下切削具压入地层一定深度后，塑性地层在水平力作用下不断地向自由面滑移，产生切削破坏，直到从岩体上断裂，这个过程称之为塑性地层的切削过程，如图 3-10 所示。

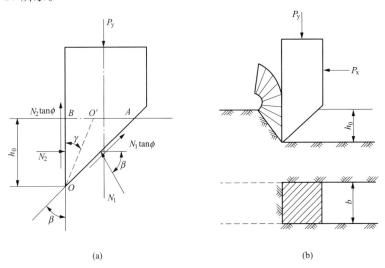

(a)   (b)

图 3-10　塑性地层切削过程示意图

（a）压入过程；（b）切削过程

需要说明的是，当一部分地层产生自由滑移时，下一部分已经发生变形或滑移，并不是在一部分发生断裂后，其下一部分才发生变形或滑移。另外，地层的塑性是相对于脆性而讲的，实际上所谓的塑性地层或多或少都具有脆性，且具有各向不均质性，因此，在实践中，需要考虑很多因素。

2. 脆性地层的破碎机理

当单斜面切削具在轴向压力作用下压入脆性地层，地层接触面上承载的应力达到或超过地层的压入强度 σ_0 时，切削具切入地层，同时周围发生地层的脆性剪切，产生破碎，破碎的地层形成岩屑向自由面崩出。该过程与平面压头测定地层硬度的过程类似，只是由于切削具是单向楔形，形成的破碎空穴前后大小不一样，如图 3-11 所示。

脆性地层的切削深度可按式（3-6）计算：

$$h = h_0 - kn \tag{3-6}$$

式中　h——实际切入深度，mm；

$\quad\quad h_0$——切削具的切入深度，mm；

$\quad\quad k$——地层的弹塑性的衰减系数；

$\quad\quad n$——钻进过程中的回转速度，r/min。

在轴向压力作用下，切入地层一定深度后，刃前的地层已经被崩掉了；在水平回转作用下，切削具向前移动，先是刃前端发生小体积剪切，崩出小体积岩屑；其后，刃具继续前行，与前面的地层接触面逐渐增大，直到切削具前全高度接触时，发生大体积的剪切，产生大体积的地层崩落；切削具再前行时，又发生小体积的地层崩落，如此反复循环。与此同时，切削具前进方向两侧及底部的地层也发生大小体积地层崩脱，形成切削槽的宽度变化和深度起伏。

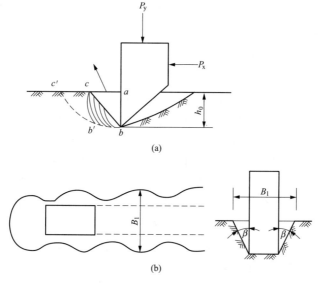

图 3-11　脆性地层破碎过程示意图

（a）切削具压入侧面图；（b）切削过程轨迹俯视图

在连续的切削过程中，随地层的崩落（脱），轴向压力是跳跃式的变化，产生一定的冲击力，容易造成切削具的折断，因此在该类地层钻进过程中，对切削具的抗冲击能力要强，需具备一定的韧性。切削具在双向力作用下的运动状态如图 3-12 所示。

钻探过程中，切削具上某一点 $A(X, Y, Z)$ 的运动为螺旋运动，经过时间 t 后，其轨迹坐标可按式（3-7）计算：

$$x = r\cos\omega t \quad y = r\sin\omega t \quad z = \frac{h\omega t}{2\pi} \qquad (3\text{-}7)$$

式中　r——A 点到钻头轴线的距离；

　　　ω——钻头的角速度；

　　　t——运动的时间；

　　　h——单颗切削具回转一周钻孔进尺，m。

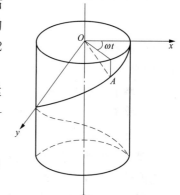

图 3-12　切削具上点 A
做螺旋运动示意图

A 点实际运动的距离可按式（3-8）计算：

$$S = \omega t\sqrt{r^2 + \frac{h^2}{2\pi^2}} \qquad (3\text{-}8)$$

式（3-8）反映了不同部位切削具的运动距离的差异，如钻头外出刃的运动距离比内出刃的距离大，产生的磨损多；同一部位，钻进过程中角速度越大，产生的磨损越多。

钻头上常常布置多个切削具（组），在钻头回转一周时，每个切削具（组）均形成一次切削，合金钻头的机械钻进速度可用式（3-9）计算：

$$v=mhn \tag{3-9}$$

式中　v——钻头的机械钻速，m/s；

　　　m——钻头上切削具数目或组数。

3. 切削具的磨损

切削具在切削破碎地层的同时，自身也在被地层磨损，这是一对矛盾，正所谓"杀敌三千，自伤八百"。切削具的磨损来自与地层的接触面的摩擦磨损、产生的岩屑在冲洗液的流动产生的磨损两个方面，切削具的磨损包括：切削具内侧的磨损、外侧面的磨损、底部的磨损，迎地层面的磨损。不同部位切削具的磨损程度是不一样的，一般来说，外侧的比内侧的磨损严重，内外侧的比底部的磨损严重。这是在布置合金钻头的切削具时需要考虑的因素。在钻进有些地层时，利用切削具的磨损，制造切削具的自我磨锐，改善切削具切入地层的效果，这是"有害"变为"有利"的一种做法。有关切削具磨损和钻速下降的理论分析都是假定切削具刃部被均匀磨损的。实际上在钻进过程中，切削具的不同部位磨损程度是有显著差别的。取心钻头上切削具出刃的内、外侧磨损量的不均匀性。一般遵循：$Y_外＞Y_内＞Y$，$t_外＞t_内＞t$（Y 为切削刃磨损高度；$Y_内$ 为切削刃内侧磨损高度；$Y_外$ 为切削刃外侧磨损高度；t 为刃端磨损后宽度；$t_内$ 为刃端内侧磨损后宽度；$t_外$ 为刃端外侧磨损后宽度）。

二、合金钻头

1. 硬质合金

硬质合金是把钨、钛及钼等极硬、极脆、高熔点的金属的碳化物用钴、镍等铁族作为粘结剂粘结为整体而成的新型金属。硬质合金的特点是硬度高，耐磨，有一定韧性；在赤热状态下，仍保持切削和研磨能力；在氧炔焰下烧焊，性质不变，不需进行热处理，在空气中不生锈。各国生产的合金硬质合金分为三类：碳化钨-钴、碳化钨-碳化钛-钴及碳化钨-碳化钽（铌）-钴。

钻探采用的硬质合金，主要是钨钴合金。其主要成分是碳化钨（WC）和钴（Co）。以碳化钨粉末为骨架金属，钴粉为粘结剂，用粉末冶金方法制成，过去称为 YG 硬质合金。根据《硬质合金牌号　第 2 部分：地质、矿山工具用硬质合金牌号》（GB/T 18376.2—2001）（旧标准）对钻探用 YG 合金的性能的规定见表 3-18。

表 3-18　　　　　　　　　　　　YG 类硬质合金性能表

硬质合金牌　号	物理机械性能			备　注
	相对密度	硬度〔HRA〕	抗弯强度（kPa）	
G3X	15.0～15.3	92	105	耐磨性最好，冲击韧性最差
G4C	14.9～15.2	90	140	
YA6	14.4～15.0	92	140	
YG6	14.6～15.0	89.5	140	
YG6X	14.6～15.0	135		
YG8C	14.4～14.8	89	150	
YG8	14.4～14.8	88	175	岩心钻中采用的主要品种
YG11C	14.0～14.4	87	200	
YG15	13.9～14.1	87	200	耐磨性最差，冲击韧性最高

钨钴合金的牌号使用汉语拼音字头加数字表示，其中，Y代表的是碳化钨，T代表的是碳化钛，G代表的是钴，数字代表的是钴的含量。如YG8表示含钴8％的碳化钨-钴合金。

根据《硬质合金牌号　第2部分：地质、矿山工具用硬质合金牌号》（GB/T 18376.2—2014）（新标准）对硬质合金各组别基本组成及力学性能的规定见表3-19。

表3-19　　　　　　　　　　　　硬质合金各组别基本组成及力学性能

分组代号		化学成分（％）			力学性能	
		Co	WC	其他	洛氏硬度［HRA］≥	抗弯强度（MPa）≥
G	05	3～6			88.0	1600
	10	5～9			87.0	1700
	20	6～11	其余	微量	86.5	1800
	30	8～12			86.0	1900
	40	10～15			85.5	2000
	50	12～17			85.5	2100

《硬质合金牌号　第2部分：地质、矿山工具用硬质合金牌号》（GB/T 18376.2—2001）（旧标准）与《硬质合金牌号　第2部分：地质、矿山工具用硬质合金牌号》（GB/T 18376.2—2014）（新标准）对不同牌号的硬质合金的性能规定见表3-20。

表3-20　　　　　　　　　　　　常用牌号性能及推荐用途

牌号		机械性能		用途
新牌号	旧牌号	抗弯强度（MPa）≥	洛氏硬度［HRA］≥	
G05	G4C	1600	88.0	软硬交错频繁的地层
G10	YG6	1700	87.0	无黄铁矿的煤层、未硅化片岩等
G20	YG8	1800	86.5	软岩及坚硬煤层
G20	YG8C	1850	86.0	中硬地层、可作冲击钻头

《硬质合金牌号　第2部分：地质、矿山工具用硬质合金牌号》（GB/T 18376.2—2014）（新标准）中不同组别的合金，适用于不同的工作环境（见表3-21）。

表3-21　　　　　　　　　　　　各组别合金的作业条件推荐表

分类分组代号	作业条件
G05	适用于单轴抗压强度小于60MPa的软岩或中硬岩
G10	适用于单轴抗压强度小于60～120MPa的软岩或中硬岩
G20	适用于单轴抗压强度小于120～200MPa的中硬岩或硬岩
G30	
G40	
G50	适用于单轴抗压强度大于200MPa的硬岩及坚硬地层

注　由G05到G50，合金的耐磨性降低、韧性增高。

随着合金中含钴（Co）量的增加，其相对密度有所下降，硬度呈下降趋势，耐磨性能也降低，抗弯强度逐渐增高且冲击韧性也提高。合金中碳化钨粉粒的粗细度对机械性能有影响，细度变细则硬度变高，抗弯强度变低。所以，在合金的牌号中附加 C 表示粗粒、X 表示细粒以示区别。为提高切削刃的寿命，可在合金表面涂一层碳化钛（TiC）合金层，提高表面硬度及耐磨性。

在勘探中，采用粉粒状硬质合金补强钻头的易磨部分，这种粉粒合金称为"莱利特"，它是碳和钨在 3000℃左右高温下形成的铸造碳化钨（WC）经粉碎而制成，其硬度达 HRA90 以上，一般粒度为 20～180 目。在铸造碳化钨粉粒中再混入少量的钴粉、铬粉及硅粉，装入直径 4～7mm 铁管中，用作补强鱼尾钻头等的焊条。地勘中合金切削现已是国家或部颁标准，按形状分为片状（菱形薄片、直角薄片、斜角薄片）、柱状（方柱状、八角柱状）及针状（$\phi 2 \times 20$mm）三类，其适宜的地层可参见表 3-22。

表 3-22　　　　　　　　　　不同形状合金适宜的地层表

合金形状	适用地层
菱形薄片、直角薄片	软岩
八角柱状	多裂隙岩层、破碎岩层
方柱状	肋骨钻头、三翼钻头、取心钻头
针状	均质中等硬度岩层

2. 合金钻头的结构

合金钻头分为取心钻头（环状或筒状钻头）和不取心钻头（全断面钻头）。工程勘察中一般采用取心钻头，而岩土工程钻进中多使用不取心钻头。合金取心钻头的结构要素包括钻头体、合金的出刃、合金的镶嵌角、合金的排列、合金的数目等。

（1）钻头体一般由 R480 号钢以上材质的无缝钢管制作，高度一般为 85mm，丝扣长度为 40mm，宜为梯形扣或矩形扣。通常合金钻头刚体结构如图 3-13 所示，内部加工成下小上大是为了投入卡料。

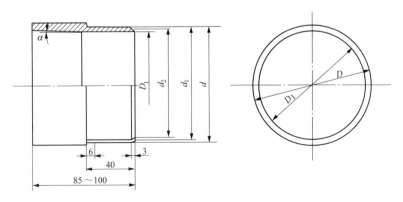

图 3-13　合金钻头刚体示意图（单位：mm）

（2）在硬质合金钻头的设计制作中，必须考虑切削具的出刃，出刃的作用是有利于克取岩土，保持冲洗介质畅通，减小钻头刚体的磨损。根据与钻头刚体、地层接触方式的不同，出刃分为底出刃、内出刃和外出刃。

内、外出刃是为了保证钻具与岩心、钻具与孔壁之间留有必要的间隙，以使冲孔流体畅通，并减小回转阻力。很显然，必须选择适当的内、外出刃。若内、外出刃选取过大，不仅降低硬合金抵抗外力的能力，还无益地增大了井底破碎的环状面积，从而增大了回转阻力和功的消耗；同时，间隙过大，也降低了钻具在井底的稳定性和增大了钻孔弯曲的可能性，既影响钻进效率，又影响钻孔质量。相反，若内、外出刃选取过小，则冲洗液的流动阻力过大，极易造成岩心堵塞、冲毁孔壁以及上浮钻具，减小施加于钻头上的轴向力，同样会影响钻进工作。

内、外出刃量主要取决于所钻岩层的性质。对于较硬岩层，因孔壁较稳固，钻速较低，单位时间产生的岩粉量也较少，需要的冲洗液量也小，故内、外出刃可取小值。一般来说，对中硬岩层，内、外出刃可取 1～1.5mm。对于软岩土层，因钻速大，单位时间内产生的岩粉量大，需要的冲洗液量也大，岩心也容易堵塞，岩心和孔壁易被冲毁，因此内、外出刃应选大些。而对一般的软岩层，内、外出刃可选 2～3mm。对于一些易膨胀的软岩或较松软岩层，常在钻头体外附加肋骨钢片（称为肋骨钻头），以增大外出刃量。

底出刃的设计考虑其出刃值和出刃的排列方式两个方面。底出刃值包括切入岩土的深度（h_1）以及保证冲洗介质清除岩土屑和冷却切具所必需冲洗介质流量的高度（h_2）。底出刃通常在软塑性岩土体中取 3～5mm 的大值，而在硬质岩土中取小值 2～3mm，主要是考虑单位时间内岩屑产生量的多少及清除的及时性。当然，底出刃值过大，相应的切削具所承受的弯矩增大，容易被折断，通常的办法是在切削具背后加固予以处理。底出刃的排列方式分为等高底出刃和阶梯底出刃两类，等高切削具一般均匀布置在钻头体上，根据其克取岩土体环间断面大小与切削具单位克取面大小，可以分为单排、双排及多排的排列方式，组成一组切削具。阶梯底出刃可从内向外阶梯排列也可从外向内阶梯排列，单组合金数量由合金尺寸及克取环间宽度确定，相对而言，阶梯底出刃排列方式似有导向作用，利于保持钻孔的铅直度，也相应地降低了克取岩土体的难度，与此同时，对各部位切削具的性能要求、钻头的制作精度要求及施钻人员的技术技能要求更高，否则会适得其反。

（3）切削具在钻头体上的镶焊角不同，其破碎地层时对地层面的作用也不同，破岩效果也不尽相同。通常有正镶焊、正斜镶焊角、负斜镶焊角三种，如图 3-14 所示。

表 3-23　　　　　不同岩性钻进时硬质合金切削具的 α 、β 角取值

地层性质	切削角 α(°)	尖角 β(°)
1～3 级均质数地层	70～75	45～50
4～6 级均质中硬地层	75～80	50～60
7 级部分 8 级均质坚硬地层	80～85	60～70
非均质有裂隙的地层	90～—10	80～90

对于弱研磨性软塑性均质地层，应选用切削性能较好的正斜镶方式；对于强研磨性

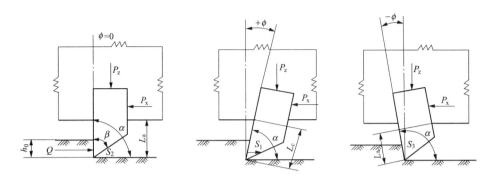

图 3-14　切削具在钻头上的三种镶焊形式示意图

P_z—轴向压力；P_x—回转水平；β—刃角；α—切削角；

ϕ—镶焊角（前角）；h_0—切入深度；Q—刃前面阻力

硬脆性或不均质地层，则应选用抗弯、抗磨性能较好的直镶或负斜镶方式。但考虑到制造方便，且多数地层为不均质层，所以工程勘探中常用直镶方式。

（4）合金在钻头体唇面有单圈、双环、三圈及多圈排列形式，如图 3-15 所示。

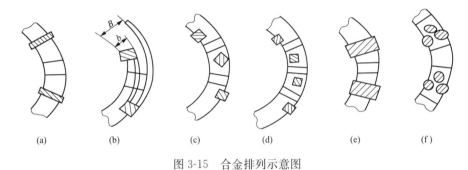

图 3-15　合金排列示意图

（a）单圈；（b）双环；（c）三圈；（d）多圈；（e）密集式两环；（f）密集式三环

单圈排列内、外出刃均由一个切削具来承担，主要用于钻进软岩土层。双环排列孔底环根由两圈切削具来完成，它们既破碎孔底岩土又分别担负内、外保径，主要用于钻进中硬地层。另外，两环及两环以上的均布排列，每组的切削刃间应有一定的重叠量，重叠系数可用式（3-10）计算：

$$\mu = (Nb - B)/B > 0 \qquad (3-10)$$

式中　N——每组中的切削刃数，mm；

　　　　b——切削刃宽度，mm；

　　　　B——切槽宽度，mm。

多圈排列孔底环槽由两圈以上切削具来完成。多环排列主要用于钻进中硬—硬地层。其中，密集式多环排列，由于切削具彼此补强，故能相应地增大其抗弯性能，对于非均质硬地层、裂隙等地层抵抗不均匀反力有较强的适应能力，从而减少切削具过早折断或磨损的现象。另外，利用密集式排列的补强特性可设计成阶梯式底出刃。切削具在钻头底面的排列方式有均匀布置和密集式布置两大类，在排列式应考虑钻头工作平衡，每组切削具能完整克取环状切槽，每部分切削具的负荷大致相当，利于冲洗介质排粉冷却钻头，钻头制作修复方便。

（5）切削具在钻头底面上的数目应包括切削具的组数和每组的颗数，组数和每组颗数之乘积就是切削具在钻头体上的总数目。但是，仅以切削具的总数目是难以表明全部问题的。一般情况下，应当首先明确每组切削具的排列方式和组成状况，然后再明确钻头底面上应有的组数。每组切削具完成一个环槽宽度的切削。因此，根据切削具在双向力作用下的运动状态，在一定条件下，组数越多，单位时间的切削量越大，则钻速越高。其机械钻速可按式（3-11）计算：

$$v = hqn \tag{3-11}$$

式中 v——机械钻速，mm/min；

h——每组切削具回转一圈切入地层的深度，mm；

q——切削具的组数；

n——钻头的转速，r/min。

由式（3-11）可知，当切入深度和转速不变时，钻头体上的组数越多，则钻速越高。但钻头上安排的组数受每组切削具的排列方式及钻头直径的限制。并且，在切削具之间或密集排列的组与组之间还必须为冲洗水口留出一定的距离。因此，切削具在钻头体上可能的最大组数受钻头周长的限制。显然，钻头直径越大，圆周也就越长，在钻头上可能镶焊的切削具也就越多。但是，随着直径增大，井底环槽面积也增大，即碎岩的工作量也越大。

为了避免产生"钻头直径越大，允许在钻头上镶焊的切削具组增多，钻速也就越高"的错误想法，有时采用单位环槽长度（或单位直径）上切削具的数目来作为衡量的标准，即不同直径的钻头在单位环槽长度（或单位直径）上应有相同的切削具数目，切削具布置密度是一样的。另外，切削具数目增多，在钻进中必须相应地增大轴向压力，以保证切削具按要求切入地层。因此，轴向压力与切削具的数目间的限定关系可表示如下：

$$P_y MS \geqslant H_r; M \leqslant P_y S H_r \tag{3-12}$$

式中 P_y——钻头轴向压力；

M——切削具数目；

S——切削具与地层的接触面积；

H_r——地层的压入硬度。

钻头上的切削具数目应根据可能施加的钻压、切削具的类型（决定切入面积）和地层压入硬度等因素而定。过多的切削具，若使得切削具不能切入地层，反而降低钻速。因为切削具达不到体积碎岩的压力，就只能以表面破碎的方式碎岩，效率很低，磨损很大。切削具在钻头上数目的选择，还必须考虑到钻头在井底工作的稳定和钻孔截面的规整，一般情况均布排列不得少于4颗。若切削具少于4颗，则可能发生钻孔异形，即钻孔不成圆形的问题。除此之外，还应当考虑到钻头镶焊和修磨的方便。一般 $\phi 56 \sim \phi 150$ 钻头均布排列，常采用 $6 \sim 10$ 颗合金刃。

（6）水口和水槽是保持冲洗液畅通的基础，在回转钻进中冲洗液肩负冷却钻头，切削刃及清洁孔底，清除岩土屑的基本重任，必须保持畅通无阻。水口的数目和面积大小，应与冲洗液过流量相应，且应考虑钻头刚体的强度与施钻压力相匹配；不宜过大也不宜过小。水槽是在钻头刚体内外壁上加工出的水道，其作用是补充水口过水面积不是而影响排粉或冷却，水槽加工形式可以是直槽或螺旋槽。在加工水槽时，同样需要考虑刚体的强度足够，一般水槽断面深度为 2mm，宽为 4～8mm，长度宜与切削刃轴向尺寸相宜。

实践中可按表 3-24 选择合金钻头。

表 3-24　　　　　　　　　　常用硬质合金取心钻头及适用范围

类别	钻头类型	地层可钻性级别									代表性地层
		Ⅰ	Ⅱ	Ⅲ	Ⅳ	Ⅴ	Ⅵ	Ⅶ	Ⅷ	Ⅸ	
磨锐式钻头	螺旋肋骨钻头	—	●	●	●	—	—	—	—	—	松散可塑性岩层
	阶梯肋骨钻头	—	—	●	●	●	—	—	—	—	页岩，砂页岩
	薄片式钻头	—	●	●	●	—	—	—	—	—	砂页岩，炭质泥岩
	方柱状钻头	—	—	●	●	—	—	—	—	—	均质大理岩，灰岩，软砂岩，页岩
	单双粒钻头	—	—	—	●	●	●	—	—	—	中研磨性砂岩，灰岩
	品字形钻头	—	—	—	●	●	●	—	—	—	灰岩，大理岩，细砂岩
	破扩式钻头	—	—	●	●	—	—	—	—	—	砂砾岩，砾岩
	负前角阶梯钻头	—	—	—	●	●	●	—	—	—	玄武岩，砂岩，辉长岩，灰岩
自磨式钻头	胎体针状钻头	—	—	—	—	—	●	●	●	—	中研磨性片麻岩，闪长岩
	钢柱针状钻头	—	—	—	—	—	●	●	●	—	研磨性石英砂岩，混合岩
	薄片式自磨钻头	—	—	—	—	—	●	●	●	—	研磨性粉砂岩，砂页岩
	碎粒合金钻头	—	—	—	—	—	●	●	●	—	中研磨性岩层，硅化灰岩

注　●适用于的地层。

三、钻进工艺

钻进工艺参数一般是指钻压、转速（转数）及冲洗液量（泵量）3 个参数，实际还应包括提高钻进效率、保证质量以及降低成本的一些技术措施。钻进工艺应根据岩层条件、钻头类型、钻探设备及管材条件和当时的技术水平而定。由于合金在钻进过程中自身也磨损，对于合金钻进来讲，磨锐式合金钻头与自磨式钻头的钻进工艺参数是有差异的。

1. 钻压

（1）磨锐式合金钻头钻压可按式（3-13）计算：

$$P = P_0 m_0 \tag{3-13}$$

式中　P——钻头上的总压力，N；

　　　P_0——单颗切削具上的压力，N；此值是根据硬合金切削具的型式以及所钻岩层的物理—力学性质而选定的，Ⅰ～Ⅲ级的软岩层，用片状硬合金切削具时，$P_0＝400～600\text{N/颗}$；$\text{IV}～\text{VI}$级的中硬岩层，用柱状硬合金切削具时，$P_0＝800～1200\text{N/颗}$；$\text{VII}～\text{VIII}$的硬岩层，用柱状硬合金切削具时，$P_0＝900～1600\text{N/颗}$。

m_0——钻头上切削具的颗数。

理论上，可按式（3-14）计算钻头压力：

$$P＝Lm_0b\sigma\lambda \tag{3-14}$$

式中　P——钻头的总压力，N；

　　　L——钻头合金长度，m；

　　　m_0——钻头上合金的颗数；

　　　b——合金宽度，m；

　　　σ——地层的极限抗压强度，Pa；

　　　λ——加压系数，一般取 1.2～1.5。

（2）在自磨式硬合金钻头钻进时，硬合金切削具与岩石的接触面积不变，因此，其机械钻速基本是稳定的，回次进尺也较长，不受机械钻速不断下降的影响。钻进过程中，主要是要求硬合金切削具随着磨耗而能适时适量从胎块中裸露出来。切削具过早、过多地出露便会折断，过晚出露则会影响机械钻速。对于针状硬合金自磨钻头，其钻压选择的原则是：钻进致密坚硬的岩层时，钻压要大些；钻进颗粒粗而破碎的岩层时，钻压要小一些；钻头的硬合金质点多、底唇面积大时，钻压要大些；转速快时，钻压要适当小些；转速慢时，钻压可大些；在正常钻进的磨合后的初期，钻压应取大些；在钻进的中后期，钻压应稍小些。实践证明，胎块式针状硬合金钻头的钻压比磨锐式钻头的钻压约大 20%。

（3）实际计算钻头的压力可按式（3-15）计算：

$$P＝m_0q\lambda \tag{3-15}$$

式中　P——钻头的总压力，N；

　　　m_0——钻头上合金的颗数；

　　　q——每颗合金所承担的压力，N；

　　　λ——加压系数，一般取 1.2～1.5。

每颗合金所承担的压力可参见表 3-25 取值。

表 3-25　　　　　　　　　每颗合金所承担的压力

序　号	地层级别	每颗合金所承担的压力（N）
1	2	392
2	3	490
3	4	588
4	5	784
5	6	880～980
6	8	980～1176
7	10	1176～1568

2. 冲洗液量

一般来说，对小口径钻进，泵量以 40～60L/min 为宜；对大口径钻进，泵量可达 120～180L/min；在实际钻进中，可参照表 3-26 进行确定。

表 3-26 　　　　　　不同钻头结构、不同地层等级的冲洗液单位泵量 　　　　（单位：L/min）

钻头结构	地层可钻性等级				
	1～2	3～4	5	5～6	7～8
肋骨式钻头	8～14	12～16	—	—	—
磨锐式钻头	—	12～16	8～16	8～12	6～8
自磨式钻头	—	—	8～14	8～12	6～8

泵量的大小必须满足孔壁间隙不同、过水断面携带钻屑的上返流速要求，如采用带喷嘴的刮刀钻头，泵量还应满足优选水力参数，清除切削具前后的岩屑，利用水马力碎岩。另外，还需考虑钻头碎岩面积大、松软层进尺快、单位时间内产生的钻屑多且颗粒大等特点。

满足排粉要求的泵量可由式（3-16）确定：

$$Q = 6kF_{\max}v_r \times 10^{-2} \tag{3-16}$$

式中　Q——泵量，L/min；

　　　k——孔径不规则系数，取 1.03～1.1；

　　　$F_{\max}$——孔壁间隙理论最大过水断面，mm²；

　　　v_r——冲洗液上返流速，$v_r \geqslant 0.25$m/s。

四、钻进中操作

新钻头唇面平整，棱角突出，主要工作的针状硬合金切刃尚未出露，钻头下入孔底须有一个磨合过程。一般采用快转速磨合，也有用加大钻压磨合的。或者在地表先用砂轮机或喷砂机将钻头唇面进行修磨，使针状合金裸露出来，然后下入孔内使用。

胎块式针状合金钻头没有专门的内、外出刃，所以不宜用于扫孔和套取残留岩心。但在正常钻进中，孔底可能留有岩心根，若下钻太急，钻头直接套入岩心根上，则会发生堵心，不能继续钻进。所以在钻头下至离孔底 0.5～1.0m 处时，应轻划慢扫到底，经过一段时间的磨合后，才能正常钻进。

针状合金钻头钻速比较稳定，在正常钻进中，加压要均匀平稳，不应随意提动钻具或变化钻进规程参数，否则容易发生堵心。针状合金钻头的钻程长短，在正常的情况下，取决于胎块的磨耗情况。过早提钻，则有损于回次钻速；过晚提钻，则可能发生烧钻。胎块的有效高度磨完后，没有了水口，若继续钻进，则势必很快发生烧钻。这一点，特别在胎块磨耗较快的研磨性地层中钻进时，尤需特别注意。

在松软及较软岩层中钻进时，采用"中压、快转、大泵量"的钻进规程参数；在中硬地层中钻进，选用"大压、中速、中泵量"的钻进规程参数；在裂隙地层，应选用较低的钻压、中等转速、中等泵量的钻进规程参数。

⚉　第五节　冲击回转钻进

　　1860 年，法国就有人进行了潜孔锤式冲击器的试制工作；1884 年，德国工程师沃·布什曼成功地研制出低频液动冲击器；1900～1905 年期间，俄国工程师 B. 沃尔斯基在研制石油钻井用液动冲击器的基础上，对液动冲击器设计理论、结构原理、工作原理进行了较为深刻的研究，为此后冲击器理论与实践的发展奠定了基础。20 世纪 40 年代，苏联 H. Г. 葛莫夫研制了滑阀式正作用液动冲击器；美国巴辛格尔也研制了活阀式正作用冲击器。20 世纪 50 年代，美国艾莫雷研制了活阀式反作用冲击器；后期就出现了种类繁多的双作用冲击器。

　　我国从 1958 年开始研究冲击回转钻进方法。20 世纪 60 年代研制的 YQT-60 型贯通式潜孔锤试制成功，具有世界先进水平。很多单位也都投入到这方面的工作中，但后来因故被迫中断了。1971 年起，又开始对液动冲击器进行研制。目前，我国已研制成射流式、射吸式、正作用式、双作用式、绳索取心液动冲击器等五类二十余种液动冲击器。其中，射流式冲击器以其在高温、高压情况下工作稳定的特点，为德国专家所青睐，并应用到德国科学深钻中。从 20 世纪 80 年代开始，我国对风动潜孔锤的研究发展迅速。多种类型的非贯通式潜孔锤和贯通式潜孔锤已被广泛地应用到各类工程中。

　　冲击回转钻进的实质是通过在回转钻具的岩心管上端或在钻头的上端加一个冲击器，使钻头在轴向压力和回转力矩作用下的普通回转钻进碎岩的基础上，再加一个周期性的冲击力共同作用下冲击碎岩，故称冲击回转或回转冲击。该方法所使用的钻头和采用的钻进工艺都有别于冲击钻进法和回转钻进法，它是一种独特的钻进方法。

　　按驱动冲击器工作的介质，可将冲击回转钻进分为液动冲击回转钻进方法和气动冲击回转钻进方法。液动冲击回转钻进方法所使用的冲击器为液动冲击器，钻进洗孔和驱动冲击器的介质为清水、泥浆、无固相冲洗液等液体；气动冲击回转钻进方法所使用的冲击器为气动冲击器（或叫潜孔锤），钻进洗孔和驱动潜孔锤的介质为压缩空气等气体。按碎岩载荷碎岩作用的主次，可将冲击回转钻进分为冲击回转钻进方法和回转冲击钻进方法。其中，冲击回转钻进方法的碎岩方式是以冲击载荷碎岩为主，回转载荷为辅，相应的冲击器冲击功较大、冲击频率较低；回转冲击钻进方法的碎岩方式是以回转切削为主，冲击载荷为辅，相应的冲击器冲击功较小、冲击频率较高。按碎岩刃具种类，可将冲击回转钻进分为硬质合金冲击回转钻进方法和金刚石冲击回转钻进方法。其中，硬质合金冲击回转钻进方法所采用的钻头为硬质合金钻头，但钻头的结构有别于回转钻进用的硬质合金钻头；金刚石冲击回转钻进方法所使用的钻头为金刚石钻头，而钻头结构也有别于回转钻进所用的金刚石钻头。

　　冲击回转钻进不仅用于硬质合金钻进，而且也用于金刚石钻进、钢粒钻进以及牙轮钻进。它既可钻进软岩层，又可钻进硬至坚硬岩层；既可钻进弱研磨性至强研磨性岩层，又可钻进完整至裂隙岩层。特别是钻进"打滑"岩层、裂隙发育和促使钻孔强烈弯曲的岩层，效果尤其明显。

一、液动冲击器

冲击器是实现冲击回转钻进的关键器具，根据工作原理可分为阀式冲击器和无阀冲击器，阀式冲击器又分为阀式正作用、阀式反作用、阀式双作用冲击器，无阀冲击器有射流式液动冲击器、吸射液动冲击器。

1. 阀式正作用冲击器

靠液压推动冲锤下行冲击，靠弹簧复位的冲击器，称为"正作用"液动冲击器。从结构来看，正作用冲击器的主要优点是：冲锤向下作功时，可利用高压室中巨大的水锤能量，冲击力可达数千牛顿。正作用冲击器的主要缺点是：回动弹簧的反作用力抵消冲击力太大，并当冲锤冲击砧时达最大。但从优、缺点衡量，其结构简单，只要有效作用力利用得当，仍是有发展前途的。

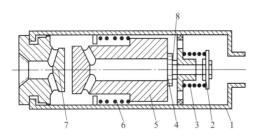

图 3-16　正作用液动冲击器结构示意图

1—外壳；2—活阀座垫圈；3—阀簧；4—活阀；
5—冲击活阀；6—阀簧；7—冲击砧；8—缓冲垫圈

阀式正作用冲击器如图 3-16 所示，具有结构简单、调试方便、工作时水量消耗少等优点，但存在锤簧寿命较短的缺点。

阀式正作用冲击器适用于金刚石岩心钻探和硬质合金岩心钻探。在中硬和中硬以上地层钻进效率高，在坚硬、打滑、破碎地层更能大幅度提高效率，且回次进尺长，减少钻孔弯曲，钻进成本低。其特点是：结构参数可调（如阀程和冲程），且调节方法简单；设有减耗阀，钻进时泵量消耗少；运动灵活，启动容易；结构简单，拆装与维修方便；具有两种行程，既可满足金刚石钻进，又可满足硬质合金钻进。

2. 阀式反作用冲击器

阀式反作用冲击器如图 3-17 所示。"反作用"冲击器的结构原理与"正作用"冲击器的结构原理相反，它是利用高压液流的压力增高推动活塞冲锤上升，并压缩工作弹簧储存能量。当分配液流机构打开，高压液流畅通，工作室压力下

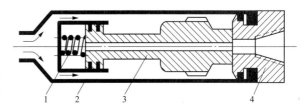

图 3-17　阀式反作用冲击器示意图

1—工作弹簧；2—外管；3—活阀；4—铁砧

降时，则工作弹簧便释放能量驱动活塞冲锤急速向下运动产生冲击。反作用液动冲击器同国内外反作用冲击器一样，对冲洗液的适应能力较强。由于被压缩弹簧释放出来的能量与活塞冲锤本身重量同时向下作用，故可获得较大的单次冲击功。冲击器内部压力损失较小，故液流动率恢复较高。它适用于硬质合金岩心钻探。反作用冲击器的主要缺点是：需刚度较大的弹簧，弹簧经常受着冲洗液的磨蚀，且受力复杂，故工作寿命很短。需要认真设计和计算，还须特殊工艺制造。

3. 阀式双作用冲击器

阀式双作用液动冲击器（见图 3-18）主要特点是冲锤的正冲程及反冲程均由液压推动来完成的，因而整个结构中弹簧零件很少或者没有。其结构特点是活塞冲锤的正反冲程都由高压液流驱动，活塞下部承压面积一般都大于上部，是一种差动运动方式。为了使冲击器内部能形成一个压差，一般在砧子部位都设有节流孔、下阀或尾冲弹性体等。

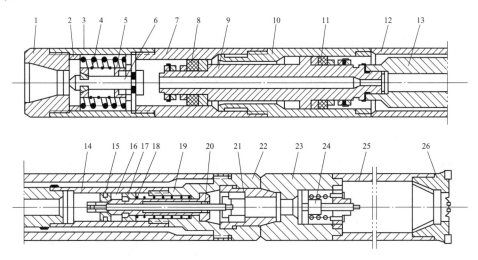

图 3-18　阀式双作用液动冲击器示意图

1—异径接头；2—调整套；3—连接管；4—减震弹簧；5—配水阀支架；6—配水阀；7—上缸套；
8、11—密封圈；9—活塞杆；10—下缸体；12—冲锤外套；13—冲锤；14—滑阀外壳；15—滑阀；
16—顶杆；17—限位圈；18—排水阀弹簧；19—冲锤锤头；20—排水阀；21—铁砧；22—内六方套；
23—岩心管接头；24—止回阀；25—岩心管；26—钻头

4. 射流式冲击器

射流式液动冲击器（见图 3-19）是运用射流原理将一个双稳态射流元件作为控制机构，以高压冲洗液输入射流元件，产生附壁与切换作用，改变液流方向，使活塞上下运动，冲击器形成的高频冲击，传至孔底钻头，进行破岩。

该类冲击器结构简单、零件少、加工方便、安装拆卸容易，易于维修和操作，性能参数可调，钻具工作可靠，使用寿命长，能量利用率较高，工作时不会堵水憋泵。

用金刚石钻头钻进时，不至于烧钻及憋坏水泵零件。钻进中产生的高压水锤波比阀式冲击器小，故高压管路系统振动小，钻具工作平稳；冲击能量损失小，可减少水泵、冲击器及高压管路的零件损坏。

5. 射吸式冲击器

射吸式冲击器（见图 3-20）是利用冲洗液流高速喷射时产生的抽吸作用和阀与冲锤间压力、位移的综合反馈关系，通过阀与冲锤活塞上下腔液流压力差的正负交替变换而使冲锤作往复运动，从而以冲击方式输出能量的高频、低功孔底冲击器。

射吸式冲击器的输入与输出参数调节范围较宽，能在高频状态下稳定冲击，有很好的耐背压特性。适合于在直径59～75mm回转冲击钻进中使用。此外，该冲击器无弹簧装置，运动部件及易损零件少；结构简单，便于操作使用；液流在腔体内畅通性好，对密封性能要求较低；易于缩小口；存在的主要问题是液流功率恢复较低。

其主要技术性能：钻孔直径60～76mm，冲击器外径54mm，冲锤重量60N、100N，泵量120～160L/min，工作泵压2.0～4.5MPa，工作背压0～2.5MPa，压力降1.0～2.0MPa；冲击功4～15J，冲击频率33～75Hz；冲击器长度一般1240mm。

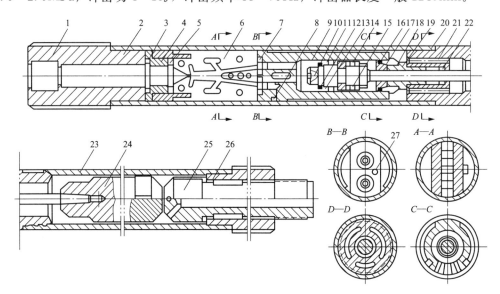

图3-19　射流式液动冲击器结构示意图

1—钻具接头；2—缸套管；3、7、12、16—O形胶圈；4—打捞螺母；5—内六角螺钉；
6—射流元件；8—环形圈；9—缸套；10—活塞杆；11—活塞小卡；13—支撑环；14—活塞垫圈；
15、17—Y形胶圈；18—缸套接头；19—密封导正套；20—过水接头；21—滑套；22—滑套垫圈；
23—锤套管；24—冲锤；25—砧子；26—接头；27—圆柱销

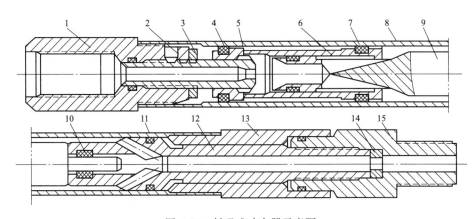

图3-20　射吸式冲击器示意图

1—上接头；2—制动螺栓；3—阀程调节垫片；4—V形密封圈；5—喷嘴；6—阀门；7、10—密封圈；
8—外壳；9—活塞冲程；11—O形密封圈；12—传动轴；13—轴套；14—垫圈；15—下接头

二、钻进参数

1. 钻压

在钻进中硬以下地层时，随着钻压的增加，平均机械钻速有所增加；在钻进硬岩时，反而会有所下降，因为在地层硬的情况下，钻压增加到一定值（5～6kN）后，钻头磨损加剧。在中等硬度以上地层中钻进时，钻压的作用主要是保证切削具与地层紧紧地接触，以便有效地传递冲击能量，它对直接破岩不起主要作用。在生产实践中，钻压采用 3～4kN 即可，小于该值时，冲击器的反冲力可能使钻具活接头处脱开，从而降了冲击能量，使钻速下降。钻压对回次长度也有影响，钻压在 2.5～3.5kN 时，回次长度稍有增加，若钻压继续增加，则钻头磨损加快，回次长度下降，最后趋于平缓。钻压应为 Ⅶ 级以上硬岩 4～5kN；Ⅴ～Ⅵ 级软岩 8～10kN。

2. 转速

在硬质合金冲击回转钻进中，选用较低的转速，以利于降低切削具的磨损和提高回次长度。在频率不变条件下，转速增加，两次冲击的间距增大，切削具的切削行程增加。因此，常采用的钻速为 60～70r/min。

地层性质对转速的选择有重要影响。硬岩或强研磨性地层使用表镶金刚石钻头时，破岩主要靠冲击作用，转速较低，一般为 30～45r/min，这样，破岩效果较好，切刃磨损较低。对于裂隙发育和软塑岩层，转速可达 120～150r/min 和 150～170r/min，以充分发挥切削破岩的效果。

对于孕镶金刚石钻头冲击回转钻进，转速应提高。如 Ⅷ 级地层为 630～940r/min，Ⅸ～Ⅹ 级地层为 450～630r/min；Ⅺ～Ⅻ 级地层为 230～450r/min。

3. 泵量

泵量是液动冲击回转钻进的重要参数，它不仅影响冲洗钻孔效果，且直接影响冲击器的冲击功和冲击频率，从而影响钻进效率。一般来说，随泵量的增加，机械钻速也增加，因此，在实际生产中，只要岩层允许，水泵能力够，就应满足冲击器所需的水量。岩心钻探用的冲击器所需的水量一般为 160～200L/min。

液动冲击回转钻进对泵压有一定要求。一般情况下，冲击器在 0.5～0.6MPa 下开始工作，当达 1.8～2.0MPa 时，冲击器的工作稳定；随着孔深的增加，由于液流阻力和泄漏等引起的压力损失，平均每百米增加 0.2～0.3MPa。

三、附属装置

采用液动冲击回转钻进时，一般需要配置必要的辅助装置，主要包括：孔底气囊反射器、稳压罐、液流分配器等。

1. 孔底气囊反射器

在冲击回转钻进中，由于水锤波能量的散失，使水能的有效利用系数很低。据统计，水能利用率只有 12%～18%。为了减少因水锤作用而引起的能量损失，提高冲击器的能量指标，增设孔底气囊反射器是一个有效措施。苏联研制了 ПГО-70 型孔底气囊反射器，其结构如图 3-21 所示。

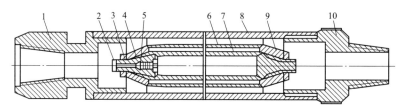

图 3-21　ΠΠΟ-70 型孔底气囊反射器示意图

1—上接头；2—塞子；3—螺母；4—锥体；5—球阀；6—花管；

7—橡胶管；8—外壳；9—夹套；10—下接头

孔底气囊反射器安装在冲击器以上 42～45m 处，气囊内充气压力随孔深而变（见表 3-27）。

表 3-27　　　　　　　　　　　不同孔深气囊充气压力表

孔深（m）	气囊充气压力（MPa）	孔深（m）	气囊充气压力（MPa）
0～100	0.8～1.0	200～300	1.5～2.0
100～200	1.0～1.2	300～600	2.0～3.5

配用反射器后，单次冲击功、冲击频率都有较大增加，有效能量利用系数也有明显增大。同时，使冲击器的工作性能更加稳定，振动和噪声也大为减少，而且地层越坚硬，效果越好。该孔底气囊反射器的主要技术参数为：外径 70mm，长度 3.5m，质量 450N，气囊容量 $1.5\times10^{-3}\,m^3$。

2. 稳压罐

勘探技术研究所研制了 GC-60 型管式储能器，如图 3-22 所示。

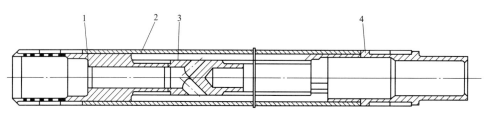

图 3-22　GC-60 型管式储能器示意图

1—上接头；2—外壳；3—储能管；4—下接头

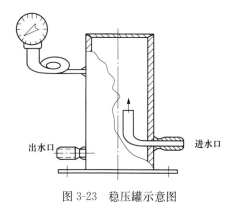

图 3-23　稳压罐示意图

稳压罐装在水泵的出水管上，起扩大空气包容量的作用，即起到消除排量不均匀性和减少冲击器引起的水锤压力波的作用（见图 3-23）。它可用直径为 219mm 的水井管材或直径为 168mm 套管制作，高 2m 左右，两端最好焊以球形底，焊缝要加强。稳压罐容量不少于 30L，并能承受 10MPa 以上压力。

3. 液流分配器

冲击回转用于金刚石钻进时，在岩心管与

冲击器之间设置液流分配器，使一部分液流从冲击器尾部通过分配器直接排至钻具外环状间隙，而冷却钻头和排除岩粉所需的部分液流，则通过分配器异径接头流至钻头，从而使背压和钻具上举力减小，并减轻了钻头的冲蚀。

如图 3-24 所示为苏联研制的 3P-59 型孔底流量分配器，图 3-25 为河北省综合研究队研制的 ZF-56 型液流分配器。

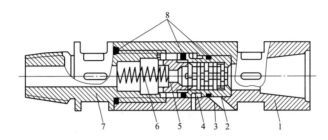

图 3-24 3P-59 型孔底流量分配器示意图

1—外壳；2—二个排水小孔；3—活塞；4—带孔的节流垫；5—固定螺帽；
6—弹簧；7—异径接头；8—密封环

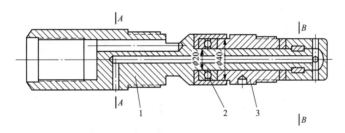

图 3-25 ZF-56 型液流分配器示意图

1—外管接头；2—内管接头；3—轴承

第六节 振 动 钻 进

一、振动钻进原理

振动钻进的实质是用振动器带动钻杆和钻头振动，使周围地层也产生振动，强度变低，发生地层疏松。由于振动频率较高，岩层或土壤的强度降低，在钻具和振动器自重以及振动力的作用下，钻头吃入岩土层，从而实现钻进。振动钻进原理如图 3-26 所示。

振动钻进适用于砂、亚砂土、亚黏土、黏土等地层，在松软岩层中钻进具有很高的效率。

二、振动器

用于工程地质勘察钻探的振动器满足下列条件：

（1）振动力应足够大，以产生大的振幅，但不应超过设备和钻具的允许值。实践证明：使用直径为 50mm 的钻杆时，双轴双轮振动器的最大允许振动力为 6000～6500kg，单轴振动器约为 4500～5000kg，超过允许值则易发生钻杆折断等事故。

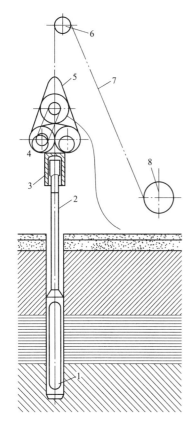

图 3-26　振动钻进原理示意图

1—碎岩工具；2—钻杆；3—顶帽；

4—振动器；5—吊绳；6—滑车；

7—钢绳；8—绞车

（2）振动频率不低于 1000 次/min，一般为 1200～2500 次/min，振动频率小，则效率低。

（3）振动器自重应尽可能小，自重大将增加无益功和使钻杆上部变形。

（4）振动器所有零件要牢固可靠，焊缝在交变负荷作用下易损坏，因此在设计和制造时应尽量避免焊接。为了防止螺栓连接回扣脱落，所有连接螺栓应用开尾销固定。振动器类型很多，有普通式振动器、带弹簧加重物的振动器、振动锤等。

目前应用最广泛的是机械振动器，它是利用偏心重锤在旋转时产生的离心力而发生振动作用。

1. 单轴单轮振动器原理

最简单的单轴单轮振动器如图 3-27 所示，偏心轮旋转时，产生离心力 Q，其绝对值不变，而方向却不断变化。离心力 Q 的值可由式（3-17）确定：

$$Q = mr\omega^2 \qquad (3-17)$$

离心力 Q 可以分解为水平力 S 和垂直力 P，即：$S = Q\cos\alpha$，$P = Q\sin\alpha$，α 为离心力与水平力之间的夹角。

垂直分力使钻具产生垂直振动，而水平分力则使钻具产生横向振动。用该振动器振击开有纵向槽的钻管，在土层中钻进，可达到 2m/min 或更高的钻速。振动钻进孔深大多为 10～20m，钻进效率比人力钻进提高 3～4 倍，而单位进尺的成本则仅为人力钻的 1/8～1/10。此外，还可使用振动机械下套管和处理孔内事故，以减轻体力劳动强度。

2. 双轴双轮振动器原理

如图 3-28 所示，两个偏心轮的规格和重量相同，两个轮轴水平且互相平行，两轮用齿轮传动，因而使两个偏心轮的旋转方向相反，而相位角和角速度都相同。

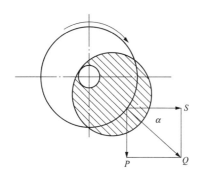

图 3-27　单轴单轮振动器原理图

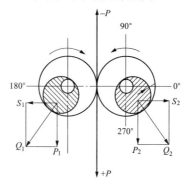

图 3-28　双轴双轮振动器原理图

不论两偏心轮处于任何位置，离心力 Q_1 和 Q_2 均可分解为两组分力。其中水平分力 S_1 和 S_2 大小相等而方向相反，因而互相抵消，而垂直分力 P_1 和 P_2 大小相等，方向相同，其合力 P 等于 P_1 和 P_2 之和。当偏心轮的重心位于水平轴线以下时，合力 P 的方向向下。当偏心轮的重心位于水平轴线以上时，合力 P 的方向则向上。因此，合力 P 将使钻具产生垂直方向的振动。

离心力 Q_1 和 Q_2 可按式（3-18）计算：

$$Q_1 = Q_2 = mr\omega^2 = (G/g)r(\pi n/30)^2 = 0.00112Grn^2 \tag{3-18}$$

式中　Q_1、Q_2——偏心轮产生的离心力，N；

m——偏心轮质量，kg；

g——重力加速度，m/s²；

G——偏心轮重量，kg；

r——偏心距，即偏心轮重心至回转中心的距离，m；

ω——偏心轮的角速度，rad/s；

n——偏心轮转数，r/min。

当偏心轮转至 90° 和 270° 时，垂直力最大，振动器的振动动力达到最大值，最大振动力 P_{max} 可按式（3-19）计算：

$$P_{max} = Q_1 + Q_2 = 2mr\omega^2 = 0.00224Grn^2 \tag{3-19}$$

不同作用原理的振动器可以产生各种不同的振动运动。而振动器作用原理的选择则决定于使用振动器的目的。振动钻进时，可采用上下垂直振动的双轴双轮振动器；起下套管时，可采用简单的单轴单轮振动器。

三、钻进工艺

钻具振动沉入的条件振动破碎地层仍属机械破碎方式，但破碎机理目前还不十分清楚。对于较硬岩土，在高频振动力作用下，可能产生疲劳破碎；对于松软岩土，尤其是黏土质地层，受振动时会发生物理变化，使内摩擦系数和外摩擦系数降低，因而创造了有利的破碎条件。钻具振动沉入的条件是：振幅不低于一定限度；振动力足以克服土壤抗断强度，振动力大则允许振频稍有降低，反之则需增加振频；沉入压力（钻具自重）足以克服土壤的摩擦阻力，并保证有一定的沉入速度。

振动钻头的特点是：管壁沿轴向开有纵切口，切口所对圆心角为 10°～160°，其大小决定于岩层性质。在未黏结的含水层中钻进可取小一些，在黏结性的岩层中则应取大一些。切口长 1.5～2m。用这种钻头钻进时，在纵切口外岩心（土样）沿其全部高度与岩层本体相连，为了取出岩心，先将钻头转动一定角度，割断岩心与岩体的联系，然后才能将钻头和岩心一起提至地表。

钻头纵切口数目，经实验证明：用不带纵切口的钻头钻进时，岩心上部松软，而下部却非常密实，以致钻速急剧下降，进尺很快停止，提钻后需将岩心打碎才能取出。用带有一个纵切口的钻头钻进时，钻进深度增大，但岩心下部和切口对面的岩心仍被压实，而岩心上部和切口处的岩心则几乎未被压实。带有两个纵切口的钻头钻进时，钻进深度更大，效率更高，但靠近钻头整壁部分的岩心仍有被压实现象。在半干的黏土层中钻进，最好采用带有两个或三个纵切口的钻头。但为了防止因强度和刚度减小而在钻进中被扭曲或劈开，应采取以下措施：钻头不宜过长；切口的宽度应为钻头直径的 0.4～0.8 倍，或在切口上交错地留有若干横梁。钻进干砂、湿砂、含砾砂层时，可采用不带纵切口或带一个不宽的纵切口的钻头。振动钻头可用直径为 89～168mm 的套管制作，下端应接有可拆卸的带刃管鞋，管鞋外径比管体外径大 2mm，内外则应小 2～4mm。

采用振动钻进时，岩样的结构和构造有一定的破坏，湿度也稍有变化，但仍符合工程地质的要求，而所获得的地质剖面的准确性却比人力钻进要高。

四、声波钻进

声波钻进（Sonic Drilling），又称为回转声波钻进或振动钻进，它是利用高频振动力、回转力和压力，三者结合在一起使钻头切入土层或软岩，加深钻孔，进行钻探或其他钻孔工程的一种钻探方法。声波钻进是振动钻进的一种，动力头能够产生可以调节的高频振动和低速回转作用，通过围绕平衡点进行重复摆动而形成振动，能量在钻杆中积累，当达到其固有频率时，引起共振而得到释放、传递。能量通过钻杆的高效传递，使钻杆和钻头不断向岩土中钻进。

在国外声波钻进技术的研究始于 20 世纪 40 年代。1948 年，美国研制了一种称为"美声钻"的孔底振动器，目的是提高钻进速度，但由于振动能量过高导致孔底部件损坏而未能成功。与此同时，苏联也研制了"VIRO-DRILLING"系统，该钻进系统是一套地面振动器，靠振动作用钻进土层，钻进效率比常规回转提高 3～20 倍，但也因巨大的振动能量使钻进设备和钻具失效而未能得到应用。20 世纪 60 年代，美国壳牌石油公司制造出大功率的地面振动器，用于石油井服务，诸如套管起拔和油井修复等，还用于高速打桩。20 世纪 70 年代开始研究小功率振动器，较小振动功率（100Hp）振动器研制成功后，首先在北极地区结冰的湖底湿黏土和砂岩中施工 50m 左右的石油和天然气地震勘探孔；随后用于砂金矿的连续取样，取得了非常好的效果。20 世纪 80 年代后，环境保护日益受到全社会的重视，特别是美国，环境钻探工作十分活跃，由于声波钻进速度快，岩心样品保真度高，钻进过程不会产生二次污染。因此，声波钻进成为其环境钻探的重要手段。不久，声波钻进技术传播到加拿大。早期声波钻机的振动头没有专用化，所用的钻具为已有的标准钻具，非专用钻具，因此钻机、钻具的可靠性差，钻具常因高频振动而损坏。20 世纪 90 年代以后，经过一系列的改进和多方面的应用试验，声波钻进技术才日趋成熟，钻探工作量不断增加，出现了许多声波钻进承包商，如美国的 BoartLongyear 公司环境钻探部、Bowser-Morner 公司、Prosonic 公司、加拿大的 Sonic Drilling 公司等。声波钻进设备制造商也较多，如美国的 Versa-Drill 国际公司、Acker Drill 公司、Gus Pech 制造公司、加拿大的 Sonic Drill 公司、日本的利根公司等。目前，除美国外，声波钻进技术在加拿大、荷兰、非洲、澳大利亚、圭亚那和亚洲等国家和地区得到应用。应用范围包括地质勘探、水文水井钻进、滑坡勘察与治理、地震爆破孔施工等领域。

声波钻进的主要设备是振动头，也就是振动器。振动头能够产生可以调节的高频振动和低速回转作用，再加上向下的压力，使钻柱和环形钻头不断向岩土中推进。振动头产生的振动频率通常为 50～185Hz，转速 100～200r/min。钻柱的低速回转保证能量和磨损平均分配到钻头的工作面上。当振动与钻柱的自然谐振频率叠合时，就会产生共振。此时钻柱的作用就像飞轮或弹簧一样，把极大的能量直接传递给钻头。高频振动作用使钻头的切刃以切削、剪切、断裂的方式排开其钻进路径上的物质，甚至还会引起周围土粒液化，让钻进变得非常容易。另外，振动作用还把土粒从钻具的侧面移开，降低钻具与孔壁的摩擦阻力，也大大提高了钻进速度，在许多地层中钻速高达 18.3m/h。

声波钻进基本原理如图 3-29 所示，钻机外形如图 3-30 所示。

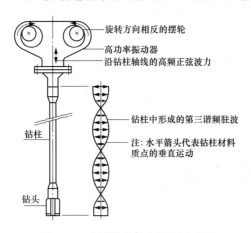

图 3-29　声波钻进基本原理示意图

图 3-30　声波钻机照片

声波钻进技术具有以下优点：钻进速度快，声波钻进是振动、回转和加压钻进的有效结合，特别是振动作用使土粒排开和土壤液化，从而获得较高的钻进速度，一般情况下，声波钻进比常规回转钻进和螺旋钻进快 3～5 倍；岩土样保真度好，声波钻进可在覆盖层和软基岩中采集直径大、代表性强、保真度好的连续岩土样，通常情况下，声波钻进不采用泥浆和其他洗孔介质，钻进产生的废物比常规钻进少 70%～80%，从而减少了钻进液对环境的污染；施工安全性好，声波钻进和取样采用双管系统，岩心管与外层套管单独进行，提取岩心后立即将外套管跟进到先前取心的孔底，外套管能够很好地保护孔壁，防止孔壁坍塌，同时还可隔离含水层，避免交叉污染；适应地层范围广，声波钻进方法可以在各种覆盖层（如砂土、粉砂土、黏土、砾石、粗砾、漂砾、冰碛物、碎石堆、垃圾堆积物等）和软基岩（如砂岩、灰岩、页岩、板岩等），有效采集连续岩心样品，钻进成本低。由于钻进速度快，缩短了施工周期，降低了劳动力费用；钻进产生的废物少，减少了现场清理费用。声波钻进步骤如图 3-31 所示。

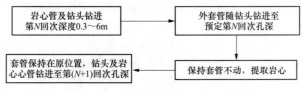

图 3-31　声波钻进步骤示意图

　　声波振动钻进靠声波钻机来实现，声波振动钻机的关键部分是声波振动头，国内外主要使用声波振动头有双马达振动头和四马达振动头两种，两种形式振动头马达的偏心部分均对称分布，通过反向运转，抵消水平离心力，从而得到铅垂方向力，通过叠加或抵冲得到变化的力，实现钻进。使用双马达比四马达更为普遍，油压动力比电动动力使用得更多。声波振动钻机一般使用动力头，典型的形式有纯振动、振动＋回转，一般可实现 30、50、80、100、120m 的孔深。

　　与其他钻机相比，声波钻机具有下列特点：钻机通过采用模块化设计钻机的底架系统、油压系统、升降系统、动力头等组件或部件，常常通过不同的组合形成系列产品；使用中通过更换部件或组件，以适应不同地层、不同作业环境、不同勘察要求的需求；该类钻机可以采用车载、船载、拖挂、人力搬运等多种形式，实现钻机的整体或拆解运输搬运，因此适应于各类环境和工程范围；与钻机配套的机具及工艺技术比较完善，包括钻杆、钻具、钻头、提升、夹持等机具类及冲洗液体系等，一般提供钻机的厂商都有该物资储备；采用全液压动力头钻机具有给进行程长、启动平稳、动作调节灵活，容易实现自动化，大幅度降低了起下钻具时的劳动强度。

　　国内、外常用的典型声波振动钻机主要参数见表 3-28。

表 3-28　　　　　　　　　　国内、外典型声波振动钻机主要参数

型号	孔深（m）	频率（Hz）	激振力（kN）	起拔力（kN）	加压力（kN）	总功率（kW）
LS-600	182	≤150	222	67.5	40.5	167
TSi-150T	213	≤150	236	99	68	186
10C	—	≤150	100	55	55	108
S-PROBE150	—	≤66	38	107	46	26.2
S27	36-60	≤150	89	—	—	103
YSZ-50	50	≤200	140	62	31	132
SDR-50	30	≤150	112	50	25	57

　　近年，国内厂家引进国外声波动力头技术，历经两年的研发制造出国内 YGL-S100 型声波钻机，其主要性能参数见表 3-29。

表 3-29　　　　　　　　　　YGL-S100 型声波钻机性能参数表

项目	参数
钻孔深度	100m
钻孔直径	91～130mm
动力头	1. 型式：液压马达驱动/手动开闭式。 2. 最大扭矩：5400～2700Nm。 3. 输出转速：41r/min、82r/min
振动器	1. 型式：偏心重锤式；液压马达驱动。 2. 最高振动频率：（高速）4000 次/min。 3. 最大起振力：78kNm
空气减震装置	1. 加压时自给式减震装置。 2. 起拔时空气压缩机式减震装置。 3. 行程：（加压）75mm/（起拔）25mm

项　目	参　数
动力头开箱	0°~67°（通过直径 170mm）
给进装置	1. 型式：液压油缸驱动，倍速链条给进。 2. 加压力：≤40kN　提升力：≤60kN。 3. 行程：3500mm
桅杆	1. 型式：型钢焊接式。 2. 桅杆滑移行程：600mm
绞车	1. 型式：液压马达驱动带机械刹车。 2. 单绳起吊能力：11kN
孔口装置	1. 型式：液压油缸式。 2. 最大通孔直径：230mm
履带底盘与动力	1. 型式：液压驱动履带型。 2. 发动机：6BTA5.9-C125。 3. 发动机功率：125kW、1800r/min
总质量	约 8500kg
选配器具	1. 泥浆泵：BW-160、BW-200。 2. 泥浆搅拌机

　　2013 年 1 月 18 日~4 月 10 日，YGL-S100 型声波钻机在云南水富县工程勘察工程中进行了应用，表现出以下特点：地层适应性强，在监测孔施工中，能一径顺利穿过非常复杂的地层（坚硬块石填方层、松散砂砾层、强风化层）及基岩；钻孔速度快，在填石层（大灰岩块，卵砾石）平均小时进尺 3~4m，砂砾石层、黏土层、淤泥层或不含较大孤石的覆盖层钻进时，成孔速度快，平均时效可达 20m，基岩平均时效 4~5m；在深厚砂砾石层中取样钻进速度快、取样率高，可获取原状样，在覆盖层中取样率可达 95％以上，在砂砾层也有 80％以上；绳索取心钻进由于不需提钻取样或更换钻头能连续、高速取出原状样，岩样不混层，反映了地层真实的情况，钻进时，钻套管内直接下取样器取样，取样后，钻套管继续钻进护壁；单动双管钻具取样时，内管不动，能取出无扰动的原状；在取样钻进过程中可以少水或无水钻进，可以避免对岩样造成污染，可以取出较为完整的原状岩样，大幅提高了岩样的保真度，为正确地分析地质状况提供了真实的依据；钻孔直线度高，质量好，同时采用套管护壁，有利于孔内试验与检测工作的开展。

　　声波钻进是钻进深厚覆盖层和砂砾石复杂地层的好方法，广泛适用于工程勘察，环境保护调查孔，地源热泵孔，砂金地质勘探、大坝及尾矿监测孔，海洋工程勘察，大坝基础的钻探取样，以及微型桩、水井孔等。在 0~300m 的深厚堆积体、各种松散层（如砂土、粉砂土、黏土、砾石、粗砾、漂砾、冰碛物、碎石堆、垃圾堆积物）以及软岩中，能有效、高速地进行连续原状取样钻进以及全套管成孔。

第四章

冲　洗　液

　　冲洗液是满足钻进过程中多种功能需求的循环流体的总称，可以是液体、气体或二者之间的气液混合体。广来义讲，钻探经过孔内循环的冲洗液都含有岩屑，都可称为泥浆，在工程钻探中一般称为泥浆。冲洗液从储存池由泵增压送入孔内流经钻头再返回到地表沉砂池，流经的各种管道、间隙、设备、器材等构成冲洗液的循环系统，该系统可以是封闭的，也可以是开放的。

　　近百年来，冲洗液经历了五个阶段的发展：

　　（1）清水和自然造浆阶段（约在 1904～1920 年），此时还没认识到用专门的处理剂处理冲洗液。

　　（2）细分散泥浆阶段（约在 1921～1942 年），开始使用黏土进行人工配浆，并使用如纯碱、丹宁等简单的化学处理剂，使黏土分散得很细，从而得到细分散泥浆，该阶段为测定与监控泥浆的性能，已经能用简单的测试仪器进行泥浆性能测定。

　　（3）粗分散泥浆阶段（1942～1966 年），由于细分散泥浆很容易受外界环境的影响而导致性能很快变差，这促使人们去研究黏土分散与环境影响的问题。在当时著名的胶体电学稳定理论指导下，已经使用钙盐配制粗分散泥浆，并开发应用了大量有机处理剂（如降黏剂和降失水剂）和较高分子量的聚合物（如纤维素和淀粉的衍生物），以稳定和改善粗分散泥浆性能。在此阶段，对冲洗液性能的研究和性能测试方法都有了较快的发展。

　　（4）不分散低固相泥浆阶段，由于泥浆的性能主要由高分子聚合物来控制，黏土含量很少，所以它既有较好的流变性，又有较好的护壁性能，可得到较高的钻速。泥浆处理剂至今已发展到 16 大类 200 多个品种，1500 余种产品；对流变学的研究更加深入，形成若干理论；已经使用整套的泥浆性能测试仪器，泥浆的固相控制设备已较完善。

　　（5）无固相聚合物冲洗液阶段，聚合物在冲洗液中的应用，使得冲洗液中不含黏土固相成为可能。这不但极大地提高了钻速，而且能获得很好的胶结护壁效果，因而，无固相冲洗液非常适合钻进深孔和钻进复杂地层。无固相聚合物冲洗液发展很快，国内先后研制了 MY-1、S 系列植物胶、KL 钻井粉、PW 植物胶、田菁植物胶等多种无固相泥浆。

近年来，冲洗液研发开展了大量工作：

（1）研制了具有多功能作用的膨润土增效材料。如：用于淡水冲洗液配制的低粘增效粉和用于盐水（或海水）冲洗液配制的多功能剂，属"方便面"式产品，用其配制的冲洗液具有"三低"特性，即低黏度、低切力和低失水。利用蒙脱石层状结构的阳离子交换性能和可膨胀性，将无机阳离子、有机分子或聚合物插入层间，把蒙脱石的层与层撑开制成具有独特极性和纳米片层分布的材料来提高冲洗液的性能。烷基糖苷冲洗液是以烷基糖苷为主剂，再配以少量其他性能调节剂组成。烷基糖苷是由可再生资源天然脂肪醇和葡萄糖合成的，是一种性能较全面的新型非离子表面活性剂。胺基抑制剂是国内外近年来开发的一种新型页岩抑制剂，为一种新型阳离子胺基聚合物，具有抑制性强、毒性低及配比性好等特点，国内成熟且应用效果较好的产品主要有聚胺抑制剂 NH-1、聚胺抑制剂 UHIB、胺基聚醇 AP-1 及胺基抑制剂 SIAT-1 及胺基抑制剂 SIAT 等。

（2）采用有机硅与水溶性高分子化合物接枝共聚研制了具有成膜性好，抑制性及黏结性强等特点的成膜剂。该种冲洗液在武威页岩孔等中应用，较好地解决了松散地层及水敏性地层施工中遇到的诸多难题。

（3）纳米科学近年来引起高度重视并得到快速发展。研究表明，纳米材料加入冲洗液后，能够明显降低摩阻，提高钻速，而且冲洗液的流变性、润滑性、造壁性和抑制性等特性都得到显著改善。开展的主要工作有：探讨纳米材料对冲洗液性能的影响，如：加入氧化石墨烯、碳纳米管及二氧化硅纳米颗粒等。研制各种纳米材料用作泥浆处理剂，如纳米乳液润滑剂、高温无机/有机复合纳米降滤失剂 NFL-1、纳米复合乳液成膜剂 NCJ-1 及纳米石蜡乳液等；以纳米处理剂为组分开展纳米水基冲洗液研究，如有机/无机复合纳米水基冲洗液、成膜强抑制纳米封堵冲洗液等。在高分子聚合物类无固相冲洗液研究方面，为了解决江西九瑞矿集区风化煌斑岩水敏性不稳定问题，在无固相冲洗液体系中加入纳米处理剂研制了 PHP-CORESMART 无固相冲洗液，该冲洗液配方为"1m³ 水＋3kg 水解聚丙烯酰胺（PHP）＋3kg 羧甲基纤维素钠盐＋4kg 聚丙烯酸钾＋5kg 高分子聚合物纳米处理剂（CORESMART）"，并在九瑞矿集区的邓家山和东雷湾 2 个矿区风化煌斑岩地层应用中取得了比较满意的技术经济效果。另外，在一些矿区使用一种由 PA 和 PB 两种高聚物配制的 PAB 无固相聚合物冲洗液，并在现场应用中取得了较好的效果。开展了接枝淀粉共聚物的研究，较好地解决了造浆效果、失水低、泥皮质量好。

需要说明的是，每一种新类型冲洗液的出现都是钻孔工程技术发展的需要，每一种冲洗液都有其适用条件，超出该条件，则会出现冲洗液不适应，难于收到好的效果。因此，不是新类型完全淘汰旧类型的关系，而是性能的差异和适应条件不同而已，它们各自有各自的适用条件。未来，泥浆处理剂的研究将围绕绿色环保的目标，开发绿色高效产品，研究方向主要有：通过强化新单体开发以及目标产物分子结构设计，研制具有多种效能的新型处理剂；对天然高分子材料进行深度化学改性，开发成本低廉的产品；利用工业废料或副产物为原料研制泥浆处理剂产品；成本低廉型纳米级泥浆处理剂研制。

未来冲洗液体系的研究课题主要为：深部复杂地层孔壁强化冲洗液技术研究；强水敏性地层用高性能水基冲洗液研究；广谱型堵漏技术及堵漏技术集成化研究；无毒可降解型冲洗液研究。

❀ 第一节　冲洗液的功能与分类

一、冲洗液的功能

工程勘察钻探中离不开冲洗液，冲洗液直接影响着钻探的效率与质量，起着重要的作用，归纳起来，钻探用冲洗液的功能有以下几方面：

（1）清洗孔底，携带和悬浮钻屑。钻进过程中，钻头不断地破碎孔底岩石，延深钻孔，与此同时孔底会产生大量的岩粉、钻屑，借循环着的冲洗液，将钻头破碎的岩粉、岩屑及时地携带到地表，以保持孔底清洁；当冲洗液中断时，利用冲洗液本身的一定性能（如触变性），将岩粉悬浮起来，防止岩粉迅速沉淀造成埋钻事故。大直径全面钻进中，破碎下来的钻屑颗粒粗，数量大，因而常选用携粉和悬浮能力强的流体，如泥浆；岩心钻探（尤其是小口径岩心钻探）因岩粉颗粒细且数量小，因而对冲洗液的携粉和悬浮能力要求不高，可用清水、乳状液等；用携带和悬浮岩粉能力强的冲洗液，如泥浆，则其上返流速可较低；如用携粉和悬浮能力弱的冲洗液，如空气，则其上返速度就要高。

（2）冷却钻头。钻头回转破碎岩土时，钻头与地层摩擦而产生很高热量，热量的集积会使碎岩工具（如合金、金刚石胎体）的物理力学性质发生变化，从而降低其碎岩效率和工作寿命，甚至引起"烧钻"现象。冲洗液的流动会随时带走钻头回转产生的高热，保证碎岩效率和钻头寿命。

（3）实现平衡钻进，保护孔壁。钻进各种松散、松软和破碎地层时，经常出现孔壁坍塌、掉块和缩径等不稳定状态。利用冲洗液本身的性能，在孔壁上形成薄而致密的泥皮，防止孔壁坍塌、掉块；调节冲洗液的比重，可以防止涌水、漏失、井喷等事故。同时，某些冲洗液对不稳定和水敏性地层还有抑制的作用，有效地防止孔壁膨胀、坍塌。为稳定孔壁，首选的技术措施就是利用具有护壁性能的冲洗液，在冲孔的同时稳定孔壁。用冲洗液冲孔时，常使冲洗液对钻孔孔壁的压力与该处的地层缝隙内地下水压力达到平衡，有利于防止发生地层涌水或冲洗液漏失，这是工程钻探中常用的方法。

（4）润滑钻具。使用加润滑剂的冲洗液，可以减小钻头和孔底岩石、钻具和孔壁间的摩擦阻力，有效地减弱钻具高转速回转时震动，从而减轻钻机动力机等的负荷，使钻头工作平稳，实现高效低耗。

（5）破碎地层。冲洗液参与碎岩的方式，一是通过冲洗液驱动孔底碎岩工具破碎岩石，如液动冲击回转钻进、潜孔锤钻进、螺杆钻进时，通过冲洗液将动力传递到孔底碎岩工具上；二是流体直接参与碎岩，如石油钻井中的高压喷射钻进等。

（6）输送岩心或土样。冲洗液在上返的同时将钻出的岩心或岩屑连续地排至地表，如全孔反循环钻进中，冲洗液将岩心运送到地面，这就是反循环连续取心（样）法。

（7）输送孔底信息。冲洗液是循环的，通过观察冲洗液的变化，如增减、颜色、变稠变稀、岩粉等，可以反映孔底信息。

（8）孔内试验与测试的介质。在孔内开展水文试验、岩土测试时，利用孔内冲洗液作为岩土水理、力学性能传输的介质，为试验与测试提供必要的条件。

二、冲洗液的分类

钻探用冲洗液种类很多，有不同的分类方法：按照冲洗液密度大小分为加重与非加重冲洗液，按照其对地层水化作用的强弱分为抑制性和非抑制性冲洗液，按照其含砂量的不同，分为固相和无固相冲洗液，其中固相冲洗液又可分为低固相和高固相冲洗液。结合工程勘察钻探实际，按固相差异及冲洗液性能进行冲洗液分类见表 4-1。

表 4-1　　　　　　　　　　　工程钻探按固相含量常用冲洗液分类表

分类标准	类 别		常用冲洗液
固相含量	无固相冲洗液	天然原料	清水、空气
		无机高分子聚合物	聚丙烯酰胺、水解聚丙烯酰胺
		润滑液	表面活性剂冲洗液、乳化液、润滑脂
		植物胶	MY、PW、S 系列植物胶，KL 钻井粉
	有固相冲洗液	黏土＋处理剂	普通泥浆
			低固相泥浆
			超低固相泥浆
冲洗液的性能	低密度冲洗液		泡沫冲洗液
	加重泥浆		
	水敏性抑制冲洗液		正电胶冲洗液、成膜冲洗液

❋　第二节　冲洗液的钻探性能

一、钻探性能指标

按照 API 推荐的冲洗液性能测试标准，冲洗液的各项性能指标直接影响其钻探功能。不同密度的冲洗液造成孔内冲洗液的液柱压力不同，黏度影响冲洗液携带岩屑的能力，动切力影响冲洗液循环流动的阻力，静切力影响冲洗液的启动泵压及提钻时对钻孔孔壁的抽吸作用。冲洗液常规性能包括：密度、漏斗黏度、塑性黏度、动切力、静切力、漏失水量、pH 值、含砂量和滤液中各种粒子的质量浓度等。

1. 密度

密度即是单位体积的冲洗液的质量，其单位为 g/cm^3、kg/m^3；比重是指物质干燥完全密实的重量和 4℃ 时同体积纯水的重量的比值，叫作该物质的比重，在钻探中冲洗液的比重与密度是等同的术语。

测量时，放好密度计支架，使之尽可能保持水平，将待测定的冲洗液注满清洁的量杯，盖好杯盖，并缓慢拧动压紧，使多余的冲洗液从杯盖的小孔中溢出。用大拇指压住杯盖孔，清洗杯盖及杆秤上的冲洗液并擦净，将密度计的主刀口置于主导垫上，移动游码，使秤杆呈水平状态。记录游码上的左边缘所示的刻度，就是测得的冲洗液的密度。密度的调节方式有：用机械或絮凝的方法除去泥浆中的固相、加水稀释、加轻质油、充气泥浆、配加重固相等。

2. 固相含量

冲洗液中固体相的体积占冲洗液总体积的百分数，一般采用蒸馏法测得，常用仪器有 ZNG-1、ZNG-2。

3. 含沙量

一般采用筛析法含砂仪进行测量。

4. 黏度

反映冲洗液黏度的指标，根据不同流型的冲洗液，用不同的黏度表示，常用的有漏斗黏度、表观黏度、塑性黏度等。

漏斗黏度（T）使用特制的马氏漏斗来测量，用标准的冲洗液量杯的上端（500mL）和下端（200mL）准确量取 700mL 冲洗液，用手指堵住漏斗出口，使冲洗液通过筛网后流入漏斗中，将量杯 500 一端置于漏斗出口的下方，松开封堵漏斗出口的手指，同时计时，待冲洗液流出 500mL，终止计时，记录时间即为漏斗黏度（s）。在浆液流出的过程中，始终保持漏斗直立。马氏漏斗的准确性可用清水进行校正，在 $21\pm3℃$ 时，流出 946mL 清水的时间为 $26\pm0.5s$。随冲洗液液面的降低，流速不断减小，漏斗黏度是在不同的剪切速率下进行的黏度测定，只能用来判断在钻进期间各阶段黏度的变化的趋势，不能说明钻进黏度变化的原因，也不能作为冲洗液进行处理的依据，更不能用于与其他流变参数进行换算，做数学处理。

表观黏度（又称视黏度、有效黏度）η_A 指在某一剪切速率下，用相应的剪切应力除以剪切速率所得的商；对于非牛顿流体来说，表观黏度由塑性黏度和结构黏度两部分组成。实践中。用范氏黏度计 $\phi600$ 时的读数的一半作为冲洗液的表观黏度。单位为 Pa·s、mPa·s。

塑性黏度 η_0 反映的是冲洗液中网状结构的破坏与恢复处于动平衡时，悬浮颗粒之间、悬浮颗粒与液相之间、连续液相的内摩擦力。

黏度影响因素有固相含量、黏土的分散程度。固相含量高，固体颗粒逐渐增多，颗粒的总面积不断增大，所以颗粒的内摩擦力也增大，η_0 增大；黏土的分散程度越高，η_p 越大。高分子聚合物处理剂在于提高液相的黏度，浓度越高，塑形黏度越高；高分子质量越高，塑形黏度越高。

5. 切力与触变性

反映的是冲洗液流动内部结构力的强弱，表观黏度随剪切速率升高而降低的现象。

直接影响冲洗液循环过程中泵压，一般用全自动六速旋转黏度计，冲洗液的切力包括静切力和动切力，单位为帕（Pa）、毫帕（mPa）。

静切力 τ_0 是指流体开始流动时的最小剪切应力值，初切力和终切力两种，冲洗液在搅拌均匀后，静置 1min 或 10s 测得的初切力；冲洗液在搅拌均匀后，静置 10min 测得的终切力。冲洗液的触变性是指搅拌后冲洗液变稀，静止后又变稠的性能。

终切力与静切力之差或之比，表示冲洗液的触变性强弱，其差值或比值越大，触变性强；反之则弱。动切力 τ_d 是指流体在层流流动时颗粒黏土之间及高分子聚合物之间的相互作用，开始流动时的最小剪切应力值。对黏塑性流体，用动切力代替塑性流体的初切力，它包含两部分：一是初切力，二是从塞流转化为层流的切力。

6. 动塑比

是动切力 τ_d 与塑性黏度 η_0 之比。反映的是冲洗液剪切稀释性的强弱，代表冲洗液体系中颗粒形成结构的趋势引起的剪切阻力，故又称为冲洗液体系结构黏度值。严格意义上，其单位为 mPa/(mPa·s)，一般不用单位。τ_d/η_0 比值越大，其剪切稀释作用越好，冲洗液高速流动时，结构破坏，其表观黏度较低，有利于发挥冲洗液的水功率，提高清洗孔底破碎岩石的效果；在低速时，结构又恢复，其表观黏度高，有利于携带岩屑。

7. 滤失水性

在压差作用下，冲洗液中自由水向孔壁地层渗透的性能。在 0.7MPa 压力下，过滤面积为 45.3cm²，环境温度 20～25℃，渗漏 30min 时间，冲洗液滤失出水的量，称为失水量。一般用 1009 型泥浆失水仪或 FannModel300API 滤失仪测定。

根据滤失水的过程研究，冲洗液滤失水过程有三个阶段：瞬间失水、动失水及静失水。瞬间失水是指钻进中，形成新的自由面开始至自由面泥皮开始形成止，此间冲洗液的失水。动失水是泥皮开始形成至泥皮终止增厚期间冲洗液的失水。静失水是指冲洗液停止循环处于静止状态，在静液压力与地层压力之差作用下发生的失水。量测冲洗液失水量一般测得的是静失水。

泥皮是冲洗液在滤失过程中，冲洗液中固相颗粒附着在孔壁及孔壁内浅部地层的薄层，有减少渗透性，防止失水的作用，是防止松散、破碎、遇水膨胀等地层失稳的重要指标。一般讲，泥皮越厚、韧性越好，护壁效果越好。

8. 稠度系数（K）

非牛顿流体中的幂律流体的性能重要指标，用 K 表示，其单位为 Pa·sⁿ，K 值把冲洗液的黏度与切力联系在一起，K 值越大，黏度越高。对于冲洗液来讲，K 值反映其可泵性，K 值大泵送困难，K 值过小，对携带岩粉不利。

9. 流性指数（n）

非牛顿流体中的幂律流体的性能重要指标，$n<1$ 时，为假塑性流体；$n=1$ 时，为牛顿流体，$n>1$ 时，为膨胀性流体。钻探用冲洗液一般为假塑性流体，n 值越小，表明冲洗液的非牛顿性越强，具有较好的剪切稀释性能。

二、冲洗液处理剂

改善冲洗液性能的措施是在基本浆液中加入处理剂。冲洗液处理剂的种类繁多，可按不同分类方法进行分类。按其化学组成分，可分为无机处理剂和有机处理剂。按其在冲洗液中所起的作用，可将处理剂分为：pH 值控制剂、除钙剂、杀菌剂、腐蚀抑制剂、消泡剂、乳化剂、降失水剂、絮凝剂、起泡剂、表面活性剂、润滑剂、页岩稳定剂、稀释和分散剂、增黏剂、加重剂、堵漏材料十六大类。按处理剂的材料来源可分为：以天然植物为原料的、以矿物、石油化工产品为原料的、以微生物为原料的，如生物聚合物等。

钻探实践中，一般首先按其化学组成进行分类，其次按其在冲洗液中所起的作用分类。

1. 无机处理剂

在冲洗液的处理中，无机处理剂起的作用包括：分散作用，促使黏土颗粒分散；控制聚结，使黏土颗粒处于适度聚结的稳定状态；调节冲洗液的 pH 值；沉淀除钙和络合作用；使有机处理剂溶解或水解；与有机处理剂交联作用，胶凝作用；配饱和盐溶液起抑制作用；加重冲洗液比重，起加重作用。

常用的无机处理剂种类有：

（1）碳酸钠（Na_2CO_3）也称纯碱，它可使钙质黏土转为钠质黏土，除钙和调节溶液的 pH 值等。

（2）氢氧化钠（NaOH）也称烧碱，它主要用于有机处理剂的中和或水解，调节溶液 pH 值和钙处理剂冲洗液钙盐的控制剂。

（3）氢氧化钙［$Ca(OH)_2$］、氧化钙（CaO）、硫酸钙（$CaSO_4$）、氯化钙（$CaCl_2$），它们主要用于配制抑制性钙处理冲洗液。

（4）氯化钠（NaCl）亦称食盐，主要用于配制盐水冲洗液和饱和盐水及饱和盐水冲洗液。

（5）水玻璃或硅酸钠（$Na_2O \cdot nSiO_2$），用作冲洗液的结构剂和配制抑制性无黏土相冲洗液。

（6）聚磷酸盐包括六偏磷酸钠［$(Na_3PO_3)_6$］和三聚磷酸钠（$Na_5P_3O_{10}$）起分散和稀释作用和与钙离子络合而除钙。

（7）三氯化铁（$FeCl_3$）、硫酸铝［$Al_2(SO_4)_2$］等，在冲洗液处理中用作交联剂，与有机处理剂起交联作用。

2. 有机处理剂

有机处理剂种类繁多，可按不同方式进行分类。按有机处理剂在冲洗液中起的作用，可分为：稀释剂、降失水剂、絮凝剂、增黏剂、润滑减阻剂、起泡和消泡剂和页岩稳定剂等。按有机处理剂分子结构特点，可分为：非离子型的、阴离子型的、阳离子型的和混合型的。按有机处理剂含的成分，可分为：丹宁类、木质素类、纤维素类、腐植酸类、丙烯酸类、多糖类和特种树脂类等。

各类有机处理剂，虽然它们的组成和分子结构各不相同，且分子量的变化范围很大，但它们与无机处理剂相比又都具有大致相类似的特点。正是由于这些特点，决定了它们与黏土颗粒的关系，以及与无机处理剂不同或存在着根本性的差别。

有机处理剂的特点有：

（1）有机处理剂的分子量小的也是几千到一万，分子量大的可达一千万以上。有些聚合物分子是由许多结构相同的链节组成的，一个分子含有的链节数从几十个直至几十万个，以其官能团吸附在黏土颗粒表面方式起作用；分子量为百万到上千万的高分子，则往往是黏土颗粒或其他固体颗粒被高分子链上的官能团吸附或捕获的方式，或者高分子链在黏土颗粒上的多点吸附的方式起作用的。

（2）有机聚合物处理剂的分子链很长，因而有很高的柔性，分子卷曲像一个杂乱的线团。同时大部分处理剂的链节之间可相互旋转，因此，在溶液状态，无规线团的形态在不断变化着，时而卷曲收缩，时而扩张伸长。高分子的柔性与分子的结构有关。直链的碳架主链柔性最大，带有支链和环碳链时柔软性降低。当形成网状结构，分子间受强的氢键束缚时，链节僵硬。高聚物分子的形态还受水解度、pH 值和电解质种类及含量的影响。高聚物分子的结构和形态影响高聚物的溶解、溶液的黏度、流动性和吸附等特性。

（3）有机处理剂的作用基团可以是一种，或有多种作用基团。如部分水解聚丙烯酰胺，不仅有众多的酰胺基，而且随水解度的不同，可以有一定数量的羧钠基，有时还可能有羧基。基团的活泼性由强到弱的顺序为：SO_3H、$COOH$、$CONH_2$、OH^-。

（4）有机处理剂溶于水中使溶液的黏度有明显的提高，随着有机处理剂分子量和处理剂加量的增加，一般溶液黏度增大。冲洗液液相黏度的增加，使冲洗液增稠和失水量降低，有机处理剂一般都有不同程度的降失水和增黏效应。

（5）冲洗液的 pH 值不仅对冲洗液中黏土颗粒的分散和稳定有影响，而且对处理剂在冲洗液中的溶解度和吸附效果也有大的影响。不同的有机处理剂应控制在不同的 pH 值时才能发挥较好的效用。

常用有机处理剂有以下种类：

（1）降滤失剂。降滤失剂品种较多，国内现场使用的有约 30 多种，主要有：

1）羧甲基纤维素钠盐，是棉花纤维经烧碱处理成碱纤维，再在一定条件下与氯乙酸反应而成为羧甲基纤维素钠盐，其代号为 Na-CMC 简称 CMC）。其聚合度在 200～6000 之间，有低黏 CMC、中黏 CMC 和高黏 CMC 三种，一般低黏 CMC 和中黏 CMC 作降失水剂，而高黏 CMC 则用作增黏剂。

2）水解聚丙烯腈盐类，有水解聚丙烯腈钠盐、水解聚丙烯腈钙盐和水解聚丙烯腈铵盐，代号分别为 Na-HPAN（NPAN）、Ca-PAN（CPAN）、NH_4-HPA（NHPAN）。它们分别是用腈纶废丝或与烧碱进行水解而得，分子量为 8 万～11 万，聚合度为 235～376，水解度 60%。水解聚丙烯腈钠盐主要用作聚合物冲洗液的降滤失剂、对页岩有抑制水化分散作用、水解聚丙烯腈铵盐用作防塌降滤失剂。

3）腐植酸类，是由褐煤中抽提出的腐植酸，进行中和或进行氧化硝化，再进行磺化而制得的，代号分别为 Na-Hm(NaC) 和 K-Hm。用作降滤失剂的腐殖酸类产品有腐殖酸钠和硝基腐植酸钠，主要用作淡水冲洗液的降滤失剂，提高抗钙能力，并有较强的抗盐作用。

（2）稀释剂。稀释剂的种类国内已有多种，主要分为两大类：分散型稀释剂，适用分散型冲洗液；低分子量聚合物型稀释剂，适用于不分散冲洗液。分散型稀释剂包括丹宁酸类（如丹宁和栲胶碱液、磺甲基丹宁酸钠、磺甲基化栲胶等）、木质素磺酸盐类（包括木质素磺酸钠、铬木质素磺酸盐、铁铬木质素磺酸盐和无铬木质素磺酸盐缩合物）、腐植酸类（包括铬腐植酸、磺甲基褐等）。

（3）絮凝剂。冲洗液中用的絮凝剂主要是部分水解聚丙烯酰胺，另一种选择性絮凝剂为顺丁烯二酸酐—醋酸乙烯酯共聚物。聚丙烯酰胺及其水解物，聚丙烯酰胺依其分子量及水解度的不同，在冲洗液中可起不同的作用。高分子量 $(250\sim500)\times10^4$ 未水解或水解度低于 10% 的聚丙烯酰胺是完全絮凝剂；高分子量水解度为 30% 的部分水解聚丙烯酰胺是选择性絮凝剂，同时可作孔壁稳定剂；低分子量 100×10^4 以下高水解度（60% 以上）的聚丙烯酰胺是降失水剂和增黏剂。起絮凝作用时的加量较小，一般在 1×10^{-4} 左右，加量较大时[$(3\sim5)\times10^{-4}$以上]则起稳定作用。

（4）增黏剂。具有良好增黏效果的大都是分子量很大的具有链式或环式链节的水溶性高聚物，如高黏度 CMC、羟乙基纤维素、野生植物胶、生物聚合物、复合离子型聚丙烯酸盐等。野生植物胶，如田菁胶、瓜尔胶、PW 胶、KL 胶等。它们的主要成分是半乳糖或甘露聚糖，其他成分为蛋白质、纤维素等。植物胶主要经交联处理后作无黏土冲洗液。

（5）抑制防塌剂。抑制防塌剂主要有三类：聚合物钾盐、沥青制品和有机阳离子聚合物。

聚合物钾盐属于这类的有腐植酸钾、聚丙烯酸钾、水解聚丙烯腈钾盐。腐植酸钾，代号 KHm，是由 KOH 抽取褐煤而制得的，主要用于防塌和降滤失，并有一定降黏作用，抗高温，但抗盐则不高。

沥青制品属于这类的有磺化沥青、水分散沥青等。磺化沥青是一定品种的沥青加热溶化并与柴油混合使其溶解，然后滴入硫酸使沥青发生磺化反应而成，主要用作页岩微裂缝及破碎带的封闭剂而起防塌作用，并有一定润滑能力。水分散沥青由不同软化点的氧化沥青粉与多种乳化剂配制而成，其作用与磺化沥青相似。

有机阳离子聚合物既有无机盐的抑制作用，又有有机聚合物的包被作用，故其防塌效果较理想。在冲洗液中用的有机阳离子聚合物有：聚胺甲基丙烯酰胺、阳离子淀粉。

⊛　第三节　无固相冲洗液

一、清水

水是极性分子，由于电子在 H 原子端分布少，在氧原子端分布多而使水分子呈现极性。极性的水分子间可通过氢键缔合起来，使水具有沸点高、比热大的性质。水分子在极性的固体表面，因静电吸引可形成排列紧密的水分子吸附层。水的比热大，为 $4.18J/(g \cdot ℃)$，比空气的比热容 $0.06J/(g \cdot ℃)$ 大得多，因而用作冲孔流体时，对钻头的冷却作用好。

清水冲孔有以下特点：

（1）清水冲洗孔底钻屑的能力强。因水的黏度低，流经钻头表面时易形成紊流，冲孔能力较强。

（2）水的比热大，对钻头的冷却作用好。

（3）清水冲孔对钻具的磨蚀作用小。

（4）水对松散、松软和水溶性岩层有剥落、膨胀和溶解作用，易使孔壁坍塌。

（5）对岩心的污染小，有利于保持岩心的原始面貌。

清水作为冲洗液适用于完整致密、在水流冲刷下不受浸润和剥落的地层。不适合松散岩层（如流砂层、风化岩层、破碎带和蚀变带）、松软岩层（如泥质岩石、断层泥部位）和水溶性地层（如岩盐、钾盐、芒硝、石膏）。

工程勘察钻探所用之水主要来源于河流、湖泊、地下水和海水等天然水源，其水质差别很大。钻孔用水的检测指标主要有总矿化度、硬度和酸碱度，并进行必要的调整。

水的总矿化度是指溶解于单位体积水中的无机物、有机物等物质的总量，通常以每升水在 $105 \sim 110℃$ 下烘干时所得干涸残重来表示。根据总矿化度大小，可将水分为淡水、盐水和卤水（见表 4-2）。

表 4-2　　　　　　　　　　　　　　水按总矿化度分类表

类型	淡水	盐水	弱矿化水	中等矿化水	强矿化水/卤水
总矿化度（g/L）	<1	1～3	3～10	10～50	>50

一般情况下，河水或沟水的总矿化度较低，地下水和海水的总矿化度较高。

水的硬度是指水中钙、镁离子的含量。水的硬度可分为暂时硬度和永久硬度。水的总硬度是水的暂时硬度和永久硬度之和。永久硬度是由水中钙镁的硫酸盐和氯化物中提供的钙镁离子所构成的硬度。它们不能通过将水加热煮沸来清除。暂时硬度是水中钙镁的重碳酸盐提供的钙镁离子所构成的硬度。将水加热煮沸后可沉淀除去这部分钙离子，其反应式为：

$$Ca(HCO_3)_2 \rightarrow CaCO_3 \downarrow + CO_2 \uparrow + H_2O \quad （加热至 2100℃）$$

在就地取水配制泥浆时，如遇高硬度的水，可通过向水中加纯碱使之软化。

水的酸碱度常以 pH 值表示，pH 值是水中氢离子浓度倒数的对数值，调节水的酸碱度的方法是加入适量的稀盐酸或纯碱。

二、高分子聚合物

1. 聚丙烯酰胺

聚丙烯酰胺（简称 PAM）是由丙烯酰胺（AM）单体经自由基引发聚合而成的水

溶性线性高分子聚合物，其分子式为（$CH_2CHCONH_2$）$_n$，分子量高达 2500 万，为白色粉末或者小颗粒状物，密度为 $1.32g/cm^3$（23°），玻璃化温度为 188℃，软化温度近于 210℃。固体 PAM 有吸湿性，吸湿性随离子度的增加而增加，干燥时含有少量的水，潮湿时又会很快从环境中吸取水分，用冷冻干燥法分离的均聚物是白色松软的非结晶固体。PAM 是一种线型高分子聚合物，它易溶于水，目数（指物料的粒度或粗细度）越大的 PAM 越容易溶解。PAM 本身及其水解体没有毒性，几乎不溶于苯、乙苯、酯类、丙酮等一般有机溶剂，其水溶液几近透明的粘稠液体，属非危险品，无毒、无腐蚀性；PAM 的毒性来自其残留单体丙烯酰胺（AM），对神经系统有损伤作用，中毒后表现出肌体无力，运动失调等症状。PAM 热稳定性好，加热到 100℃稳定性良好，但在 150℃以上时易分解产生氮气。在适宜的低浓度下，PAM 溶液可视为网状结构，链间机械的缠结和氢键共同形成网状节点；浓度较高时，由于溶液含有许多链一链接触点，使得 PAM 溶液呈凝胶状。

　　PAM 按离子特性分可分为非离子、阴离子、阳离子三种类型。阴离子聚丙烯酰胺（APAM）外观为白色粉粒，分子量为 600 万～2500 万，水溶解性好，能以任意比例溶解于水且不溶于有机溶剂。有效的 pH 值范围为 4～14，在中性碱性介质中呈高聚合物电解质的特性，与盐类电解质敏感，与高价金属离子能交联成不溶性凝胶体。阳离子聚丙烯酰胺（CPAM）外观为白色粉粒，离子度从 20%到 55%水溶解性好，能以任意比例溶解于水且不溶于有机溶剂。呈高聚合物电解质的特性，适用于带阴电荷及富含有机物的废水处理。特别适用于城市污水、城市污泥、造纸污泥及其他工业污泥的脱水处理。非离子聚丙烯酰胺是水溶性的高分子聚合物或聚电解质。由于其分子链中含有一定数量的极性基团，它能通过吸附水中悬浮的固体粒子，使粒子间架桥或通过电荷中和使粒子凝聚形成大的絮凝物。所以，它可加速悬浮液中粒子的沉降，有非常明显的加快溶液澄清，促进过滤等效果。

　　在冲洗液中加入 PAM 后，冲洗液中固相颗粒发生絮凝沉淀，根据絮凝冲洗液中物质的不同分为：完全絮凝和选择性絮凝，完全絮凝既絮凝岩屑、劣质土絮凝，又对膨润土进行絮凝；选择性絮凝只对岩屑、劣质土絮凝，而对膨润土不絮凝。PAM 絮凝作用与被絮凝物种类表面性质，特别是动电位、黏度、浊度及悬浮液的 pH 值有关，颗粒表面的动电位，是颗粒阻聚的原因，加入表面电荷相反的 PAM，能使动电位降低而凝聚。吸附架桥 PAM 分子链固定在不同的颗粒表面上，各颗粒之间形成聚合物的桥，使颗粒形成聚集体而沉降。

　　钻探领域主要使用 PAM 的如下功用：分子量为 100 万～500 万的 PAM 能使悬浮物质通过电中和、架桥吸附，起絮凝作用；水中加入微量 PAM 能降阻 50%～80%，PAM 能有效降低流体的摩擦阻力；当 pH 值在 10℃以上 PAM 易溶于水，PAM 在中性和酸性条件下均有增稠作用；10 万分子量的 PAM 用作泥浆的稳定剂；10 万～100 万分子量的 PAM 用作泥浆的降失水剂。

　　聚丙烯酰胺浆液的常用配方参见表 4-3。

表 4-3　　　　　　　　　　　　　**常用的聚丙烯酰胺类无固相浆液配方表**

成分	PHP	FeCl、KAl(SO$_4$)$_2$、KCl	乳化油
加量	0.1%～0.3%（300ppm）	0.5%～3%	0.2%～0.5%

2. 水解聚丙烯酰胺

（1）水解度。将 PAM 和烧碱（NaOH）溶液按照一定比例，在一定温度下搅拌，则发生水解反应，得到的产物有两种：完全水解得到聚丙烯酸钠和部分水解得到水解聚丙烯酰胺（PHP）。

PAM 的水解度是表示它水解的程度，即酰氨基（—CONH$_2$）水解成羧钠基（—COONa）的百分比。如水解度为 40% 表示 100 个酰氨基中有 40 个变成了羧钠基。值得注意的是其中尚有 60 个酰胺基。

水解度与烧碱的加量、反应温度、反应时间有关，一般成正相关性，即加量越大、温度越高、时间越长，水解度越大。—COONa 在水中还可以进一步电离成：—COO$^-$ 和 Na$^+$，使得 PHP 的分子带电性和水化，称为水化基或离子化基，而—CONH$_2$ 电离度很小，可以粘附在黏土表面产生吸附作用。通过调节水解度可以控制它的吸附、带电、水化能力和状态，从而获得不同的絮凝和降失水的效能。

（2）现场水解。配制不同水解度 PHP 烧碱的加量可按式（4-1）计算：

$$W_{\text{NaOH}} = 40 \frac{W_{\text{PAM}}}{71} H \tag{4-1}$$

式中　W_{NaOH}——需要加入烧碱量，kg；

　　　W_{PAM}——PAM 固体重量，kg；

　　　H——需要的水解度；

　　　40——烧碱的分子量；

　　　71——PAM 的链节分子量。

现场水解时，实际烧碱的加量需比理论量增加 5%～10%，可以加温水解；也可以常温水解，常温水解时需要 7～9 天才能达到水解的要求。

（3）PAM 在水中溶解时，水分子扩散到高分子的速度远远高于高分子向水分子扩散速度，水分子钻到长链高分子间发生溶剂化作用，因氢键的作用使水分子吸附在酰氨基周围，使得分子由卷曲状伸展，减弱大分子之间的吸力，引起高分子化合物的体积膨胀，这是 PAM 溶解的第一阶段，即溶胀阶段。此后随水分子大量进入使得 PAM 分子之间距离继续扩大，以致整个 PAM 分子链逐渐分离，分散到水中去，这是第二阶段，即溶解阶段。线性 PAM 通过溶胀和溶解两个阶段，可以完全溶解；而体型 PAM 不能溶胀和溶解具有疏水性。分子量越大，水溶性降低，溶解能力越弱。

PHP 是由 PAM 水解而来，随着 PAM 分子量增加，其黏度也增加；水解度越大，使分子中—COONa 增多，亲水性和水化性增强，表现出结合水增多，自由水减少，因而黏度增加。当 PHP 的 pH 值小于 4 时，产生大量的羧酸基，分子之间结合力增强，水溶性降低，使得其降失水、絮凝能力发生变化，PHP 适宜的 pH 值应在 7.0～8.5 之间。由于吸附作用，PHP 具有一定的润滑作用，从而降低冲洗液的摩擦阻力。

PHP 除具有 PAM 的吸附絮凝作用外，还具有较强的水化能力，影响 PHP 絮凝作用的因素有：

（1）分子量一般要求在 150 万～200 万之间，过低絮凝效果差，过高桥联作用差。

（2）水解度一般在 30％左右，过大（大于 50％）－COONa 增多，－CONH$_2$ 减少，PHP 呈阴离子型，负电性太强，使带负电性的颗粒不易接触，絮凝效果差；过小（小于 5％）时，PHP 接近 PAM，呈非离子型，絮凝效果也差。

（3）一般加量为 100～500ppm 可以得到较好的絮凝、防塌、润滑效果；仅仅要求最好的絮凝效果时，其加量为 100～500ppm。

现场使用时 PHP 的加量：一般地层加入 1000ppm；水敏性、坍塌地层 300～500ppm；适时补充 PHP，保持 PHP 的浓度；建立适当的循环路途，循环除砂，保持冲洗液的含砂量在控制范围；适时根据不同地层段，变换浆液配比。

三、润滑液

为降低冲洗液对钻具及钻具与孔壁之间的摩擦力，有利于钻进中开高转速，通常的做法是在清水中加入少量的处理剂-润滑液，起到降低阻力、产生润滑的作用。钻探上常用的液体润滑剂有表面活性剂类、乳化液及在钻具上涂抹润滑脂。

1. 表面活性剂

表面活性剂有矿物油、植物油及表面活性剂三类。利用表面活性剂的特殊结构，在相界面上表现出特殊的吸附活性，在润滑冲洗液中主要利用它的润滑与乳化作用。作为润滑剂的表面活性剂，主要用阴离子型表面活性剂。

阴离子型表面活性剂能在钻杆和孔壁表面产生化学吸附，其憎水基定向排列形成润滑膜。化学吸附是由共用电子对形成的化学键。它是近距离形成的不可逆的强吸附。羧酸盐、磺酸盐和磷酸酯盐型阴离子表面活性剂的极性基团与钻杆表面的铁离子结合成的盐不能溶于水，也即这些极性基团可通过化学键牢固吸附在钻杆表面。同样它们可以通过直接键合或通过金属离子的媒介间接键合在孔壁岩石表面。因而钻杆与孔壁的表面都被极性亲水基团所吸附，相应的憎水基产生定向排列，形成了润滑膜（见图 4-1）。这样钻具在孔内回转时，钻杆与孔壁之间的固相直接摩擦就变成了中间隔有一层润滑膜的间接摩擦，从而有效地降低了摩擦系数，减小了回转阻力。因而阴离子表面活性剂有很好的润滑性能，而且阴离子型表面活性剂与钢和岩石表面的化学吸附越牢，其润滑性越好。

冲洗液中常用的阴离子型表面活性剂产品有：皂化油脚，是油脂工业的下脚料和"油底子"，多来自植物油厂，油脚与氢氧化钠反应后得到一种淡棕色液体，其有效成分是脂肪酸钠；太古油，是蓖麻油经硫酸化处理，再加碱中和的产物，其中有效成分为硫酸化油；妥尔油的皂化物，妥尔油是树木碱法造纸的副产品，其主要成分是脂肪酸和树脂酸，经氢氧化钠皂化后便可作为润滑剂使用；十二烷基苯磺酸钠，即 ABS；癸脂酸钠，癸脂是用蓖麻油制取癸二酸的副产品，癸脂中含有脂肪酸及其酯类化合物，经氢氧化钠皂化后，可得多种脂肪酸钠盐，称为癸脂酸钠；聚氧乙烯（10）辛基苯酚醚（OP-

10、TX-10）。

2. 乳化液

乳化液是指乳化油以液珠形式分散在水中所形成的分散体系，有水包油型（O/W）和油包水型（W/O）两种类型。乳化油的组成成分有基础油、乳化剂（即表面活性剂）、稳定剂和防锈剂等。基础油常用矿物油，如煤油、柴油、机油或它们的混合物，也可用植物油，但植物油较少用。乳化剂常用阴离子型表面活性剂和阴离子-非离子复合型表面活性剂。稳定剂的作用是提高乳状液的稳定性，常用的有三乙醇胺和乙醇。表面活性剂与基础油的比例称为剂油比，常用的剂油比为 0.1～0.25。乳化油分散在水中，就变成由无数个尺寸为几微米大小的微小液滴组成的乳浊液。每个液滴都是一个由多个乳化剂分子所包裹的油滴。剂油比越大，乳化油分散越细，油珠就越小。液滴乳化液微观结构如图 4-2 所示。

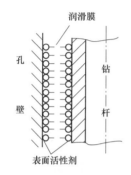

图 4-1 表面活性剂溶液润滑机理

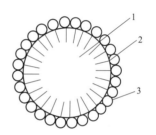

图 4-2 乳化液微观结构示意图
1—基础油；2—表面活性剂（乳化剂）；3—水

乳化液能保持分散稳定而不聚结的机理在于：乳化剂降低油水的界面张力，油珠外层包裹一层定向排列的乳化剂。乳化剂的亲油基伸入油珠表层，形成油化膜；亲水基对水强力吸引，形成一层水化膜。两层膜共同构成界面膜。界面膜的机械强度和弹性，使乳状液液滴在相互碰撞时不易聚结；乳化剂离子基间的电性斥力也有助于液滴间保持一定的间距。乳化液的润滑作用，除了由亲油基形成的润滑膜外，还有由油珠形成的润滑膜，因而乳化液在钻杆和孔壁间形成的润滑膜厚，强度高，对钻具的润滑作用和防磨作用好，如图 4-3 所示。

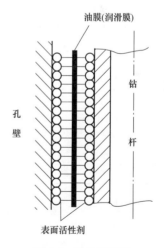

图 4-3 乳化液润滑

在小口径金刚石岩心钻进中用水包油型，将乳化油加进水中经过充分搅拌，就得乳化液。乳化油的加量一般为 0.3%～0.5%（即在 100L 水中加入 0.3～0.5L 乳化油）。在乳化液的使用中，由于各种原因，使乳化液液滴里的油珠发生相互聚结现象，使乳化液失去稳定性，产生油水分层或油包岩粉（油泥）现象，这就是乳化液的破乳。乳化液破乳后，其润滑性急剧降低，乳化油大量消耗，同时因油泥缩小外环间隙，增加了冲洗液循环阻力。乳化液破乳的原因是：油珠尺寸大，界面膜强度低；硬水引起破乳；岩粉引起破乳。

乳化液破乳的防治措施有：采用阴离子—非离子复合型乳化剂配制乳化油；采用钙皂分散剂，提高乳状液抗硬水能力；增大剂油比和改善乳化方法，减小乳状液液滴里的油珠尺寸；软化水质。

3. 润滑脂

当钻孔严重漏水，但又必须对钻具进行润滑时，常采取钻具涂抹润滑脂来润滑钻具，同时用廉价冲洗液进行冲孔。润滑脂的基本成份有黑机油、松香、沥青和石蜡等。将它们加热到 $130\sim140℃$，溶匀，得到常温下为粘稠状的黑褐色液体。向钻具上涂抹润滑脂的方法有两种：一是用拖布浸沾润滑脂，在下钻具时向钻具上涂，这种方法费力，涂抹不匀，润滑脂的消耗大；二是在下钻时用孔口涂抹器涂抹，润滑脂涂抹层的厚度在 $0.3\sim0.5mm$ 为宜。涂抹一次可使用 $3\sim4$ 天。

✳ 第四节 植物胶冲洗液

一、MY 植物胶

1. 制浆原料

MY 植物胶冲洗液的制浆原料为魔芋，属天南星科，为多年生草本植物，也称蒟蒻、麻芋子，广泛分布于陕西、甘肃、宁夏、湖南、江西、广西、云南、贵州、四川等省区，既有野生，又有人工种植。将魔芋块茎去皮，切片晒干或烘干，磨粉 $175\sim147\mu m$ 筛网。去渣皮和粗纤维，即得魔芋粉。

魔芋的聚糖中还有部分葡萄糖，因此魔芋甘露糖是一种多缩己糖，也是多元醇，其中每 6 个碳原子上有 3 个羟基，分子长链由 O—甘露糖、O—葡萄糖等单位组成，分子量在 10000 以上，魔芋粉的膨胀性极高，可达 $80\sim100$ 倍。魔芋粉的成分如表4-4所示。

表 4-4 魔芋粉的成分

成分	含量（%）	成分	含量（%）
多缩甘露糖	64.78	蛋白质	2.56
还原糖	1.61	粗脂肪	0.13
淀粉	1.46	灰分	3.76
纤维	1.43	水	余量

其结构式为：

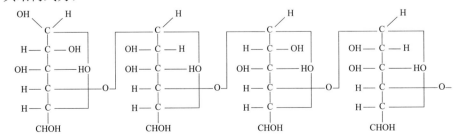

2. 浆液配制

魔芋粉与清水搅拌所得的胶液黏度低，降滤失性能差，不能满足钻进的要求，经加入 NaOH 处理后，可以提高水溶液的黏度和降低滤失量，其试验结果见表 4-5。

表 4-5　　　　　　　　　　NaOH 加量对魔芋胶性能的影响

浓度 （g/L）	NaOH 加量 （g/L）	pH 值	比重	黏度 （s）	滤失量 （mL/30min）	表观黏度 （mPa·s）	塑性黏度 （mPa·s）	动切力 （mPa）
5.0		5.5	1.005	56	15.0	29	19	2.00
5.0	1.0	9.5	1.006	53	1.5	28	18	2.00
2.5		6.0	1.002	22.5	70.0	8.5	6	0.5
2.5	0.5	8.5	1.003	22	2.0	8.2	6	0.45
1.0		6.2	1.0	17	80.0	3.2	2.5	0.15
1.0	0.2	8.0	1.0	17	2.3	3.1	2.5	0.13
0.5		6.5	1.0	16	80.0	2	1.8	0.04
0.5	0.1	7.5	1.0	16	2.9	2	1.8	0.04

实践结果表明，当魔芋胶液浓度为 5g/L、NaOH 加量为 1g/L 时，溶液具有高的黏度和低的滤失量。因此，魔芋粉：NaOH ＝ 5：1 是合适的配比。

MY-1 植物胶冲洗液中，交联是十分关键的环节。根据冲洗液性能的综合要求，交联体系应尽量以线性交联为主，同时也要求交联体应具有一定的强度和足够的稳定性。达到这几项目的都与交联剂类型的选择有关。$Na_2B_4O_7$（硼砂）与魔芋胶交联形成的交联体结构最为稳定，保存时间最长，完全能够满足钻进的需要。而且 $Na_2B_4O_7$ 交联剂来源广、成本低，是较为理想的交联剂。交联剂加量是十分关键的因素。交联剂加量过小，浆液交联不够，黏度太低；交联剂加量偏大时，交联液的流变性变差。生产实践表明，交联剂 $Na_2B_4O_7$ 的适宜加量为魔芋粉重量的 50％～60％。MY-1 植物胶冲洗液常用配方见表 4-6。

表 4-6　　　　　　　　　　MY-1 植物胶冲洗液常用配方

项目	溶液物质名称	质量（kg）
溶液	天然水	100
溶质	魔芋干粉	0.4～0.5
添加剂	NaOH（烧碱）	0.10～0.12
交联剂	$Na_2B_4O_7$（硼砂）	0.20～0.30
酸碱度调节剂	HCl（盐酸）	适量以 pH 值 ＝ 8 为限

搅制工艺 MY-1 浆液的搅制过程为：向搅拌机内加入所需的水量，起动搅拌机，均匀撒入所需的魔芋干粉，搅拌 2～3min 后加入 NaOH，搅拌 20～25min，取样测漏斗黏度，正常情况为 22s 以上，这时边搅拌边加入 HCl，与此同时用试纸测 pH 值，直至近似 8 为止。再向搅拌机内徐徐加入用温水溶解的 $Na_2B_4O_7$，这时浆液便成为无色透明的交联物，即可使用。野外制浆，当气温超过 25℃时，加入 $Na_2B_4O_7$ 不易产生交联，导致制浆失败，产生这一情况的原因尚不太清楚。

为保证交联成功，制浆应注意以下几个环节：制浆前将搅拌桶内侧及螺旋桨进行彻底清洗，清除残留物；加入 NaOH 后，搅拌机主轴转速控制在 300r/min 左右，搅拌时间控制在 25～30min；加入交联液取样测黏度，如在 22s 以上，交联有把握成功，如在此黏度值以下，则可能使交联不成功，此时应及时放出废浆，重新搅制。

3. 滤失水性能

魔芋胶的一个最基本性能是降滤失性能好。魔芋粉加入浓度达 4000ppm 时，滤失量只有 1.2mL/30min；浓度在 50ppm 时，也只有 8mL/30min 左右；浓度超过 1000ppm 以后，滤失量变化就不明显了。

抑制泥页岩水化膨胀，是魔芋胶冲洗液的重要功用之一，通过对碳质页岩试样浸泡试验的结果的比较证实了这一点（见表 4-7）。

表 4-7　　　　　　　　　　　　碳质页岩浸泡试验

浸泡液名称	配方	浸泡时间	试样状况
清水	—	3min	完全松散
魔芋胶溶液	魔芋粉 0.1%，NaOH 0.02%	12h	微小膨胀
PHP 溶液	1000ppm，水解度 30%	10h	膨胀并开裂
Na-CMC 溶液	1000ppm	30min	完全松散

魔芋胶液有一定的抗盐、抗钙能力。当向魔芋胶液中加 $CaCl_2$ 40～50g/L、NaCl 60g/L 时，其表观黏度、塑性黏度、滤失量基本无变化，若继续加入电解质，滤失量只稍微有变化。

4. 流变性能

MY-1：失水量为 2～3mL/30min，黏度为 18～20s，表观黏度为 5～20mPa·s，塑性黏度为 4～15mPa·s，动切力为 2～8mPa。

MY-1A：失水量为小于 10mL/30min，黏度为 18～20s，表观黏度为 30～40mPa·s，塑性黏度为 24～30mPa·s，动切力为 12～16mPa。

魔芋胶还具有良好的流变性能和一定的黏弹性及润滑性能。魔芋胶在 25℃ 以上的高温天气使用，容易发酵变质，需加入防腐剂（甲醛、苯粉、乙萘酚、氯化锌、水杨酸等），通常加入 3‰ 的甲醛即可。

5. 魔芋胶浆液应用

1986 年，太平驿水电站砂卵石层钻探中，使用 MY-1 植物胶成功地保护了孔壁、岩心，提高了钻进速度，延长了钻头寿命，降低了泵压，岩心采取率由原来使用清水合金钻进的 25% 提高到 90%。贵州省有色金属第一地质大队在特殊复杂地层钻进中，使用 MY-1 植物胶较好地控制了页岩水化缩径。安徽水文勘察地质队在水井钻探中，使用 MY-1 植物胶，较好地保护孔壁，提高了钻进效率，减少了洗孔时间。

二、PW 植物胶

1986 年国内科研院所联合开展了"植物胶在钻探泥浆中应用的研究"，对 36 种植物胶反复筛选、改性、试验研究，研制出了 PW 植物胶。先后在河南、四川、宁夏等地的 8 个钻孔中应用，效果良好。该植物为小灌木，高 1.5m，多分枝。生长在山坡草地或灌木丛中。分布在云南北部、四川西南部、贵州西南部及台湾地区。其主要组分为：总糖 23.80%、水溶糖 7.52%、纤维 8.18%、淀粉 18.70%、水分 8.61%。其中，多糖由甘露糖、半乳糖组成，组分为 2∶1；次要糖为木糖和葡萄糖。

1. 基浆配制

配方为 PW∶NaOH∶清水＝5g∶0.24%（PW 质量）∶250g。搅拌时间 20min，或浸泡几小时，按比例加水稀释即可使用。PW∶NaOH＝5∶（0.4～0.6）为最佳配方。可作为无固相冲洗液用，也可作为泥浆处理剂用。

2. 流变性室内试验

不同浓度 PW 植物胶粉配方无固相冲洗液的 6 速旋转黏度仪测量数据及性能见表 4-8、表 4-9。

表 4-8 不同浓度 PW 植物胶粉配方无固相冲洗液的性能测量数据

PW 植物胶粉（%）	600（r/min）	300（r/min）	200（r/min）	100（r/min）	6（r/min）	3（r/min）
2	10.5	6.5	5.0	3.5	1.5	1.0
4	17.5	11.5	8.5	6.5	2.0	1.5
6	24.5	16.5	12.5	8.5	2.5	2.0

表 4-9 PW 植物胶常用配方流变性能表

浓度（%）	漏斗黏度（s）	失水量（mL/30min）	塑性黏度（mPa·s）	表观黏度（mPa·s）	动切力（mPa）	动塑比	流性指数	初切力	终切力
2	26′4″	7	4.0	5.25	12.5	3.13	0.69	7	7.5
4	30′5″	5.6	6.0	8.75	27.5	4.58	0.61	7.5	10
6	42″	4	80	12.25	42.5	5.31	0.57	10	12.5

注 用 PW 植物胶作为钻探冲洗液时，加量 0.3%～0.4% 的 PW 粉配制的浆液即能满足要求。

3. PW 植物胶作为处理剂

根据不同配方，加入不同的处理剂，配制了 8 种浆液，其配比分别为：

1 号浆液：1% 的安丘土＋6% 的 Na_2CO_3；

2 号浆液：1 号浆液＋0.2% 的 PW 粉；

3 号浆液：1 号浆液＋0.4% 的 PW 粉；

4 号浆液：1 号浆液＋0.6% 的 PW 粉＋6% Na_2CO_3；

5 号浆液：1 号浆液＋0.2% 的 PW 粉＋4% 的安丘土＋6% 的 Na_2CO_3；

6 号浆液：1 号浆液＋0.4% 的 PW 粉 4＋6% 的 Na_2CO_3；

7 号浆液：1 号浆液＋0.6% 的 PW 粉＋6% 的 Na_2CO_3；

8 号浆液：1 号浆液＋0.8% 的 PW 粉＋6% 的 Na_2CO_3。

其浆液的流变性能见表 4-10。

表 4-10　　　　　　　　　　PW 植物胶处理泥浆流变性能变化表

浆液编号	漏斗黏度（s）	失水量（mL/30min）	塑性黏度（mPa·s）	表观黏度（mPa·s）	动切力（mPa）	动塑比	流性指数	稠度系数
1 号	15.4	40	1.5	1.5	0	0	1	0.02
2 号	25	14	4	4.75	7.5	1.88	0.79	0.20
3 号	28	10.5	5	7	20	4	0.64	0.81
4 号	30	80.4	6.5	9	25	3.85	0.65	1.01
5 号	17	22.4	3	4.25	12.5	4.17	0.63	0.55
6 号	36	10.8	7	10	30	4.29	0.62	1.38
7 号	53	9.2	11	15	40	3.65	0.66	1.57
8 号	62	7.4	11.5	16.5	50	4.35	0.62	2.28

4. 钻探性能

PW 植物胶为一种天然高分子化合物，其主要组分为聚糖，在固体状态时，呈卷曲状态；溶于水中，聚糖分子链伸展开，分子间的接触和内摩擦力增加，黏度明显增加，具有显著造浆能力。

在碱性条件下，聚糖分子碳链上的羟基和醚键不但与水分子结合成水化膜，而且与黏土颗粒表面的氧和 OH^- 形成氢键，吸附在黏土颗粒表面上，泥皮薄而韧，避免了颗粒之间相互接触，提高了黏土颗粒的稳定性，能防止孔壁的垮塌，对渗漏层起良好的堵漏作用。在相同浓度下，PW 胶的降低水的摩擦系数值的百分比为 0.25，XC 无固相冲洗液为 0.16，PHP 浆液为 0.37，说明 PW 胶有较好的润滑减阻性。在 0.4% 的 PW 胶无固相冲洗液中，加入 100g/L 的食盐，冲洗液的黏度、失水量参数变化甚微，表明该冲洗液适宜于含盐地层的钻探作业。同时，对未加 $CaCl_2$、加入 300、500ppm 浓度 $CaCl_2$ 的三种冲洗液进行岩心浸泡试验对比，结果表明，PW 胶冲洗液有一定的抗钙能力。与其他化学处理剂的互配 PW 胶与羧甲基纤维素钠盐（Na-CMC）、PAM 复合，产生"协同作用"，提高冲洗液的性能：提高黏度、降低失水量、提高悬浮能力。

5. PW 植物胶的应用

四川某金矿地表为残积层：粉砂质灰岩、白云岩、千枚岩等，可钻性在 Ⅲ～Ⅷ 级，裂隙发育、钻进中漏失严重，坍塌掉块严重，经常出现缩径。ZK35 号钻孔钻至孔深 74.88m 时，孔内漏失、掉块，冲洗液由 PHP 低固相泥浆改为 PW 泥浆后，孔内漏失、掉块现象明显改善，钻具能一次下到底，孔内干净。

河南某矿地层为砂质黏土、粉细砂含砾，结构松散、无胶结性。遇水或机械搅动时涌水、掉块严重，原使用 PHP 泥浆配合惰性材料，护壁效果差。改用 PW 泥浆后，泥浆的耗量由 8m³/班降到 1.4～1.6m³/班，钻机动力负荷也降低 10%。

三、S 系列植物胶

S 系列植物胶是"六五""七五"期间，结合《深厚覆盖层金刚石钻进与取样技术》的研究及后续研究工作研发出的新型植物胶，历时十余年，形成了 SM、SH、ST 三个品种。自 20 世纪 80 年代以来，S 系列植物胶已广泛应用于水电、水利、矿产、市政、交通等领域的钻探工程中。

1. SM 植物胶原料

SM 植物属荨麻科，小灌木，高 1～2m，多分枝、叶互生呈卵形或宽椭圆形，边缘有牙齿，两面疏生短毛，上面粗糙，叶柄长 2～5mm，雌雄同株。SM 植物分布于海拔 1000～3000m 的山坡、河谷地带。该地带年平均气温 12～18℃，年降雨量 700～1000mm，年蒸发量 1500～2000mm，全年日照时数 1000～2200h，相对湿度 60%～70%，无霜期 200～330 天。其气候总的特点是年平均气温较高，无霜期长，蒸发量大于降雨量，相对湿度小，日照长；土壤为山地褐土，山地棕褐土，山地棕壤，山地红棕壤。该植物主要产于四川西部、云南、贵州及东南亚地区。SM 植物胶粉的质量受植物的采取季节、原料选择部位、干燥方式、破碎分离方法和贮藏条件等因素的影响。野生植物具有采集季节极强的特点，为保证产品质量，采集期宜在当年秋末至次年初春发芽前。因过早则有效成分低，含水量高；过迟则有效组分转移到植物体的其他器官。原料取自植物的直根系。根主要由皮层、韧皮部和木质部组成。植物胶的有效部分主要分布于皮层和韧皮部。把加工成片状的原料晒干或烘干，烘干温度不宜过高，一般在 60℃ 左右为宜，把干片放在干燥通风处，以防霉变。

SM 原料加工流程为：选料（清除杂质）→切片→晒干或烘干（含水量<9%）→粗粉碎（捣成碎块）→细粉碎（清除粗纤维）→过筛（246～175μm）→成品（固态粉末）。产品质量要求和基本性能外观：固态粉末，色泽土黄，无气味；粒度为 246～175μm；水分不大于 9%；pH 值为中性。把 SM 植物胶配制成 0.5%～0.6% 的水溶液应达到如下主要性能指标：漏斗黏度为 25～30s；表观黏度不小于 11mPa·s；滤失量 3～6mL/30min。

2. 植物胶的配制工艺

SM 植物胶冲洗液的基本配方：SM 植物胶干粉浓度为 2%，Na_2CO_3 为 SM 植物胶干粉重量的 5%。以 0.3m³ 立式搅拌机为例，SM 植物胶冲洗液的制浆过程如图 4-4 所示。

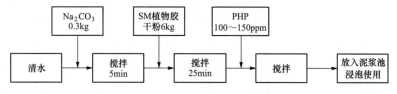

图 4-4　SM 植物胶冲洗液的配制流程

首先在 300L 的搅拌机加入总容积 1/4～1/3 的清水 75～100L，同时加入 Na_2CO_3 搅拌 5min 后加入 SM 植物胶 6kg，利用高速旋转的桨叶，促使干粉迅速分散加速在水中溶解继续搅拌 25min，并逐步加入清水至满搅拌桶，最后加入 100～150ppm 的 PHP，搅拌完毕，将浆液放入贮浆池，超过 2h 后使用。

需要指出：使用的 0.3m³ 搅拌机主轴的转速在 300r/min；采用注入 1/2（液面位于螺旋桨叶顶部）加干粉搅拌的方法，这样 SM 植物胶干粉易于在水中分散溶解。

SM 植物胶粉可直接溶于水中形成黏液，但其溶解速度较慢，黏度较低，这主要是由于高分子链上的—OH 水化物。加入 NaOH 或 Na_2CO_3，可使其—OH 转化为—ONa 的亲水性强的水化基因。SM 植物胶经碱处理后，水溶性变好，黏度增大。

3. 基本性能

（1）增黏能力。SM 植物胶主要优点之一是增黏能力强。用它配制无黏土冲洗液和作为低固相泥浆的处理剂，具有较高的黏度和低的滤失量，能够满足未胶结的松散覆盖层钻进的需要。室内实验结果见表 4-11。

表 4-11　　SM 植物胶水溶液的性能

浓度 （%）	黏度 （s）	失水量 （mL/30min）	表观黏度 （mPa·s）	塑性黏度 （mPa·s）	动切力 （mPa）	pH 值
6	42	4	12.25	8	4.25	10
5	38	4.2	11.25	7.5	3.75	9.5
4	30	5.6	8.75	6	2.75	9
3	28	5.9	7.75	5.5	2.25	8.5
2	26	7	5.25	4	1.25	8

（2）降滤失作用好，能抑制页岩的水化膨胀。用石膏矿岩粉制作岩心进行浸泡试验（见表 4-12）表明：SM 植物胶有抑制泥页岩水化膨胀的作用。植物胶高分子能通过吸附基团吸附在泥页岩表面上，并渗透到微裂隙中去，形成具有一定强度的高分子膜，一方面阻止冲洗液中的自由渗透；另一方面使泥页岩的胶结性强度提高，故能起到抑制作用。

表 4-12　　人工岩心试样浸泡试验

配方	浸泡时间	试样状态
清水	3min	全部垮塌
SM 植物胶（0.5%）	24h	膨胀
SM 植物胶（0.4%）	96h	膨胀、细裂缝
安丘土（2%）Na_2CO_3（4%）	1h	完全松散
PHP（1000ppm）	5h	完全松散

（3）流型及流变性能。试验证明，SM 植物胶冲洗液是一种典型的假塑性流体（见图 4-5），浓度越高，其漏斗黏度越高，其假塑性流态更为典型。

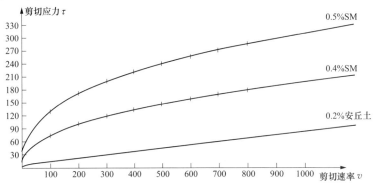

图 4-5　不同浓度 SM 浆液流变曲线

表 4-13 所示为生产中常用配方的性能指标，其流性指数均小于 0.5，动塑比均大于 0.75，证明剪切稀释作用好。

表 4-13　　　　　　　　　　SM 植物胶常用配方流变性能

浓度（%）	漏斗黏度	失水量（mL/30min）	塑性黏度（mPa·s）	表观黏度（mPa·s）	动切力（mPa）	动塑比	流性指数	稠度系数
2	7′28″	11	15	32.5	35	2.3	0.3785	23.7892
1	1′10″	17	10	20.5	21	2.1	0.4034	12.6348
0.5	28″		5	10	10	2	0.4150	5.6884

生产实践证明，对 2% 浓度的 SM 植物胶冲洗液，虽然漏斗黏度高达 7min 以上，但易于泵吸，泵压也很低。

（4）黏弹性。SM 植物胶的内聚力大，其表现是浆液内部的牵引力很强，加上自身润滑性能好，因此滑动性很好，可以从容器中牵出。黏度越高，这种性能越突出，有利于减轻金刚石钻进中高速旋转钻具产生的振动，达到维护孔壁稳定，减轻钻具磨损和提高岩心采取率的目的。

（5）润滑性。金刚石钻进时，钻具转速很高，加之钻具与孔壁间的环状间隙很小，因此钻具高转速回转所产生的阻力是很大的，这就要求使用的冲洗液具有良好的润滑性能，SM 植物胶正是一种具有良好润滑性的冲洗液，这一性能与上述优越的黏弹性相辅相成，创造了金刚石钻进的良好条件，尤其是深厚覆盖层钻进，对提高金刚石钻头的寿命和岩心获得率起了重要作用，表 4-14 是采用美国 Baroiol 公司生产的润滑系数测定仪，按 API 标准试验方法测定的几种无黏土冲洗液的润滑系数。

表 4-14　　　　　　　　　　润滑系数对比表

样品名称	润滑系数	降低水的百分数（%）
去离子水	0.36	100
2%SM 纯溶液	0.245	31.4
5000ppm PHP	0.265	26.39
5000ppm XC	0.285	20.83
8000ppm CME	0.285	20.83
5000ppm 魔芋胶	0.3	16.67
6%膨润土＋150ppm PHP	＞0.5	

（6）抗盐性能。冲洗液的抗盐性能是评价冲洗液的一个重要指标。将浓度为 2% 的 SM 浆液，加入 5%（占 SM 浆液的体积重量比）的 $NaCl_2$ 或 $Na_2B_4O_7$，观察一个月，黏度无变化，说明 SM 植物胶抗一价盐的能力很强，可以配制盐水无固相冲洗液。

综如上述，SM 植物胶是一种性能优良的无固相冲洗液材料。

4. SM 植物胶作为泥浆处理剂

实验证明，SM 植物胶还是一种多功能的泥浆处理剂，SM 加入低固相泥浆可以改善低固相泥浆多方面的性能（见表 4-15）。

表 4-15　　　　　　　　　　　SM 改善泥浆性能情况表

配方	漏斗黏度 (″)	滤失量 (mL/30min)	动塑比	流性指数
基浆（5％安丘土＋0.25％ Na_2CO_3）	19.5	26	1	0.5850
基浆＋0.3％ SM	85	19	2	0.4150
基浆＋0.5％ SM	195	15	1.71	0.4525

注 应将 SM 配置成 2％的水溶液按需加入。

在松散的覆盖层或基岩破碎带中，小漏失地层，可使低固相泥浆加入不等浓度的 SM 浆液，提高其黏度而使固相含量保持不变，达到减轻漏失和护壁的目的。SM 是一种有效的提黏剂，可以使黏度提高到不流动状态。

PHP 低固相泥浆在含土量较低时，一般失水量较大，当加入 SM 后可以大幅度地降低失水量，SM 可以作为低固相泥浆的降失水剂。

低固相泥浆加入较高浓度的 PHP，经强力搅拌或高速回转后，往往产生土粉聚沉现象，黏度下降，护壁性能降低，且无法加入更高浓度的 PHP。当未加入 PHP 以前，向基浆中加入少量溶解好的 SM 浆液搅匀后，即可加入任何比例的 PHP 溶液且不产生聚沉现象，可见 SM 可起到稳定泥浆性能的作用。

在低固相泥浆中加入适量 SM 后，动塑比提高，流性指数下降，改善了泥浆的流变性，提高了泥浆的剪切稀释能力。

5. SM 冲洗液的应用

自 1985 年研发出 SM 植物胶，至今近 40 年，SM 植物胶冲洗液被广泛推广应用在水电水利工程勘探中，解决了一批其他技术无法解决的重大技术难题。

提高了覆盖层岩心采取率，由原来的 50％提高到 90％及以上。在太平驿、瀑布沟水电站深厚河床砂卵石层的卵石所夹的砂层、多层透镜体纯砂层中取得了近似原状样，该样可用于一定的土力学试验，判断地基的物理力学性态。在明台、沙溪等水电站的红砂层中，取出了厚 1mm 的数层夹泥层。

应用于三峡工程闪云斜长花岗岩全风化层中，取心率达到 100％，解决了风化层取心的老大难问题；在江阴长江公路大桥桥基勘探时，在亚黏土夹砂、中细砂与砂砾石层中，钻进深度 130m，取心率达 100％，砂样呈圆柱状，能保持原状结构；在三峡库区万县市新址勘探时，黏土碎石层取心率在 88％～100％，滑带取心率均达到 100％。

应用于南水北调工程中线漕河渡槽、石湖水库勘探时，卵石粒径为 20～60cm、漂石粒径达 100cm 左右，平均取心率达 90％以上，取出了柱状样。

伊朗某水电工程曾聘请过南斯拉夫和法国的地质队进行河谷覆盖层的地质勘探工作，终因技术不过关、取不出合格的岩样无果而终。20 世纪 90 年代末，中国地勘队采用了 SM 植物胶金刚石钻进，奇迹般地取出了砂卵石层合格样品，岩心采取率达 95％以上，台月进尺在 280m，圆满地完成了勘测设计任务。

据初略统计，采用 SM 植物胶金刚石钻进完成的河床砂、卵石覆盖层工作量为：1986～1995 年，年均约 2000m；1996～2000 年，年均约 4000m；2001～2007 年，年均约 20000m，总计约 18 万 m。

四、KL 冲洗液

1. 主要成分

KL 胶来源于豆科植物野皂荚种子的内胚乳，其加工工艺包括物理改性（浸泡、干燥、碾压、温度控制等）和化学改性（萃取、提纯等），是一种非离子交链的多糖，主要有用成分为半乳甘露聚糖，是由半乳糖和甘露糖做成的线性高分子化合物，主链以 β-(1，4)-苷键连接的半甘露糖和支链 α-(1，6)-苷键连接的 D 半乳糖形成半乳甘露聚糖，如图 4-6 所示。

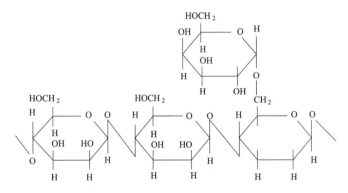

图 4-6　KL 胶半乳苷露聚糖的分子结构

KL 胶的溶解性和交链性很好，形成的冲洗液对岩矿心无污染，可以自然降解，是一种环保型的冲洗液，其主要技术指标见表 4-16。

表 4-16　KL 胶的主要技术指标

项目	指标
外观	淡黄色粉末
细度（200 目过筛量）	≥98%
水分	≤9%
pH 值	6.5～7.5
残渣含量	9%～11%
水不溶物含量	15%～18%

2. 制浆

常用的 KL 冲洗液有两种配方：一是 1000mL 水＋8‰KL＋400ppm 外加剂 A＋

0.4‰外加剂 B；二是 1000mL 水＋4‰KL＋400ppm 外加剂 A＋0.4‰外加剂 B。

KL 植物胶冲洗液的配制必须按照一定的工艺流程进行才能达到理想的性能，组分包括：KL、H-PHP、NaOH。以用三组分分别添加配制 $1m^3$ 的 KL 植物胶冲洗液为例，首先将 8kg 的 KL 胶加入水中，边加边搅拌，待其完全溶解后（至少 30min），再称取 0.4kgH-PHP 加入纯 KL 胶液中，继续搅拌 30min，然后加入 0.4kg 的 NaOH，搅拌约 15min，即形成理想性能的 KL 植物胶冲洗液。KL 植物胶冲洗液三组分分别加入搅拌的配制工艺流程如图 4-7 所示，KL 胶与 H-PHP 先加入清水搅拌均匀后加入 NaOH 的配制工艺流程如图 4-8 所示。

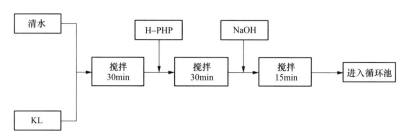

图 4-7　配制工艺流程（一）

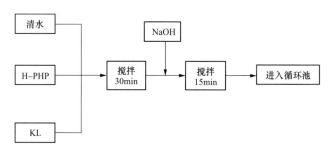

图 4-8　配制工艺流程（二）

3. KL 植物胶主要性能

（1）漏斗黏度。目前地质勘探上仍采用清水校正时间为 15s 的 1006 型野外标准漏斗黏度计测量冲洗液黏度。尽管这种试验方法不能在固定的流速梯度下反映冲洗液稠度的变化，但这种测量方法仍然是作业现场使用最普遍、最简单的方法。优化配方确定的 KL 植物胶液漏斗黏度测试数据与 SM 植物胶液漏斗黏度的对比见表 4-17。

表 4-17　　　　　　　　　　KL 与 SM 植物胶冲洗液漏斗黏度对比

配方	漏斗黏度（s）
1000mL H_2O＋8‰KL＋400ppm H-PHP＋0.4‰NaOH	309
2.0%SM＋2‰NaOH	130

试验结果表明，KL 植物胶冲洗液漏斗黏度值均能满足复杂砂卵石地层钻进时对浆液黏度的要求。KL 的低用量不仅比 SM 植物胶综合使用成本低，而且由于其用量

少，大大降低了运输成本和工人的劳动强度，受到现场作业人员的一致好评。

（2）滤失水量。滤失水量大小是评价冲洗液最重要的指标之一。根据无黏土冲洗液试验常用推荐方法，采用一个大气压压差测量 30min 的滤失水量，试验数据如表 4-18 所示。

表 4-18 植物胶冲洗液的滤失水量及其比较

配方	滤失水量（mL/30min）
1000mL H_2O＋8.0‰KL＋400ppm H-PHP＋0.4‰NaOH	6.5
2.0%SM＋2.0‰NaOH	11

试验表明，KL 植物胶冲洗液优化配方的滤失水量比 SM 植物胶浆液失水量小，并且增大 KL 用量更有利于降低冲洗液的滤失水量。

（3）流变性。冲洗液的流变性会影响钻速、泵压、排量以及岩屑的悬浮与排除，从而直接关系到钻探的速度、质量和成本。冲洗液流变性主要包括塑性黏度、表观黏度、动切力和触变性等。在 KL 植物胶冲洗液流变性试验中，使用美国 Bariod 公司生产的 Fann 式 35 型旋转黏度计，其测试结果见表 4-19。

表 4-19 KL 植物胶冲洗液的流变性能

配方	胶液性能					pH
	漏斗黏度（s）	表观黏度（mPa·s）	塑性黏度（mPa·s）	动切力（mPa）	动塑比	
1000mL H_2O＋8‰KL＋400ppm H-PHP＋0.4‰NaOH	369	55	26	29.6	1.14	11

（4）黏弹性。植物胶良好的黏弹性可以减轻钻进过程中因钻具转动而产生的振荡，有利于提高取心率和维护钻孔稳定性，并可减轻钻具的磨损。

基于当前对植物胶冲洗液黏弹性没有统一的测试工具和方法，通过长期的探索与实践，直观地采用了冲洗液的"爬杆效应"来衡量冲洗液的黏弹性。"爬杆效应"的测试是将一根细小铜管（$\phi7$ 左右）的一端加工成弯状，另一端保持直状（见图 4-9），试验时将弯端浸入植物胶冲洗液中，直端则固定于搅拌机的旋转轴上，固定于搅拌机上的"爬杆效应"专用测试装置如图 4-10 所示。

用此种方法测试植物胶冲洗液的原理是：植物胶冲洗液中植物胶分子链节越坚固，黏弹性高的冲洗液在搅拌机高转速下越容易沿铜管爬升，越不容易产生振荡，胶液表面越平滑，基于在高转速下，观察被测试冲洗液沿铜管爬升的高度和胶液是否保持平稳，即可判断其黏弹性的强弱。植物胶冲洗液爬升高度越高，胶液越稳定，表明其黏弹性越好；反之，冲洗液的黏弹性越差。

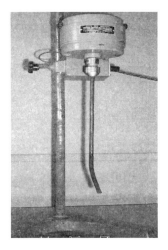

图 4-9　爬杆效应检测仪图

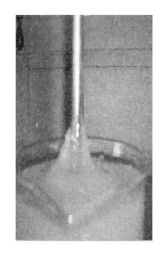

图 4-10　爬杆效应试验

（5）润滑性。具有优良润滑性能的冲洗液能大大地降低钻具与孔壁之间的动摩擦系数，使功率损耗有很大的降低，有利于提高钻速，减少钻具和水泵的磨损，也能使泥饼的黏滞性下降，减少钻进过程中黏附卡钻的可能性。特别在金刚石钻进时，要求钻机能开高转速，才能获得理想的钻进效率，这就要求所使用的冲洗液必须有良好的润滑性能。

KL 植物胶冲洗液的润滑性试验，采用 DNR-1 型冲洗液润滑系数测定仪，按 API 标准试验方法进行。用 KL 植物胶液以及 SM 植物胶液与去离子水进行润滑系数的对比，其结果见表 4-20。

表 4-20　　　　　　　　KL 胶液、去离子水以及纯 SM 胶液的润滑系数和对比

样品名称	润滑系数	降低水的百分率（%）
去离子水	0.360	100
1000mL H_2O＋8‰KL＋400ppm H-PHP＋0.4‰NaOH	0.195	45.83
2%SM 纯溶液	0.245	31.40

从试验数据可以看出，KL 植物胶冲洗液润滑系数比较低，能降低水的润滑系数达 45.83%，说明 KL 植物胶冲洗液具有优良的润滑效果。

4. KL 冲洗液的管理

冲洗液的净化与管理是钻探生产管理和技术管理中的一项重要工作。KL 冲洗液是一种无固相冲洗液，以浅色、无固相、低密度、流变性好、组合材料掺入量少为特点，但材料价格较高，故加强净化管理，尽量避免浪费显得尤为重要。

（1）KL 植物胶冲洗液使用中的变化与管理措施。KL 植物胶冲洗液在使用过程中会因地层的变化以及不同因素的影响而出现以下现象：在比较均质中等硬脆破碎地层钻进，岩粉比较少，孔壁裂隙中有少量的地下水渗入时，冲洗液出现自然稀释现象，影响冲洗液的性能。和其他冲洗液一样，在钻进过程中产生较多微粒岩屑的自然现象造浆地

层，如灰白色的凝灰岩、粉砂岩、泥岩、泥质页岩，含泥质较多的煤系地层等会出现自然增稠（自然造浆）现象。钻屑在钻进过程中缓慢而逐渐地混入植物胶冲洗液中，一部分被絮凝，另一部分被吸附在链节上继续保留在冲洗液中，并随着时间的延长不断地积累而增稠。在黄铁矿层中钻进，黄铁矿粉混入冲洗液中，循环过程中，大量的黄铁矿粉沉积在沉淀池槽内，由于植物胶冲洗液有较强的携屑悬砂能力，部分颗粒细微的黄铁矿粉混悬在冲洗液中，成为冲洗液的加重固相成分，出现自然加重现象。

当地下水渗入较多或机械降解严重时，冲洗液黏度降低太大，不能满足钻探工作的需要时，可以采取以下调整措施：采用 KL 植物胶冲洗液三组分分别添加的工艺方法；添加 KL 或 H-PHP 提高 KL 植物胶冲洗液的胶液性能。当冲洗液的黏度过高不利于钻速的提高时，应采取稀释措施：加入清水稀释（注意采取措施防止冲洗液稳定性遭到破坏）；加强除泥除砂工作。

（2）KL 植物胶冲洗液的净化。由于 KL 植物胶冲洗液携屑排砂能力很强，排出的岩屑和砂粒比较多，必须采取有效的净化设施和优良的泥浆循环系统，根据沉砂岩屑少的特点，可选用沉淀除屑法，采用阶梯式泥浆循环系统。使用阶梯式泥浆循环系统要注意做好如下工作：循环槽与沉淀箱各接合处的缝隙要用黏性泥团堵塞，以免冲洗液的漏失；净化装置材料为白铁皮，为防止锈蚀，制好后要求表面刷一层油漆；安装时全部装置安放在一个平面上，该平面低于地面 0.33m，因此安装比较方便，循环槽的阶梯坡度是由沉淀箱切口（安放循环槽的切口）的高度依次递减 0.33m 所形成；拆迁安装时注意保护，谨防损坏。

5. KL 冲洗液应用

KL 植物胶冲洗液的生产试验是 2004 年 4～6 月在大渡河黄金坪和泸定桥两个电站的 4 个钻孔中进行的。ZK02 钻孔应用 KL 植物胶的孔段为 17.92～74.43m。钻进中遇到的是卵砾石和泥砂夹杂地层，较为松散，此孔段共钻进 56.51m，取心长度为 56.06m，岩心采取率为 95.66%。在 ZK02-1 孔，试验孔段为 55.74～84.94m，在与 ZK02 相似的地层中钻进 29.20m，取心长度为 26.70m，岩心采取率为 91.44%，均达到了地质要求的取心率大于 90% 的质量指标。在上述两个试验孔的钻进中，共有 48.68m 钻孔漏失的地层中还返浆，但仍采取了总长为 45.68m 的岩心，心率达到 93.76%。

在伊朗塔里干（Taleghan）水库，上部 100m 为人工填土，下部为原始粉细砂、砾石、卵石及漂石，孔深达 135m 的监测孔施工中采用 KL 植物胶冲洗液，岩心采取率由 20% 提高到 80% 以上，而且每个回次孔内均未出现孔内事故。

🏵 第五节 固相冲洗液

一、黏土

1. 黏土的物质组成

黏土是由极细小的含水铝硅酸盐矿物组成的。黏土矿物的种类很多，黏土可能是几种黏土矿物的混合物，但多数情况是以某种黏土矿物为主，并混有少量的其他黏土矿物。黏土矿物常见的有：高岭石、伊利石、蒙脱石和海泡石。其中，以高岭石和伊利石为主的黏土最为常见，其水化性能差，造浆性能不好，不是配制泥浆的好材料；以蒙脱石为主的膨润土（或称搬土），其水化性能强，吸附性能好，是配制泥浆的优质材料；海泡石族的棒状黏土抗盐性能特别好，热稳定性较高，是配制盐水泥浆和耐高温泥浆的好材料。矿物名称及化学式分别为：高岭石 $Al_4[Si_4O_{10}][OH]_8$ 或 $2Al_2O_3 \cdot 4SiO_2 \cdot H_2O$，多水高岭石 $Al_4[Si_4O_{10}][OH]_8 \cdot 4H_2O$ 或 $2Al_2O_3 \cdot SiO_2 \cdot 8H_2O$；伊利石 $(K，Na，Ca)_m(Al，Fe，Mg)_4(Si，Al)_8O_{20}(OH)_4 \cdot nH_2O$；蒙脱石 $(Al_2、Mg_3)[SiO_4O_{10}][OH]_2 \cdot nH_2O$；海泡石 $4MgO \cdot 6SiO_2 \cdot 2H_2O$。

黏土矿物有两种基本构造，其晶格基本构造单位均是硅氧四面体和铝氧八面体。每个硅氧四面体中都有一个硅原子与 4 个氧原子（或氢氧）以相等的距离相连，硅在四面体的中心，4 个氧原子（或氢氧）在四面体的顶点［见图 4-11（a）］，由于硅离子很小（离子半径为 0.039nm）而电价高，极化能力强，使 Si^{4+} 和 O^{2-} 之间形成极性相当大的共价键联结；从单个的硅氧四面体来看，4 个氧还剩余 4 个负电荷，各个氧和另一个硅离子组成另一些四面体，形成如图 4-11（b）所示的六角环片状构造或链状构造。铝氧八面体由两层紧密堆叠的氧和氢氧组成，铝（镁或铁）原子居于中间成正八面体，如图 4-12 所示。

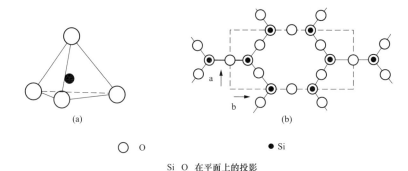

○ O　　● Si

Si O 在平面上的投影

图 4-11　硅氧四面体结构示意图

（a）单独的硅氧四面体；（b）硅氧四面体六角环片状结构的平面投影

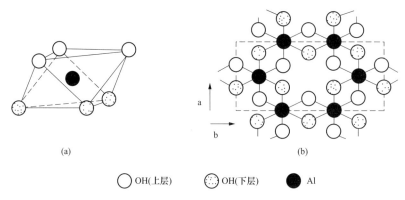

◯ OH（上层）　　⊙ OH（下层）　　● Al

图 4-12　铝氧八面体结构示意图

（a）铝氧八面体；（b）铝氧八面体片状结构平面投影

蒙脱石的每一构造单位是由两个硅氧四面体中间夹着一个铝氧八面体组成。每个四面体顶端的氧都指向构造层的中央，而与八面体所共有，即层间由共用的氧原子联结在一起，组成一个构造单位（晶胞）。此构造单位层沿 a 轴和 b 轴方向无限展开，而沿 c 轴方向上以一定间距（1.4nm）晶胞一层一层重叠，构成晶体如图 4-13 所示。

蒙脱石晶胞上下两表层均为氧原子，因此当晶胞重叠时，两晶胞间是分子力联结，联结力较弱，水分子容易进入两晶胞之间，使整个晶格产生沿 c 轴方向膨胀（故称为膨胀晶格），当晶格完全脱水时，两晶胞底面间距为 0.96nm，而吸水后可达 2.14nm 以上（一般以 14Å 表示晶格间距），水化性能很强，易于分散，故分散度高。更为重要的是，蒙脱石晶格内部有明显的离子取代现象，即四面体层中的部分 Si^{4+} 可被 Al^{3+} 取代，八面体层中的 Al^{3+} 可被 Fe^{3+}、Mg^{3+}、

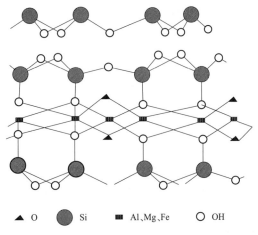

图 4-13　蒙脱石晶体构造示意图

▲ O　⬤ Si　▦ Al、Mg、Fe　○ OH

Zn^{3+} 等阳离子取代。由于低价离子取代了高价离子，造成晶格内部的电荷不平衡（即有多余的负电荷），而使晶体带负电，能吸附较多的阳离子，有较强的离子交换能力。由蒙脱石组成的黏土叫膨润土（又叫搬土），因其分散度高，水化性能强，离子交换能力强，造浆能力强，是配制泥浆的优质材料。

2. 黏土颗粒带电性

黏土颗粒带电性可由下列实验证实：在一块湿的黏土上插入两支无底的玻璃圆筒，筒内铺以相当厚度的砂子，并注入清水，再用两块铜板作为电极，分别插入两支玻璃筒中，然后把电源与铜板相接，过一会就会观察到，连接负极的圆筒内水面略微上升，表明水在电场的作用下通过黏土的毛细孔向负极发生了移动，同时还可看到，黏土颗粒则按反方向向正极移动，水变得混浊，在正极上有黏土颗粒的沉积，这表明黏土颗粒带有负电。黏土颗粒带电的原因有：

（1）黏土矿物晶体的晶格中离子取代作用是造成不饱和价（带电）的主要原因。如，蒙脱石其硅氧四面体中的一部分 Si^{4+} 被 Al^{3+} 取代；铝氧八面体中一部分 Al^{3+} 被 Fe^{2+} 或 Mg^{2+} 等取代，造成电价不饱和，而带负电，这些负电荷可被表面吸附的 Na^+ 或 Ca^{2+} 等离子所中和。

（2）黏土矿物颗粒边缘（断口处）的电价不饱和使黏土颗粒带电，这种带电的原因叫断键作用（也叫破键作用）。由于断键作用产生的负电荷是不大的。只有当黏土矿物晶格破坏严重及分散度增高时，这种断键作用所引起的负电荷量也增加。

（3）黏土矿物晶格表面氢氧层中氢的电离。表面上露出的 Al-OH 键上的 H^+ 或 OH^- 极易电离。Al-O-H 键有双性，在碱性中 H^+ 易电离，使黏土表面带负电，如在强酸性中 OH^- 电离，则使黏土表面带正电。

3. 黏土的鉴定

根据土力学的规定，塑性指数（I_p）是指土的液限和塑限的差值（去掉%或乘100），即处在可塑性状态的含水量范围。土的液限是指黏性土流动状态与可塑状态的界限含水率，国内采用锥式液限仪测定；土的塑限是指黏性土可塑状态与半固体状态的界限含水率，采用"搓条法"测定。在工程地质学上，将土按照颗粒级配从大到小划分为：碎石土［漂（块）、卵（碎）、砾石］、砂土、粉土及黏性土。黏土是黏性土的一种，是指颗粒粒径大于 0.075mm 的颗粒质量不超过总质量的 50%，且塑性指数大于 17 的土。当塑性指数大于 10 且小于等于 17 时，称为粉质黏土；塑性指数小于等于 10 时，称为粉土。

造浆黏土的鉴定分为初步评价及造浆试验。

初步评价是为了寻找适合造浆的优质黏土，在野外常用目视法，根据黏土的特性反映出来的标志来判断其是否适宜配制泥浆。黏土具有如下特征：具有较强的抗断性，破碎时形成坚固的尖锐边棱，即使是小块也不易用手捏开；用刀切开时，切面光亮，颜色较深，有油脂光泽；用水润湿后，用手指捏搓时有黏性或滑润感，在可塑状态下，易搓成细而长的泥条而不断；用 5% 的盐酸滴于黏土块上，观察是否起泡，如大量起泡，则表明土中含有很多 $CaCO_3$，优质黏土一般不起泡；干燥时易碎裂，在水中易膨胀，将黏土用水浸泡后搅拌若呈混浊悬浮体一般适宜造浆。

造浆试验是在上述观察的基础上进一步进行造浆试验以确定黏土的造浆性能。试验时，先将黏土加工成土粉（200 目，含水 10% 以下），按不同的加土率称量土粉（准确至 ±0.1g），再按不同的加碱率（按土粉的质量百分比计算）称量碱，将称量的土粉分别盛入泥浆杯中，用按规定量取的蒸馏水将碱溶解后，加入盛有土粉的泥浆杯中，使水土混合均匀，在室温下（24±3℃）加盖静置 24h 后，再在高速搅拌机上搅拌 20min，而后加盖在室温下静置 1h，然后再搅拌 5min，即可用旋转黏度计测定 600r/min 及 300r/min 的读数，计算出每种不同加土率和加碱率泥浆的视黏度塑性黏度及动切力（屈服值）。

二、泥浆的作用机理

相是指物体中物理性质与化学性质都完全相同的均匀的部分，由单一相组成的称为单相体系，由两个或两个以上的相组成称为多相体系，相与相之间的接触面称为相界面，在多相分散体系中，被分散的物质称为分散相，包围分散相的另一相称为分散介质。分散度用于度量分散程度，是指分散相颗粒平均直径或长度的倒数；比表面积是分散相分散程度的另一表示方式，全部分散相颗粒的总表面积与总体或者总质量之比，分散相的颗粒越细，分散度越高，比表面积越大。按分散程度不同，可以将分散体系分为细分散体系和粗分散体系，悬浮体系属于粗分散体系（其比表面积小于 $104m^2/g$，分散相的颗粒直径在 $1\sim40\mu m$ 之间），胶体属于细分散体系（其比表面积大于 $104m^2/g$，分散相的颗粒直径在 $1nm\sim1\mu m$ 之间）。钻探中广泛使用的泥浆是由分散相（黏土颗粒）和分散介质（水）组成的水基冲洗液，是溶胶和悬浮液的混合体系，该体系遵循物理作用（吸附、沉降、扩散双电层）及化学作用（水化）机理，影响泥浆的稳定性。

1. 吸附作用

物质在两相界面上自动浓集的现象称为吸附，常称为吸附作用，被吸附的物质称为吸附质，或称为吸附剂。根据吸附力的性质不同，分为物理吸附和化学吸附，物理吸附是仅有范德华引力，是无选择性的，容易脱落；化学吸附是有化学键参加的吸附，是有选择性的，比较牢固。黏土颗粒的表面吸附化学处理剂分子（或离子）的现象称为黏土的吸附。吸附现象在泥浆中是经常发生的。化学处理剂即是通过在黏土颗粒表面上的吸附来改变黏土表面性质，从而达到改变泥浆的性能。与此相反，一些盐类侵入而使泥浆性能变坏，也是通过黏土表面吸附造成的。根据黏土吸附原因的不同，可分为物理吸附和离子交换吸附。

（1）物理吸附。黏土（吸附剂）吸附其他物质（吸附质）后不发生化学变化的叫物理吸附，是分子间力相互作用而产生的吸附，是由于吸附剂表面分子具有表面能而引起的，物理吸附是可逆的，即吸附速度和脱附速度在一定条件（湿度、浓度）下呈动态平衡。在泥浆中，黏土的吸附性能与其分散度有关，分散度越同，其比表面积也就越大，则暴露的表面分子越多，表面能就越大，吸附现象也就越突出。对于黏土矿物来讲，高岭石黏土垢分散性能差，其比表面积最小为 $72m^2/g$，伊利石黏土居中，其比表面积为 $200m^2/g$，蒙脱石黏土（土般土或膨润土）比表面积为 $757m^2/g$，因其分散度最高，所以吸附性能最强，有利于对化学处理剂分子或离子的吸附，以达到改善泥浆性能的目的。

（2）离子交换吸附。离子交换吸附是一种离子被吸附的同时，从吸附剂表面替换出等当量的带相同电荷的另一种离子的过程，泥浆中是经常发生的，是化学吸附的一种，如配制泥浆时经常加 Na_2CO_3 以改善泥浆性能；在钻进过程中，地层中的一些离子（如 Ca^{2+}）侵入泥浆，则使泥浆的携带岩屑能力变差，这些现象均是由于进行离子交换吸附后改变了黏土表面性质而引起的。

离子交换吸附有如下特点：

1）同号离子相互交换：即阳离子与阳离子之间发生交换，离子交换吸附与化学反应中的置换反应相似，如：黏土胶粒 $2Na^+ + Ca^{2+} \rightarrow$ 黏土胶粒 $Ca^{2+} + 2Na^+$。并遵循以下规律：

等电量相互交换：即从粒土表面上交换出来的阳离子与被黏土表面吸附的阳离子电量相等的。如上例，一个二价的钙离子可从黏土胶粒表面上交换下两个一价的钠离子。

离子交换吸附是可逆的：即吸附和脱附的速度受离子浓度的影响。例如，泥浆中黏土吸附了 Na^+，当遇到钙侵时，Ca^{2+} 便与黏土表面吸附的 Na^+ 进行等电量交换，使黏土表面改为吸附 Ca^{2+}，泥浆的性能变坏。此时如果向泥浆中加入 Na_2CO_3，则 CO_3^{2-} 与 Ca^{2+} 化合生成不溶解的 $CaCO_3$ 沉淀，这就大大地降低了泥浆中 Ca^{2+} 的浓度，同时 Na^+ 浓度增大，在这种情况下，Na^+ 又能把黏土表面上的 Ca^{2+} 交换下来，从而使泥浆性能又得到改善。

离子交换吸附与离子的属性有关，黏土中阳离子交换顺序如下：

$$Na^+ < K^+ < Mg^{2+} < Ca^{2+} < Ba^{2+} < Al^{3+} < Fe_3^+ < H^+$$

根据上述序列，离子联结强度自左向右增加，在离子浓度相等时，每一种离子均能将其左面的离子置换出来。

2）离子交换容量：离子交换容量又称为吸附容量，黏土的阳离子交换容量是指在 pH 值为 7 的条件下，黏土所能吸附的阳离子总量。

3）影响离子交换的因素主要有：黏土晶格结构、黏土的分散程度及水溶液酸碱度（pH 值）。

不同种类黏土具有不同晶格结构，其阳离子交换容量有很大差异。如高岭石阳离子交换容量为 3～15mg 当量/100g 土，伊利石为 10～40mg 当量/100g 土，蒙脱石为 80～150mg 当量/100g 土。对某种黏土来讲，其交换吸附的阳离子并不是单一的，而以占多数的吸附阳离子表示该黏土的性质。对膨润土来说，吸附的 Na^+ 与 Ca^{2+} 之比小于 0.25 时，呈现钙膨润土的性质，如亲水性差、颗粒较粗不易分散等，若其比值等于或大于 1 时，就表现出钠膨润土的性质，如亲水性强、颗粒细、易于分散等；若其比值在 0.25～1 之间时，即相当于混合状态。我国产出的膨润土以钙土为主，故常用纯碱提供 Na^+，以置换钙黏土中的 Ca^{2+}，使钙土变为钠土。

当黏土的矿物组成相同时，其阳离子交换容量随其分散度（或比表面）的增大而增大。特别是对高岭石黏土来讲，其阳离子交换位置多在边缘断键处，颗粒愈细，断键数亦增多，交换容量增大。对蒙脱石黏土来讲，阳离子交换量主要靠晶格内部取代来实现，所以黏土的分散度对交换容量影响不大。

当黏土矿物结构和分散度相同的条件下，当水溶液酸碱度（pH 值)＞7 时（即在碱性条件下），阳离子交换容量变大，黏土表面负电荷增多，同时溶液中 OH^- 增多，靠其氢键吸附于黏土表面，使黏土表面负电荷增多，从而增加了黏土的阳离子交换容量。

在泥浆工作中，了解各种黏土矿物的阳离子交换容量，以及影响交换容量的因素，可以作为野外选土的根据，并且可有效地促进或控制黏土的分散度，以得到符合要求的泥浆性能。

2. 沉降作用

冲洗液中黏土颗粒在重力作用下会产生沉降，同时沉降到一定程度后，下部浓度变浓，上部浓度变稀，破坏了原有分散体系的均匀性，引发新的扩散作用，下部粒子向上部运动，使得分散体系形成新的均匀。这是一个动态的平衡。

假设分散相粒子为球形，其沉降速度可用式（4-2）计算：

$$v = \frac{2r^2}{9\eta}(\rho - \rho_0)g \qquad (4-2)$$

式中　v——颗粒的沉降速度，m/s；

　　　r——颗粒有效半径，m；

　　　η——介质的黏度，Pa·s；

　　　ρ——颗粒密度，g/cm³；

　　　ρ_0——介质密度，g/cm³；

　　　g——重力加速度，m/s²。

由式（4-2）可以看出，g 为常数，分散相质点在胶态体中所受的净重力，主要决定于固体颗粒粒径的大小，其次决定于分散相与分散介质的密度差。冲洗液中用的加重材料必须磨得很细才能悬浮。

理论与实践均证明，布朗运动对于溶胶的动力稳定性起着重要的作用，颗粒半径越小，布朗运动越剧烈。当直径大于约 $5\mu m$ 时，就没有布朗运动了，因此，悬浮体是动力学上的不稳定体系。固体颗粒下沉速度与介质黏度成反比，提高介质黏度可以提高动力稳定性。

3. 扩散双电层作用

（1）胶粒的大小在 $1nm\sim1\mu m$ 之间，每个胶粒由许多分子或原子聚结而成，首先形成胶团核心（称为定势离子），被吸附离子围绕在核心周围（又称反离子）。靠近定势离子部分的反离子被吸附，形成吸附层；在热运动作用下，离定势离子相对较远的反离子则扩散到介质中去，形成扩散层。由胶核与吸附层组成胶粒，胶粒与扩散层组成胶团，胶团分散在液体中，便是溶胶。

胶粒带电性，其周围必然分布有带相等电性的反离子，反离子在固液界面形成双电层，双电层中反离子同时受到表面电荷的吸引和热运动，产生靠近固体表面和扩散到液体中去的两种相反运动趋势。反离子靠近固体处浓度高，距固体表面越远，其浓度越低。从固体表面到反离子为零处的这一层，通常称为扩散双电层。

（2）黏土双电层的特点。

1）黏土层面上的双电层结构。晶格中的 Si^+ 被 Al^{3+} 取代，Al^{3+} 被 Mg^{2+}、Fe^{3+} 取代，黏土晶格表面上带永久负电荷。在水中吸引的阳离子解离，向外扩散，形成带负电胶粒的扩散层。吸附层由水分子（氢键连接）、部分带水化的阳离子组成，其余的阳离子带着它们的溶剂化水扩散到液相中形成扩散层（见图 4-14）。

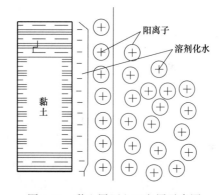

图 4-14　黏土层面上双电层示意图

2）黏土端面上的双电层结构。黏土端面上裸露的原子结构与层面上是不同的，矿物晶体端面上裸露的原子结构与层面上不同，黏土晶格中铝氧八面体与硅氧四面体原来的键被断开了，当介质的 pH 值低于 9 时，这个表面上 OH^- 解离后会露出带正电的铝离子，故可以形成正摆胶形式的双电层；而在碱性介质中，由于这个表面上的氢解离，裸露出带负电的（>Al—O^-）在这种情况下所形成的双电层，其电性与层面上相同。

3）影响双电层厚度与电动电位 ΔP 的因素。胶体的聚素结稳定性与双电层厚度、电动电位大小有密切关系。双电层越厚，电动电位越大，胶体越稳定。根据强电解质的德拜·休格理论，双电层的厚度主要取决于溶液中电解质的反离子价数与电解质的浓度。

4. 水化作用

水化作用是影响水基泥浆性能的重要因素，黏土的水化是指黏土颗粒表面吸附水分子的性能。泥浆中黏土微粒的水化膜厚薄，对泥浆分散体系的稳定、黏度、切力和失水量的大小有很大影响，因此了解黏土水化的规律是一个很重要的问题。黏土中的水分按其存在状态大致可分为三类：

（1）自由水（重力水），它在黏土中，不受黏土颗粒的束缚，在重力作用下可以在黏土颗粒间自由的移动。在潮湿地方挖出的黏土就含有大量的自由水，当温度升高至$100 \sim 110℃$前，这种水分会全部失去。

（2）吸附水（层间束缚水），水分子被吸附在黏土晶体表面或晶胞之间而不能自由移动，这主要是因为黏土表面带有负电，而水分子又有极性，因此，水分子在黏土表面呈定向排列。当温度升高到$100 \sim 200℃$时，吸附水会逐渐失去。

（3）晶格水（化学结合水），它是黏土矿物晶格结构的一部分，是以OH^-离子形式存在于晶格中，当温度升高到$300℃$以上时，会失去这种水，黏土矿物的晶体也随之受到破坏。泥浆中黏土微粒的水化作用，除表面直接吸附水分子外，更重要的是通过吸附已水化的阳离子来达到黏土微粒表面形成水化膜。因此，吸附的交换性阳离子本身水化能力及阳离子在黏土微粒周围的分布状况对形成的水化膜厚薄均有很大影响。

黏土矿物水化性能的大小还与黏土矿物类型有关，因不同类型黏土矿物其晶体结构不同，水化作用也不同。如高岭石矿物晶胞之间易形成氢键，吸力大，水分子不易进入晶胞之间，又因为没有晶格取代作用，能吸附的可交换性阳离子少，所以水化性能弱。蒙脱石矿物晶胞之间靠分子间力相吸，分子间力弱，水分子及其他极性分子易进入，同时又因晶格取代，吸附可交换离子多，所以水化能力强。伊利石矿物水化能力介于高岭石和蒙脱石之间。

5. 泥浆体系的稳定性

由黏土制作的泥浆从根本上说是胶体，其稳定性有两种认识，即动力稳定性和聚结稳定性。动力稳定性是指在重力作用下分散相粒子是否容易下沉的性质，一般用分散相下沉的速度快慢来衡量动力稳定性的好坏。聚结稳定性是指分散相粒子是否容易自动地聚结变大的性质，不管分散相粒子的沉降速度如何，只要它们不自动降低分散度，聚结度变大，该胶体就是聚结稳定性好的体系。

（1）影响动力稳定性的因素。重力是动力稳定性的决定因素，因此，首先分析重力对动力稳定性的影响。如前所述，假设分散相粒子为球形，固体颗粒在液体介质中受到的净重力其降沉速度可用式（4-2）计算。

（2）影响聚结稳定性的因素。胶体粒子之间的吸力能是永恒存在的，只是当胶体处于相对稳定状态时，吸力能被斥力能所抵消而已。一般来说，外界因素很难改变吸引力的大小，然而改变分散介质中电解质的浓度与价态则可显著影响胶粒之间的斥力位能。低等和中等浓度电解质存在时，总位能有一个最大值，但随着电解质浓度的升高斥能峰降低；而高等浓度电解质存在时，除了胶体非常靠近的距离以外，在任何距离上都是吸引能占优势，在这种情况下聚结速度最快。在中等电解质浓度下，由于远程斥力能的作用，聚缩过程延缓了。在低等电解质浓度下，由于存在明显的远程斥力作用，聚结过程很慢。

通常用聚沉值和聚沉率两个指标定量地表示电解质对溶胶囊结稳定性的影响。能使溶胶聚沉的电解质最低浓度称为聚沉值。各种电解质有不同的聚沉值。该值仅仅是个相对值，它与溶胶的性质、含量、介质的性质以及温度等因素有关。

与胶粒所带电荷相同的离子称为同号离子。它们对胶体有一定的稳定作用，可以降低反离子的聚沉能力。但有机高聚物离子（聚电解质）例外，即使与胶位带电相同，也能被胶粒吸附。

由于多数冲洗液都是黏土—水胶体分散体系，因此以上介绍的这类体系的稳定和聚结原理对冲洗液优化设计和现场应用具有实际意义。

三、膨润土泥浆

膨润土泥浆使用很广泛，根据不同的分类标准，有不同的分类结果，按分散程度分为细分散泥浆、粗分散泥浆，按固相含量多少分为低固相泥浆、超低固相泥浆。

1. 膨润土基浆

膨润土是分散冲洗液不可缺少的配浆材料，其主要作用在于提高体系的塑性黏度、泥皮厚度、动切力、静切力，以增强冲洗液对钻屑的悬浮和携带能力、降低滤失量，形成泥皮，维持孔壁稳定性。

在确定了需要配制的原浆密度与体积后，可按式（4-3）计算膨润土的量：

$$m_{c} = \frac{\rho_{c} V_{c} (\rho_{m} - 1)}{\rho_{c} - 1} \tag{4-3}$$

式中　m_{c}——所需膨润土的质量，t；

　　　ρ_{c}——膨润土的密度，g/cm^{2}；

　　　V_{c}——所需配制原浆的体积，m^{3}；

　　　ρ_{m}——原浆密度，g/cm^{2}。

处理剂的加量按膨润土的量计算，一般纯碱的加量为膨润土质量的5%，其目的在于将钙土转化为钠土，进一步提高分散度，提高造浆率；同时增大泥浆的表观黏度，降低失水量。加入纯碱的时间，可以在搅拌过程中加入，也可以在使用前加入。

在配制原浆后，一般需要水化处理，即搅拌好的泥浆，静泡4h以上。配制好的泥浆，一般需要进行必要的性能检测，简易的检测包括含沙量和漏斗黏度，有特殊要求的泥浆应根据需要检测其静切力、动切力、失水量、泥皮厚度等。经过水化的原浆，在送入孔内循环时，加水进行稀释或加土进行浓缩，适用于钻孔循环的浆液满足孔内地层及钻探工艺要求。对于泥浆的维护，应建立泥浆的循环系统，循环系统中需要设立沉沙池、储浆池、循环池及挡板，要求有一定长度且不短于10m，目的在于改变浆液的流速，使返出孔口的浆液中岩屑及砂充分沉淀，达到清洁泥浆的目的。有需要时，还采用加入絮凝剂或采用旋流除砂器或振动筛分等措施处理。在泥浆使用过程中，应进行必要的监测，适时掌握泥浆性能的变化，并根据钻探过程的需求，采用补充新浆、加入处理剂、更换浆液等措施，保持钻探之需。对于弃浆，根据环境保护的要求，还应采取必要的措施进行稀释处理或深埋处理。不得随地倾倒，防止泥浆对动物及家畜的危害。

2. 超低固相泥浆

超低固相泥浆是膨润土含量低于2%的泥浆，它是以优质钠膨润土为基础原料，再加入降失水剂、增黏度剂、润滑剂后形成的优质泥浆。该泥浆的特点是切力低、黏度低、失水量低，即"三低"泥浆。常用的超低固相泥浆有KHm-SM超低固相泥浆和LBM增效粉超低固相泥浆两种。

（1）KHm-SM超低固相泥浆。KHm-SM超低固相泥浆的配方为：高阳膨润土加量为0.5%～2%，SM植物胶加量为0.5%～1%，腐殖酸钾（KHm）为0.3%。其主要的性能见表4-21。

表4-21　　　　　　　　　　　　KHm-SM超低固相泥浆主要性能

失水量 （mL/min）	表观黏度 （mPa·s）	塑性黏度 （mPa·s）	动切力 （mPa）	流动指数	稠度系数
0.27～0.53	9.5～16	8～14	0.15～0.60	0.54～0.87	0.38～3.3

冶勒水电站的地层为砂卵石夹粉质壤土互层、块碎石夹硬质土层及块碎石夹黏土层等，水敏性强，自然造浆厉害，使用普通泥浆容易产生坍塌、掉块甚至埋钻的孔内事故。实践中使用固相含量0.5%～2%的超低固相泥浆，较好地解决了该地层的孔壁稳定性问题。大丽线铁路青花坪隧道勘察工程设计深孔钻探10个，孔深在150～210m，第一层为滑坡堆积层，堆积松散，地下水位埋深为5～20m。地下水位以下饱和，以碎块为主，孔隙间多被砂土充填，少量粉质黏土充填，最大粒径达30cm，为玄武岩滑坡堆积体。第二层为全风化玄武岩，上部呈褐黄色，风化严重，岩心呈土状，下部呈深灰色，岩体风化程度稍弱，呈碎块状，风化裂隙发育。在实际作业中，孔内干净，提下钻未出现过钻具遇阻、卡钻、埋钻等故障，钻进过程中，使用超低固相泥浆，钻进平稳，未出现大的跳动。

（2）LBM增效粉超低固相泥浆。LBM是一种能配制低黏度、低切力、低失水量、高度分散性泥浆的材料，它是由符合API标准的钠膨润土半成品（未粉碎）和低分子量聚丙烯酸盐经混炼、挤压、干燥、粉碎而成。LBM配浆比用未经复配的两种材料直接配浆的泥浆性能更优良，其流变性能见表4-22。

表4-22　　　　　　　　　　　　LBM泥浆的流变性能

LBM加量 （%）	造浆量 （m³/t）	视黏度 （mPa·s）	静切力		宾汉参数			卡森参数		
			初切力 （mPa）	终切力 （mPa）	塑性黏度 （mPa·s）	动切力 （mPa）	动塑比	卡森黏度 （mPa·s）	动切力 （mPa）	结构指数 （$10^3 \times s^{-1}$）
1	100	2.1	0	0	1.9	0.2	0.1	1.57	0.036	0.023
3	33	5.7	0.5	0.5	4.9	0.7	0.14	4.37	0.079	0.018
4	25	89.0	0.5	1	7.9	1.1	0.14	6.64	0.164	0.025
6	17	19.1	1.5	2.5	15.2	3.9	0.25	12.7	0.615	0.048
8	12.5	37.9	10	1.25	26.2	10.6	0.40	20.3	2.39	0.118

山东乳山青顶金矿区某孔地质条件复杂，主要岩性为二长花岗岩夹黑云斜长片麻岩、大理岩、煌斑岩、闪长玢岩脉、Ⅱ-1号蚀变带及金矿体等，局部构造破碎带发育，周围几个钻孔多次发生掉块或坍塌事故。该孔主要采用LBM冲洗液体系，冲洗液基本配方为：1m³水＋40kg LBM-1＋(5～10)kg改性沥青（GLA）＋5kg润滑剂，渗透漏失时加10～30kg防塌型随钻堵漏剂（GPC）。该孔尽管地层复杂、破碎严重，但钻进过程中孔壁稳定，顺利完成2212.08m钻孔的钻进。

汶川地震科学钻探WFSD-2孔从1200m以后采用LBM-GLA泥浆体系，体系基本配方为：(3%～5%)LBM＋(1%～5%)GLA＋GLUB，由于地层破碎，且地应力相对较大，为了提高泥浆的护壁性能，保持需要的黏度和比重，钻进过程中还添加了铵盐和CMC等产品，泥浆性能基本维持在：漏斗黏度25～35s，比重1.30～1.40，滤失量小于5mL。使用该体系从1200m取心钻进至1369m，然后，从700m侧钻扩孔钻进至1350m，又从1350m取心钻进至1678m，尽管地层条件极其复杂，但基本满足钻进施工要求，显示出良好的护壁性能。

四川省米易某矿区，矿体上部多为深灰色橄榄辉长岩或石英角闪正长岩石破碎带，厚度十几米到几十米不等，该破碎带不稳定性给钻探带来困难，造成钻探效率低。为保持孔壁的稳定性，采用低固相泥浆体系。主要有以下两种配方：①普通低固相泥浆：即1m³水＋50kg钠膨润土粉＋(1～1.5)kg润滑剂；②LBM-GLA泥浆：即1m³水＋50kg LBM-1＋(1.5～5)kg改性沥青＋(1～1.5)kg润滑剂。该矿区908号孔孔深260～310m为破碎带，因孔壁稳定性差，易坍塌造成扩孔，用89套管护孔，而后用S75钻具完成终孔。1503号孔采用普通低固相泥浆（配方1）作业，孔深823～890m为破碎带（厚67m），因孔壁坍塌，孔内的坍塌物颗粒大排不上来，造成二次卡钻事故，最终封水泥9次（每钻进6m封一次）穿过破碎带，该孔因孔壁坍塌造成台月效率较低（208.62m）。1505号孔采用普通低固相（配方1）泥浆，在915～920.63m处遇破碎带（厚度5m），因孔壁坍塌，无法继续作业，于2011年3月6日用水泥封孔处理，但在封孔过程中因操作不当水泥浆抱钻，造成920m钻探工程量报废、582m钻杆套在孔内的严重事故，最终移孔重打。移孔钻进至孔深850m后，使用LBM-GLA（配方2）体系，在902～919m、1320～1339m、1370～1383m孔段多处遇破碎带（累计厚度达49m），虽然在提钻过程中出现坍塌现象，但经过42h冲扫孔处理，顺利实现钻进并终孔。该矿区1507号孔上部500m地层完整，采用无固相冲洗液体系，而后选择低固相（配方2）泥浆体系，由于该机组人员注重泥浆质量管理，泥浆性能稳定，虽然在孔深509～518.7m、1058～1060m、1152.98～1174.32m为破碎带（累计破碎地层厚度为32.04m），仅用43天就顺利完成任务，终孔孔深1321.47m台月效率达922m。

🎇　第六节　特殊用途冲洗液

一、泡沫冲洗液

1. 泡沫冲洗液的特点

泡沫冲洗液适宜于缺水地区的钻探，节约用水量。在我国西部、西南部和西北部，不但山多，而且是干旱和半干旱地区，有很多地方是沙漠和戈壁滩。空气泡沫钻进为缺水、干旱地区及高山供水困难地区钻进工作提供了一种有效的钻进手段。使用空气泡沫钻进，耗水量较液体循环要小得多，其耗水量相当于液体钻进的 1/80～1/200，适宜于轻微漏失层钻进。在干旱缺水地区低压漏失层比较普遍，原因是钻进时所形成的钻孔内液柱压力与地层压力不平衡。空气泡沫质量轻，一般稳定性泡沫的密度在 0.05～0.1 之间，使用空气泡沫作为冲洗液，通过调节泡沫冲洗液的密度，形成孔壁内外压力平衡，容易使低压漏失层钻进处于压力平衡，大大改善孔内状况，解决钻进漏失的问题。

泡沫钻进能钝化水敏地层。在干旱或半干旱戈壁和沙漠地区、水源距作业现场较远地区、高山供水困难地区，具有大量水敏性地层，含有低压漏失层，如高山风电场工程勘察、沙漠戈壁基地勘察等工程。当在水敏地层钻进时，钻孔形成后开始一段时间尚能维持稳定，随着与冲洗液接触，钻孔壁便产生溶胀、坍塌、剥落、掉块等情况，产生孔内事故。泡沫是由气、液组成含有表面活性剂的体系的混合物，在泡沫体系中，气、液各自保持原来的状态。气、液的体积比为 300∶1 左右，整体来看是以微小的气泡群体而存在，体系中自由水很少，同时，形成泡沫的表面活性剂为极性分子，一端是亲水部分，一端是憎水部分。憎水部分吸附在岩石表面上使岩石表面达到电力平衡，这样岩心表面就形成一层薄膜阻止了自由水进一步向岩石内渗入的作用。泡沫在钻孔内流动过程中，含有水分子的泡沫壁与岩石接触的时间较空气接触时间要少（气体占 90% 以上体积），使自由水很少渗入到地层中去。

泡沫的润滑性很强，对孔内旋转运动的钻具的摩擦力降到最低，有利于钻杆保持在钻孔中心，保持了钻具沿设计方向钻进，可以有效地控制孔斜。

泡沫冲洗液携带岩粉主要靠本身结构，比一般泥浆携粉能力更强，上返速度可以达最低，在相同孔径、排除等量岩粉时，冲洗液用量少，对孔壁及岩心的冲刷作用小，减少了孔内事故及有利于岩心采取，有利于保护孔壁和岩心。

与泥浆相比，由于泡沫冲洗液中固相物质含量小，因此对岩心的污染轻。

2. 泡沫剂的种类

泡沫钻进用泡沫剂多为阴离子型、非离子型、复合型及高聚物型发泡剂，而两性型及阳离子型发泡剂则很少使用。

阴离子型泡沫剂类型很多，常见的有羧酸盐、硫酸盐、磺酸盐几种。羧酸盐（R-COONa）使用最早，如日常使用的肥皂就属于此类。其特点是发泡能力较低，抗钙、镁离子的能力较差，且受 pH 值的影响较大，在高钙、镁离子及低 pH 值之环境下生成不溶物，但其价格较便宜。硫酸盐（R-OSO$_3$Na）广泛使用在日用化工行业，其代表性化合物是十二烷基硫酸钠（SDS）。这种类型的泡沫剂发泡能力和泡沫量较高，但是其溶解性较差，不易制成高浓度的水溶液，且在富含钙、镁的环境下，发泡能力下降，稳定性较差，其原因是其碱土金属盐不溶于水。磺酸盐（R-C$_6$H$_6$-SO$_3$Na）是洗衣粉中的主要成分，其代表性化合物是十二烷基苯磺酸钠（ABS）。这类泡沫剂发泡能力和泡沫量都很高，溶解性好，耐酸碱，其碱金属及碱土金属盐均溶于水。直链的烷基苯磺酸盐生物降解性达 94%～97%，是目前泡沫钻进中经常使用的代用品。

非离子型发泡剂由于在水中不电离，有很高的抗盐抗钙能力，不受水质及 pH 值的影响，应用范围比较广泛，很多性能超过离子型泡沫剂，其最大的缺点是溶解速度慢，需要加入大量的助溶剂。钻进中常用的是脂肪醇聚氧乙烯醚、烷基酚聚氧乙烯醚、聚氧乙烯烷基酰醇胺和氧化叔胺类。泡沫钻进常用脂肪醇聚氧乙烯醚 $[RO(C_2H_4O)H]$ 和烷基酚聚氧乙烯醚 $[R\text{-}C_6H_6\text{-}O(C_2H_4O)_nH]$ 两种。聚氧乙烯烷基酰醇胺和氧化叔胺则由于其发泡能力低、稳泡能力强而常用作稳泡剂。

复合型发泡剂是在阴离子型发泡剂的亲水基和亲油基之间插入具有一定极性的亲水基团，常加入的是聚氧乙烯醚。由于这种基团的加入，无论在溶解性、分散性、耐低温性、起泡能力还是在抗硬水性上都是优良的，且其生物降解能力较好，可以在 2～3 天内完全降解而不污染环境。脂肪醇聚氧乙烯硫酸酯盐 AES $[RO(C_2H_4)O_nNa]$ 是目前国外常用的高效发泡剂类型之一，我国近几年研制的几种泡沫剂 KZF123、DF-1、ADF-1、CDT-813 等都属于这种类型。脂肪醇聚氧丙烯硫酸酯盐 $[R(OCH_2CHCH_3)O_nSO_3\text{-}Na]$ 泡沫剂与 AES 性能相近，如 CD-1 型泡沫剂。

高聚物型泡沫剂的分子量为 3000～5000，其特点是在一个长链上有多个亲水基团和极性基团，其起泡能力很强。由于其分子量很大，稳泡时间较长，不受钙、镁的侵蚀，排水效果很高，缺点是合成工艺复杂，成本较高。这种类型的泡沫剂如 N-(4，4')-二甲基-2-丁酮基丙烯酰胺、丙烯酰胺和丙烯酸钠共聚物。

3. 钻探对泡沫冲洗液的要求

泡沫钻进效率、成本的高低，很大程度上取决于泡沫剂。钻探生产的特点和生物降解性要求泡沫冲洗液具有抗（钙、盐）污染、无毒、无腐蚀性、成本低、使用方便，因而为改善泡沫冲洗液性能，需要另外加入一些如稳定剂、增溶剂、增黏剂等辅助性物质。

4. 泡沫冲洗液的组成

泡沫的组成主要有气相、液相、发泡剂、稳定剂及其他添加剂。工程勘察中使用的气相一般为空气，特殊地层的气相也可使用 CO_2；液相为天然的水；常用的发泡剂有 ADF-1、DF-1、GDF-813、十二烷基苯磺酸钠（ABS）、KZ123 等，在含高钙、盐地层钻孔应选择非离子型发泡剂，如 OP-7、OP-10 等，其加入量一般为溶液体积的 0.3%～0.5%；稳泡剂多采用高分子化合物，如钠-羧甲基纤维素（Na-CMC）、聚丙烯腈（HPAN）、XC、聚乙烯醇及聚丙烯酰胺（PHP）等，其加入浓度一般为溶液体积的0.2%～0.75%；其他添加剂有增黏剂、降失水剂等。通常发泡剂（是泡沫剂的主成分）含量在 60%～85%，稳泡剂浓度为 0.1%～15%，其他添加剂不足 15%，余量为水。

5. 泡沫冲洗液的性能

（1）泡沫的质量。泡沫的质量用气体体积与泡沫总体积之比，即气体量与（气体量＋液体量）之比表示，它直接影响到泡沫携带岩屑的能力，当泡沫质量小于 0.45 时，孔底容易形成近似牛顿流型的气液混合流体，或当泡沫质量超过 0.95 时，会形成雾状流体，均影响泡沫携带岩屑能力，一般适宜范围为 0.75～0.95。

（2）表面张力。两种以上表面活性剂复合，由于分子间离子键、氢键及分子范德华力的相互作用，表面活性分子在表面吸附层的定向排列更为紧密，表面自由能大为降低，因此，表面张力降低，效率与效能亦增进。

（3）泡沫流变性。从一般低固相聚合物泥浆与泡沫泥浆的流变参数和模式流变曲线对比分析得出：

1）泡沫泥浆的 τ_d/η_0 增加，n 值降低，有较好的剪切稀释性质。且 $\phi3$（1）、$\phi3$（10）较低，说明有较好的流变性质。

2）τ_d、τ_0 的增加充分说明泡沫泥浆携带岩屑能力好。

3）泡沫泥浆流变曲线在高速率各模式中与实际相接近；在中、低速率，宾汉模式流变曲线更接近实际。从无黏土冲洗液与无黏土泡沫冲洗液的流变参数和各模式的流变曲线对比分析可以得出：无黏土泡沫冲洗液与无黏土冲洗液的 τ_d/η_0，由 2.38 增至 4.09，n 值降低；静切力值较低，说明有较好的剪切稀释性质；τ_d、τ_0 的增加说明携带岩屑能力好；无黏土泡沫冲洗液的流变曲线在高速率区各模式均与实际曲线接近。在低、中速率，幂律模式更接近实际。

（4）润滑性。表面活性剂具有润湿性质，就其活性剂分子结构分析，欲使表面活性剂具有润滑减阻作用，要求其分子量不太大。过大容易形成胶团，不利于固体表面铺展吸附。一般活性剂的憎水端的碳数在 $C_{12} \sim C_{14}$ 为宜。活性剂结构以直链为宜，可提高其柔顺性，同时结构中含有亲水基团也有利于结构的铺展，吸附量增加，以提高其润滑性能。

（5）泡沫稳定性。泡沫稳定性是指保持总的体积和分散结构以及阻止液体析出的能力。可用整个泡沫体积（或部分泡沫体积）和单个薄膜存在的时间作为泡沫测定性的度量，常用罗氏法、搅拌法来测定。

（6）泡沫携岩屑能力。由于泡沫的结构特征对钻头破碎的岩粉、岩屑有捕集托浮携带作用，称为携岩性或携岩屑能力。其影响因素为：

1）非离子与阳离子复合型表面活性剂稳定的泡沫携带砂岩岩屑的能力强，非离子与阴离子复合型表面活剂稳定的泡沫携带碳酸盐岩石岩屑的较好。一般情况下，使用单一表面活性剂的泡沫不如使用复合表面活性剂稳定的泡沫的携带岩屑能力强。

2）泡沫的静切力、湿度影响泡沫的携带能力，静切力降低、湿度增加、携带能力下降。

3）表面活性剂的含量，一般控制在 0.3%～0.5%，含量大于 1.5% 后，不会进一步提高静切力，同时失去泡沫的均匀性。

4）泡沫在环状流速，一般控制在 0.26～0.51m/s，不超过 2.5m/s。

5）泡沫的质量保持在 0.6 以上。

（7）泡沫液抗温性。温度对泡沫剂的发泡、稳泡有较大影响。DF-1 泡沫剂为一种抗温型的泡沫剂，而检验其抗温性在室内采用仿美的滚子炉加温至所需温度，然后用罗氏法和高速搅拌法测得。

（8）泡沫安全性。钻探用泡沫剂直接使用于地层、含水层，空气泡沫钻进返出的泡沫液流失在地面、泡沫堆积在场地周围。因此，泡沫的毒性及生物降解性为人们所关注，必须是无毒无害。

6. 泡沫冲洗液的配制器具

配制泡沫冲洗液的主要器具包括空气压缩机、泡沫灌注泵和泡沫发生器等。

（1）空气压缩机的选择。选择空气压缩机主要考虑泡沫上返速度、风量、风压三个因素。

决定钻孔内环状间隙泡沫上返速度的原则是，保证能获得最大的机械进尺和对岩心的最低冲蚀。一方面能使孔底产生的岩屑得以彻底的清除，并将其携带出地表，同时还应考虑给切削具以最大的冷却。另一方面使泡沫在孔底不破坏岩心，在环状间隙中有利于保护孔壁。环状间隙泡沫上返速度，严格地讲应该是环状间隙内的泡沫及携带的岩屑和地下水等空气、液体和固体混合物的上返速度。又因压缩空气在环状间隙下部和上部所具有的压力不同，孔壁给压缩空气的温度也有差异，因而环状间隙的上返速度在下部较小，向上逐渐变大。为了使问题得到简化，在计算时只按空气在自由状态的体积 Q 除以环状面积 F 而得到泡沫上返速度 v。试验时能借鉴的数据是：干空气钻进上返速度应大于 15m/s；液体上返速度 0.5～1.5m/s；石油钻井中的泡沫上返速度 0.26～0.7m/s。在岩心钻探的具体条件下，初次试验时参考液体的上返速度和石油钻井的泡沫上返速度，制定了泡沫试验的上返速度范围为 0.5～1.5m/s。试验一开始即发生因孔内岩粉堆积而埋钻的事故。在孔深 70～90m 的孔段内，连续发生两次埋钻。之后，逐步加大给风量至 8～9m³/min。按照作业的钻孔条件，钻孔直径 91mm，钻杆直径 50mm，钻杆内径 39mm，孔深 100m。若不考虑漏失和漏气，则钻杆内泡沫下降流速接近 120m/s，环状间隙的上返速度 29m/s，但由于地层漏失严重，孔口不返泡，因而无法测出它的实际上返速度。仔细测定孔内岩粉情况，并且观察取上的岩心完好程度，认为这个给风量数据是合适的，因而一直保持了这样的给风量，使钻孔顺利完成。在特大漏失的地层，是可以加大风量的，即选用大的上返速度。在岩石完整的地层，当采用直径 76mm 金刚石钻头，钻杆直径为 50mm，液气比 1：200，孔深在 300m 以内的正常情况下，试验了多种上返速度，其数值在 20～8.8m/s。试验证明，较大的上返速度（一般超过 16m/s）时，会产生若干不正常现象，如：孔口堆积很多的泡沫，给消泡造成困难；泡沫呈雪白色，单位体积内岩粉量明显减少；回次结束卸开主动钻杆后，自钻杆中喷出泡沫的时间很长，有时长达 20min；灌注所需的压力增大等。较小的上返速度（一般小于 8m/s）时，也会给钻探工作带来不利影响：回次开始时，等待泡沫返出时间较长，有时达 50min；返出的泡沫夹有较多的地下水，泡沫结构遭到破坏，呈疏松而大的泡沫。通过试验，在岩石完整的情况下，泡沫上返速度可取值 10～13m/s。上返速度还与液气比有关，较大的液气比可以使用较小的上返速度。国外采用泵型中间增压装置进行泡沫钻进，液气比一般在 1：100 左右，上返速度范围为 2.5～15m/s。

根据设计的钻孔直径和使用的钻杆与确定的上返速度计算压风机的风量，考虑到地层的漏失，加以系数 K 按式（4-4）计算：

$$Q = 47.1K(D^2 - d^2)v \qquad (4\text{-}4)$$

式中　D——钻头直径，m；

　　　d——杆直径，m；

　　　v——泡沫上返流速，m/s；

　　　K——考虑漏失及涌水情况的系数，根据钻孔漏失情况，其数值范围可选 $K =$
　　　　　$1\sim2.5$。

　　通过试验，岩心钻探泡沫钻进，通常使用 $\phi50mm$ 的钻杆，当钻孔直径 76mm 时的中深孔，如果钻孔漏失量不大，风量可掌握在 $2\sim3m^3/min$ 之间。如果地层漏失，可适当加大送风量。

　　空气压缩机的风压是泡沫钻进循环的驱动力，它要克服整个循环过程的沿途阻力。泡沫钻进沿途阻力的影响因素是比较复杂的，它包含泡沫本身的因素、地层因素以及钻孔设计上的因素。从国内在 300m 以内孔深试验情况可以得出这样一个粗略的看法，当使用 50mm 钻杆直径的普通钻杆时，钻头直径为 56mm 时阻力平均消耗 0.0085MPa/m；钻头直径为 76mm 时阻力平均消耗 0.0057MPa/m；钻头直径为 91mm 时阻力平均消耗 0.0035MPa/m。

　　常用空气压缩机的型号有 ZW-9/7 型、XY-9/7 型、WG-6/6W 型和 WP-220 等。一般岩心钻孔风量需要 $2\sim3m^3/min$，ZW-9/7 型、XY-9/7 型空气压缩机供风量为 $9m^3/min$，多余的风量只好排掉，造成成本提高，长期使用不合算。该型空气压缩机压力小，不适于岩心钻探深孔要求。就是在浅孔中，一旦钻孔内出现阻卡，空气压缩机应变能力即显得很差。

　　（2）灌注系统。泡沫灌注系统应保证按所需的泡沫液量有效地注入高压管内的压缩空气中。为此，灌注系统的压力要大于高压管内的气压，灌注泵应能保证不同直径钻孔和地层对泡沫液的需要。试验选用 3WH40 型铝合金三缸柱塞泵，效果较好。该型泵重量轻、结构紧凑、寿命长、易检修、压力和泵量能满足岩心钻探中深孔对泡沫灌注的要求，其主要技术性能为：工作压力为 3MPa；流量为 3L/min；最高转速为 780r/min；质量为 10kg；动力为 3kW。

　　（3）泡沫发生器。泡沫发生器（图 4-15 是国内常用的泡沫发生器）连接在空气压缩机、灌注泵与水龙头之间，它是获取均匀、稳定、连续泡沫的重要器具。

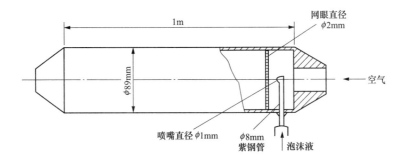

图 4-15　国内常用的泡沫发生器

　　SDT-Q 型气液发生器的结构如图 4-16 所示，总质量 13.5kg，主要由以下几部分组成：①主通道：进口管→三通接头→喷射装置→三通接头→出水管。②旁通道：弯接头→

活接头→球阀→弯接头。

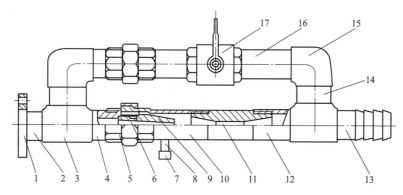

图 4-16 SDT-Q 型气液发生器

1—法兰盘；2、4、10、12、16—连接管；3—三通接头；5—活接头；6—垫片；7—堵头螺帽；
8—进气管；9—喷嘴；11—承喷管；13—出水管；14—边接管；15—弯接头；17—球阀

SDT-Q 型气液发生器是利用法兰盘连接在水泵的三通阀门上，开动水泵就可以工作，气液混合器由两条通路组成。当需要充气时，利用球阀关闭旁路，使混有泡沫剂的泥浆从主通道通过，形成通路为泥浆池→泥浆泵→气液混合器→泥浆池。空气从进气管进入泥浆内部，形成气、液、固三相均匀体系的泡沫泥浆。当不需要充气或用普通泥浆钻进时，可打开球阀，旋上进气管的螺帽，使冲洗液从旁路形成循环通道，现场试用表明效果良好。

根据泥浆配方和搅拌机容积先计算出各种处理剂加量，再按以下程序和时间进行制备：加入水、Na_2CO_3 及黏土粉搅拌 5min 后，加入 KP 共聚物搅拌 5min，再加入 PANa 搅拌 5min，再次加入 PHP 搅拌 5min，最后加入 DF-1 搅拌 5min。如图 4-17 所示，经过搅拌的泥浆即可放入泥浆池内，并开启泥浆泵，用气液混合器对池内泥浆进行充气。经 20min 或更长时间充气后，在泥浆内部形成大量细小、致密均匀的气泡。由于

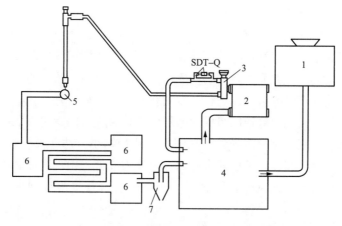

图 4-17 泡沫泥浆钻进地面循环系统布置

1—搅拌机；2—泥浆泵；3—三通阀；4—泥浆池；5—孔口；6—沉淀池；7—旋流除砂器

黏土、PHP、PANa 等都是较好的稳泡剂，故气泡在泥浆中形成稳定的硬胶泡沫。在使用过程中，如经孔内循环返出的泥浆气泡减少，密度增大（$\gamma > 1$），此时可适当补充泡沫剂，再按上述方法进行充气。

7. 泡沫冲洗液使用

根据地层条件和岩层性质，确定泡沫泥浆密度；使用泡沫泥浆时，切忌有清水、山水、雨水浸入循环系统，否则容易使泡沫泥浆性能变坏，泡沫分离，失水量增大；在钻进过程中，由于岩粉、孔壁吸附泡沫剂或地下水的稀释等原因，泡沫泥浆性能受到影响，密度升高，稳定性变差，失水量增大，泡浆分离。出现这样的情况，先用除砂器除砂，按先后顺序缓慢加入处理剂或泡沫剂，再进行喷射式充气直到性能符合要求。判断是否需要补充泡沫剂，可根据泡沫泥浆结构状态来决定。如果泡沫剂数量合适，则泡沫泥浆中微气泡颜色是白色或亮灰色。如泡沫剂数量不够，则泡沫泥浆中气泡变粗，颜色发暗。将使用的低固相泥浆转化为泡沫泥浆时，一定要测试其泥浆性能，密度不大于 1.05，漏斗黏度在 30s 左右，失水量不能大于 20mL/30min（0.7MPa），否则配制成的泡沫泥浆性能达不到要求。采用泡沫泥浆钻进，要求金刚石钻头端面与孔底之间的过水断面大一些，水口数量及钻头与扩孔器级配等比常规的大，以保证泡沫泥浆畅流。孕镶钻头的金刚石颗粒细小，不能形成泡沫泥浆的流通间隙，使钻头的冷却和携带岩粉的条件恶化，从而降低机械钻速，容易引起烧钻事故。因此，不能使用过水断面小的钻头。由于泡沫泥浆悬浮能力大，携带岩粉能力强，在井口第一个沉淀池中每班要坚持捞砂，在最后一个泥浆池中要每班测定泡沫泥浆性能，及时调整。当孔内漏失量较大时，可将适量的泡沫剂撒入泥浆池莲蓬头附近，让发泡剂随同泥浆一同吸入，在钻头水口处喷射发泡，有利于泡沫泥浆与岩粉形成包裹流体，对堵塞漏失通道有显著的效果。

二、抑制性冲洗液

冲洗液中的水对岩土体的表面水化及渗透水化作用，从而使得钻孔孔壁失去稳定性，对于这类地层在钻探上称为水敏性地层。通过多年的实践，处理水敏性地层的有效办法是使用抑制性冲洗液。

1. 水敏性地层中孔壁失稳情况

水敏性地层遇水后，通常产生下列现象：可溶于水的岩土层遇水后，溶解到水中，产生冲洗液固相增大，一方面造浆，改变原冲洗液的物质组成和性能，另一方面形成冲洗液污染，导致孔壁不断的溶蚀、扩径，直到孔壁坍塌，如石膏、芒硝、光卤石等组成的地层。黄土、黏土、泥岩等地层组成的地层中，含有大量的蒙脱石、高岭土等遇水膨胀的矿物，遇水后溶胀、剥离，导致钻孔膨胀，孔径缩小，冲洗液变浓，起下钻困难、糊钻，出现孔壁垮塌、超径，地层遇水后内部黏聚力降低，出现表面剥落、崩解，如泥质砂岩、风化大理石岩、强风化花岗岩等。地层遇水后直接出现剥落，如页岩、千枚岩、煤层等。

2. 处理措施

对于水敏性地层钻进，采取抑制性冲洗液或避免水遇地层的接触，不产生或少产生水化作用是有效的措施，关键是降低冲洗液的失水量及增厚冲洗液的泥皮厚度。常用的有正电胶冲洗液、成膜冲洗液、聚合物无固相冲洗液等，正电胶冲洗液、成膜冲洗液常用配方分别见表 4-23、表 4-24。

表 4-23　　　　　　　　　　　　加入 K^+、NH_4^+ 正电胶冲洗液的配方

配方	水	钠膨润土	氯化钾	抗盐共聚物	改型沥青
用量	$1m^3$	30kg	40kg	5kg	2～10kg

表 4-24　　　　　　　　　　　　　　成膜冲洗液的配方

配方	水	膨润土	成膜剂	快钻剂
用量	1	3%～4%	2%	0.2%

三、加重冲洗液

孔内遇见承压水，应使用加重泥浆止涌，以维持正常钻进。由于双管钻具间隙太小，极易堵塞，所以在加重泥浆中钻进一般使用金刚石单管钻具。例如，冶勒水电站 X28 号孔深在 48m 左右使用 $\phi 94$ 金刚石单管钻具，泥浆比重为 1.5 时，SGZ-Ⅲ型钻机仍可开 600r/min，钻进情况基本正常。

1. 加重泥浆比重计算

加重泥浆比重可按式（4-5）计算：

$$\gamma_3 = 1 + \frac{H}{H_1} \tag{4-5}$$

每立方米泥浆中重晶石粉加量可按式（4-6）计算：

$$G = \frac{\gamma_2(\gamma + \gamma_1)}{\gamma_2 - \gamma_3} \tag{4-6}$$

式中　γ_3——加重泥浆的比重；

　　γ_2——重晶石粉的干密度，一般为 $4.0～4.2g/cm^3$；

　　γ_1——基浆比重，一般为 1.08；

　　H_1——出水点至孔口的距离；

　　H——孔口涌水水头压力；

　　G——每立方米浆中重晶石粉加量。

2. 加重泥浆的配制与维护

配制加重泥浆时，先搅好基浆，而后逐渐加入所需的重晶石粉。为保证有足够的悬浮能力，基浆中膨润土的加量为 8%～10%，对应比重为 1.06～1.08，为了改善泥浆的性能，还应加入 SM 植物胶粉 0.2%～0.3%、PHP 50ppm，应注意 PHP 的加量不应过大，否则泥浆会产生絮凝，使性能变坏。泥浆性能每天测定一次，根据性能变化及时调整配方。其他维护要求及操作要点与使用低固相泥浆时相同。

找准初见涌水点，是确定加重泥浆比重的依据。应注意观测和判断，如发现泥浆变稀或返出量增加，或送浆前孔口返浆，都说明孔内出现涌水。

3. 孔内压力的平衡条件

研究孔内压力平衡，应将孔内各项压力视为一个压力体系来考虑，即同时要考虑泥浆压力、承压水头、冲洗液循环时环空流动阻力、起钻时的抽吸压力和下钻时的激荡压力等。

理想的平衡条件是难以实现的。在实际工作中，只能以承压水出水点为基准面，按照超平衡（稍大于承压水头）条件钻进。

钻进时孔底最小压力可用式（4-7）计算：

$$P_b(最小) = P_m + P_{sa} \tag{4-7}$$

式中　P_m——泥浆压力；

P_{sa}——冲洗液在钻具外环空间的流动阻力。

起钻时孔底最小压力可用式（4-8）计算：

$$P_b(最小) = P_m - P_{sb} - P_{dp} \geqslant P_p \tag{4-8}$$

式中　P_{sb}——起钻时引起的抽吸力；

P_{dp}——提钻时由于液面下降而减少的压力；

P_p——承压水压力水头。

若 $P_m \approx P_p + P_{sb} + P_{dp}$，令　$P_{sb} + P_{dp} = P_c$，则：$P_m \approx P_p + P_c$。式中，P_c 可视为安全附加压力。

轻超平衡条件下的压力差 ΔP，可按式（4-9）计算：

$$\Delta P = (P_m + P_{sa}) - P_p = [(P_p + P_c) + P_{sa}] - P_p = P_c + P_{sa} \tag{4-9}$$

为了降低 ΔP，必须尽可能降低 P_c 和 P_{sa}，为此在钻进中应做到：起钻时进行回灌以平衡 P_{dp}；降低提升钻具速度以减少 P_{sb}；增大钻具外环间隙以减少 P_{sa}。

4. 特大涌水的处理

当孔内承压水涌水量大、水头高（例如冶勒水电站下坝线 28 号钻孔，涌水量达 400L/min，水头高出孔口 40m），水泵泵入孔内的加重泥浆将迅速被稀释涌出孔外，无法形成平衡液柱，导致止涌失败。在这种情况下，应设法控制涌水量，其方法是在孔口设置三通管封闭装置，安设调节阀门，并将钻具下入孔内，利用立轴油缸压缩胶塞封闭孔内套管与钻杆间的环状间隙使承压水通过闸阀泄出，节闸阀使泄水量小于 50L/min，向孔内泵送加重泥浆，直至浓浆返出三通管口，此时加重泥浆顶住承压水流，迫使其从套管外侧涌出地面，立轴油缸卸荷进行正常钻进。

第五章

套管护壁钻探技术

覆盖层工程勘察钻探中保持孔壁稳定是一项重要的工作，在成孔的钻探作业过程中，下入套管是防止孔壁坍塌和冲洗液漏失，是预防孔内事故发生的可靠而有效措施。自20世纪50年代以来，在水电水利工程钻探实践中，大量使用套管护壁以保持孔壁稳定。经过长期实践，套管护壁取心钻探技术先后形成了下套管、锤击跟管、爆破跟管、扩孔跟管等护壁技术，其共性是采用套管固壁，转化松散覆盖层孔壁为稳定的套管孔壁，然后钻进取心。近年来，伴随绳索取心钻进技术日益成熟，采用绳索取心钻具钻杆护壁得以逐步推广，形成了一种新型有效的套管护壁方法。

第一节　套管护壁的形成及适宜性

我国早年的钻探实践中把下套管置于备用的地位，即采用灌浆护壁堵漏不能奏效时，才考虑下套管。原因是：套管供应困难，下套管工序耗时多，劳动强度大，而且缺乏有效的起拔套管的手段，下套管成本很高。随着下套管机械化程度的提高，缩短了工作时间，减轻了劳动强度，采用浆液护壁堵漏需考虑环境保护问题，受到一定限制，套管护壁得到了一定的应用。

20世纪50年代末，水电建设蒸蒸日上、遍地开花，仅岷江上游相继开展了映秀湾、太平驿、大索桥、龙溪口及紫坪铺等水电站的勘察设计工作，这批电站所处位置的河床及两岸覆盖层中含有大量的漂石、卵石，采用锤击跟管时，卵石、漂石横亘在套管底部，形成巨大的阻力，无法跟进套管，极度地影响了钻探工作。实际上，紫坪铺第一个河床钻孔覆盖层不足8m厚度，采用硬质合金回转钻进，整整用了两个月的时间，钻探效率极其低下。为解决勘探生产的难题，钻探技术人员及现场工人们借鉴土石开挖工程中常用的爆破技术运用到钻孔中，炸开孤石、漂石，实现孔内爆破，实现套管顺利跟进，通过数个工程钻探的探索，逐步形成"超前钻进取心、孔内爆破跟管"技术。该技术自研究到成熟历经了数年，到20世纪70年代在西南地区少数勘探单位掌握，到1981编制《水利水电钻探规程》时收录，在水利水电工程钻探中得以推广：遇到孔壁失去稳定，使用下管护壁；遇到松散地层无法形成裸孔钻进时，使用跟管护壁；遇紧密地层或地层中含卵石漂石无法跟管时，采用爆破后跟管或使用孔底扩孔跟管等保持孔壁稳定，套管护壁已成为钻探作业中的常规手段。近年来，在西部水电水利工程、道路交通及工业与民用建筑工程勘察钻探中仍在广为使用。

近年来，民爆物品管理及要求日益规范、严格，采购与使用民爆物品的固定成本相对较高（钻探所用民爆物品量极少），部分勘测单位开始研究孔底扩孔跟管技术。在20世纪90年代，成都院曾使用张敛式扩孔钻头在岷江支流的狮子坪电站孔段67.98～98.28m河床堆积层实现了同径扩孔跟管；北京院和成都院先后研制了不同的伸缩式扩孔器，实现了孔底分段定位扩孔，并开展现场应用，在四川巴底及西藏某电站钻探中使用效果良好。该技术随加工工艺技术日益成熟，在深厚复杂覆盖层钻探中应用将日益广泛，是今后复杂覆盖层护壁的有效的主要方法。

套管护壁钻探的基本原理是：先用钻具钻进取心，再利用套管护壁，而后钻进取心，拔出套管进行孔内试验与测试。可以是先钻进取心下入套管护壁，也可以是先跟入套管后小一径钻具钻进取心。可以先孔内试验后套管护壁，也可以先套管护壁后拔管进行孔内试验。套管护壁取心钻探的一般工作流程为：套管准备、钻机安装、钻进取心、套管护壁、打捞孔底残留、钻进取心等。

覆盖层套管护壁取心钻探具有以下特点：常规钻探工作可同步进行，该技术对取心取样质量无影响，既可以先取心后套管护壁，也可以先套管护壁后钻进取心；密切结合水电工程钻探中需进行水文地质试验与孔内测试工作的特点，采用"下（跟）入套管护壁，起拔套管试验"的方法，解决了复杂地层中使用泥浆对水文试验成果的影响，对原始地层的水文地质条件及物理力学性能影响最小；易于现场人员掌握操作，通过几个钻孔的实践及一定的专项技能培训，普通钻工即能掌握基本的操作；适用于野外前期作业，对现场交通、气候、水电供给无特殊要求，一般只要钻探设备能到达的部位均可；需要准备大量的套管，搬运工作量大，且劳动强度很大。尤其是使用大直径的套管，往往需要多人配合操作才能实现套管的下入与起拔；把钻进取心与钻孔护壁工作拆分为独立的两道工序分别作业，与绳索取心钻进技术相比，钻进效率较低。

覆盖层套管护壁钻探技术用于深300m以内的漂（块）石、密实砾石覆盖层钻探效果较佳；广泛用于水电工程、水利工程、路桥交通工程、建筑工程等领域工程勘察。

❋ 第二节 套管及器具

无论是下管还是跟管，适宜套管是实现套管护壁的前提。选择适宜套管时，应包括套管的材质、结构、规格、加工、运输、保护等内容。

一、护壁套管

1. 套管的材质

用于钻孔护壁的套管按材质分为钢管及聚乙烯塑料管，一般使用无缝钢管。目前在工程勘察钻探中大量使用的护壁套管主要有地质岩心钻探管材及石油勘探管材两类套管，一般用套管的钢级与强度来表示无缝钢管的材质。地质岩心钻探管材的钢级及强度在《金刚石岩心钻探用无缝钢管》（GB 3426—1982）中规定了钻探用钢管的力学性能指标，详见表5-1。

表5-1　　　　　　　　　　　　　　不同钢级管材的强度指标

钢级	屈服点 σ_0（MPa）	抗拉强度 σ_b（MPa）	伸长率 δ（%）
	不小于		
DZ40	400	650	14
DZ50	500	700	12
DZ55	550	750	12
DZ60	600	780	12
DZ65	650	800	12
DZ75	750	850	10

2014年对不同钢级管材的机械性能进行了修订，在《地质岩心钻探钻具》（GB/T 16950—2014）中规定管材的机械性能指标，详见表2-8。

为便于使用，整理 GB 3426—1982 与 GB/T 16950—2014 两个标准对管材牌号的对应关系，见表5-2。

表5-2　　　　　　　　　　　　　　新旧两个标准的牌号对应表

GB/T 16950—2014	ZT380	ZT490	ZT520	ZT540	ZT590	ZT640	ZT740
GB 3426—1982	DZ40	DZ50	—	DZ55	DZ60	DZ65	DZ75

在 API 中对石油勘探用无缝钢管的力学性能做了相应的要求，详见表5-3。

表5-3　　　　　　　　　　　　　　API 钢管的力学性能表

钢级	最小屈服强度（MPa）	最大屈服强度（MPa）	最小抗拉强度（MPa）	延伸率（%）
H-40	276	552	414	
J-55	379	552	517	22.5
K-55	379	552	665	18
C-75	517	620	665	18
N-80	552	758	689	17
L-80	552	665	665	18
C-90	621	724	689	—
C-95	665	758	720	16.5
P-105	724	930	827	—
P-110	758	965	862	—
Q-125	862	1034	931	18
V-150	1035	1240	1140	11.5

2. 套管的规格

不同的工程勘察行业，由于不同的工程特点，覆盖层勘察的目的及要求不同，因此对其钻探用套管的规格有不同的要求。

多年以来，水电水利工程钻探用套管形成了自身系列，在 1994 年水电水利系统根据当时行业钻探工作使用套管的情况编制了《水利水电钻探工具图册》。该图册中规定了金刚石钻进、普通回转钻进及砂卵石覆盖层钻进三种情况下使用的套管系列，不同系列有不同的套管规格：

金刚石钻进套管有：$\phi 73 \times 5.5mm$、$\phi 89 \times 6.5mm$、$\phi 108 \times 6.5mm$、$\phi 127 \times 7mm$、$\phi 140 \times 7mm$。普通回转钻进套管有：$\phi 34 \times 3.75mm$、$\phi 44 \times 3.75mm$、$\phi 57 \times 4.00mm$、$\phi 73 \times 4.00mm$、$\phi 89 \times 4.25mm$、$\phi 108 \times 4.50mm$、$\phi 127 \times 4.75mm$、$\phi 146 \times 4.75mm$、$\phi 172 \times 7.00mm$、$\phi 219 \times 8.00mm$。砂卵石覆盖层钻进套管有：$\phi 168 \times 8mm$、$\phi 219 \times 8mm$、$\phi 273 \times 9mm$、$\phi 325 \times 10mm$。

《地质岩心钻探钻具》（GB/T 16950—2014）规定了 X 系列和 W 系列两种规格的套管。X 系列套管管体两端均为内螺纹，通过套管接头连接；W 系列套管管体两端加工成内、外螺纹，套管直接连接，不用套管接头。X 系列套管的规格有：$\phi 73 \times 4mm$、$\phi 91 \times 4.5mm$、$\phi 114 \times 5mm$、$\phi 140 \times 6.5mm$、$\phi 168 \times 6.5mm$、$\phi 194 \times 7mm$。W 系列套管的规格有：$\phi 46 \times 7.5mm$、$\phi 58 \times 4.5mm$、$\phi 73 \times 5.75mm$、$\phi 91 \times 5.5mm$、$\phi 114 \times 7.5mm$、$\phi 140 \times 7mm$、$\phi 168 \times 7mm$。

3. 套管的结构

一般由套管体及连接丝扣两部分组成，根据连接丝扣的形式不同，在水电水利行业及地质矿产勘探行业，一般分为外丝套管、内丝套管及内外丝扣套管三种结构。各种套管的结构示意图如图 5-1～图 5-3 所示。

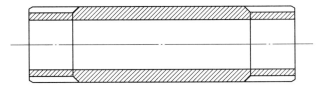

图 5-1 外丝扣套管结构示意图

图 5-2 内丝扣套管结构示意图

4. 套管的加工运输及保护

套管一般加工长度以 1.0～2.5m 为宜，质量不宜超过 60kg（过重现场搬运及连接

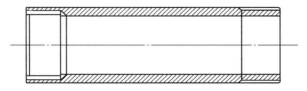

图 5-3　内外丝扣套管结构示意图

难度增大），选用平直度合格的管材用于加工套管。为了保证套管加工精度，提高丝扣加工的同心度/同轴度，保证套管柱的平直度，减小下入或跟入或起拔套管的难度，管材尽可能采用数控车床进行精加工，严格控制丝扣的尺寸及精度，确保丝扣去啮合紧固。加工后的套管及连接手应进行严格的检查，确认合格的套管才能出厂发至工地。运输、搬运套管的过程中，需要采取措施防止套管受到碰撞、摔打而产生变形，一般应装箱转运，轻拿轻放，尤其对连接丝扣部分要有防止碰撞变形的保护措施，必要时需加带保护罩。下入钻孔的套管，为顺利起拔后再用，可以采用在套管外涂抹废机油、黄油的措施，减小套管与孔壁之间的摩阻力；可以采取在套管外灌注特殊保护液抑制地层水化，防止地层吸水产生的水化缩径抱紧套管；在相邻套管环状间隙间灌注该类保护液，可以防止套管的锈蚀及增强套管的稳定性。

二、套管连接手

考虑到加工、运输、使用方便等原因，套管长度一般不超过 3m，而实际用于保护孔壁的套管长度常常需要数十米、上百米，实践中需要将单根套管连接形成套管柱。对于下入孔内护壁的套管，不考虑再利用时可以采用焊接方式，但普遍采用连接手连接相邻套管。

现行的套管连接手一般采用丝扣方式，有外接箍和内连接手两种形式，其结构示意图如图 5-4、图 5-5 所示。套管丝扣通常采用尖牙、矩形、梯形及波纹四种扣型，从啮合紧密程度及受力考虑，尖牙扣差，波纹扣最好；从加工难易程度讲，波纹扣加工难度高，梯形、矩形、尖牙扣依次次之。

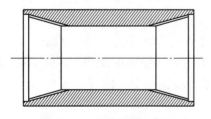

图 5-4　外接箍结构示意图

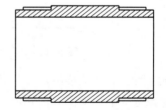

图 5-5　内连接手结构示意图

三、管脚

为减小跟管中套管下端的阻力，一般在最下端一根套管的下部连接管脚（管鞋、管靴），根据不同的地层条件，常用的管脚结构有普通型、打入型（见图 5-6）及齿状型（见图 5-7）三种。开孔即为基岩的河床上的水下钻探，为稳定套管脚减小管脚的阻力面积，一般采用齿状管靴。

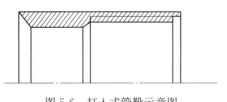

图 5-6　打入式管靴示意图

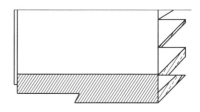

图 5-7　齿状管靴示意图

四、附属器具

在起下套管时常使用套管管夹如图 5-8 所示，用于起下套管过程中临时固定套管，便于孔口加减套管。

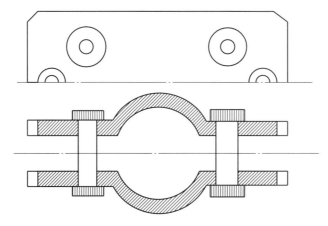

图 5-8　套管管夹

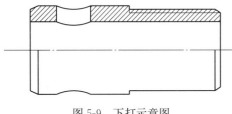

图 5-9　下打示意图

在跟管过程中，需要在套管柱的最上段连接下打帽（见图 5-9），其主要作用是承接施加的跟管冲击或静压力，并轴向传递该力给下部套管柱。

套管在孔内停置一段时间后，在起拔过程中受到孔壁的摩阻力，时常需要给予一定的向上冲击力才能拔出，此时需在套管柱的最上段连接上打帽（见图 5-10），其主要作用是承受向上的冲击力，并带动套管柱向上移动。

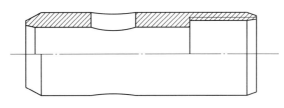

图 5-10　上打示意图

⚒ 第三节　跟　进　套　管

一、下管护壁

钻进过程中，钻孔能暂时保持孔壁稳定，为防止钻进下部孔段时因钻杆回转或起下钻引起孔壁的失稳，采用下入套管对孔壁进行保护。下管护壁常用于基岩钻进中遇到的破碎带、裂隙发育带、漏失段和覆盖层钻探中，是一种有效的护壁方法。在覆盖层钻进过程中，钻进一定孔段，取心后孔壁稳定完整，为防止钻进下部孔段因起下钻或因钻具高速回转导致已成孔段孔壁失去稳定，采用下入套管隔离保护孔壁。

下管操作，应注意以下几方面：下管前，应打捞干净孔底残留物，套管一般应下至孔底；在地面分组连接套管，检查套管的平直度，符合要求后对套管进行编号排序；按照编号逐根平稳下入套管，套管之间或套管与连接手之间，丝扣应充分啮合，连接牢固；逐根记录下入孔内套管的编号、长度、规格，记录套管总长，便于出现孔内事故时，判断孔内情况；套管下脚应采取封闭、固定措施，防止钻进过程出现套管下落及冲洗液在套管内外流动，应使用黄泥或膨润土对套管管口外部封闭，防止地表水渗入、回灌，填堵套管与孔壁之间的间隙；套管柱一般采用反丝扣连接，防止钻具回转时松动下部套管，从而引起套管事故；下入套管后，应及时检查，及时拧紧。

使用下管护壁时，一旦下入某一规格的套管后，能保护的孔壁长度基本就确定了，难以再延伸。当钻进过程再遇到孔段需要套管护壁时，只有下入小一径的套管。因而，采用下管护壁较其他方式的套管护壁局限性大。

二、锤击跟管

针对松散覆盖层钻进中提钻即出现孔壁垮塌、形不成完整的孔壁，先采用锤击跟管，再钻具钻进取心。该技术是在下管护壁效果差或根本无效的情况下采用的护壁技术，一般用于孔深不超过80m的浅部松散地层中，钻孔越深跟管难度越大且跟管效果越差。锤击跟管一般采用吊锤锤击的方式，利用吊锤的冲击力跟进套管，也采用钻机油缸或专用设备油压跟进。

为较好地实现跟管护壁，锤击跟管操作应注意以下几点：检查丝扣磨损及套管的平直度，有丝扣损伤或弯曲变形的套管不得下入孔内；用于跟管的套管底部应连接管靴，以减小套管底部的阻力；初期跟进的套管，要边跟进、边校正，保持套管的垂直，可采用扶正或控制跟进速度来实现；根据钻进中记录的孤石位置控制跟管深度，管脚到达该位置时，应当停止跟管，不得强行重力跟管；根据跟入套管深度、管径和壁厚的不同，采用重量不同的吊锤冲击跟管，一般情况下，浅孔（短套管），采用轻吊锤，反之采用重吊锤。另外，吊锤的提升高度直接影响冲击力的大小，提升高度越高冲击力越大，初期应低高度，视套管跟进情况逐渐调整吊锤的提升高度；当孔深时或地层复杂时，可采用多级套管配合使用。此时，套管不能跨越两级（如：由 ϕ219 直接变成 ϕ133），应尽可能逐级使用；每一级套管的孔口部位应注意防水、稳定。钻进过程中随时监测套管的孔口高度变化情况；每一级套管的孔口应采取封闭措施，防止浆液回灌及孔口杂物掉入套管间或套管与孔壁间的间隙；及时、准确填写跟管记录，包括套管规格、编号、单根长度、总长度等，以供出现孔内事故时，能准确掌握孔内情况；遇孤石或漂石、极密实地层时，可采用孔内爆破、扩孔的方式处理后，继续跟管，以防套管跟进偏斜或损坏管靴；为降低套管跟进或起拔时的阻力，下套管时可在套管外周涂抹一定的润滑脂。

三、爆破跟管

为了跟进厚壁套管，实现深厚覆盖层取心钻探，常采用孔内爆破破碎漂块石、松动密实地层，清除跟管过程中遇到的障碍。

1. 工艺原理

利用回转钻头剗取地层，实现钻孔向下延伸实现钻进；钻进过程中，使用相应的取心钻具采取土样，利用相应套管跟进，实现保护孔壁。当遇坚硬的漂（块）石、密实砾石，套管下脚受到岩石阻力无法跟进时，在留足安全距离的情况下，利用民爆物品，在相应孔段，通过爆破将漂卵石炸碎或松动，再跟进套管，使用专用的打捞工具，打捞出爆破及跟管过程中产生并沉积在钻孔底部的残留物，转入下一个回次，继续钻进取样。当钻孔某深度需要进行孔内试验或测试时，可先进行试验后再跟管，自上而下逐段进行试验；也可先跟管取心，达到钻孔预定深度后，再自下而上逐段进行试验。

2. 爆破跟管钻进的关键工序

爆破跟管钻进的关键工序包括民爆物品的使用、爆破器材制作、爆破器材的安放、爆破等。民爆物品系国家控制的重大危险物品，其采购、运输、存储、使用、退库及销毁需严格按照相关标准及规定进行，采购员、押运员、库管员、使用人员都必须具备相应的执业证件。向当地公安系统申报使用民爆物品，并取得使用许可批复，联系民爆物资供给部门落实民爆物品采购渠道，明确并配置采购、押运、库存保管人员。

孔内民爆物品的制作一般包括：起爆器材及爆破材料的选择与现场制作、防水措施。起爆器材包括：电雷管、起爆电线及电源。雷管与起爆电线的必须牢固，导电良好，起爆线与地表电源连接，实现起爆控制。爆破材料主要有硝化甘油炸药、硝胺炸药和乳化炸药，使用时应根据孔内孤石的大小、孔径大小、套管管脚与药包中心的距离以及炸药的性能等确定炸药用量，一般按照下列原则实施：使用硝化甘油炸药时，根据漂石的粒径可以按照表5-4确定药包用量，如使用其他种类的炸药，需要根据爆破力值进行换算。

表5-4　　　　　　　　　　　　　不同粒径漂石药包用量表

漂石粒径（mm）	药包用量（kg）
200～400	0.1～0.2
400～600	0.2～0.4
600～800	0.4～0.7
800～1200	0.7～1.0

当孤石粒径大于 2.0m 时，炸药用量可大于 2.0kg，集中一次爆破，也可以多组药包串联爆破或分段爆破。

不同种类的炸药其爆破力值是不同的，因此使用的药量也不相同，可以按照表 5-5 进行爆破力值转换计算。

表 5-5　　　　　　　　　　　　不同爆破力值换算表

爆破力值（mL）	280	320	350	380	400
转换系数	1.14	1.00	0.91	0.9	0.80

现场由专人领用民爆物品至钻孔现场，起爆器材与民爆物品必须分开放置，严禁近距离放置。制作时，由当地政府公安机关培训考试合格的持证人员在离钻孔 50m 以外的范围进行，其他人员不得接近。应根据钻孔的直径确定药包的直径，一般情况下药包直径为钻孔直径的 2/3 左右，过大下入孔内困难，过小爆破效果不佳，影响爆破效果；连接电雷管脚线和起爆导线；打开一条药包，破裂原有封装，包裹电雷管，再包装好单条炸药；包裹起爆雷管的一条炸药应位于药包的中心位置，药包一般应用麻线连接紧密、结实。

一般情况下，在实施爆破作业的孔段如无地下水，可不进行药包的防水处理。水电钻探中实施爆破作业的孔段多位于地下水中，需要对爆破药包进行防水处理，其精细程度常常决定了能否成功起爆，防水材料通常是防水薄膜或乳胶袋。使用防水薄膜时，应根据地下水的深度确定防水层的层数，通常 30m 水深为三层，地下水越深，则防水层数越多。原则上是水深增加 10～15m，密封套增加一层，例如在水深 70m 以下进行爆破时，起爆药包至少应加 4～5 层密封套进行防水。层与层之间应包抄严实，每层的接缝部位应错开，不得在同一方向或同一高度出现两层的接缝。起爆导线应顺着每一层防水薄膜引出。使用乳胶袋防水处理时，捆扎好的药包应呈柱状装入袋中，用袋的层数也是根据水深的情况确定，每层均不得刺破，起爆导线从袋口引出后，需扎紧袋口，防止水从袋口缝隙浸入。防水处理时，乳化炸药的层数可适当少于硝铵炸药的层数。随着水深的增加，水压也随之增大，增大了地下水浸入炸药可能，导致无法殉爆；在比较高的围压下起爆雷管难于起爆，在地下水位超过一定深度时，为防止因水压过高造成炸药被水侵湿可使用爆破器，将民爆物品集中封闭起来，可以采用深孔爆破器进行防水处理，其结构如图 5-11 所示。深孔爆破器能承受的压力为 3.5～4.0MPa，在西藏某水电站，曾成功在水下 270m 处实现了爆破。

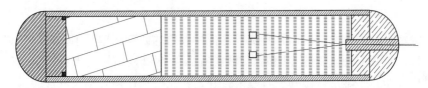

图 5-11　爆破器结构示意图

保持药包中心与孔口的距离，药包距离孔口应有一定的安全距离，防止爆破时损害机场设备，在无水钻孔中应大于5.0m，有水钻孔应大于3.0m。为防止爆破时出现炸坏套管的事故，计算安全距离应以药包中心与套管管脚最下面的水平面距离计算，应根据爆破药量确定安全距离，参考表5-6确定套管安全距离。

表5-6　　　　　　　　　　　安全距离与药量对应表

硝铵甘油炸药量（kg）	0.1~0.2	0.2~0.4	0.4~0.7	0.7~1.0
套管安全距离（m）	0.5	0.5~0.7	0.7	0.7~1.0

孔内情况容许的条件下，一般尽量留足套管的安全距离，宜多不宜少；当孔内套管的安全距离不够时，必须在安放民爆物品前，上提或上打一定距离的套管，保证安全距离。

孔内爆破效果的好坏，与药包安放的准确性有密切关系。安放药包时注意以下几方面：根据孔内地层情况，选择漂石中心或待跟管孔段中点为药包中心位置；在地表准确量测药包、起爆导线及承重绳的尺寸，并在孔口显著位置做出药包应下放到预定位置时的明显标识；从孔口或套管口，向孔内缓慢平稳下放连同药包、起爆导线、承重绳，不得骤放骤起；当下放到预定位置时，将承重绳固定在机台木或钻塔脚架上；起爆前再次检查校核安装情况，确保安装准确无误；为保证药包能下放到预定位置，遇孔内泥浆比重大可能导致药包悬浮在泥浆中难以下放到预定位置，则在药包下方加卵石等配重物。

起爆器材移动过程中，保持轻拿轻放，做到统一指挥、配合一致。爆破孔内民爆物品安放好并撤离起爆人员以外的人员后，起爆人员选择好躲避位置，将起爆导线两级分别与电源正负极连接。如出现盲炮，使用小药包放置其上面，采用殉爆方式处理。在无地下水的孔段爆破，为提高爆破效果，应在药包安放到预定位置后，在上部孔段覆盖一定厚度的砂土，增加爆破瞬间效力，防止俗称的"冲天炮"影响爆破效果。爆破后，及时收捡起爆导线，以备下一次使用；清理孔口现场。

四、扩孔跟管

扩孔跟管是在钻进取心后，为下入套管保护孔壁，采用大一级的钻具，扩孔形成下入套管的空间。通常有两种方式扩孔，一种是从孔口或者孔段起始处开始扩孔至预定孔深的全孔段扩孔，另一种是在需要扩孔的孔段开始扩孔至完整孔段的孔底扩孔。全孔段扩孔时需要拔出相应口径的套管，劳动强度高、钻进效率低、钻头寿命限制扩孔段长，对原有孔壁自稳要求相对较高。

1. GJ型张敛式扩孔跟管钻具

在跟管钻进技术方面，国内科研院所进行过大量的研究，取得了多项科研成果，采用机械楔顶式张敛原理研制的GJ型张敛式扩孔跟管钻具，结构特点为：组合张敛式扩孔钻头对称分布并呈锥形，破碎岩石效果较好，并靠楔顶作用强制张开或收敛，可靠程度高；利用水利驱动扩孔钻头张开，提钻自动收敛，其张敛控制方法与常规钻进工艺的开泵送水、起下钻工序相吻合，钻具张开和收敛完全实现地面控制；钻具承压和承扭能力足够满足常规钻进要求，两级钻头的同轴度好，导向和扶正相辅相成，不会造成钻孔弯曲，由于原 GJ 型跟管钻具没有排沙系统，钻具在泥沙多的地层易发生卡阻，产生张不开或收不拢的情况。

　　GJ 跟管钻具主要由张敛轴总成和钻头架总成组成，其结构原理如图 5-12 所示。张敛总成由内悬挂接头、六方轴、装有收敛爪的张敛轴和报信阀组成；钻头架总成由外悬挂接头（装有 O 形密封圈）、罩管、六方套、钻头架和报信阀座（含 O 形密封圈）组成。组合张敛式扩孔钻头装在（插入）钻头架的 4 个窗口内，由罩管罩住其顶部，并由张敛轴（机构）控制张开和收敛。钻具有张开（钻进）和收敛（升降）两种工作状态。在张开状态下，钻具可在同级套管下钻进，钻孔直径比套管大，为套管随钻孔加深而延伸创造必要空间条件；升降（起下钻）时，钻具外径比套管小一个标准级别，能在管内自由升降。钻具除满足直接跟管钻进工艺外，还能在套管下进行扩孔接力跟管。就其功能而言，上述结构除构成张敛机构外，还构成报信系统、承载系统、悬挂机构和双通道水路。

　　（1）张敛机构。主要由张敛轴、钻头架和扩孔钻头组成。它是靠张敛轴在外力作用下相对钻头架沿轴向上下移动时，凭张敛轴的楔形（面）产生的径向分力（推力或收缩力）使扩孔钻头张开或收敛。根据施加的外力及其作用方式，钻具张开方式有两种：水力驱动张开，当处于收敛状态的跟管钻具下到孔内后，由于报信阀和报信阀座构成密封付，在水压（泥浆压力）作用下，推动报信阀座（钻头架总成）相对报信阀（张敛轴总成）向上移动一定距离，使张敛轴与扩孔钻头的接触面产生一径向推力使后者张开，钻具呈如图 5-12（a）所示状态；钻压驱动张开，如图 5-12（a）所示的钻进工作状态，当对孔内钻具施加 100N 的钻进压力，张敛轴便相对钻头架向下移动，其张开原理与水力驱动张开相同，同样使扩孔钻头张开，不同点是钻具必须接触孔底，而且靠钻进压力维持钻具张开状态稳定。

　　一般使用水力驱动张开法，在钻具扫孔和扩孔时，钻具张开状态的稳定靠水力维持，钻进时则由钻进压力维持。提钻开始的瞬间，与钻杆连接的张敛轴总成相对钻头架上移，其接触面产生径向收缩力将扩孔钻头收敛，钻具呈如图 5-12（b）所示的升降状态，并靠钻具的重力作用保持收敛状态稳定。钻具的张敛所采用的具体操作方法借助岩心钻探工艺的开泵送水、加压扫孔钻进、提钻的操作工序，从而实现钻具的钻进（张开）和升降（收敛）两种工作状态的转换。

　　（2）报信系统。如图 5-13 所示，报信系统由报信阀和报信阀座组成，报信阀和报信阀座构成水路开关，靠前者在后者内的不同位置造成水压变化，通过泵压表在地面显示孔内钻具的两种工作状态。

　　将处于收敛状态的钻具下到孔内后，由于报信阀处于关闭（水路）位置，如图 5-13（a）所示，液流通道堵塞，开泵送水后，泵（水）压 P 快速上升，当泵压升到一定值（张开报信压力 P_m），便推动报信阀座（钻头架）向上移动一定距离，使扩孔钻头张开至钻进工作状态并维持稳定，同时开启液路，如图 5-13（b）所示。

　　开泵后如果出现如图 5-14 所示的 $P_a \geqslant P_m + 1.0$ MPa（报警泵压）的憋泵现象，则表明其液体通道仍处于关闭状态，孔内钻具不能张开仍处于收敛状态。钻具只在钻进状

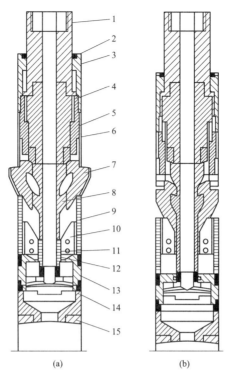

图 5-12　张敛式扩孔钻具示意图

(a) 张开状态；(b) 收敛状态

1—内悬挂接头；2、12—O形圈；3—外挂接头；4—六方轴；5—六方套；6—罩管；
7—扩孔钻头；8—张敛轴；9—钻头架；10—收敛孔；11—圈柱销；
13—报信阀座；14—报信阀；15—接头

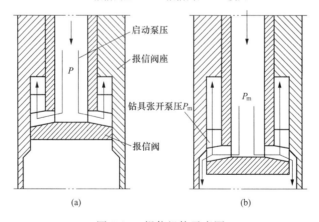

图 5-13　报信机构示意图

(a) 关闭状态；(b) 张开状态

态下其水路才开启，因此，通过观察地面泵压变化情况，便能准确判断孔内钻具的工作状态。上述显示钻具张开与否的信号差别很大，因此容易观察和判断并控制钻具的工作状态，即使是在钻孔严重漏失的钻孔中，也不会出现判断失误。在孔深和泥浆类型不变情况下，钻具的报信压力 P_m，与其下部的钻具总成重量成正比外，与孔内其他因素无关。因此，报信压力 P_m 可在孔口进行测试，所测得的钻具张开报信压力 P_m 直接作为判断钻具张开的依据。

（3）承载系统。承压、传扭系统在钻进压力的传递通道中，内悬挂接头的下端面与六方套的上端面构成滑动到位承压付组成承载系统。钻具处于张开状态情况下，两端面呈密合接触，钻进压力通过钻杆、承压付传到六方套，然后根据地层自动将钻压分配到扩孔钻头和取心钻具，保持同步钻进；当钻具处于非充分张开情况下，两端面不接触，这

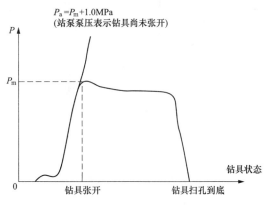

图 5-14　钻具状态与泵压的关系
P_a—报警压力；P_m—张开报信压力

时钻压传递通道断路，取心钻具不承受压力，处于无负载空转状态，钻压只能经张敛轴传给扩孔钻头，迫使钻头张开，此时钻具只能执行扩孔任务，而不能进尺，从而避免钻孔缩径和钻孔直径不规则的情况发生。无论钻具处于哪一种状态，回转扭矩都是通过内悬挂接头、六方套和钻头架传到扩孔钻头和取心钻具构成传扭系统。

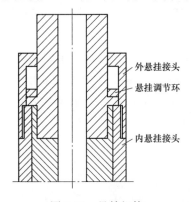

图 5-15　悬挂机构

（4）悬挂机构。如图 5-15 所示，由内外悬挂接头的内外环状锥面构成悬挂机构，在升降钻具时悬挂钻具，避免张敛轴直接承受悬挂载荷造成张敛爪变形，保证了钻具的张敛动作万无一失。

由张敛与六方轴连接处的间隙（液体泄漏间隙）为主要泄漏通道，该间隙一般为 2～3mm，允许泥浆通过该间隙泄漏泵量的 10% 的液体，用于冷却扩孔钻头，同时冲刷张敛机构的活动空间，避免颗粒物质滞留于此处。通过大量试验表明，泄漏通道的设置，即使在顶漏钻进时采用极限小的泵量，在满足扩孔钻头冷却和冲刷要求的同时，不会造成孔底钻头缺少必要的冷却液体。

在悬挂腔增设调节圈，在满足扩孔钻头收敛到位的情况下，通过加减调节圈确保悬挂机构承受钻具重力，消除了收敛爪异常受力情况。原跟管钻具曾因卡钻导致收敛爪出现裂纹。增加调节圈后，跟管钻具跟管钻进近百米从未出现异常现象。在钻头架下部（距扩孔钻头窗口 100mm 处）均设 4 个 $\phi12$ 通孔。$\phi12$ 通孔、钻头架内腔和孔壁环状间隙结构成开放性通道，形成除沙系统。钻进时，借助钻具高速回转产生的离心力，将从窗口处侵入的岩粉、泥沙、泥浆包裹体等颗粒物质从通孔排除，避免颗粒物质滞留在钻具内部。大量试验证明，未设排沙孔的钻具，有时因颗粒物质侵入严重影响张敛动作失灵情况发生；增设排沙系统后，即使钻进沙层和在极限小泵量下钻进，从未出现过颗粒物质滞留钻具内部的情况，确保钻具张敛性能的可靠性。

（5）双通道水路。钻具的泥浆通道设有主通道和副通道，在主通道，大约 90% 的

泵量经张敛轴中心孔、报信阀通水孔流到取心钻具，然后通过导向孔的环状间隙返到扩孔钻头处；副通道为规定的泄漏通道，允许少量泥浆从报信阀座与张敛轴轴颈的间隙、张敛轴与六方轴的螺纹连接处以较高的流速泄漏，直接冲刷钻头架内部和冷却扩孔钻头。

采用两种直径的扩孔钻头在复杂地层进行试验，得到表5-7的跟管钻进效果；标准型扩孔钻头因钻孔直径较小，常常因孔内探头石导致套管跟进阻力大，套管难以跟至预定孔深；加大型扩孔钻头套管跟进顺利，也未发生套管脱扣和断裂事故，所以在原标准直径基础上将扩孔钻头直径加大2～4mm。扩孔钻头胎体因形状复杂，碎岩任务较重，其金刚石层一般采用电镀方法制造。

表 5-7　　　　　　　　　　　钻孔直径与跟管效果相关表

钻具		扩孔钻头		套管直径		地层	跟管效果
	标准	张开直径（mm）	收敛直径（mm）	规格	外径（mm）		
GJ108	加大型	116	95	108	108	冰积层、滑坡体、堆积体、强风化层、河床堆积层	好
	标准型	112	91				阻力大
GJ89	加大型	94	75	89	89		好
	标准型	92	73				阻力大

2. 伸缩式扩孔跟管

$\phi 54\times 90$mm 伸缩式扩孔跟管钻具（见图5-16）主要用于预定孔段底部修扩成较规则的圆柱形，给小径下大管创造条件；短距离修扩孔，如下套管时中途遇阻或下好套管恢复钻进很短矩离又遇坍塌掉块、破碎地层等复杂孔段不拔套管，可采用此伸缩式扩孔钻具，将套管下到理想部位；刀片稍作改进可作套管割刀。

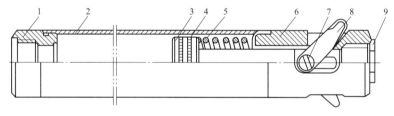

图 5-16　伸缩式扩孔钻具

1—接头；2—短管；3—阀体；4—密封圈；5—弹簧；6—缸体；

7—滑动销子；8—刀片；9—调节螺母

在未工作时，两刀片处于收缩状态，互成60°角，外径为54mm，钻具下至扩孔孔段后，开泵送水，活塞受到水泵送水压力时，压缩弹簧，推动滑动销子、刀片即沿着缸体的缺口斜面外伸，可伸至互成180°，短管下端备有两通水孔，此时水畅通，该钻具最大回转直径为90mm，可以上下修理扩孔。提钻时，先关水泵，刀片即缩回缸体。

伸缩式扩孔钻具结构比较简单，刀片工作面为电镀1.5mm厚、60～80目人造金刚石。经试验刀具伸缩性能可靠，在砂岩中扩孔0.8m，刀片工作面上的金刚石磨损约

60%，其余部件完好，如果扩孔工作量大，须增加金刚石镀层厚度。

3. 偏心扩孔钻具

1970年初发展了ODEX下套管法。它的主要特点是边钻进边下套管，套管跟随钻头而下，不承受扭矩和太大的冲击载荷。

钻具由前导钻头、偏心扩孔钻头和导向器等组成。偏心扩孔钻头把前导钻头钻出的孔扩大到稍大于跟在其后的套管，这样套管就可以随钻随下。根据套管受力的不同，ODEX下套管法有两种钻具结构：一种是顶部冲击式偏心扩孔钻具；一种是底部冲击式偏心扩孔钻具。

底部冲击式偏心扩孔钻具结构如图5-17所示。钻头的冲击力来自孔底冲击锤，安装在钻头和导向器之上。孔底冲击锤上部与导向套和钻杆柱连接。钻杆柱不承受冲击荷载只把回转运动传给钻头。套管上端接有排屑管头，下端则接有打入鞋，其内侧有台肩，与导向器的凸缘相吻合，在冲击力传递给钻头的同时，一部分冲击力也转给了套管，使套管随钻头进尺而同步下移。

软地层用硬质合金片十字形钻头，较硬岩层则用球齿钻头。冲洗液可以用压缩空气、清水或饱沫冲洗液。采用泡沫冲洗液具有以下优点：由于导向器与套管之间的间隙较小，只允许较细的岩屑通过。泡沫冲洗液由于饱沫的作用可把粗、细岩屑分离，把细岩屑带走而粗岩屑留在孔底进行二次破碎（当然这需要耗费一部分冲击功）；泡沫冲洗液可以起润滑和封闭作用，使套管更易下移，而冲洗液很少从套管与孔壁之间流掉；采用压缩空气或清水作冲洗液，钻进深度一般是15m左右，而用泡沫冲洗液，钻进深度则大得多，并减少糊钻的可能性；清水洗井时用水量约为30L/min，用泡沫冲洗液只需3～5L/min的水。

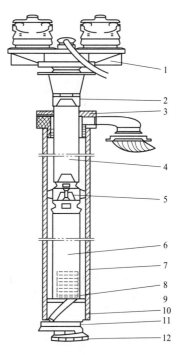

图5-17 底部偏心跟管钻具示意图
1—回转器；2—接头；3—端盖；4—钻杆；
5—导向套；6—孔底冲击锤；7—套管；
8—接头；9—导向器；10—打人鞋；
11—偏心扩孔钻头；12—前导钻头

套管的连挂方式有两种，一种是螺纹连接，管壁较厚，材质较好，但成本较高，适宜顶部冲击法下入钻孔，钻孔竣工后一般要起拔再用；另一种是焊接，管壁薄，价格便宜，适宜底部冲击法下入钻孔，一般不考虑起拔再用。但不论哪一种连接方式的套管都必须严格按照钻头的规格配套选用，否则会影响排屑和正常钻进。

4. 不需起拔套管的孔内扩径钻具

（1）扩径钻具的结构（见图5-18）。钻杆接头与库体之间通过丝扣连接，滑心和沿圆周均匀分布的8～10个紧密接触的滑块组成滑心滑块结构，滑心和滑块之间采用圆弧面配合接触；滑心的外侧始终与库体的内壁接触，可沿库体的内壁上下滑动；库体的周围侧面均匀分布有 8～10 个圆形孔；滑块的下端轴向位置限位于导向杆的上表面处，只能沿钻具径向移动。

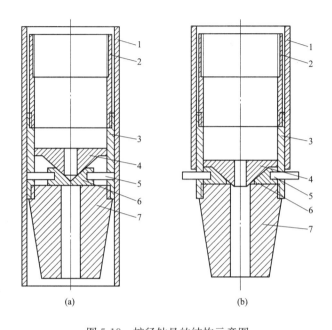

图 5-18　扩径钻具的结构示意图
（a）初始状态（收拢）；（b）工作状态（张开）
1—套管；2—钻杆接头；3—库体；4—滑心；5—金刚石切削块；6—滑块；7—导向杆

导向杆的结构为大、小头端外壁圆锥形面，上端外壁为圆柱面，与库体的内表面通过丝扣连接。变径处的阶梯顶住库体的下端，且和钻杆接头变径处的阶梯配合使库体轴向固定。

金刚石切削块嵌入滑块中，通过穿过库体上的圆形孔均匀分布在钻具圆周上。滑块上设有均匀分布的由内向外的水口。

（2）扩孔钻具的工作机理。由于地层的复杂性及未知性，当下部孔段出现复杂情况需要进行扩孔作业时，不需要起拔套管，只需先提出钻具，然后在钻具的最下端接上该孔内扩径钻具，即可进行扩孔钻进，扩孔完成后再进行下套管作业。

图 5-18（a）是该扩径钻具初始状态示意图。在扩径钻具下入到预定位置之前不开泵，此时滑心处于最高位置，金刚石切削块缩入套管内壁，滑块间处于密封封闭状态，扩径钻具恰能通过套管到达预定地层。当该扩径钻具到达预定位置时，开动地表钻机和水泵，此时扩孔钻具处于工作状态，如图 5-18（b）所示。

冲洗液通过钻杆内径通道流至滑心和滑块处，在冲洗液的压力作用下，推动滑心向下运动，从而将滑块推出超过套管外径，在钻机回转和钻压作用下，开始破碎孔壁岩石实现扩孔钻进。金刚石切削块对孔壁的钻压可以通过地面水泵提供的冲洗液量和压力大小来控制。同时通过调节滑心滑块等组成部分尺寸和位置，可以改变钻孔直径扩大的最大范围。在扩孔钻进过程中，由于导向杆的下半部分外表面设计为锥形均匀变径，可起到导向的作用，保证扩大后的钻孔沿着原钻孔轨迹加深而不改变空间位置。

（3）滑心滑块结构设计。滑心滑块组合是扩径钻具的核心部件，要使得滑块能够被滑心推出库体，则滑心与滑块配合锥面必须满足一定的角度。如图 5-19 所示，F_1 是滑心作用在滑块接触面上的推力，θ 是滑块锥面与水平面的夹角。滑块移动的条件需满足式（5-1）：

$$F_1\sin\theta - \mu F_1\cos\theta > 0 \qquad (5\text{-}1)$$

式中　μ——滑块与导向杆之间有冲洗液润滑时的摩擦系数，取 $\mu = 0.12$，可知 $\theta > 7°$；同时金刚石切削块的扩孔尺寸取决于静止时滑心下表面与滑块上表面的距离 h_1 和角 θ。

当扩径钻具处于如图 5-18（b）所示的工作状态时，扩径钻具的扩孔尺寸 d_1 可用式（5-2）计算：

$$d_1 = d + h_1/\tan\theta \qquad (5\text{-}2)$$

式中　d——库体外径；通过改变 h_1 和 θ（即滑心滑块组的尺寸和位置）就可以改变扩径钻具的扩孔尺寸。

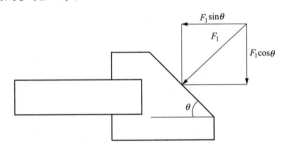

图 5-19　滑块受滑心作用力示意图

（4）扩孔钻进冲洗液量的控制。根据该扩径钻具的结构可知，当扩径钻具处于工作状态时，金刚石切削块对孔壁的钻压 F_N 可表示为式（5-3）：

$$F_N = F_1(\sin\theta - \mu\cos\theta) \qquad (5\text{-}3)$$

那么，在滑心滑块结构一定（角 θ 已定）的情况下，要改变切削块对孔壁的钻压，只能改变 F_1，而 F_1 取决于冲洗液对滑心的冲击力 F_2。

如图 5-20 所示，设断面 1、断面 2 及钻具内冲洗液通道组成的空间区域内冲洗液为控制体，设滑心对控制体的作用力为 F_2'，对控制体列动量方程式（5-4）：

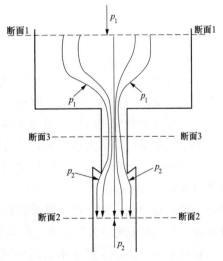

图 5-20　流经滑芯控制体流体示意图

$$p_1A_1 - p_2A_2 - p_1(A_1 - A_3) + p_2(A_2 - A_3) - F_2'$$
$$= \rho Q(\alpha_{01}v_1 - \alpha_{02}v_2) \qquad (5\text{-}4)$$

145

式中 p_1、p_2——断面 1、断面 2 处的流体压强；

A_1、A_2、A_3——断面 1、断面 2、断面 3 处的断面面积；

ρ——冲洗液密度；

Q——冲洗液的流量；

α_{01}、α_{02}——断面 1、断面 2 的动量修正系数，对于不可压缩流体及一般的工程计算有 $\alpha_{01} = \alpha_{02} = 1$；

v_1、v_2——断面 1、断面 2 处的冲洗液平均流速。

与断面 1、断面 2 之间的动能之差相比，势能之差可忽略，因此由伯努利方程得式 (5-5)：

$$\frac{p_1}{\rho g} + \frac{\alpha_1 v_1^2}{2g} = \frac{p_2}{\rho g} + \frac{\alpha_2 v_2^2}{2g} + h_\xi \tag{5-5}$$

式中 α_1、α_2——断面 1、断面 2 的动能修正系数，对于紊流可取 $\alpha_1 = \alpha_2 = 1.01$；

h_ξ——断面 1、断面 2 之间的能量损失。

能量损失 (h_ξ) 可只考虑与断面形状有关的局部水头损失，按式 (5-6) 计算：

$$h_\xi = \frac{1}{4g}\left(1 - \frac{A_3}{A_1}\right)\left(\frac{v_1 A_1}{A_3}\right)^2 + \left(\frac{A_2}{A_1} - 1\right)^2 \frac{v_2^2}{2g} \tag{5-6}$$

F_2 与 F_2' 大小相等，方向相反。综合式 (5-4) 与式 (5-5)，得到式 (5-7)：

$$F_2 = \rho Q^2 \left[\frac{1}{4}\left(\frac{1}{A_3} - \frac{1}{A_1}\right) + \frac{A_3}{2A_2^2}\left(\frac{A_2}{A_3} - 1\right)^2 + \frac{\alpha_w A_3}{2}\left(\frac{1}{A_2^2} - \frac{1}{A_1^2}\right) - \left(\frac{1}{A_2} - \frac{1}{A_1}\right)\right]$$

$$\tag{5-7}$$

式中 α_w——流体处于紊流状态时的动能修正系数，对于一般工程计算取 $\alpha_w = 1.01$。

取仅与库体内径、滑心内径、导向杆内径有关的系数为 α_3，综合式 (5-3) 与式 (5-7)，得钻压 F_N 的表达式为：

$$F_N = \frac{\rho Q^2 \alpha_3}{n\cos\theta}(\sin\theta - \mu\cos\theta) \tag{5-8}$$

式中 n——滑块的个数。

上述计算表明，在滑心滑块结构确定的情况下，可通过控制冲洗液流量的大小来控制金刚石切削块对孔壁的钻压，即通过调整冲洗液流量可以调整钻压。

(5) 扩径钻具应用效果。河南某勘探区地层由上至下依次为：第四系 (Q) 黏土、粉质黏土和粉细砂局部夹砂砾岩；新近系 (N) 砂岩、砂砾岩、砂质泥岩和砾石层，层厚 30～60m；第三层由一套变质程度较高的结晶片岩、片麻岩组成，为勘查目的层。新近系 (N) 中的砾石层由黏土、砂砾充填，胶结松散，钻孔极易坍塌；在目的层中取心时，钻孔掉块严重，物质成分以蒙脱石为主，含少量伊利石、高岭土。第四系 (Q) 及新近系 (N) 由于地层岩石的可钻性均小于Ⅴ级，采用硬质合金钻进；勘查目的层岩石的可钻性Ⅵ～Ⅶ级，采用金刚石绳索取心钻进。第一层采用套管护壁，在新近系 (N) 中扩孔钻进时，根据式 (5-8) 选了扩孔时的泵量，使得施加在金刚石 (切削块) 扩孔器上的钻压处在合适的范围，保证扩孔顺利进行。在勘探区的 ZK1105、ZK1309、ZK1511 三个钻孔中均使用孔内扩径钻具，快速、安全地完成了新近系 (N) 的扩孔任务，扩孔时效分别达 0.44、0.38、0.42m/h，扩孔完成后顺利下入套管。与起拔套管的作业方式相比，采用孔内扩径钻具，大大减轻了劳动强度，提高了工作效率。

五、套管钻进

套管钻进是将钻进和下套管合二为一，采用专用套管（部分口径可采用绳索取芯钻杆）传递钻压和扭矩，驱动孔底套管及取心钻具回转钻进；采用绳索打捞原理，在不提钻情况下，进行绳索取心、检查、更换孔底钻头，实现不提钻换钻头取心钻进；钻至预定孔深或穿过预定复杂地层，打捞出孔底取心钻具，套管柱则留在孔内实现护壁功能。

套管具备钻杆和套管的双重功能，要求套管具有绳索取心钻杆的能力，故尽可能采用符合表 5-8 要求的绳索取心钻杆作为套管管钻用套管。

表 5-8　　　　　　　　　　　　　套管规格及主要参数表　　　　　　　　（单位：mm）

公称口径	76	96	122
单根长度	3000/4500	3000/4500	3000
套管外径	71	89	114
套管内径	61	79	103

套管钻进工艺流程如图 5-21 所示，套管代替绳索取心钻杆下钻，钻进→打捞取心钻具→采取岩心、检查/更换钻头→投放取心钻具，完成一个取心钻进回次，取心钻进回次循环，钻进至预定孔深，提出钻具内管，完成套管管钻钻进作业。

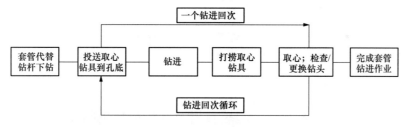

图 5-21　套管钻进工艺流程图

套管取心钻具（见图 5-22）有张开和收敛两种工作状态，在图 5-22（a）所示的张开状态下，张开后的副钻头将主、副钻具连接，钻具呈钻进工作状态，主钻头执行先导取心钻进，副钻头承担扩孔任务；钻进回次结束后，采用打捞器捕捞住主钻具，在开始提升瞬间，副钻头收敛（缩回）钻头架内部，如图 5-22（c）所示，解除主、副钻具的连接，可将其打捞到地面，实施取芯和检查/更换钻头。然后，再将主钻具投送到孔底，通过冲洗液的水力作用驱动副钻头张开，钻具再次呈钻进工作状态。

套管钻进的特点：直接采用套管向孔内传递机械能和水力能；孔内钻具组合接在套管柱下面，边钻进边下套管；将钻进和下套管合并成一个作业过程；钻头和孔内工具的起、下在套管内进行，不再需要常规的起、下钻作业。

套管管钻钻进技术优点：节省钻进时间，减少孔内事故，改善孔内状况，保持冲洗液的连续循环，改善水力参数、上返速度和清洗钻孔状况。

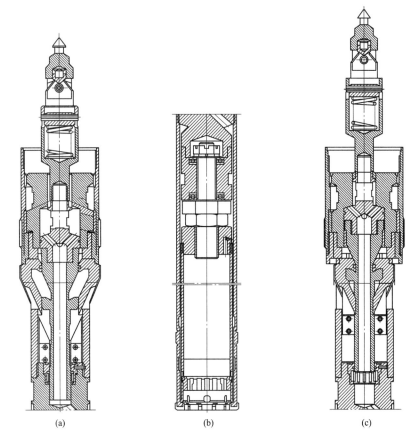

(a) (b) (c)

图 5-22　套管取心钻具结构示意图

（a）呈张开状态的钻具上部；（b）钻具下部（取心钻具）；（c）呈收敛状态的钻具上部

第四节　起拔套管及孔内残留的打捞

一、起拔套管

在钻孔完成后，需要起拔套管以备下一钻孔再利用，通常采用的有"提""墩""顶""打"等方式。

采用下套管护壁时，一般采用"提"的方式起拔套管，具体做法是：在套管孔口连接变径，用钻机卷扬机钢绳，上提套管，逐根提出套管；应用管夹将下一段套管卡住固定在孔口，然后撤除套管。

在采用"提"套管不见效时，可以采用"打"，具体做法是：在套管上连接上打帽（使用卷扬机上打时，事先装好冲击杠），利用向上的冲击力，向上冲击上打帽，通过上打帽将冲击力传递给套管，带动套管上行。在上打过程中，要及时拧紧套管，防止丝扣滑脱，冲击力的大小应小于根据套管的最小承载强度计算的承载力。

"顶"可以使用钻机油缸或千斤顶，利用油压将套管顶出钻孔，在"顶"的过程中，应逐渐升压，增压平稳，防止骤然升压，发生套管被顶断；顶一定时间后，需要保持压力稳定一段时间，一方面让压力传递到底部套管；另一方面使套管受力均匀，套管长度越长稳定时间宜长一些。对下得较深的套管，如用钻机油缸与升降机联合起拔，升降系统采用三环绳仍拔不起时，不宜再采用75t或150t的液压起重机直接强行拔套管。

比较好的方法是下"卡具"，从内卡住套管的下部，用起重机起拔。现场一般配有 $\phi 50 \times 5.5mm$ 两端内加厚的钻杆，钻杆为矩形螺纹，其断裂拉力大约是37t（螺纹采用 Yf235-70 标准，DZ55 材质，K 等于2，如在使用 $73 \times s$ 的套管里使用，钻杆接手外径车到 $\phi 61$），如果钻杆被拉断，在套管里也很容易处理。

"墩"是每次"打""顶"的末尾，保持力不变，稳定一段时间，让套管体充分受力，以期松动套管。当通过"打""顶""墩"方式，套管出现松动后，停止"打""顶"，再改用"提"的方式。

二、孔内残留的打捞

在跟管前有时会出现孔内残留堆积，在跟管后，一般会出现跟管过程管脚刮削不规则孔壁及跟管振动引起孔壁掉块坍塌形成残留堆积，这时会造成套管难于下到预定孔深，常用打捞钻具进行扫孔打捞。

打捞残留钻具一般使用单管钻具，采用扫孔至孔底，到预定孔深后，开动钻机，送入冲洗液，采用回转扫孔的方式，将孔内残留物集中到岩心管或岩粉管内，每回次扫孔终了前，应减少冲洗液量，以保持残留物能紧密牢固保留在岩粉管中，提高单回次打捞岩粉的效率。当一个回次不能打捞完孔内残留物时，应采用多个回次打捞方式，清理干净。停止或减小冲洗液的送入量，用干烧或堵塞的方式卡取孔内残留物，对于极其松散的孔内沉沙可以采用钻具上部带沉沙管的方式，对于卵石、砾石孔内沉积可采用带钢丝的钻探卡取，反复捞取。打捞孔内残留时，为防止出现孔内事故，一般情况下，打捞钻具的粗径部分不宜超出管脚，应根据具体的孔内情况，适当加长打捞钻具的粗径部分。打捞结束后，需要下测绳进行检测钻孔深度。

✸　第五节　现　场　操　作

一、操作注意事项

为提高套管护壁的效果，需要注意以下事项：套管下入后，为了终孔后起拔顺利，外层套管与孔壁的环隙，各层套管之间的环隙，在孔口部位一定要严密封堵。口径最小的套管应露出地面最高，并在其头上套橡胶板，胶板的孔要比套管略小，目的在于防止岩粉沉入环隙之中，以利将来起拔套管。采用多级跟管护壁时，为防止套管之间间隙过大，引起钻孔孔斜超出标准及增强套管的稳定性，相邻两级套管的口径一般应连续，如：$\phi 73$ 套管一般 $\phi 89$ 套管，而不用 $\phi 108$ 套管。跟管时需要保持套管垂直，边跟边校正套管。跟管过程中及时拧紧套管连接丝扣，根据套管地面上余，及时加接套管，保持套管适宜的孔口长度。套管跟进时受到跟进力和阻力，跟进力由冲击力或液体压力，阻力来自于套管外圆周与地层的摩擦力以及地层对套管管脚端面支撑阻力。只有当跟进力大于阻力时，套管才会下行。下行的快慢与跟进力和阻力的大小有关。使用吊锤跟管时，通过控制吊锤的提升高度及频率达到控制单次跟进的速度，一般控制在 50mm/min 即可。

二、套管护壁的相关计算

1. 下管条件下套管的有关计算

在下套管时，套管丝扣容许的最大下入深度，在套管柱重力作用下，上部套管丝扣危险端面抗压强度可按式（5-9）计算：

$$\sigma_{\text{压}} = \frac{qLg}{2.35(d_1^2 - d_2^2)} \tag{5-9}$$

$\sigma_{\text{压}}$——丝扣端面轴向压强，Pa；

q——套管单位长度质量，kg/m；

L——套管长度，m；

d_1、d_2——丝扣外径、内径，mm。

在无阻力情况下，套管允许下入最大深度（$L_{\max}$）可按式（5-10）计算：

$$L_{\max} = \frac{2.35\sigma_{\text{拉}}(d_1^2 - d_2^2)}{kqg} \tag{5-10}$$

$\sigma_{\text{拉}}$——套管抗拉强度，Pa；

k——折减系数，大于 1。

在抗拉受力条件下，上部套管危险断面在套管柱自重作用下，抗拉条件是：

$$\sigma_{\text{拉}} = \frac{qLg}{F_0}, \quad \sigma_{\text{拉}} = \frac{\sigma_s}{K} \tag{5-11}$$

式中 σ_s——屈服强度，Pa；D40、D50、D55 的管材，其 σ_s 分别是 3.92×10^8 Pa、4.91×10^8 Pa、5.40×10^8 Pa；

F_0——螺纹处危险断面面积，m^2；

K——安全系数，一般取 1.5～2；

g——9.8m/s^2。

套管允许下入的最大深度可按式（5-12）计算：

$$L_{\max} = \frac{\sigma_{\text{拉}} S F_0}{Kqg} \tag{5-12}$$

理论上垂直钻孔是铅直的，实践中由于各种原因，钻孔总是会出现孔径不均、产生孔斜，因此，下套管过程中，事实上均会发生套管的弯曲。在受弯曲条件下，根据材料力学，套管抗弯曲变形的条件是：

$$\frac{\sigma_s}{K} \leqslant \frac{Ed_0}{2r} \tag{5-13}$$

式中 E——套管材料的纵向弹性模量，MPa；

d_0——套管内外径平均值，mm；

　r——套管弯曲后的曲率半径，cm。

利用式（5-13）可以计算出确定材质及规格套管弯曲的极限曲率半径，根据极限曲率半径可以计算出该套管的弯曲强度。若套管材料是 DZ50 的，则可算出 $\phi 89$ 套管的弯曲强度不应超过 $1.60/m$，$\phi 73$ 套管的弯曲强度不应超过 $2.00/m$。

正常情况下，钻孔弯曲不会达到以上值，但在复杂地层钻进，则常会遇到溶洞，钻孔超径或钻孔在某段急剧弯曲等，下人的套管弯曲强度超过以上值，再加上钻杆回转时的冲击敲打，套管容易在螺纹处断裂、滑扣。而在复杂地层钻进，钻孔不出现超径是很难做到的，重要的是避免超径过大和长孔段超径，还要避免在钻孔弯曲处下套管。

2. 冲击跟管时冲击力的计算

跟管时套管受力有：地层阻力、套管重力、冲击力，三者相互作用的结果决定了套管能否跟进及跟进的快慢。实现套管跟进的条件是：冲击力与重力之和大于地层的阻力，即：

$$F+G>f \tag{5-14}$$

式中　F——冲击力，kN；

　G——套管的重力（与套管的规格、材质、长度有关），kN；

　f——套管在孔内跟进时受到的阻力，kN。

跟管时套管受到的阻力（f）有孔底阻力和套管外壁地层摩擦力，阻力（f）按式（5-15）计算：

$$f=\frac{\pi}{4}q(d_1^2-d_2^2)+\frac{\pi}{4}\mu d_1^2 l \tag{5-15}$$

式中　d_1、d_2——套管底断面的内外径，mm；

　q——套管底部地层抗压强度，MPa；

　μ——套管外壁与地层之间的摩擦系数；

　l——套管的长度，m。

采用锤击跟管时，按照动量定理，作用在套管上的冲击力（F）可以按式（5-16）计算：

$$F=\frac{\Delta MV}{t}=\frac{\Delta M\sqrt{2gH}}{t} \tag{5-16}$$

式中　M——冲击锤的质量，kg；

　t——从冲击锤开始与套管接触到冲击锤停止运动的时间，s；

　V——冲击锤接触下打时的速度，m/s；

　H——冲击锤自由落体的高度，m。

从式（5-16）可以得出，冲击锤作用力的大小与冲击锤的质量成正比，与冲击锤提升的高度的平方成正比，但与作用时间成反比。

冲击跟管中，冲击锤的势能转化为套管克服孔底及孔壁阻力所做的功，按照能量守恒原理，单次锤击跟进的距离可按式（5-17）计算：

$$h_1 = \frac{4MgH_1}{q\pi(d_1^2 - d_2^2) + \mu\pi d_1^2 h\, \sigma_{0k} - 4mg}$$

(5-17)

式（5-17）反映了锤击跟管时，单次跟管进尺与冲击锤的质量及提升高度成正比，与地层的抗压强度、套管的尺寸、套管的长度、地层的侧向应力、套管长度等综合作用结果成反比。这与实际跟管过程反映的情况一致，地层越密实或含大块石孤石，跟进困难；跟进大口径套管比跟进小口径套管难；大的吊锤比小的吊锤在同一地层跟进快。为减小跟进过程中的摩擦力，实践中建议采用在套管外表面涂抹润滑油。

采用冲击器跟管，除冲击力作用外，还应考虑冲击器的频率因素，原因是高频作用下，冲击波对底层的破坏作用明显，对于诸如砂层类的地层有液化可能，可以较大地降低原有地层的强度。

三、套管事故的预防

根据套管实际损坏情况看，主要是套管螺纹断裂和滑扣造成套管螺纹断裂，滑扣的原因，一是套管轴向受力被拉伸，二是侧向受力被弯曲，三是钻杆柱回转被冲击。目前常使用的是套管螺纹部位危险断面抗拉强度校核和螺纹抗挤压强度校核。套管发生破坏的根本原因是承受的力超过其强度，要么整体、要么套管柱中最薄弱端面、或者瞬间承受的力超限。因此，分析套管在下入、跟进及起拔过程的受力情况有助于找到防止套管事故的方法。

套管事故预防主要有以下几方面：选择优质的管材，在本章第三节中介绍了不同材质的套管其性能是不一样的，选择管材时，主要关注材料的抗压强度、抗拉强度；保证加工的质量满足要求，套管柱发生破坏经常是在连接部位，其原因是连接部位采用螺纹，螺纹经加工后形状和材质均会或多或少的发生变化，比套管体原有机械性能有所减低，再加之丝扣啮合的紧密程度不够，往往在受力是发生断裂，尤其是螺纹根部最薄弱，这与螺纹加工的质量不无关系；在运输过程加强对套管的保护，尤其是螺纹部位，一般套管两端均加工有螺纹，由于其处在突出部位，最易受到碰撞产生变形，这是直接影响螺纹连接啮合紧密的关键，通常的做法是装箱运输或加带螺纹帽，予以充分保护；下入或跟入孔内时应检查套管的状态，对于损伤的套管绝不能下入孔内；孔内有卵石等坚硬物，跟进困难时，不能强行跟进，应该采取措施处理后再跟管；套管跟入或下入时，应边跟进边校正，防止套管倾斜，因套管倾斜后其受力复杂，直接影响跟管效果，更严重的是导致套管破坏。

在跟进与起拔套管时，出现套管事故后，一般采用"透""打""锥"等手段进行处理，与处理钻杆事故方法类似。

第六章

覆盖层金刚石回转钻探技术

金刚石钻探技术具有钻进效率高、取心质量好和钢材消耗低的特点，一般使用于坚硬基岩的钻进。"深厚砂卵石层金刚石钻进与取样技术"研究工作的突破口是无固相植物胶冲洗液的开发和应用，以 SM 植物胶为代表的植物胶冲洗液，以其特有的疏水性和护胶作用、润滑减阻和减振性能，特殊的低抽吸作用和护壁能力，使金刚石钻探工艺在深厚覆盖层的钻进中站稳了脚跟，实现了高转速钻进，金刚石钻头的平均使用寿命达到 $20\sim40\mathrm{m}$，并使岩心采取率达到了 85% 以上。由于环保工作的需要，鉴于以野生灌木根为原料的 SM 植物胶因其原料来源日渐枯竭，21 世纪初开发了 KL 植物胶无固相冲洗液，这种符合环保要求的植物胶冲洗液因其性能优良、用量少、搅制方便，已成为 SM 植物胶理想的替代材料得以在现场使用。

深厚覆盖层金刚石钻进与取样技术的核心，除了采用植物胶冲洗液外，还有结构先进的 SD 金刚石双管钻具。该型钻具带有普通磨光型和半开式内管及特殊结构的金刚石钻头，单动性能好，可以适应各种复杂地层条件下钻进。"七五"期间研制了 SD 系列砂卵石覆盖层专用钻具，不仅适用于各种覆盖层的钻进和取样，还适用于基岩破碎带复杂地层的钻进取心，提高岩心采取率。SD 系列钻具配合植物胶无固相冲洗液钻进适用于结构松散、不均质的河床砂、砂卵砾石层及崩塌体、堆积体等各类覆盖层，不仅能大幅提高岩心采取率，甚至取出原状结构的柱状岩心，还能在薄砂层中随钻取原状砂样等。

❀ 第一节 钻 进 原 理

一、表镶金刚石钻头的碎岩机理

表镶金刚石钻头在唇面上布置着一定数量的单粒金刚石，各金刚石颗粒以固定的接触点在回转运动中各自完成碎岩工作。在钻进中，钻头是多粒金刚石同时工作，其基础仍是单粒金刚石，所以以单粒金刚石的碎岩现象来研究表镶金刚石钻头的碎岩机理是完全可行的。

表镶金刚石钻头主要用于钻进中硬以上的岩石，属塑脆性及脆性岩石。在该类岩石中，其碎岩的基本过程是在轴向力和回转力共同作用下，金刚石一方面吃入岩石，产生

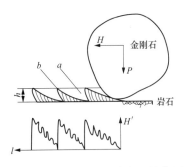

图 6-1　金刚石切削破碎岩石的作用
a—大剪切体；b—小剪切体；h—切入深度；
P—轴向力；H—切向力；H'—水平抗力

类似压入碎岩的作用，同时在金刚石转动的前方则以剪切作用产生大、小变化的剪切体（见图 6-1）。即在切削过程中，随着小剪体逐渐增大，水平抗力 H'（切向力 H 与此相等）也不断增大，直到产生一个大剪切体后水平抗力骤减为零。所以，在金刚石切削过程中其剪切作用是跳跃式的，切槽深度、宽度及切向力随轴向力增加而增大，随岩的塑性增大，其剪切破碎岩石的效果明显变差。因此，表镶金刚石钻头适合钻进脆性岩石，并需施加足够的钻压。

二、孕镶金刚石钻头的碎岩机理

孕镶钻头所用的金刚石粒度细，且埋藏于胎体中，在钻进中必须随工作金刚石的消耗和失效而适时裸露出新的金刚石刃，否则钻进工作就不能继续进行，但能够适应地层又出刃良好的钻头须有自磨出刃而自锐的性能（称自磨性）才能在钻进工作过程中维护钻速不衰减，这就是孕镶钻头的工作特点和基本要求。可以认为孕镶钻头的碎岩机理与砂轮磨削工件基本一样，即以唇面上多而小的硬质点（金刚石）对孔底岩石进行刻划磨削，并随着硬质点的逐渐磨损和消失以及胎体的不断磨耗，新的硬质点又裸露出来参与工作。所以，孕镶金刚石钻头的工作实质是依靠小而多的金刚石硬质点刻划磨削岩石，为了取得应有的钻进效率需要高转速工作，为了保持有效地磨削岩石需要使胎体适时地被磨蚀，即钻头唇面应有自磨和自锐作用。但必须注意，胎体磨蚀过快会增大金刚石的消耗量，缩短钻头的使用寿命，这是不能允许的。

孕镶金刚石钻头钻进，根据其施加轴向力方式的不同，钻头的给进可分为：保持金刚石上的轴向力为一定值，称为"自由给进"；保持金刚石的切削深度为一定值，称为"强制给进"。但孕镶金刚石钻头的钻进具有自磨自锐性，因此在正常钻进状态下，其钻速应当是一定的，即钻头每转的切入量应当是一定的。根据这一性质和要求，孕镶金刚石钻头采用每转定切入量强制给进，钻进才能取得良好效果。

※　第二节　金刚石钻具

一、金刚石

天然金刚石是一种矿物质，是在已知物质中硬度最大的物质。它是在地下深处受高压的作用，从赤热状态的岩浆中产生出来的，有的是完整的晶体，有的是连生晶体的聚集。天然金刚石，一般有透明、半透明或不透明，其颜色是由所含的不同金属杂质所引起，并因含量不同而有深浅，无色透明的最硬。随着现代工业的迅速发展，人造金刚石的产量、质量不断提高，品种不断增多。由于天然金刚石量小价高以及人造金刚石的普及，目前钻探工作基本不使用天然金刚石。

金刚石品级是其质量指标，主要指其晶形的完整程度和抗冲击的强度，是确定金刚石在胎体中深度和粒度的依据，优质的金刚石具有良好的晶形和高的抗冲击强度。钻探上用抗压强度和热冲击韧性（TTI）来表征金刚石品级，地质钻探工具常用金刚石牌号为 SMD，其抗压强度如表 6-1 所示。

表 6-1　　　　　　　　　　　　　　金刚石抗压强度　　　　　　　　　　　（单位：N）

牌号	粒度（目）									
	16/18	18/20	20/25	25/30	30/35	35/40	40/45	45/50	50/60	60/70
SMD	471	399	338	286	243	206	174	148	125	106
SMD_{25}	561	475	403	341	289	245	208	176	149	126
SMD_{30}	672	570	483	409	347	294	248	211	179	152
SMD_{35}	785	665	564	477	405	343	291	246	209	177
SMD_{40}	919	779	661	560	474	402	341	289	245	—

金刚石的颗粒大小的量称为粒度，以"目"或"粒/克拉"表示。"目"是指所用筛子每平方英寸上的孔眼数，目数越大，则颗粒越小。地质钻探常用金刚石粒度范围为 16/18～60/70 目。地质钻探常用金刚石品级、粒度及推荐使用范围如表 6-2 所示。

表 6-2　　　　　　　　　地质钻探常用金刚石品级、粒度及使用范围

牌号	粒度（目）范围	热冲击韧性［TTI］	推荐用途
SMD_{40} ↓ SMD_{35}	16/18、18/20、20/25、25/30、30/35、35/40、40/45、45/50、50/60、60/70	＞82 （D90）	具有极高的抗冲击力，用于钻进硬—坚硬地层
↓ SMD_{30}	16/18、18/20、20/25、25/30、30/35、35/40、40/45、45/50、50/60、60/70	68～81 （D70 D80）	具有高的抗冲击力，用于钻进硬地层
SMD_{20} ↓ SMD	16/18、18/20、20/25、25/30、30/35、35/40、40/45、45/50、50/60	54～67 （D50 D60）	具有中等的抗冲击力，用于钻进中硬地层

不同粒度的金刚石直径及应用如表 6-3 及表 6-4 所示。

表 6-3　　　　　　　　　　　　　表镶钻头金刚石粒度

表镶钻头	粒度（粒/克拉）	5	10	15	20	25	30	40	50	60	80	100	125
	颗粒直径（mm）	3.00	2.31	2.00	1.80	1.65	1.50	1.42	1.33	1.25	1.15	1.10	1.00

表 6-4　　　　　　　　　　　　　孕镶钻头金刚石粒度

孕镶钻头	粒度（粒/克拉）	10	24	36	46	60	70	80	100	120	150	180	200
	颗粒直径（mm）	1.00	0.800～0.630	0.500～0.400	0.400～0.315	0.315～0.250	0.250～0.200	0.200～0.160	0.160～0.125	0.125～0.100	0.100～0.080	0.080～0.063	0.063

表镶钻头金刚石的粒度按所钻进岩层的硬度、可钻性而定，参考表 6-5 所列。

表6-5   表镶钻头金刚石粒度与岩层关系

岩层硬度	岩层可钻性	金刚石粒度（粒/克拉）
稍硬岩层	5	10～20
中硬岩层	6～7	20～30
硬岩层	8～9	30～40
坚硬岩层	10～11	40～60
特硬及坚硬岩层	12	60～100（或孕镶钻头）

常用的表镶钻头的金刚石粒度为 25～50 粒/克拉；孕镶钻头的金刚石粒度为 150～6000 粒/克拉，按网目计为 20～60 目。

金刚石复合片（polycrystalline diamond compacts，PDC）是 1974 年美国通用电气公司（GE）研制的一种新型复合超硬材料，既具有金刚石的硬度与耐磨性，又具有硬质合金的强度与抗冲击韧性，其性能如表 6-6 所示。

表6-6   金刚石复合片性能

耐磨性	金刚石复合片的硬度高达 1000HV，且各向异性，因而具有极佳的耐磨性。目前采用磨耗比表示耐磨性，复合片的磨耗比为 80000～300000（国外达 100000～500000）
热稳定性	即耐热性，是指在大气环境下加热到一定温度，冷却后聚晶金刚石层公演性能的稳定性（金刚石石墨化程度）、宏观力学性能的变化及复合层界面结合牢固程度的综合体现。一般在 750℃ 以内
抗冲击性	是决定金刚石复合片使用效果好坏的关键，反映了复合片的韧性以及与硬质合金衬底的黏结强度，是一个综合性指标。目前抗冲击韧性为 400～600J（国外大于 600J）

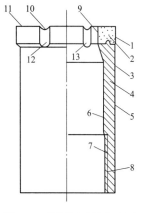

图 6-2　常用标准的金刚石
钻头的各部分名称
1—胎体外径；2—胎体；
3—钢体锥面；4—钢体；
5—钢体外径；6—钢体内径；
7—内螺纹内径；8—内螺纹外径；
9—胎体内径；10—水口；
11—胎体端面；12—外水槽；
13—内水槽

二、金刚石钻头

1. 钻头结构

金刚石钻头按镶嵌形式分表镶钻头、孕镶钻头、镶块式钻头，由金刚石、胎体和钢体三部分组成。最常见的钻头的结构要素如图 6-2～图 6-4 所示。

金刚石是钻头的刃部，在表镶钻头上，按其镶嵌位置的不同分为底刃、边刃和保径金刚石。底刃金刚石是克取岩石的主力，边刃金刚石有克取岩石、保持钻头内外径的双重作用，保径金刚石保持钻头内外径。表镶钻头（见图 6-3）的出刃量一般占金刚石颗粒直径的 10%～30%，不超过金刚石颗粒直径的 1/3。孕镶钻头（见图 6-4）采用细粒金刚石与胎体材料均匀混合，形成工作层，不存在金刚石排列问题，采用金刚石聚晶烧结在胎体外侧，保持钻头的内外径。

胎体是金刚石钻头底部包镶金刚石的一圈假合金，采用粉末冶金法或电镀法制成钻头形状，牢固地包镶金刚石，与钻头牢固镶焊在一起，钻进时受力复杂，且受岩石、岩粉的研磨和冲洗液的冲蚀，因此，胎体质量十分重要。胎体应具有足够的抗压和抗冲击强度，有较高的硬度和耐磨性，有较好的导热性和浸润性，其膨胀系数应尽量与金刚石相接近，并易于成型。表镶钻头胎体唇面形状有平底形、圆弧形、半圆形、阶梯形等，孕镶钻头胎体唇面形状有平底形、圆弧形、半圆形、阶梯形、锯齿形、同心圆尖齿形、交叉形、掏槽式、底喷式等。钻头唇面形状、特性和适用范围如表6-7所示。

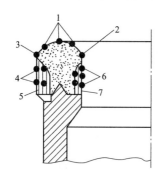

图 6-3　表镶钻头胎体部分名称

1—底刃金刚石；2—内边刃金刚石；3—外边刃金刚石；
4—外保径金刚石；5—外棱；6—内保径金刚石；7—内棱

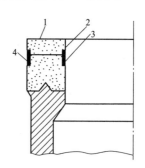

图 6-4　孕镶钻头胎体部分名称

1—工作层金刚石；2—金刚石层；
3—内保径金刚石；4—外保径金刚石等

表 6-7　　　　　　　　金刚石钻头唇面形状、特性和适用范围

序号	唇面形状	名称	特性和适用范围
1		平底形	常用形式，适用于硬地层
2		圆弧形	常用形式，稳定性好，适用于硬地层
3		半圆形	常用形式，适用于硬地层
4		同心圆尖齿形	适用于中硬—硬、致密地层
5		尖齿交错形	具有挤压破碎作用，适用于软硬互层
6		单阶梯	钻头稳定性好，适用于硬碎地层的金刚石孕镶钻头，也是钻进软至中硬地层的复合片钻头常用唇面形状
7		掏槽式	对岩石有挤压作用，用于孕镶钻头，适用于完整的硬—坚硬地层
8		梯齿形	具有防斜效果，适用于硬地层

序号	唇面形状	名称	特性和适用范围
9		单阶梯尖齿形	增加阶梯自由面，钻进效率高，适用于软硬互层
10		多阶梯式	表镶绳索取心钻头常用结构，稳定性好，适用于硬地层
11		圆弧底喷唇面	用于表镶和孕镶钻头，有利于保护岩心，适用于破碎地层
12		阶梯底喷唇面	稳定性好，具有更好的隔水作用，适用于破碎地层及易冲刷地层
13		内阶梯式	用于反循环连续取心钻头
14		掏槽式交错唇面	对岩石有挤压作用，用于孕镶钻头，适用于完整的硬—坚硬地层
15		高胎体双层水口	金刚石层高，适用于强研磨性地层

钻头钢体是采用中碳钢制作而成，上部有螺纹与扩孔器或岩心管连接。为加强钢体与胎体的连接，便于胎体压实以及更大地承受扭矩，钢体的端部加工成三棱形牙嵌式。

水槽与水口是为保证冲洗液循环畅通、及时冷却钻头和排除岩粉。金刚石钻进速度一般采用较高转速，钻头与岩石摩擦会产生很大的热量，需要冲洗液及时带走热量，否则就会烧损金刚石或烧毁钻头，因此须合理设计水槽与水口。水槽与水口数目及尺寸根据钻头直径、岩石性质、金刚石粒度、出刃大小、冲洗液种类等因素确定。通常采用的水口形状有直槽水口、螺旋水口、全冲洗水口、唇部带通水眼水口等。

常用金刚石取心钻头结构形式、特点及适用地层如表 6-8 所示。

表 6-8　　　　　　　金刚石取心钻头结构形式、特点及适用地层

名称	钻头结构形式	特　　点	适用地层
圆弧唇面孕镶金刚石取心钻头		1. 圆弧形唇面。 2. 可根据地层情况采用热压法、无压法和低温电镀法制作	适用于各种硬度和研磨性的岩层

续表

名称	钻头结构形式	特　点	适用地层
梯齿形孕镶金刚石取心钻头		1. 具有挤压破碎作用，较尖齿交错形多一个阶梯自由面，钻进效率高。 2. 可根据地层情况采用热压法、无压法和低温电镀法制作	适用于各种硬度和研磨性的岩层
多水口孕镶金刚石取心钻头（齿轮钻头）		1. 钻头水口比同规格钻头多，在相同的钻进条件下可获得较大的钻头比压。 2. 可根据地层情况采用热压法、二次镶嵌法制作	适用于坚硬弱研磨性地层
尖齿孕镶金刚石取心钻头		1. 同心圆尖齿形或交错尖齿形，尖齿高度可以不同。尖齿具有掏槽作用，稳定性好。 2. 可根据地层情况采用热压法、无压法制作	适用于硬—坚硬地层
二次镶嵌式孕镶金刚石取心钻头		将烧结好的孕镶块焊接到钻头体上，可实现胎体性能较大幅度调整，孕镶块金刚石工作层可架设到16mm	适用于硬—坚硬地层
主副水路孕镶金刚石取心钻头		1. 钻头水口比同规格钻头多，在相同的钻进条件下可获得较大的钻头比压。 2. 可根据地层情况采用热压法、无压法和低温电镀法制作	适用于硬—坚硬地层
双层水口孕镶金刚石取心钻头		1. 金刚石工作层可制作为 16～20mm，双层水口设计保证了金刚石有效冷却。 2. 可根据地层情况采用无压法制作	适用于中硬—硬强研磨性地层
圆弧唇面天然表镶金刚石取心钻头		1. 采用圆弧唇面，金刚石粒度可采用25～60 粒/克拉。 2. 采用无压法制作	适用于中硬—硬的完整地层
多阶梯天然表镶金刚石取心钻头		1. 多阶梯具有超前破碎的作用，金刚石粒度可采用25～60 粒/克拉。 2. 采用无压法制作	适用于中硬—硬的较完整地层
复合片取心钻头		1. 平底结构，是复合片钻头常用结构。 2. 采用热压法或无压法和二次镶焊法制作	适用于软—中硬地层

续表

名称	钻头结构形式	特　　点	适用地层
阶梯复合片取心钻头		1. 针对外径增大钻头，单阶梯结构可增加钻进稳定性。 2. 采用热压法或无压法和二次镶焊法制作	适用于软—中硬地层
阶梯交错孕镶金刚石取心钻头		1. 具有挤压破碎作用，较尖齿交错形多一个阶梯自由面，钻进效率高。 2. 可根据地层情况采用热压法、无压法制作	适用于软硬互层
尖齿复合片取心钻头		1. 复合片加工成尖齿形状，角度可根据地层性质确定。 2. 采用热压法或无压法和二次镶焊法制作	适用于致密均质泥岩和砂岩
三角聚晶取心钻头		三角聚晶具有良好的热稳定性，高的耐磨性，其尖齿状结构使钻头具有高比压特性	适用于致密均质泥岩和砂岩

2. 钻头规格

多年来，水电工程钻探既采用地质岩心钻探公称口径系列，也采用冶金钻探公称口径系列。水电工程钻探以钢粒钻进、合金钻进为主时期，由于受钻探技术的限制及套管护壁的需要，钻孔口径较大，主要为 $\phi223$、$\phi175$、$\phi150$、$\phi130$、$\phi110$、$\phi91$、$\phi76$；随着金刚石钻进技术日益广泛使用，钻孔口径逐渐向小口径方向发展，一度以 $\phi91$、$\phi76$、$\phi56$ 为主；在岩土体物理力学性能测试孔中，也曾使用 $\phi46$、$\phi30$ 的口径。近年来，在使用便携式钻机在料场及堤防勘探中查明浅部地层情况时，其钻孔口径仅为 $\phi26.4$。20世纪80年代以来，结合水电工程覆盖层钻探特点，国内科研院所开展了数次科研工作，形成钻孔口径为 $\phi130$、$\phi110$、$\phi94$、$\phi77$ 系列，在砂卵石层及基岩软弱层钻探中取得了显著效果，已在水电水利、工业与民用建筑等勘察领域广泛应用，自成一套钻孔口径系列。

根据《地质岩心钻探规程》（DZ/T 0227—2010）及《地质岩心钻探钻具》（GB/T 1690—2014）的规定，钻孔公称口径系列为 $\phi30$、$\phi38$、$\phi48$、$\phi60$、$\phi76$、$\phi96$、$\phi122$、$\phi150$。为了统一钻孔公称口径，结合水电工程钻探实践现状，将口径 $\phi91$、$\phi94$ 归集于公称口径 $\phi96$，将口径 $\phi76$、$\phi77$ 归集于公称口径 $\phi76$，将口径 $\phi56$ 归集于公称口径 $\phi60$，保留水电水利工程钻探广泛使用的口径 $\phi110$、$\phi130$，形成水电工程钻探公称口径系列为：$\phi30$、$\phi38$、$\phi48$、$\phi60$、$\phi76$、$\phi96$、$\phi110$、$\phi122$、$\phi130$、$\phi150$、$\phi175$、$\phi200$

共 12 个口径，作为水电工程钻孔公称口径基本系列（见表 6-9）。

表 6-9				金刚石取心钻头规格与公称口径						（单位：mm）		
规格代号	R	E	A	B	N	H	—	P	—	S	U	Z
公称口径	30	38	48	60	76	96	110	122	130	150	175	200

普通单管钻头结构示意图和规格系列详见图 6-5 和表 6-10。

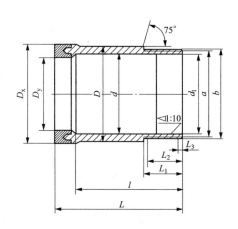

图 6-5　金刚石单管钻头

表 6-10　　　　　　　　　　　金刚石单管钻头规格参数　　　　　　　　　　（单位：mm）

代号	钻头胎体		钻头钢体			钻头	钻头总长	螺纹尺寸（外螺纹）						
	外径 D_x	内径 D_y	外径 D	内径 d	内径 d_1	内台肩长度 l	总长 L	大径 a	小径 b	长度 L_1	L_2	L_3	螺距 p	牙底宽 m
RS	$30^{+0.3}_{+0.1}$	$20^{+0.1}_{-0.1}$	$28^{0}_{-0.1}$	$21.5^{+0.1}_{0}$	$23.5^{0}_{-0.1}$	75	90	$26.5^{0}_{-0.05}$	$26.0^{0}_{-0.10}$	$24.5^{0}_{-0.1}$	22	3	3	1.486
ES	$38^{+0.3}_{+0.1}$	$28^{+0.1}_{-0.1}$	$36^{0}_{-0.1}$	$30.0^{+0.1}_{0}$	$32.0^{0}_{-0.1}$	75	90	$34.5^{0}_{-0.05}$	$33.5^{0}_{-0.10}$	$31.5^{0}_{-0.1}$	29	3	3	1.486
AS	$48^{+0.3}_{+0.1}$	$38^{+0.1}_{-0.1}$	$46^{0}_{-0.1}$	$40.0^{+0.1}_{0}$	$42.0^{0}_{-0.1}$	90	105	$44.5^{0}_{-0.05}$	$43.5^{0}_{-0.10}$	$31.5^{0}_{-0.1}$	28	4	4	1.986
BS	$60^{+0.3}_{+0.1}$	$48^{+0.1}_{-0.1}$	$58^{0}_{-0.1}$	$50.5^{+0.1}_{0}$	$53.0^{0}_{-0.1}$	90	105	$56.5^{0}_{-0.05}$	$56.0^{0}_{-0.12}$	$39.5^{0}_{-0.1}$	35	6	6	2.964
NS	$76^{+0.5}_{+0.3}$	$60^{+0.1}_{-0.1}$	$73^{0}_{-0.1}$	$62.0^{+0.1}_{0}$	$66.0^{0}_{-0.1}$	110	125	$69.0^{0}_{-0.05}$	$68.5^{0}_{-0.12}$	$39.5^{0}_{-0.1}$	35	6	6	2.964
HS	$96^{+0.5}_{+0.3}$	$76^{+0.1}_{-0.1}$	$92^{0}_{-0.1}$	$79.0^{+0.1}_{0}$	$82.0^{0}_{-0.1}$	110	125	$86.5^{0}_{-0.05}$	$86.0^{0}_{-0.12}$	$44.0^{0}_{-0.1}$	40	6	6	2.964
PS	$122^{+0.5}_{+0.3}$	$98^{+0.1}_{-0.1}$	$118^{0}_{-0.1}$	$102.0^{+0.1}_{0}$	$106.5^{0}_{-0.1}$	130	145	$111.0^{0}_{-0.08}$	$109.0^{0}_{-0.12}$	$44.0^{0}_{-0.1}$	40	8	8	3.942
SS	$150^{+0.5}_{+0.3}$	$120^{+0.1}_{-0.1}$	$146^{0}_{-0.1}$	$124.0^{+0.1}_{0}$	$128.5^{0}_{-0.1}$	130	145	$133.0^{0}_{-0.08}$	$131.0^{0}_{-0.12}$	$49.0^{0}_{-0.1}$	45	8	8	3.942
US	$175^{+0.5}_{+0.3}$	$144^{+0.1}_{-0.1}$	$170^{0}_{-0.1}$	$149.0^{+0.1}_{0}$	$152.0^{0}_{-0.1}$	130	145	$162.0^{0}_{-0.10}$	$160.0^{0}_{-0.14}$	$49.5^{0}_{-0.1}$	45	8	8	3.942
ZS	$200^{+0.5}_{+0.3}$	$165^{+0.1}_{-0.1}$	$195^{0}_{-0.1}$	$169.0^{+0.1}_{0}$	$173.0^{0}_{-0.1}$	130	145	$184.0^{0}_{-0.10}$	$182.0^{0}_{-0.14}$	$49.5^{0}_{-0.1}$	45	8	8	3.942

薄壁型（M）双管钻头配合 M 型双管钻具使用，适用于较坚硬的完整地层，其结

构示意图和规格系列详见图 6-6 和表 6-11。

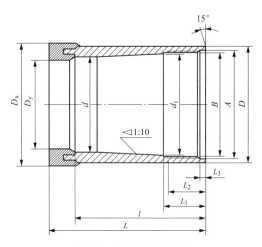

图 6-6　M 型双管钻头

| 表 6-11 | | | | | | | | M 型双管钻头规格参数 | | | | | | （单位：mm） |

代号	钻头胎体		钻头钢体				钻头总长 L	螺纹尺寸（外螺纹）						
	外径 D_x	内径 D_y	外径 D	内径 d	内径 d_1	内台肩长度 l		大径 a	小径 b	长度			螺距 p	牙底宽 m
										L_1	L_2	L_3		
AM	$48^{+0.3}_{+0.1}$	$33^{+0.1}_{-0.1}$	$46^{0}_{-0.1}$	$35^{+0.1}_{0}$	$39.5^{+0.1}_{0}$	90	105	$43^{+0.05}_{0}$	$41.5^{+0.05}_{0}$	$32^{+0.1}_{0}$	29	6	4	1.934
BM	$60^{+0.3}_{+0.1}$	$44^{+0.1}_{-0.1}$	$58^{0}_{-0.1}$	$46^{+0.1}_{0}$	$51.0^{+0.1}_{0}$	100	115	$54^{+0.05}_{0}$	$52.5^{+0.05}_{0}$	$40^{+0.1}_{0}$	35	6	6	2.934
NM	$76^{+0.5}_{+0.3}$	$58^{+0.1}_{-0.1}$	$73^{0}_{-0.1}$	$60^{+0.1}_{0}$	$66.0^{+0.1}_{0}$	100	115	$69^{+0.05}_{0}$	$68.5^{+0.05}_{0}$	$40^{+0.1}_{0}$	35	6	6	2.934
HM	$96^{+0.5}_{+0.3}$	$73^{+0.1}_{-0.1}$	$92^{0}_{-0.1}$	$78^{+0.1}_{0}$	$83.0^{+0.1}_{0}$	115	130	$86^{+0.05}_{0}$	$84.5^{+0.05}_{0}$	$45^{+0.1}_{0}$	40	6	6	2.934

　　常规型（T）双管钻头配合 T 型钻具使用，适用于中等程度破碎及松散的地层，是应用最广泛的结构形式，其结构示意图和规格系列详见图 6-7 和表 6-12。

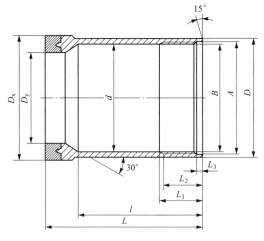

图 6-7　T 型双管钻头

表 6-12　　　　　　　　　　　**T 型双管钻头规格参数**　　　　　　　　　（单位：mm）

代号	钻头胎体		钻头钢体			钻头总长 L	螺纹尺寸（外螺纹）						
	外径 D_x	内径 D_y	外径 D	内径 d	长度 l		大径 A	小径 B	长度 L_1	L_2	L_3	螺距 p	牙底宽 m
RT	$30^{+0.3}_{+0.1}$	$18.0^{+0.1}_{-0.1}$	$28^{0}_{-0.1}$	$23^{+0.1}_{0}$	90	105	$25^{+0.05}_{0}$	$24.0^{+0.05}_{0}$	$25^{+0.1}_{0}$	23	3	3	1.456
ET	$38^{+0.3}_{+0.1}$	$23.0^{+0.1}_{-0.1}$	$36^{0}_{-0.1}$	$30^{+0.1}_{0}$	110	125	$32^{+0.05}_{0}$	$31.0^{+0.05}_{0}$	$32^{+0.1}_{0}$	30	3	3	1.456
AT	$48^{+0.3}_{+0.1}$	$30.0^{+0.1}_{-0.1}$	$46^{0}_{-0.1}$	$40^{+0.1}_{0}$	110	125	$42^{+0.05}_{0}$	$40.5^{+0.05}_{0}$	$32^{+0.1}_{0}$	29	4	4	1.934
BT	$60^{+0.3}_{+0.1}$	$41.5^{+0.1}_{-0.1}$	$58^{0}_{-0.1}$	$52^{+0.1}_{0}$	120	135	$54^{+0.05}_{0}$	$52.5^{+0.05}_{0}$	$40^{+0.1}_{0}$	35	6	6	2.934
NT	$76^{+0.5}_{+0.3}$	$56.0^{+0.1}_{-0.1}$	$73^{0}_{-0.1}$	$67^{+0.1}_{0}$	120	135	$69^{+0.05}_{0}$	$68.5^{+0.05}_{0}$	$40^{+0.1}_{0}$	35	6	6	2.934
HT	$96^{+0.5}_{+0.3}$	$72.0^{+0.1}_{-0.1}$	$92^{0}_{-0.1}$	$84^{+0.1}_{0}$	130	145	$86^{+0.05}_{0}$	$84.5^{+0.05}_{0}$	$45^{+0.1}_{0}$	40	6	6	2.934
PT	$122^{+0.5}_{+0.3}$	$94.0^{+0.1}_{-0.1}$	$118^{0}_{-0.1}$	$108^{+0.1}_{0}$	130	145	$111^{+0.10}_{0}$	$109.0^{+0.08}_{0}$	$45^{+0.1}_{0}$	40	8	8	3.912
ST	$150^{+0.5}_{+0.3}$	$119.0^{+0.1}_{-0.1}$	$146^{0}_{-0.1}$	$136^{+0.1}_{0}$	130	145	$139^{+0.10}_{0}$	$138.0^{+0.08}_{0}$	$50^{+0.1}_{0}$	45	8	8	3.912
UT	$175^{+0.5}_{+0.3}$	$140.0^{+0.1}_{-0.1}$	$170^{0}_{-0.1}$	$162^{+0.1}_{0}$	155	170	$165^{+0.13}_{0}$	$163.0^{+0.10}_{0}$	$50^{+0.1}_{0}$	45	8	8	3.912
ZT	$200^{+0.5}_{+0.3}$	$160.0^{+0.1}_{-0.1}$	$195^{0}_{-0.1}$	$187^{+0.1}_{0}$	155	170	$190^{+0.13}_{0}$	$189.0^{+0.10}_{0}$	$80^{+0.1}_{0}$	45	8	8	3.912

厚壁型（P）双管钻头配合 P 型钻具使用，适用于松散、破碎地层，也是为水敏、缩径等地层专门设计的结构形式，其结构示意图和规格系列详见图 6-8 和表 6-13。

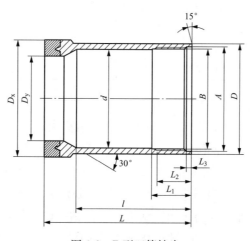

图 6-8　P 型双管钻头

表 6-13　　　　　　　　　　　**P 型双管钻头规格参数**　　　　　　　　　（单位：mm）

代号	钻头胎体		钻头钢体			钻头总长 L	螺纹尺寸（外螺纹）						
	外径 D_x	内径 D_y	外径 D	内径 d	长度 l		大径 A	小径 B	长度 L_1	L_2	L_3	螺距 p	牙底宽 m
NP	$76^{+0.5}_{+0.3}$	$48^{+0.1}_{-0.1}$	$73^{0}_{-0.1}$	$60^{+0.1}_{0}$	115	130	$68^{+0.05}_{0}$	$66.5^{+0.05}_{0}$	$40^{+0.1}_{0}$	35	6	6	2.934
HP	$96^{+0.5}_{+0.3}$	$66^{+0.1}_{-0.1}$	$92^{0}_{-0.1}$	$80^{+0.1}_{0}$	115	130	$86^{+0.05}_{0}$	$84.5^{+0.05}_{0}$	$45^{+0.1}_{0}$	40	6	6	2.934
PP	$122^{+0.5}_{+0.3}$	$87^{+0.1}_{-0.1}$	$118^{0}_{-0.1}$	$102^{+0.1}_{0}$	120	135	$112^{+0.10}_{0}$	$110.0^{+0.08}_{0}$	$60^{+0.1}_{0}$	55	8	8	3.912
SP	$150^{+0.5}_{+0.3}$	$108^{+0.1}_{-0.1}$	$146^{0}_{-0.1}$	$124^{+0.1}_{0}$	120	135	$136^{+0.10}_{0}$	$134.0^{+0.08}_{0}$	$60^{+0.1}_{0}$	55	8	8	3.912
UP	$175^{+0.5}_{+0.3}$	$130^{+0.1}_{-0.1}$	$170^{0}_{-0.1}$	$150^{+0.1}_{0}$	125	140	$160^{+0.13}_{0}$	$159.0^{+0.10}_{0}$	$70^{+0.1}_{0}$	65	8	8	3.912
ZP	$200^{+0.5}_{+0.3}$	$148^{+0.1}_{-0.1}$	$195^{0}_{-0.1}$	$171^{+0.1}_{0}$	125	140	$185^{+0.13}_{0}$	$183.0^{+0.10}_{0}$	$70^{+0.1}_{0}$	65	8	8	3.912

SD 钻头配合 SD 钻具使用，适用于结构松散、不均质的河床砂、砂卵砾石层及崩塌体、堆积体等各类覆盖层。其结构示意图和规格系列详见图 6-9 和表 6-14。

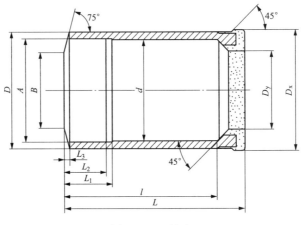

图 6-9　SD 钻头

表 6-14　　　　　　　　　　　　　**SD 钻头规格参数**　　　　　　　　　（单位：mm）

代号	钻头胎体		钻头钢体			钻头总长	螺纹尺寸（外螺纹）						
	外径 D_x	内径 D_y	外径 D	内径 d	长度 l	总长 L	大径 A	小径 B	长度			螺距 p	牙底宽 m
									L_1	L_2	L_3		
SD77	$77^{+0.3}_{+0.1}$	$55^{-0.1}_{-0.3}$	$73^{-0}_{-0.1}$	$66^{+0.1}_{0}$	120	120	$69.5^{+0.05}_{0}$	$67^{+0.05}_{0}$	$37^{+0.1}_{0}$	33	4	4	2.934
SD94	$94^{+0.3}_{+0.1}$	$68^{-0.1}_{-0.3}$	$90^{-0}_{-0.1}$	$81^{+0.1}_{0}$	140	140	$84.0^{+0.05}_{0}$	$82.5^{+0.05}_{0}$	$37^{+0.1}_{0}$	33	4	4	2.934

SD 钻头为热压或电镀钻头。钻头外径比标准钻头大 1～3mm，增大钻头外径的目的是增加钻具与孔壁的环状间隙，减少起下钻具浆液激荡和抽吸而影响孔壁稳定并降低钻进中的泵压。钻头内径应比标准钻头减少 1～1.5mm，以减小岩心阻塞现象，使岩心顺利进入内管。钻头水口适当减少，SD94、SD77 分别为 8 个、6 个，目的是减轻覆盖层钻进中产生的冲击、振动，防止崩损钻头。加强钻头内、外保径，SD94、SD77 钻头内、外径保径聚晶分别不少于 64 颗、48 颗，否则钻头内、外径将加快磨损而过早报废。胎体硬度 HRC46-50，材料配方在满足硬度指标的同时，还应有一定的冲击韧性。从技术经济角度通盘考虑，金刚石品级以 MBD12/SMD 为宜。金刚石浓度不宜小于 100%。

3. 钻头选择

金刚石钻头对地层的适应性极强，钻头制作可以设计为多种类型，以满足各种地层的需要。同时，为了获取更高的钻进效率、降低钻探成本，在使用钻头时，要根据岩层硬度、强度、研磨性、完整程度、可钻性等指标合理选择。不同类型金刚石钻头的选用如表 6-15 所示。

中硬、中等研磨性的岩层选用平底形唇面或圆弧形唇面；坚硬且研磨性高的岩层选用半圆形唇面；对复杂、破碎不易取心的地层选用阶梯底喷式唇面；坚硬、致密易出现打滑的岩层选用锯齿形唇面。金刚石钻头唇面形状及适用地层如表 6-8 所示。

表 6-15　　　　　　　　　金刚石钻头选用

软硬程度		软	中硬			硬			坚硬			适用岩层特性
可钻性级别		1～3	4～6			7～9			10～12			
岩石研磨性 胎体硬度（HRC）		弱	弱	中	强	弱	中	强	弱	中	强	
表镶钻头	软 20～30	—	●	—	—	●	—	—	●	—	—	完整岩层
	中硬 30～40	—	—	●	●	—	●	—	—	●	—	较完整岩层
	硬 >45	—	—	—	—	—	—	●	—	—	●	较破碎岩层
孕镶钻头	特软 10～20	—	—	—	—	—	—	—	●	—	—	致密岩层
	软 20～30	—	●	—	—	●	—	—	●	—	—	
	中软 30～35	—	—	●	●	●	●	—	—	—	—	
	中硬 35～40	—	—	●	●	●	●	—	—	—	—	
	硬 40～45	—	—	—	●	—	●	●	—	—	—	
	特硬 >45	—	—	—	—	—	—	—	—	●	—	硬、脆、碎岩层
扩孔器	中硬 40～45	—	—	●	—	—	●	●	—	—	—	完整岩层
	硬 >45	—	—	—	—	—	●	●	—	●	●	破碎岩层

注　表中"●"表示适用。

岩石的研磨性越强或硬度越低，选用钻头的胎体硬度越高；反之，岩石的研磨性越弱或硬度越高，选用钻头的胎体硬度越低。选用时综合考虑胎体的硬度和耐磨性，不同岩层推荐胎体硬度及耐磨性如表 6-16 所示。

表 6-16　　　　　　　不同岩层推荐胎体硬度及耐磨性

代号	胎体硬度（HRC）	级别	耐磨性	适用岩层
0	<20	特软	低	坚硬致密的弱研磨性岩层
1	20～30	软	低中	坚硬的弱研磨性岩层 坚硬的中等研磨性岩层
2	30～35	中软	中等	硬的弱研磨性岩层 硬的中等研磨性岩层
3	35～40	中硬	中高	中硬的中等研磨性岩层 中硬的强研磨性岩层
4	40～45	硬	高	硬的强研磨性岩层
5	>45	特硬	特高	硬—坚硬的强研磨性岩层 硬、脆、碎岩层

岩石硬度越高或研磨性越弱选用金刚石浓度越低的钻头；反之，岩石硬度越低或研磨性越强选用金刚石浓度越高的钻头。孕镶金刚石钻头在不同岩层推荐的金刚石浓度值

如表 6-17 所示。

表 6-17 孕镶金刚石钻头在不同岩层推荐的金刚石浓度值

代号		1	2	3	4	5
深度（%）	金刚石浓度	44	50	75	100	125
	相当的体积深度	11.0	12.5	19.8	26.0	31.5
金刚石的实际含量（克拉/cm³）		1.93	2.20	3.30	4.39	6.49
适用岩层		坚硬 弱研磨性	硬—坚硬 弱研磨性	中硬—硬 中等研磨性	硬—中硬 强研磨性	

岩石的研磨性越强、硬度越高，选用钻头的金刚石颗粒应越小，最好选用孕镶钻头；反之，岩石的研磨性越弱、硬度越低，选用钻头的金刚石颗粒应越大。孕镶金刚石钻头推荐粒度如表 6-18 所示，表镶金刚石钻头推荐粒度如表 6-19 所示。

表 6-18 孕镶金刚石钻头推荐粒度

适用地层	软硬程度	中硬			硬			坚硬		
	可钻性级别	4～6			7～9			10～12		
	研磨性	弱	中	强	弱	中	强	弱	中	强
金刚石粒度（粒/克拉）	20～40	●	●	●	●	●	●	—	●	●
	40～60	—	●	●	●	●	●	●	●	●
	60～80	—	—	—	●	●	●	●	●	●

注 表中"●"表示适用。

表 6-19 表镶金刚石钻头推荐粒度

适用地层	软硬程度	中硬			硬			坚硬		
	可钻性级别	4～6			7～9			10～12		
	研磨性	弱	中	强	弱	中	强	弱	中	强
金刚石粒度（粒/克拉）	10～25	●	●	—	—	—	—	—	—	—
	25～40	—	●	●	●	●	—	—	—	—
	40～60	—	—	—	●	●	●	—	—	—
	60～100	—	—	—	—	—	—	●	●	—

注 表中"●"表示适用。

三、扩孔器

1. 扩孔器结构与规格

金刚石扩孔器与金刚石钻头配合使用，一方面起到修整孔壁的作用，使钻孔保持较均匀的直径；另一方面增加钻头和钻具的稳定性，减少钻头在钻进时的摆动现象，有利于提高钻头寿命。单管钻具的扩孔器还具有卡簧座的作用。

扩孔器的结构与钻头结构类似，也是由金刚石、胎体和钢体组成。其制作方法也与金刚石钻头一样，可采用热压法、冷压法、无压法和低温电镀法制作。

扩孔器分类及适用范围如表 6-20 所示。

表 6-20　　　　　　　　　　　　　　　**扩孔器分类及适用范围**

分类		特性及用途
按切磨材料分类	金刚石单晶扩孔器	采用金刚石单晶制作的孕镶扩孔器，具有降低孔壁摩擦阻力的特点
	金刚石聚晶扩孔器	采用金刚石聚晶为保径磨料，具有良好的保径功能，是常用的扩孔器
	金刚石单晶聚晶扩孔器	采用单晶和聚晶为保径磨料，具有良好的保径功能，适用于强研磨性地层和深孔使用
按胎环结构分类	直条扩孔器	用于制作金刚石单晶扩孔器、金刚石聚晶扩孔器和金刚石单晶聚晶扩孔器，是一种常用结构
	螺旋扩孔器	用于制作金刚石单晶扩孔器、金刚石聚晶扩孔器和金刚石单晶聚晶扩孔器，是一种常用结构
	双胎环扩孔器	用于制作金刚石单晶扩孔器、金刚石聚晶扩孔器和金刚石单晶聚晶扩孔器，是一种常用结构，起到强化保径的功能
	镶块式扩孔器	将烧结有金刚石磨料的合金条焊接在扩孔器钢体上，用于制作大直径扩孔器和特殊结构的扩孔器

单管扩孔器配合单管钻头使用，其规格尺寸如图 6-10 和表 6-21 所示。

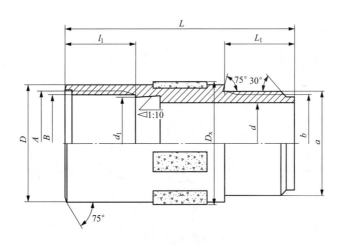

图 6-10　单管扩孔器

表 6-21　　　　　　　　　　　**单管扩孔器规格参数**　　　　　　　　　　（单位：mm）

规格代号	扩孔器胎体外径 D_x	长度 L	螺纹尺寸									螺距 p
			内螺纹				外螺纹					
			大径 A	小径 B	长度 l_1	牙底宽 m	大径 a	小径 b	长度 L_1	牙底宽 m		
RS	$30.3^{+0.3}_{+0.1}$	80	$26.0^{+0.12}_{+0.06}$	$26.0^{+0.14}_{+0.06}$	$25^{+0.1}_{0}$	1.456	$25^{0}_{-0.05}$	$24.0^{0}_{-0.05}$	$24.5^{-0.1}_{0}$	1.486		3
ES	$39.4^{+0.3}_{+0.1}$	100	$34.5^{+0.12}_{+0.06}$	$33.5^{+0.14}_{+0.06}$	$32^{+0.1}_{0}$	1.456	$32^{0}_{-0.05}$	$31.0^{0}_{-0.05}$	$31.5^{-0.1}_{0}$	1.486		3

续表

规格代号	扩孔器胎体 外径 D_x	长度 L	螺纹尺寸									螺距 p
			内螺纹				外螺纹					
			大径 A	小径 B	长度 l_1	牙底宽 m	大径 a	小径 b	长度 L_1	牙底宽 m		
AS	$49.5^{+0.3}_{+0.1}$	120	$44.5^{+0.12}_{+0.06}$	$43.5^{+0.14}_{+0.06}$	$32^{+0.1}_{0}$	1.956	$42^{0}_{-0.05}$	$40.5^{0}_{-0.05}$	$31.5^{0}_{-0.1}$	1.986		4
BS	$60.5^{+0.3}_{+0.1}$	150	$56.5^{+0.12}_{+0.06}$	$56.0^{+0.14}_{+0.06}$	$40^{+0.1}_{0}$	2.934	$54^{0}_{-0.05}$	$52.5^{0}_{-0.12}$	$39.5^{0}_{-0.1}$	2.964		6
NS	$76.5^{+0.5}_{+0.3}$	150	$69.0^{+0.12}_{+0.06}$	$68.5^{+0.14}_{+0.06}$	$40^{+0.1}_{0}$	2.934	$69^{0}_{-0.05}$	$68.5^{0}_{-0.12}$	$39.5^{0}_{-0.1}$	2.964		6
HS	$96.5^{+0.5}_{+0.3}$	165	$86.5^{+0.18}_{+0.08}$	$86.0^{+0.14}_{+0.06}$	$45^{+0.1}_{0}$	2.934	$86^{0}_{-0.05}$	$84.5^{0}_{-0.12}$	$44.2^{0}_{-0.1}$	2.964		6
PS	$122.5^{+0.5}_{+0.3}$	180	$111^{+0.18}_{+0.08}$	$109^{+0.16}_{+0.08}$	$45^{+0.1}_{0}$	3.912	$111^{0}_{-0.08}$	$109^{0}_{-0.12}$	$44.0^{0}_{-0.1}$	3.942		8
SS	$150.5^{+0.5}_{+0.3}$	180	$133^{+0.18}_{+0.08}$	$131^{+0.18}_{+0.08}$	$50^{+0.1}_{0}$	3.912	$139^{0}_{-0.08}$	$137^{0}_{-0.12}$	$49.0^{0}_{-0.1}$	3.942		8
US	$176.5^{+0.5}_{+0.3}$	200	$162^{+0.24}_{+0.12}$	$160^{+0.24}_{+0.12}$	$50^{+0.1}_{0}$	3.912	$165^{0}_{-0.08}$	$163^{0}_{-0.14}$	$49.5^{0}_{-0.1}$	3.942		8
ZS	$200.5^{+0.5}_{+0.3}$	200	$184^{+0.24}_{+0.12}$	$182^{+0.24}_{+0.12}$	$50^{+0.1}_{0}$	3.912	$190^{0}_{-0.08}$	$188^{0}_{-0.14}$	$49.5^{0}_{-0.1}$	3.942		8

双管扩孔器配合双管钻头使用，共有 M、T、P 三种类型。M 型扩孔器为薄壁设计，配合 M 型双管钻头使用，适用于较坚硬和完整地层，其规格尺寸如图 6-11 和表 6-22 所示。

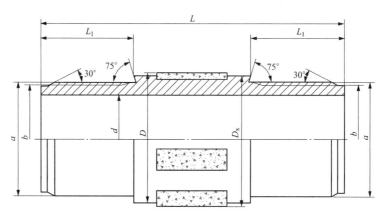

图 6-11　M、T、P 型双管扩孔器

表 6-22 **M 型扩孔器规格参数** （单位：mm）

规格代号	扩孔器胎体 外径 D_x	长度 L	螺纹尺寸（外螺纹）				
			大径 a	小径 b	长度 L_1	螺距 p	牙底宽 m
AM	$49.5^{+0.3}_{+0.1}$	120	$43^{-0.06}_{-0.12}$	$41.5^{-0.06}_{-0.18}$	$31.5^{-0.1}_{0}$	4	1.964
BM	$60.5^{+0.3}_{+0.1}$	150	$54^{-0.06}_{-0.12}$	$52.5^{-0.06}_{-0.18}$	$39.5^{-0.1}_{0}$	6	2.964
NM	$76.5^{+0.5}_{+0.3}$	150	$69^{-0.06}_{-0.12}$	$68.5^{-0.06}_{-0.18}$	$39.5^{-0.1}_{0}$	6	2.964
HM	$96.5^{+0.5}_{+0.3}$	165	$86^{-0.06}_{-0.12}$	$84.5^{-0.06}_{-0.18}$	$44.0^{-0.1}_{0}$	6	2.964

T 型扩孔器配合 T 型双管钻头使用，适用于中等程度破碎及松散的地层，是应用最广泛的结构形式，其规格尺寸如图 6-11 和表 6-23 所示。

表 6-23　　　　　　　　　　　　T 型扩孔器规格参数　　　　　　　　（单位：mm）

规格代号	扩孔器胎体外径 D_x	长度 L	螺纹尺寸（外螺纹）				
			大径 a	小径 b	长度 L_1	螺距 p	牙底宽 m
RT	$30.3^{+0.3}_{+0.1}$	120	$25^{-0.06}_{-0.12}$	$24.5^{-0.06}_{-0.18}$	$24.5^{-0.1}_{0}$	3	1.486
ET	$39.4^{+0.3}_{+0.1}$	120	$32^{-0.06}_{-0.12}$	$31.0^{-0.06}_{-0.18}$	$31.5^{-0.1}_{0}$	3	1.486
AT	$49.5^{+0.3}_{+0.1}$	120	$42^{-0.06}_{-0.12}$	$40.5^{-0.06}_{-0.18}$	$31.5^{-0.1}_{0}$	4	1.964
BT	$60.5^{+0.3}_{+0.1}$	150	$54^{-0.06}_{-0.12}$	$52.5^{-0.06}_{-0.18}$	$39.5^{-0.1}_{0}$	6	2.964
NT	$76.5^{+0.5}_{+0.3}$	150	$69^{-0.06}_{-0.12}$	$68.5^{-0.06}_{-0.18}$	$39.5^{-0.1}_{0}$	6	2.964
HT	$96.5^{+0.5}_{+0.3}$	165	$86^{-0.06}_{-0.12}$	$84.5^{-0.06}_{-0.18}$	$44.0^{-0.1}_{0}$	6	2.964
PT	$122.5^{+0.5}_{+0.3}$	165	$111^{-0.08}_{-0.16}$	$109.0^{-0.06}_{-0.18}$	$44.0^{-0.1}_{0}$	8	3.942
ST	$150.5^{+0.5}_{+0.3}$	170	$139^{-0.08}_{-0.16}$	$138.0^{-0.06}_{-0.18}$	$49.0^{-0.1}_{0}$	8	3.942
UT	$176.5^{+0.5}_{+0.3}$	170	$165^{-0.12}_{-0.20}$	$163.0^{-0.12}_{-0.24}$	$49.5^{-0.1}_{0}$	8	3.942
ZT	$200.5^{+0.5}_{+0.3}$	170	$190^{-0.12}_{-0.20}$	$189.0^{-0.12}_{-0.24}$	$49.5^{-0.1}_{0}$	8	3.942

P 型扩孔器配合 P 型双管钻头使用，适用于松散、破碎地层和水敏、缩径地层，其规格尺寸如图 6-11 和表 6-24 所示。

表 6-24　　　　　　　　　　　　P 型扩孔器规格参数　　　　　　　　（单位：mm）

规格代号	扩孔器胎体外径 D_x	长度 L	螺纹尺寸（外螺纹）				
			大径 a	小径 b	长度 L_1	螺距 p	牙底宽 m
NP	$76.5^{+0.5}_{+0.3}$	150	$68^{-0.06}_{-0.12}$	$66.5^{-0.06}_{-0.12}$	$39.5^{-0.1}_{0}$	6	2.964
HP	$96.5^{+0.5}_{+0.3}$	165	$86^{-0.08}_{-0.14}$	$84.5^{-0.08}_{-0.14}$	$44.5^{-0.1}_{0}$	6	2.964
PP	$122.5^{+0.5}_{+0.3}$	180	$112^{-0.08}_{-0.16}$	$110.0^{-0.08}_{-0.18}$	$59.5^{-0.1}_{0}$	8	3.942
SP	$150.5^{+0.5}_{+0.3}$	180	$136^{-0.08}_{-0.16}$	$134.0^{-0.08}_{-0.18}$	$59.5^{-0.1}_{0}$	8	3.942
UP	$176.5^{+0.5}_{+0.3}$	200	$160^{-0.12}_{-0.20}$	$159.0^{-0.12}_{-0.24}$	$69.5^{-0.1}_{0}$	8	3.942
ZP	$200.5^{+0.5}_{+0.3}$	200	$185^{-0.12}_{-0.20}$	$183.0^{-0.12}_{-0.24}$	$69.5^{-0.1}_{0}$	8	3.942

2. 钻头与扩孔器的使用

按钻头与扩孔器外径先大后小的次序排队轮换使用，保证排队使用的钻头、扩孔器能正常下到孔底，避免扫孔、扫残留岩心。新钻头下至孔底后，先采用轻压（正常压的 1/3）、低转速（100r/min 左右）进行初磨，钻进 10min 后再采用正常钻进技术参数继续钻进。需要扫孔时，一般选择外径适当的旧钻头进行扫孔，尽量不先用新钻头扫孔或清除残留岩心。起钻后要测量钻头内径、扩孔器外径、岩心直径以及孕镶钻头工作层的高度，并做好记录，作为下一回次钻头尺寸选择的依据。保持孔底平整、孔内清洁，当孔壁有探头石或孔底有金属碎屑、脱落岩心、掉块等，要采取冲、捞、捣、抓、黏、套、磨、吸等措施处理干净。换径和下套管前要将孔底残留物清除干净，换径和下套管后，采用导向钻具和锥形钻头钻进。在复杂地层中采用双管钻具时，在地表检测钻具水路、单动性、岩心内外管的平直情况以及螺纹连接情况，水路不畅通、单动性不灵活、岩心内外管不平直或螺纹连接不牢固的，不得下入孔内。

钻头出现以下情况时不得下入孔内：

（1）表镶钻头内外径磨耗 0.2mm 以上或孕镶钻头内外径磨耗 0.4mm 以上。

（2）表镶钻头出刃尺寸超过金刚石颗粒直径的 1/3 或有少数金刚石脱落、挤裂或剪碎。

（3）钻头出现异常磨损或水口和水槽高度严重磨损。

（4）胎体有明显裂纹、掉块及唇面出现沟槽、微烧、台阶或被严重冲蚀。

（5）已磨钝或胎体性能与岩层不适应、钻速明显下降的钻头。

（6）钻头体变形、螺纹损坏的钻头。

钻头与扩孔器配合要合理，一般扩孔器外径比钻头外径大 0.3～0.5mm，遇坚硬岩层时不大于 0.3mm；钻头内径、卡簧内径和岩心直径三者之间尺寸配合要恰当，否则岩心卡取不可靠或者易导致岩心堵塞，一般卡簧的自由内径比钻头内径小 0.3～0.5mm，且与卡簧座自由行程相匹配，并在上一回次岩心上测试卡簧，以不脱落、不卡死为佳；配对使用过的钻头、卡簧尽量共同保存。

四、金刚石取心钻具

按分类方法的不同，覆盖层取心技术类型如表 6-25 所示。

表 6-25 覆盖层取心技术

分类方法		取心技术
按提取岩心的方式分类		提钻取心、绳索取心
按冲洗介质循环方式分类		正循环钻进取心、局部反循环取心、全孔反循环取心
按取心地层性质分类	松散型地层取心	土层取心、砂层取心、砂砾石层取心
	特种地层取心	冻土取心、冰层取心、海底取心、天然气水合物取心、月球表面取心
按取心目的分类	常规取心	地质勘探取心、工程地质勘查取心、油气井取心
	特种取心	定向取心、偏斜取心、侧壁取心、密闭取心、保温保压取心

1. 金刚石取心钻具种类及适用地层

常用覆盖层取心钻具的种类及适用地层如表 6-26 所示。

表 6-26 常用覆盖层取心钻具种类及适用地层情况表

钻具种类		适用地层
单管	普通单管	密实地层
	投球单管	中密地层，软弱地层
	无泵反循环	软弱地层，松散易冲蚀的地层
双管	普通单动双管	松散、密实互层
	SD 系列钻具	松散、密实互层、砂卵石层

单管取心是最常见的取心方法，钻进时克取的岩心进入单管内，卡取岩心后把单管及岩心提到地表，适用于坚硬、完整、不怕冲刷的地层。金刚石单管钻具主要靠卡簧卡取岩心。回次终了时先停止回转，用立轴将钻具慢慢提离孔底，使卡簧抱紧岩心并拉断。投球单管钻具适用于可钻性Ⅲ～Ⅳ级具有黏性的地层以及不易被冲蚀的地层。

无泵反循环钻进有敞口式无泵钻具和封闭式无泵钻具，在钻进过程中不用水泵，而是利用孔内水的反循环作用，不使钻头与孔壁或岩心黏结，同时将岩粉收集在取粉管内，适用于软弱、破碎地层。

双管取心钻具由内外两层岩心管组成。覆盖层勘探常用的是单动双管钻具，利用内外管间一副或两副单动机构，实现在钻进中外管回转而内管不回转。普通单动双管钻具适用于可钻性Ⅶ～Ⅻ级的完整和微裂隙或不均质和中等裂隙的地层。

SD钻具（见图6-12）是双级单动机构的双管钻具，包括SD77、SD94和SD110普通磨光内管钻具和半合管钻具，以及SD78-S、SD94-S和SD110-S取砂钻具共三级口径9个品种，自成为一个系列。目前，新开发了SDB130和SDB150二级口径4个品种，均归属为SD系列金刚石钻具。

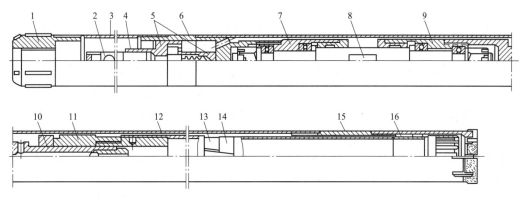

图6-12　SD系列钻具

1—异径接头；2—除砂机构；3—沉砂管；4—打捞头；5—单向阀；6—外管接头；7、9—上、下单动接头；
8—轴；10—调节轴；11—内管接头；12—外管；13—半合管环槽；14—卡箍；15—扩孔器；16—定中环

SD系列钻具包括五大机构：导正除砂机构、单向阀机构、双级单动机构、内管机构和外管机构。

导正除砂机构：在钻具上部钻杆和单动机构之间增设一根与钻具外管同直径、长度任意的沉砂管，增加了粗径钻具的长度，保证了粗径钻具有足够的长度，从而起导正的作用；沉砂管内径比钻杆大，冲洗液进入沉砂管后流速降低，由于钻杆和钻具高速旋转带动冲洗液高速旋转使泥砂分离，冲洗液中的岩屑沉积于沉砂管下部及其管壁，从而沉砂管起到离心除砂的作用。

单向阀机构：在覆盖层中钻进，通常孔底的岩屑、砂子较多，下钻时，孔底冲洗液夹带岩屑、砂子从钻头进入内管并从钻杆上返，有时直达孔口，停止下钻时，粗颗粒岩屑、砂子迅速下沉，堵塞钻杆下部及内外管间隙，影响钻具单动性能，降低取心质量，甚至造成蹩泵、钻具失去单动作用无法钻进。因此在钻具外管接头内设置单向阀机构，下钻时封闭，钻进时冲洗液下压阀体，实现正循环钻进，避免上述故障。

双级单动机构：普通单动双管钻具只有一付单动机构，各种影响单动性能的因素都集中在这个单动机构上，很难保证钻具长时间的单动效果。为了提高钻具的单动性能，保障单动机构的可靠性，SD系列钻具设计了双级单动机构，同时起单动作用，降低了每个单动机构的相对转速差，单动效果好，使用寿命长。即使有一个单动机构失去单动作用，另一个也能在一定时间内继续发挥单动性能，避免双动，保障取心质量。

内管机构：包括内管、定中环、卡簧座和卡簧。SD 系列钻具的内管有普通整体式内壁磨光内管和内壁磨光半合管两种，可以根据需要互换使用。这两种内管特点是：内管内壁磨光，降低了内管与岩心的摩擦系数，有利于岩心顺利进入内管，减少岩心堵塞现象，加长回次进尺，提高岩心采取率和取心质量；短接管和内管为一整体，提高内管同轴度，保障了钻具的单动性，有利于减少岩心堵塞现象。半合管是由钢质卡箍箍抱，钻进中不产生弹性变形或裂缝。半合管通过销钉定位，上端与内管接头内螺纹连接，下端与定中环及卡簧座相连，定中环在半合管上是动配合，可以转动。半合管中部的箍抱机构是通过开口钩头与梯形槽相配合实现箍抱。开口钩头两端带有钩头，半合管中部车削有数道环槽，环槽中开有两条梯形槽缝，槽缝在不同位置所夹大弧长度不同，当箍抱钩头同上端装入槽缝后推动到下端位置，将半合管抱紧。采用半合管取心是为了钻进结构松散、破碎地层，起钻后，地表拆开半合管退心，避免人为破损岩心，有利于保持岩心原状结构，确保岩心品质。通常在要求取原状结构岩心时使用半合管取心。

外管机构：包括外管、连接管（扩孔器）、钻头。砂卵石覆盖层钻进，由于金刚石扩孔器寿命短、成本高、且不起扩孔作用，一般采用连接管代替扩孔器。使用孕镶金刚石钻头，不使用表镶金刚石钻头或电镀钻头。钻具内外管长度差是固定的，外管长度是根据内管（半合管）标准长度（1.5m）确定，也可根据需要加长内管（半合管）确定，但其长度一般不超过 3.0m。

SD 金刚石钻具属内喷式单动双管，即金刚石钻头胎体内侧设有水槽，冲洗液由钻头钢体与卡簧座的间隙流出，经钻头内水槽导入水口，进入钻具外环上返。SD 金刚石钻具具有双级、四盘滚珠轴承组成的单动机构，内、外管间距可调，带有普通型（内壁磨光）和半开型两种型式的内管可供选择，单动性能好，可有效地防止覆盖层钻进中经常发生的岩心阻塞现象，从而提高回次进尺长度和岩心采取率。根据钻进深厚覆盖层的实际情况，取心管长度一般为 1.5m，钻具顶部带有长约 1.0m 的扶正管。卡簧应用和 40Cr 钢或 65Mn 钢制作，并经淬火热处理，其内径可与钻头内径相同或大于 0.5～1.0mm，因覆盖层钻进除大弧石外不需提断岩心，此种配合有利于岩心进入内管。卡簧座与短接管连接部位加导正环，以减少钻进中内管震动。

2. 金刚石取心钻具的使用

覆盖层取心钻进，回次进尺一般不超过岩心管长度的 90%；岩心采取困难的孔段，回次进尺通常小于 1.0m；特殊要求的孔段回次进尺小于 0.5m；钻进时发现堵心应及时起钻；退心时不得锤打岩心管；按由浅至深的顺序从左到右、自上而下将岩心依次摆放在岩心箱内，不得颠倒，不得人为破坏。

单管取心钻进，硬质合金钻头切削具磨钝、崩刃、水口减小时，应进行修磨；遇糊钻、憋泵或堵心时，及时处理；选择合适的卡料或卡簧进行取心；钻进回次结束前不得频繁提动钻具。

双管取心钻进，钻具的单动性能良好，宜配置扶正环；岩心管内壁光滑；观察泵压变化，泵压异常时不得强行钻进；取心时不得猛击内管退心；及时更换弯曲变形的内管；未使用的半合管应装箱保护，清洗、涂油后装箱运输；组装卡簧时，先两端后中间，卡箍开口不在同一方向；拆卸卡箍时，先中间后两端；退心时，将打开的半合管与岩心箱平行，并用专用工具缓慢退心。

SD 系列钻具组装调试要检查钻具的双单动机构、钻具和卡簧座与钻头内台阶间隙。检查双单动机构的单动性能：分别检查上、下单动副的单动效果，如果单动效果不好，需拆卸并查明原因，清洗调整后重新装配，直至转动轻松为准。检查双单动机构的轴向窜动距离：双单动机构使用时间较长时轴向窜动距离增大，会降低取心效果，新、旧双单动机构的轴向窜动距离不超过 1mm，通过调节槽形螺母调节轴向窜动距离。检查单向阀是否活动自如：用螺丝刀或其他金属杆压单向阀，检查是否活动自如，防止水路堵塞。钻具组装好，未装钻头前，用手托起内管或用提引器吊起钻具，转动内管，检查内管转动是否憋劲或与外管有摩擦。如有上述现象，需拆卸查明原因：双单动机构某零件同轴度差或轴承损坏，则更换；内管或外管弯曲变形，需校直或更换。卡簧座与钻头内台阶间隙一般为 3～5mm，松散粗砂、破碎地层应缩小为 2～3mm，泥质地层可增大到5～6mm；间隙调准后应拧紧调节螺母，防止钻进时松动。SD 取心钻具下入钻孔前须认真检查，发现问题及时调试处理或更换，不得将有问题的钻具下入孔内；钻具使用后要经常维护，保持良好的性能，延长使用寿命；钻具的双单动机构一般在进尺 30～40m后清洗一次，给轴承加油一次，更换磨损严重的密封圈；如发现轴承有窜动，还应检查轴承情况，及时更换损坏的轴承；清洗双单动机构的同时，应检查单向阀是否灵活可靠，应将里面的沉渣清洗干净；连续一天以上不使用的钻具内管或半合管，应将内壁擦干涂上机油，防止生锈。半合管不用时应组装好，防止变形。长时间不使用的钻具应清洗涂油后保管，防止锈结；搬迁装运钻具应轻装轻放，内外管平放，不得重压；半合管要装箱存放，不得重压、脚踩，防止变形弯曲。

✿ 第三节　金刚石钻进工艺

金刚石钻进的规程参数包括钻压、转速和冲洗液量三个参数，钻头切入量是调节、控制和优化规程参数的主要依据。金刚石钻头的特点和碎岩机理决定了金刚石钻进必须采用以高转速为主的钻进规程参数。由于金刚石的粒度小，切入量有限（特别是孕镶钻头），必须依靠提高转速来提高钻速。金刚石粒度小，出刃小，不允许切入量过大，必须配以适当的钻压；金刚石性脆，且不耐高温，也使钻压受到限制。同时要有足够的冲洗液量，在小口径金刚石钻进中，降低泥浆密度减小液柱对井底岩面的压力，可以有效地提高钻速；在某些地层采用压缩空气作为冲洗液，可以实现快速钻进；在保证护壁要求的前提下，采用低固相、低黏度、剪切稀释性能好的冲洗液，有利于提高钻速。

影响规程参数的因素很多，主要有岩石性质（可钻性、研磨性、稳定性）、钻头类型和结构、设备性能和钻具、钻孔直径和深度及各种参数之间的合理匹配等。

一、钻进参数

1. 钻压

金刚石钻进中，作用于钻头上的钻压，应使每粒工作的金刚石与岩石的接触压力既要大于岩石的抗压入强度，又要小于金刚石本身的抗压强度，压力不足且转速过大，则不能压入岩石，金刚石磨损，钻头抛光；而压力过大转速过小则可能压碎金刚石或金刚石出刃完全压入岩石（特别是岩石较软时），造成憋泵烧钻，因此，在一定转速下有一合理的钻压。影响钻压的因素主要是钻头类型及结构要素、岩层可钻性和研磨性、钻头转速、钻具质量、钻孔是否弯曲和超径等。

为保证金刚石有效地破碎岩石，必须使金刚石接触面上的单位压力大于岩石的抗压强度并小于金刚石的抗压强度。

（1）表镶金刚石钻头的钻压为：

$$P = Gp \tag{6-1}$$

式中　　P——钻压，N；

G——钻头上的金刚石颗粒数（见表 6-27），粒；

p——单粒金刚石上所加压力，N/粒；细粒金刚石 $p \approx 10 \sim 15$N/粒，中粒金刚石，$p \approx 15 \sim 20$N/粒，粗粒金刚石 $p \approx 20 \sim 30$N/粒，特优级金刚石 $p \approx 50$N/粒。

表 6-27　　　　　　　　　　表镶金刚石钻头底唇面金刚石颗粒数

钻头类型	规格代号	外径/内径 D/d (mm)	环状面积 (cm²)	水口面积 (cm²)	钻头唇面积 (cm²)	水口数 (个)	颗粒数			
							粗粒 15～25 粒/克拉 (20 粒/克拉*)	粗粒 25～40 粒/克拉 (33 粒/克拉*)	粗粒 40～60 粒/克拉 (50 粒/克拉*)	粗粒 60～100 粒/克拉 (80 粒/克拉*)
单管钻头	A	48/38	6.75	0.9	6.85	3	120	150	190	240
	B	60/48	10.17	1.44	9.73	4	180	230	280	340
	N	76/60	18.08	3.84	13.24	8	260	340	420	540
	H	96/76	27	6	21	10	400	500	600	740
	P	122/98	41.45	9.64	32.81	12	560	690	880	1140
M 型双管钻头	A	48/33	9.54	1.35	9.19	3	160	200	250	320
	B	60/44	13.06	1.92	11.14	4	220	270	330	440
	N	76/58	19.93	4.32	14.61	8	280	360	450	570
	H	96/73	30.51	6.9	23.61	10	430	560	670	730
T 型双管钻头	A	48/30	11.02	1.62	9.40	3	180	230	290	360
	B	60/41.5	14.74	2.22	12.52	4	240	310	380	490
	N	76/55	21.6	6.04	16.56	8	320	420	530	650
	H	96/72	31.65	8.2	24.45	10	470	580	710	880
	P	122/94	48.48	10.08	38.40	12	660	810	1050	1300
P 型双管钻头	N	76/48	28.26	6.72	20.54	8	380	500	630	770
	H	96/66	39.15	9	29.15	10	540	670	800	970
	P	122/87	58.42	12.6	44.82	12	770	940	1220	1520
	S	150/108	86.06	18.64	68.42	14	1050	1350	1660	2100
	U	175/130	108.7	21.6	86.1	16	1340	1660	2100	2500
	Z	200/148	142.05	29.08	113.97	18	1700	2050	2600	3100

注　　*为该类粒度的平均值。

表镶金刚石钻头推荐钻压如表 6-28 所示。

表 6-28　　　　　　　　　　表镶金刚石钻头钻进推荐钻压

钻头类型	规格代号	外径 D（mm）／内径 d（mm）	推荐钻压（kN）
单管钻头	A	48/38	3.0～4.5
	B	60/48	4.0～6.5
	N	76/60	6.5～8.5
	H	96/76	8.5～9.5
	P	122/98	9.0～11.0
M 型双管钻头	A	48/33	4.0～6.0
	B	60/44	4.5～8.0
	N	76/58	6.0～9.0
	H	96/73	9.0～10.0
T 型双管钻头	A	48/30	4.5～6.5
	B	60/41.5	6.0～9.0
	N	76/55	6.5～9.5
	H	96/72	9.5～11.0
	P	122/94	11.0～13.0
P 型双管钻头	N	76/48	8.0～9.0
	H	96/66	9.0～12.0
	P	122/87	10.5～13.5
	S	150/108	—
	U	175/130	—
	Z	200/148	—

（2）孕镶金刚石钻头的钻压可按式（6-2）计算：

$$P = Fq \tag{6-2}$$

式中　P——钻压，kN；

　　　F——钻头的实际工作唇面面积，cm^2；

　　　q——单位面积上的压力，kN/cm^2；中硬岩石取 $q \approx 0.4 \sim 0.5 kN/cm^2$，坚硬岩石或高质量金刚石取 $q \approx 0.6 \sim 0.7 kN/cm^2$。

表镶金刚石钻头推荐钻压如表 6-29 所示。

表 6-29　　　　　　　　孕镶金刚石钻头钻进推荐钻压*　　　　　　（单位：kN）

钻头类型	规格代号	外径 D(mm)／内径 d(mm)	岩石可钻性类别		
			中硬—硬	硬	坚硬
单管钻头	A	48/38	3～4	4～5	5～6
	B	60/48	4～6	5～7	6～8
	N	76/60	6～8	7～9	8～10
	H	96/76	8～10	9～11	10～12
	P	122/98	12～14	13～15	14～16

续表

钻头类型	规格代号	外径 D(mm) 内径 d(mm)	岩石可钻性类别		
			中硬—硬	硬	坚硬
M 型双管钻头	A	48/33	4～5	5～6	6～7
	B	60/44	5～7	6～8	7～9
	N	76/58	7～9	8～10	9～11
	H	96/73	9～11	10～12	11～13
T 型双管钻头	A	48/30	5～6	6～7	7～8
	B	60/41.5	6～8	7～9	8～10
	N	76/55	8～10	9～11	10～12
	H	96/72	10～12	11～13	12～14
	P	122/94	14～16	15～17	16～18
P 型双管钻头	N	76/48	9～11	10～12	11～13
	H	96/66	11～13	12～14	13～15
	P	122/87	15～17	16～18	17～19
	S	150/108	—	—	—
	U	175/130	—	—	—
	Z	200/148	—	—	—

＊ 计算钻压时，孕镶金刚石钻头实际工作唇面面积参见表 6-27 钻头底唇面面积。

（3）复合片、聚晶钻头钻压可按式（6-3）计算：

$$P = Mp \tag{6-3}$$

式中　P——钻压，N；

　　　M——钻头上的复合片数量（见表 6-30）、钻头上的三角聚晶数量（见表 6-31）；

　　　p——单粒切削具上所加压力，N/粒；复合片 $p \approx 500 \sim 1000$N/片，聚晶体 $p \approx 200 \sim 300$N/粒。

表 6-30　　　　　　　　　　　钻头唇面复合片数量

钻头类型	规格代号	外径 D(mm) 内径 d(mm)	复合片数量（片）
单管钻头	A	48/38	3～4
	B	60/48	4～5
	N	76/60	5～6
	H	96/76	7～8
	P	122/98	10～12
M 型双管钻头	A	48/33	4～5
	B	60/44	5～6
	N	76/58	6～7
	H	96/73	8～9

续表

钻头类型	规格代号	$\dfrac{外径\,D(\text{mm})}{内径\,d(\text{mm})}$	复合片数量（片）
T型双管钻头	A	48/30	5～6
	B	60/41.5	6～7
	N	76/55	7～8
	H	96/72	8～9
	P	122/94	11～13
P型双管钻头	N	76/48	8～10
	H	96/66	10～11
	P	122/87	14～16
	S	150/108	—
	U	175/130	—
	Z	200/148	—

表 6-31　　　　　　　　　　钻头唇面三角聚晶数量

钻头类型	规格代号	$\dfrac{外径\,D(\text{mm})}{内径\,d(\text{mm})}$	唇面聚晶数量（粒）
单管钻头	A	48/38	13～15
	B	60/48	20～25
	N	76/60	30～35
	H	96/76	38～42
	P	122/98	45～50
M型双管钻头	A	48/33	16～20
	B	60/44	25～28
	N	76/58	32～37
	H	96/73	40～45
T型双管钻头	A	48/30	20～25
	B	60/41.5	30～35
	N	96/55	36～40
	H	96/72	43～47
	P	122/94	52～56
P型双管钻头	N	76/48	45～50
	H	96/66	48～54
	P	122/87	55～60
	S	150/108	—
	U	175/130	—
	Z	200/148	—

金刚石复合片钻头钻进推荐钻压如表 6-32 所示，三角聚晶钻头钻进推荐钻压如表 6-33 所示。

表 6-32　　　　　　　　　　　　**复合片钻头钻进推荐钻压** *

钻头类型	规格代号	外径 $D(\text{mm})$ / 内径 $d(\text{mm})$	推荐钻压（kN）
单管钻头	A	48/38	1.5～4.0
	B	60/48	2.0～6.0
	N	76/60	2.5～6.0
	H	96/76	3.5～9.0
	P	122/98	6.0～12.0
M 型双管钻头	A	48/33	2.0～6.0
	B	60/44	2.5～6.0
	N	76/58	3.0～8.0
	H	96/73	4.0～9.0
T 型双管钻头	A	48/30	2.5～6.0
	B	60/41.5	3.0～8.0
	N	76/55	3.5～9.0
	H	96/72	4.0～9.0
	P	122/94	6.5～13.0
P 型双管钻头	N	76/48	4.0～10.0
	H	96/66	6.0～11.0
	P	122/87	8.0～16.0
	S	150/108	—
	U	175/130	
	Z	200/148	—

＊　复合片规格以 $\phi 13.4\text{mm} \times 4.5\text{mm}$ 为例进行计算。

表 6-33　　　　　　　　　　　　**三角聚晶钻头钻进推荐钻压** *

钻头类型	规格代号	外径 $D(\text{mm})$ / 内径 $d(\text{mm})$	推荐钻压（kN）
单管钻头	A	48/38	2.6～4.5
	B	60/48	4.0～8.5
	N	76/60	6.0～10.5
	H	96/76	8.6～12.6
	P	122/98	9.0～16.0
M 型双管钻头	A	48/33	3.0～6.0
	B	60/44	6.0～9.4
	N	76/58	6.4～11.1
	H	96/73	9.0～13.5

续表

钻头类型	规格代号	$\dfrac{外径\ D(\text{mm})}{内径\ d(\text{mm})}$	推荐钻压（kN）
T 型双管钻头	A	48/30	4.0～8.5
	B	60/41.5	6.0～10.5
	N	76/55	8.2～12.0
	H	96/72	9.6～14.0
	P	122/94	10.4～16.8
P 型双管钻头	N	76/48	9.0～16.0
	H	96/66	9.6～16.2
	P	122/87	11.0～19.0
	S	150/108	—
	U	175/130	—
	Z	200/148	—

*　三角聚晶规格以 4mm×4mm×2.5mm 为例进行计算。

　　一般来说，在一定范围内，钻速是随钻压的增大而增加的（见图 6-13）。钻压对钻速的影响也可分为三个区：Ⅰ为表面研磨破碎区，虽呈线性正比关系，但钻速极低；Ⅱ为疲劳破碎区，是一个过渡区，依靠多次重复、裂纹扩展而碎岩；Ⅲ为金刚石刃切入岩石的体积破碎区，该区内钻速随钻压增长很快。但与此同时，单位进尺金刚石的耗量也随钻压的增长而增大。而且，过大的钻压不仅使金刚石耗量急剧增大，还会导致钻速下降。权衡两者，便可确定最优钻压范围。

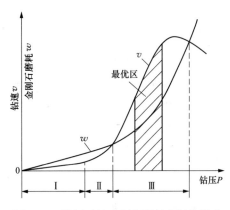

图 6-13　钻压对钻速和金刚石磨耗的影响

　　实际使用时，钻压的选用还需考虑下列因素：

　　（1）岩石性质。一般在软的和弱研磨性岩石中钻进时，应选用较小的钻压；对完整、硬到坚硬或强研磨性的岩石，应选用适当大的钻压；对破碎、裂隙和非均质岩层则适当减小钻压，一般降低 25%～50%。

　　（2）钻头结构参数。钻头上所用金刚石质量好、浓度大、粒度目数低时，选用较大的钻压；反之，采用较小的钻压。钻头口径大、壁厚、与岩石接触面积大、胎体较软时，选用上限钻压（高钻压）。

　　（3）初始压力和正常压力。金刚石钻头下入孔底，其唇面形状可能与孔底不吻合，尤其是换用新钻头，应有一个磨合阶段（初磨），此阶段所加钻压较小（一般为正常钻压的 1/3 左右），以免过大钻压造成钻头局部损坏。待钻头与孔底磨合紧密结合后，便可施加正常钻压进行钻进，磨合阶段采用的转速也是较低的。

（4）钻压的传递与损失。钻压由地面通过钻杆柱施加于孔底钻头上，较深的钻孔，压力作用使钻杆柱产生弯曲和回转的离心力等作用，与孔壁产生的摩擦力以及冲洗液的浮力等均会使钻压在传递中产生损失。因此，在选择钻进压力时，要充分考虑压力损失。

2. 转速

转速的作用包括：在轴向力作用下金刚石颗粒压入岩石后获得切向力，对岩石剪切；金刚石颗粒切削岩石次数增大。在适当的钻压下，转速增大则钻速增大。转速过低，不仅钻速下降，且钻头磨损增大（胎体过早磨损）；转速过大，钻压不足，则钻头不切削，钻头磨损增大，钻速下降。转速还受钻机能力、钻杆强度及孔壁是否稳定等因素的限制。孕镶钻头要求更高的转速，表镶钻头次之，而镶嵌体钻头则较低。应根据岩石性质、钻孔结构、设备能力及钻头规格类型等因素合理选择转速。

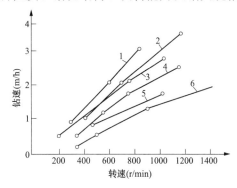

图 6-14　金刚石钻进中钻速与转速的关系
1—角闪片麻岩；2—混合岩化的片麻岩；
3—均质混合片麻岩；4—闪长岩；
5—花岗岩；6—石英岩

表镶和孕镶金刚石钻头切削刃小的特点决定了只有在高转速的条件下才能获得高的钻进效率。实践证明，对于不同性质的岩石，钻速随转速以不同的比例增加（如图 6-14 所示）。

转速与金刚石的磨损关系较为复杂。在其他条件正常时，两者之间存在着一个合理值，即在某一转速范围内，金刚石磨损量最小。转速过大或过小，金刚石的磨损量都较大。

通常根据合理的钻头线速度及其规格，由式（6-4）计算初步确定：

$$n = \frac{60 v_L}{D} \qquad (6-4)$$

式中　n——钻头转速，r/min；

　　　　D——钻头直径，m；

　　　　v_L——钻头线速度，m/s；表镶钻头取 $v_L = 1 \sim 2$m/s，孕镶钻头取 $v_L = 1.5 \sim 3.0$m/s，复合片钻头取 $v_L = 0.5 \sim 1.5$m/s。

钻进中，还应考虑下列因素具体确定转速：

（1）岩石性质。在中硬完整的岩石中钻进时，可采用高转速；在岩石破碎、裂隙发育、软硬不均、孔壁不稳或有扩径现象时，则应采用较低的转速。

（2）钻孔结构与深度。钻孔结构简单，环空间隙较小，孔深不大时，应尽量选用高转速钻进；反之，则应采用低转速。实际钻进中，常常随孔深的增加不断降低转速。

（3）钻机与钻具的性能。正常钻进时，在机械能力、管材强度、钻具稳定性及其减震、润滑等条件允许的前提下，视岩层情况适当提高转速。实际生产中，钻杆的质量限制了转速的可选高度。钻机的性能决定了转速的可选范围及具体取值，不同类型及规格钻头适用转速如表 6-34 所示。

表 6-34 不同类型和规格钻头适用转速　　　　　　（单位：r/min）

钻头类别	规格代号					
	A	B	N	H	P	S
表镶钻头	500～1000	400～800	300～550	250～500	180～350	150～300
孕镶钻头	750～1500	600～1200	400～850	350～700	260～520	220～440
复合片钻头	200～700	150～600	100～500	80～400	70～300	50～200
聚晶钻头	500～900	400～750	300～500	250～500	180～350	150～300

3. 冲洗液量

冲洗液量即泵量，是金刚石钻进的另一重要规程参数，除冷却钻头和清除岩粉外，在采用孕镶钻头钻进中，有时还利用它的变化来调节钻头的锐化和金刚石的出刃。另外，金刚石钻进用的冲洗液还必须有润滑性，钻进不稳定岩层时还应有良好的护壁性等。

金刚石钻进孔径小，钻具级配小（钻具外环间隙小，2～3mm）、切削具出刃小及所钻岩石较硬等特点，决定了冲洗液的过水断面小，流动阻力大，即金刚石钻进是以较小的泵量和较高的泵压工作。但液量过小或瞬间断流，则金刚石易受高温影响产生石墨化，发生钻头微烧或烧钻，因此要求液量不能过小，且要求液量均匀；泵量过大，不仅会增加工作泵压，而且还会冲坏孔壁、冲蚀岩心，从而易造成岩心堵塞事故，甚至造成钻具的振荡。不同类型的钻头，冲洗液量稍有不同，复合片聚晶体钻头要求的泵量大，表镶钻头次之，孕镶钻头较低。软岩层钻速高，泵量要求大，硬岩层泵量可小一些。

金刚石钻进一般以保证上返流速来确定冲洗液量，可用式（6-5）计算：

$$Q = 6v_r F \tag{6-5}$$

式中　Q——冲洗液量，L/min；

　　　v_r——冲洗液上返流速，m/s；一般 v_r 取 0.3～0.7m/s，怕冲蚀地层 $v_r \leqslant$ 0.2m/s；

　　　F——孔壁间隙最大过水断面，cm²。

选定泵量以保证充分冷却钻头及冲净并排出钻头底部和孔内岩粉为准。不同规格金刚石钻头在套管或钻孔中钻进推荐泵量如表 6-35 所示。

表 6-35 不同规格金刚石钻头在套管或钻孔中钻进推荐泵量　　（单位：L/min）

钻杆类型		规格代号				
		A	B	N	H	P
内（外）螺纹钻杆	套管	15～35	25～45	35～70	50～100	60～130
	钻孔	15～35	20～40	35～65	50～90	60～110

钻进中还应考虑下列因素优化选用：

（1）岩石性质及完整程度。钻进坚硬致密岩石时，由于钻速较低，单位时间产生的岩粉量少，且粉粒细，可选用较小的泵量；反之，钻进中硬、颗粒粗的岩石时，应选用较大的泵量；钻进漏失地层时，如漏失量较小，可采用大于常规的泵量以补偿其漏失量。

（2）冲洗液性能及水泵性能等。冲洗液性能不同，悬浮携带岩粉的能力不同。采用黏度、密度大的冲洗液时，可选用小的泵量；反之，采用清水或乳化液时，应选较大的泵量。水泵的性能决定可选泵量的范围和具体取值。

（3）孕镶钻头应采用较大泵量，表镶钻头采用较小泵量，复合片钻头选用的泵量可超过表镶或孕镶钻头泵量的 20%～50%。

（4）在转速较高、钻进速度较快、岩层研磨性较强和岩屑颗粒较粗时，选用较大泵量；反之泵量应减小。

（5）钻头水口的大小，直接影响钻头内外的冲洗液压差，保持适当的压差，有利于钻头底部岩粉的排出和钻头冷却。随着钻头胎体消耗，钻头水口要进行修磨，修磨后其高度不得小于 3mm。

（6）泵量大对冷却钻头、清除岩粉是有利的。但泵量过大会增加钻进阻力，强水流对钻头胎体冲刷严重，降低钻头寿命，同时高速液流对孔壁冲刷作用增大，尤其对不稳定地层会加剧其恶化。

4. 临界规程

钻压、转速和泵量这三个规程参数，虽然各自有其作用和特点，但在钻进过程中三者是相互配合和互相制约的。只有达到合理的配合，才能在提高钻速的同时减少钻头的磨耗，延长钻头的使用寿命，降低成本。

通过对钻头钻进时热物理过程的试验研究，获得了有关钻进规程参数与钻头胎体温度、功率消耗、机械钻速、胎体磨损之间的进一步认识，并提出了金刚石钻进的正常钻进规程和临界钻进规程的见解。在正常钻进规程时，只要冲洗液量适当，胎体温度正常，功率消耗平稳，钻头磨耗轻微。而达到临界钻进规程以后，则胎体温度急剧上升，功率消耗急剧增大，钻头磨损严重，甚至发生烧钻，如图 6-15 和图 6-16 所示。

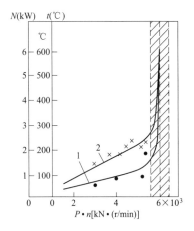

图 6-15 胎体温度及功率消耗与 $P \cdot n$ 体温值的关系

1—胎体温度；2—功率消耗

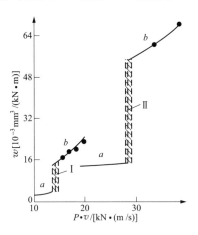

图 6-16 钻头磨耗与轴向压力及回转速度乘积的关系

Ⅰ—实验室条件下；Ⅱ—生产条件下；

a—正常规程；b—临界规程

对于某种岩石，其临界规程的 $P \cdot n$ 值基本上是一常数，其值可通过实验确定，如花岗岩 $P \cdot n$ 临界值为 $(61.1 \pm 3.8) \times 10^2$ $(kN \cdot r)/min$。在实际钻进中，根据岩石特性和设备能力对钻进规程参数进行调整和优化，使 $P \cdot n$ 值必须小于临界值，以免钻头过分磨损或发生烧钻；但 $P \cdot n$ 值也不能过小，否则会直接影响钻进效率。值得注意的是，想单纯依靠增加冲洗液量来降低临界规程时所产生的高温和解决烧钻问题，是不可能的。

二、SD 系列钻具钻进参数

采用植物胶冲洗液和 SD 系列钻具钻进砂层、砂卵砾石地层和破碎基岩，遵循钻进参数"一高两小"的原则操作，即高转速、小泵量、小压力。一般按钻进参数参考表 6-36 进行操作。

表 6-36 钻进参数参考表

钻具	SD77			SD94			SD110		
参数 地层	钻压 (kN)	冲洗液量 (L/min)	转速 (r/min)	钻压 (kN)	冲洗液量 (L/min)	转速 (r/min)	钻压 (kN)	冲洗液量 (L/min)	转速 (r/min)
砂层	3～4	10～15	500～800	4～6	10～20	400～700	5～7	15～30	300～500
砂卵砾石	4～5	10～15	600～1000	5～7	15～30	600～800	6～8	30～10	500～600
破碎基岩	4～5	10～15	600～1000	5～7	15～30	600～800	6～8	30～10	500～600

注 泵压不大于 0.5MPa。

金刚石复合片钻进应合理选择钻压、转速、泵量及泵压等技术参数，并可参照表 6-37 选取。

表 6-37 金刚石复合片钻进技术参数表

钻头直径（mm）	钻压（kN）	转速（r/min）	泵量（L/min）
SD77	4.8～12.0	200～300	80～120
SD94	6.4～16.0	150～250	>100
SD110	8.0～20.0	120～200	>150

三、钻进取心

钻进正常后，不要随意改变钻进参数。一个钻进回次宜由一人操作，操作者应精力集中，随时注意和认真观察钻速、孔口返水量、泵压及动力机声响或仪表数值等变化，发生异常时立即处理。立轴钻机倒杆时，一般要停车。深孔减压钻进时，倒杆前应先用升降机将孔内钻具拉紧（不得提离孔底），倒杆后用油缸减压，并在小于正常钻压的情况下平稳开车。开车时，要轻合离合器，并减轻钻头压力，使钻头和钻具在较轻的负荷下缓缓启动，使其受力平衡。运用全液压动力头钻机加接钻杆时，不得将钻头提离孔底，以防拔断岩心造成岩心堵塞。应用油缸将孔内钻具拉紧，加接钻杆后先采用小于正常钻压的压力缓慢回转直至到正常钻压进行运转。岩层变化时，应调整钻进技术参数。

岩层由硬变软时，进尺速度过快，应减小钻压；岩层由软变硬钻速变慢时，不得任意增大压力，以免损坏钻头或造成孔斜。在非均质岩层中钻进，应控制机械钻速。应有专人管理冲洗液，定时检测冲洗液质量，不合格的应及时调整或变换。地层变化时要及时对冲洗液的性能指标进行调整。做好循环系统清理和除砂工作，保持孔底清洁，孔内岩粉超过 0.3m 时，要采取措施。钻进中发现岩心轻微堵塞时，可调整钻压、转速。若处理无效应及时提钻。正常钻进时，不应随意提动钻具。绳索取心钻进中，发现岩心堵塞调整参数无效时，应立即打捞内取样筒，以防磨损岩心。

避免金刚石钻头在钻进过程中，因操作不当或孔内情况复杂，造成钻头被烧毁。烧钻轻者使钻头报废，重者则钻头胎体熔化，且与岩粉、残留岩心烧结在一起。烧钻是金刚石钻进最易发生的事故之一，应严格采取下列预防措施：

（1）水泵工作应正常，泵压表需灵敏，应有专人负责观察。

（2）保持钻柱良好的密封性能。钻杆接头处要缠棉纱、垫尼龙圈或涂丝扣油，防止中途冲洗液泄露。

（3）钻头水路要符合要求，双管水路要畅通。

（4）回水箱要有水位升降标志。

（5）发现泵压突然增高、电流表电流突然增大、柴油机排出浓烟、孔内发出异常响声以及孔口突然不返水等烧钻预兆时，严禁关车，应迅速上下活动钻具，待隐患清除后，立即提钻检查，弄清烧钻起因，并采取相应的技术措施。

金刚石钻进时，应使用卡簧采取岩心，不允许投放卡料取心。任何情况下不准干钻取心。采取岩心时，应先停止钻具回转，缓慢地将钻头提离孔底 50～70mm，使卡簧将岩心抱紧，再缓慢开车转几圈扭断岩心后方可起钻。不允许上下活动钻具或猛提钻具取心。孔深较浅倒杆时，钻杆内冲洗液的压力可能使钻具上浮，造成岩心堵塞或折断，需要适当调小泵量以降低泵压。卡取岩心时，确认岩心已被卡牢和卡断再提钻，以防岩心脱落和残留岩心太多。孔内残留岩心长度较大时，应专门捞取。防止岩心堵塞措施如下：

（1）在节理发育、破碎、倾角大的岩层，应设计专门取心工具。

（2）吸水膨胀、节理发育等易堵心岩层，采用内径较小、补强较好的钻头，使岩心较顺利地进入内管。

（3）在节理发育，倾角小的岩层中钻进，可用镀铬内管或半合管，亦可在内管中涂润滑油或岩心保护剂，以利于破碎岩心顺利地进入内管。

（4）采用液动锤钻进，减少岩心堵塞，提高破碎地层岩心采取率。

（5）钻进过程中，不允许任意提动钻具。开、关车要平稳，钻压、泵量要均匀。

🎎 第四节　现场操作技术要点

1. 金刚石钻进

（1）合理选择钻头类型。根据所钻岩石的性质确定钻头类型。钻进 7 级以上的岩石、研磨性较大的岩石及不均质、完整性差、甚至破碎的地层，一般选用孕镶金刚石钻头；钻进 5～8 级较完整的岩石时，可采用表镶金刚石钻头；钻进 8 级以下的岩石时，可选用 PDC 或 PCD 钻头。在岩层变化频繁、软硬差别较大，且又不可能随之频繁更换钻头时，宜采用在孕镶钻头的基础上开发的一种新型钻头——广谱型钻头。目前，我国实际操作中，5 级以上硬岩层多采用孕镶钻头，而软地层常采用硬质合金钻头或 PDC 钻头。

（2）采用高转速，以提高钻速，注意减振。采用高转速，作为切削刃的金刚石颗粒小且脆，为了减少金刚石的损耗，应做好减振工作：采用合理的钻具级配，钻具连接顺直，采用润滑冲洗液，操作应平稳。

（3）采用适合的冲洗液。由于金刚石钻进孔壁间隙小，钻具的内外管间隙及水眼等均较小，所以不适合采用高固相泥浆。一般在不稳定岩层钻进时，采用护壁性能好且加有润滑剂的无固相冲洗液或低固相泥浆；在完整岩层钻进时，则采用乳化液。

（4）钻进时注意观察泵压表、电流表、进尺和返水情况等，以便及时发现问题提钻处理。

2. SD 系列金刚石钻进

（1）使用润滑性冲洗液。

（2）钻杆接头每班涂油。

（3）钻进过程中随时观察供水压力和流量变化，严防送水中断造成事故。

（4）每次下钻，接上主动钻杆后开泵送水，轻压慢转，扫孔到底。

（5）不得将钻具直接下至孔底。

（6）回次下钻前，检查钻具上部通孔有无堵塞，卡簧有无卡死钻头内台阶的现象，钻头与岩心管丝扣部位有无喇叭状或鼓状，钻头或扩孔器外径是否符合规定。

3. 金刚石复合片钻进

（1）相邻回次钻头内外径相近时，钻头排队使用。

（2）钻头直径与钻孔直径相匹配。

（3）金刚石复合片单管钻具尽量使用扩孔器、带卡簧的取心机构及专用的拧卸工具。

（4）钻头下入孔内后，低速、轻压扫孔至孔底，钻进 0.15m 左右后方调整至正常钻进参数。

（5）孔内有脱落岩心或残留岩心在 0.30m 以上时，应处理后再正常钻进。

4. 钻进打滑地层

（1）选用金刚石品级高、粒度相对粗一些和浓度小于 75% 的孕镶钻头。

（2）选用胎体硬度较低的钻头，如胎体硬度 HRC10～HRC20。

（3）减少钻头底面积，使用同心圆尖齿钻头、齿轮钻头等，提高坚硬致密岩层的钻进效率或选用金刚石浓度低的钻头。

（4）采用电镀钻头或连续用新钻头钻进的办法穿透较薄的打滑地层。

（5）减少冲洗液量或在冲洗液中加入粗粒石英砂、铅丝等研磨料，使胎体磨损和金刚石出刃，促进自锐。

（6）在地面对胎体采用喷砂、砂轮打磨、石英砂研磨、酸腐蚀等方法处理，使金刚石出刃后再下入孔内继续钻进。

（7）适当提高钻压、降低转速，可采用液动冲击回转钻进。

第七章

空气潜孔锤取心跟管钻探技术

空气潜孔锤取心跟管钻进技术是在潜孔锤跟管技术的基础上，结合回转取心钻进技术研发出的一种用于复杂地层中、集"钻进""取心"及"跟管"于一体的全新钻探技术。空气潜孔锤取心跟管钻进技术历经"钻进＋取心＋锤击跟管分步钻探""钻进＋取心＋潜孔锤跟管分步钻探""钻进＋取心＋潜孔锤跟管同步钻探"三个阶段的发展。"钻进＋取心＋锤击跟管"阶段的技术见第四章。

✿ 第一节　潜孔锤跟管钻进

国内、外对于套管的跟进技术研究颇多，潜孔锤跟管钻进技术是在潜孔锤钻进成孔过程中逐步发展起来的一门新的钻进技术，也是近年来适用于第四纪覆盖层包括卵砾石层、坡积层、流砂层等松散破碎地层非常有效的钻进新技术。

20 世纪 70 年代，国外开展潜孔锤偏心跟管钻进技术研究开发，较有代表性的是瑞典阿特拉斯·考普科（Atlas Copco）公司最初在卵砾石地层钻进中应用的 Odex 钻进法，该钻进法钻具由前导钻头、偏心扩孔钻头和导向器等组成，边钻进边下套管，钻进效率可达 20m/h。德国斯坦威克（Stenuick Deutschlano Gmbh）公司在 Odex 钻进法的基础上，研发了由两个动力头分别驱动钻杆和护壁套管进行的双回转跟管钻进法，即土星法和海王星法，钻进时边钻进边跟管护壁，提钻时钻头收拢，不受套管的阻碍，能顺利把钻头提出钻孔。美国的克利斯坦森公司研究了一种超前钻头下套管法，钻具结构类似绳索取心钻具，由内、外两部分组成，根据不同的地层及钻探要求，配置相应的套管鞋，采用取心或不取心的钻进工艺方法。比利时 Diamant Boart 公司绳索钻具下套管法，其实质是绳索钻具下套管法，钻具由内、外两部分组成，采用绳索取心钻进。

同径跟管钻进（简称跟管钻进）是采用跟管钻具在套管下部钻进，钻孔直径略大于套管，套管靠其重力作用自动向孔底延伸，不依靠套管鞋破碎岩石和锤击套管，可以实现长孔段跟管，这种方法适用范围广，也是研究最多的一种方法。如美国阿克尔公司的"管下扩孔器"、俄罗斯的"扩孔钻具"等，这两种装置的扩孔部分采用铰链伸缩原理，因承受钻压和扭矩的能力有限不能满足常规钻进工艺要求，只能用来扩孔接力跟管。

潜孔锤跟管钻进工艺在我国的最初应用是钻凿山区基岩水井上部覆盖层。在我国北方，干旱缺水的山区在钻井时需从外地大量拉水配制泥浆护壁钻进第四系覆盖层，一口深 300m 左右的水井，2m 左右的第四系覆盖层，用回转钻进需 7 天时间，而 200～300m 基岩用空气潜孔锤钻进仅需 2～3 天。为了减少用水量，降低成本提高工效，人们寻找既能利用空气潜孔锤高速钻进的特点，又能使松散的第四系覆盖层在高速气流冲刷下能保持孔壁稳定的方法。潜孔锤跟管钻进方法是与空气潜孔锤相结合的扩底钻进并同步跟进套管的一种钻进技术。

潜孔锤跟管钻进技术是随着潜孔锤钻进技术的引进、消化发展起来的，国际上已经有的潜孔锤偏心跟管钻进技术在国内得到了广泛的应用。国内的 TKG 同步扩孔跟管钻具，属扩孔翼张敛式，它采用凸轮张敛原理，其中扩孔钻头呈偏心状态，靠钻杆反向转动收敛，在钻进中易致斜和反脱钻杆（柱），尚不满足岩心钻探跟管钻进技术要求。国内自"七五"开始研究以来，特别是"九五"期间的进一步开发、完善，已经形成了与潜孔锤偏心跟管钻进技术相配套的数十种单偏心、双偏心、三偏心等潜孔锤跟管钻具产品。

潜孔锤跟管钻进技术的关键是跟管钻具，国内外主要跟管钻进的孔内钻进装置见表 7-1。

表 7-1　　　　　　　　　　　　国内外主要跟管钻进的孔内钻进装置

名称	扩孔张敛原理	成孔直径 (mm)	钻具外径 (mm)	用途	跟进套管规格 (mm)
管下扩孔器	铰链式			扩孔接力跟管	
扩孔战具	铰链式			扩孔接力跟管	
TKG110 跟管钻具	偏心扩孔翼伸缩式	110	91	扩孔接力跟管	ϕ108
TKG91 跟管钻具		91	75		ϕ89
GJ108 跟管钻具	机械楔顶式	112	91	跟管钻进、扩孔接力跟管	ϕ108
GJ91 跟管钻具	机械楔顶式	92	75		ϕ89

近年来，我国在水电站、高速公路、铁路及城市基础设施等建设工程中，涉及大量的复杂地层的工程施工，使潜孔锤跟管钻进技术得到了空前的发展。但因其不具备采集岩心能力，不能用于岩心钻探。上述跟管钻进一般仅用于不取心的岩土施工钻孔中，可大幅度提高钻进与跟管效率。

⌘ 第二节　空气潜孔锤取心跟管钻进

为实现植物胶较难护壁的以松散层为代表的复杂地层钻进，国家"八五"重点科技攻关项目"勘测关键技术及其应用"中，在 GJ91 跟管钻具的基础上进行改进，研制了冲击式金刚石取心跟管钻具及钻进工艺，实现了超前冲击回转钻进取心、同径张敛扩孔跟管，简化了钻孔结构，提高了效率。在"八五"科技攻关的基础上，国内科研院所引进基础工程施工中空气潜孔锤钻进技术、球齿钻头技术、同心跟管技术，研发了"空气潜孔锤取心跟管钻进技术"，实现了钻进、取心、跟管同步进行。

一、空气潜孔锤取心跟管钻进技术原理

如图 7-1 所示，钻具系统由钻具总成和套管靴总成组成。钻具总成由中心钻具和冲击器两部分组成，由取心钻头、钻具外管、岩心管组成中心钻具，冲击器在中心钻具后部。套管靴总成由分动机构、套管靴和套管组成。采用压缩空气冲洗液，既作为冲击器的能量源，又作为钻具的冷却液，还作为排除岩粉的介质。钻进中动力来自冲击器的冲击及钻机的回转两方面。钻进时，冲击器施加予中心钻具冲击力，中心钻头破碎地层实现钻进成孔，中心钻具内外管同时跟进，岩心进入中心钻具岩心管；当中心钻具进入地层一定距离后，扭矩分动机构将主要扭矩分配带动扩孔钻头冲击回转扩孔，扩孔钻头带动套管跟进护壁，实现钻进、取心、跟管同步进行。回次终了，中心钻具被提出钻孔，而套管靴总成连同套管则滞留在孔内；采集岩心后，再将钻具下到孔底，通过人工伺服，使中心钻具到位，进入下一回次冲击回转取心跟管钻进。

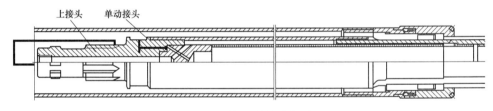

上接头　　单动接头

图 7-1　钻具总成示意图

二、适宜条件

（1）空气潜孔锤冲击取心跟管钻进技术适用于第四系地层，特别是架空漏失层，适用于缺水、少水地区钻探。

（2）空气潜孔锤取心跟管钻进技术先研发了 ϕ168 和 ϕ127 空气潜孔锤取心跟管钻具和配套机具及工艺手册，后续又研发了 ϕ146 空气潜孔锤取心跟管钻具，现已有 3 个口径的钻具形成了系列，可实现 100m 孔深复杂覆盖层的跟管钻进。

三、空气潜孔锤取心跟管钻进技术特点

空气潜孔锤取心跟管钻进技术具有以下特点：钻具采用同心式同步跟管钻进原理，结构合理，钻具容易到位，不受地层垮坍因素影响。采用中心钻头（唇面）超前套管钻头的阶梯钻进原理，高压气流通道与低压通道相互分开，使高压气流直接从高压排气孔排出，避免高压气流冲刷孔底岩心，岩心始终处于岩心管的屏蔽保护下，从而能够取得高质量的岩心和高的采取率。钻具采用双管（外管和内管）和三层管（外管、内管和半合管）结构，可以满足不同结构的砂卵石和松散地层的取心要求。钻具采用的外管和内管均为地质钻探以及石油钻井的标准管材系列，无需特别定制管材，市场货源充足，采购容易，互换性好。与金刚石回转钻进不同，空气潜孔锤取心跟管钻进由于采用以冲击力为主破碎岩石，发挥了潜孔锤钻进效率高的技术优势，钻具回转速度慢，钻进效率可以大幅度提高。进尺快，缩短了冲洗液对岩心的机械时间，从而消除了金刚石钻进时高速回转对岩心的扰动破坏因素，所取得的岩心能够较客观地反映层位、结构等地层情况。钻具结构简单，操作简便，实用性较好。由于配套设备对交通、电力要求较高，对于前期偏远山区的工程勘察现场条件有一定的要求。

该技术的关键是空气潜孔锤取心跟管钻具、配套设备及机具、钻进工艺三部分。

✖ 第三节　空气潜孔锤取心跟管钻具

一、钻具结构

空气潜孔锤取心跟管钻具主要部分是中心取样钻具和套管靴总成，如图 7-2 所示。中心取样钻具主要执行钻进取心任务，在完成回次取心钻进后，可随钻杆将其提出地表，主要由上接头、O 形橡胶圈、分水接头、外管、岩心管、中心取样钻头、调节垫、短节、O 形橡胶圈和卡簧组成。套管靴总成主要执行同步跟管钻进任务，在钻进期间始终留在孔内，由套管、卡环、套管靴和套管钻头组成，套管靴上端连接跟进的套管。实现空气潜孔锤取心跟管钻进的主要机构和系统有：高压和低压气流通道系统、传扭机构、传压机构、套管分动机构、瞄向定位到位机构和取心（岩心容纳）机构。

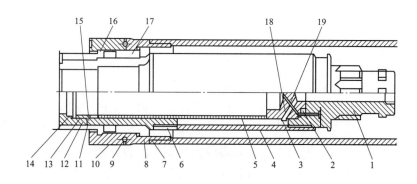

图 7-2　空气潜孔锤取心跟管钻具原理

1—上接头；2、13—O 形橡胶圈；3—分水接头；4—外管；5—岩心管；6—中心取样钻头；7—φ168 套管；
8—卡环；9—套管靴；10—套管钻头；11—调节垫；12—短节；14—卡簧；15—高压通气孔；
16—传压凸台；17—传扭矩花键；18—高压通气孔；19—低压通气孔

1. 气流通道系统

钻具设有相互独立、互不串通的高压气流和低压气流两个通道。高压通道为气流主通道，目的是将高压空气通过潜孔锤作功后引到孔底，冲刷冷却孔底钻头，同时将孔底岩屑携带到地面，净化钻孔。低压通道为岩心管的回流通道，当岩心随钻进入岩心管时，将管内空气和水（地下水）从回流通道排向钻具与套管的环状空间，与主通道的回风会合排出孔口，这样可避免管内气水形成压力，影响岩心进入内管。高压和低压通道是靠分水接头的两组互相独立的孔道分流，如图7-3所示。

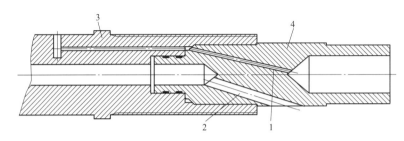

图7-3　钻具分水接头示意图
1—低压回气孔；2—高压通气孔；3—上接头；4—分气接头

高压气流通道主要由上接头的中心孔和分水接头的高压送气孔、内外管的环状间隙、中心钻头的后端通气孔组成。其流经路线为：钻杆→冲击器→上接头的中心孔→分水接头高压送气孔→内外管的环状间隙→中心钻头的后端通气孔→中心取心钻头与套管钻头的环状间隙→中心钻具与套管靴总成的环状间隙→钻杆与套管的环状间隙→返到地表。在孔底，由于中心钻头破碎岩石部分超前于通气孔，使高压气流有限度的冲向孔底。

低压回流通道由岩心管内径（孔）、分水接头的低压回气孔和上接头的低压回气孔组成。钻进时，随着岩心逐渐进入岩心管，迫使管内空气和水通过分水接头低压回气孔和上接头的低压回气孔，进入取心钻具与套管的环状间隙。

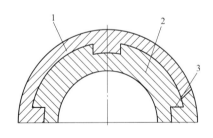

图7-4　钻具传扭付示意图
1—套管钻头；2—中心钻头；
3—花键传扭矩付

2. 传扭机构

传扭机构主要由中心取样钻头的内凹形花键槽与套管钻头的内凸形花键组成花键传扭付，实现传递扭矩功能，如图7-4所示。

钻进时，来自钻杆的回转扭矩通过上接头→外管→中心取样钻头→花键传扭矩付，传到套管钻头，带动套管钻头回转，使其与中心取样钻头同步进行冲击回转钻进。

3. 传压机构

传压机构由中心取样钻头和套管钻头的凸台构成承冲传压付，如图7-5所示。钻压和来自冲击器的冲击力经过钻杆、中心钻具的中心钻头、传压付，传递给套管钻头，为套管钻头提供必要的给进压力和冲击力，同时带动套管沿轴向同步跟进。

4. 套管分动机构

套管分动机构由套管钻头、套管靴、卡环组成，如图7-6所示。套管靴与套管钻头采用插接（松转配合），管靴与套管接头开有供5～8mm厚的圆形弹性卡环嵌入其间的内、外环形槽，在装配到位时，卡环靠上下端面限位作用连接套管接头和套管靴。卡环与套管接头、与套管靴之间在轴向和径向采用滑动和松转配合，所以套管靴可以相对套管接头转动，从而实现分动，同时具备承受冲击和传递压力的能力。跟管钻进时，套管钻头随中心取样钻头回转，而套管靴及套管不回转；套管钻头以反拉的方式将冲击力和钻压传给套管靴和套管，随钻带动套管向孔底延伸。

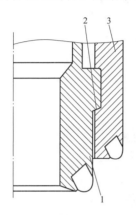

图 7-5　传动付示意图

1—取心钻头；2—凸台承冲击传压付；3—套管钻头

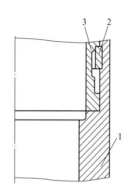

图 7-6　分动机构示意图

1—管靴；2—卡箍；3—套管接头

5. 瞄向定位到位机构

瞄向定位到位机构由中心取样钻头的内花键和套管钻头的内凸花键组成，如图 7-4 所示。下钻时采用人工辅助转动到位，通过取样钻头的内花键槽和套管钻头的内凸花键，使中心钻具与套管靴结合（连接），进行钻进；提钻时可自由分离，中心取样钻具随着钻杆被提到地表，而套管靴留在孔底。

6. 取心机构（岩心容纳）

取心机构（岩心容纳）由外管、内管（必要时可以在其内部加半合管）、短节、中心钻头和卡簧组成。钻进时，虽然岩心在卡簧处具有轻微的堵塞现象，由于采用空气冲击回转钻进，岩心管内径比钻头大，岩心能自如地进入岩心管；提钻时，靠卡簧与岩心的堵塞作用，防止岩心脱落。多数情况下地层细颗较多可取消卡簧。

二、中心取样钻头、套管钻头

中心取样钻头和套管钻头均为潜孔锤球齿硬质合金钻头，钻头体采用优质钢材（如FF710），并进行渗碳淬火处理；采用冷压（过盈配合）镶嵌技术镶嵌合金，取样钻头外出刃1mm，与套管钻头的内出刃（1mm）相互重叠，因而消除了在钻进时的破碎盲点。

中心取样钻头如图 7-7 所示，采取超前（套管钻头和高压出气孔）式结构，其破碎（岩石）唇面超前高压出气孔和套管钻头 120mm，使高压空气从高压出气孔直接排出，可保证冲刷岩屑净化孔底和冷却钻头，并消除了高压空气直接冲刷钻头唇面影响取心质量的不利因素；钻头镶嵌有内、外两组 $\phi14$ 的球齿硬质合金，其内圈组合金起内保径作用，利于岩心进入内管；外圈组合金出刃 1mm，与套管钻头的内出刃（1mm）相互重叠；并设有与套管钻头构成承压传递冲击力的凸台，和构成传递回转扭矩的内凹形花键槽。

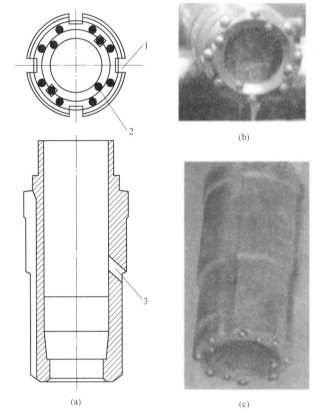

图 7-7　中心取心钻头

（a）钻头结构；（b）钻头唇面；（c）钻头全貌

1—花键槽；2—球齿合金；3—高压通气孔

图 7-8　套管钻头图

套管钻头为普通环形钻头，镶嵌有两组球齿硬质合金，如图 7-8 所示，钻头内腔的内凸花键与中心取样钻头内花键组成传扭付。

三、潜孔锤取心跟管钻具参数

潜孔锤取心跟管钻具现有两种规格，即 $\phi168$ 和 $\phi127$ 潜孔锤取心跟管钻具，钻具的参数分别如表 7-2 和表 7-3 所示。

表 7-2　　　　　　　　　　φ168 空气潜孔锤取心跟管钻具的主要技术参数

项目	参数	项目	参数
套管钻头外径（mm）	φ176	跟进套管直径（mm）	φ168
钻孔直径（mm）	φ176	岩心直径（mm）	76
中心钻头外径（mm）	φ128	钻具长度（mm）	1700
中心钻头超前（mm）	120	回次岩心长度（mm）	1000
跟管方式	同步同心跟管		
配套冲击器			

表 7-3　　　　　　　　　　φ127 潜孔锤取心跟管钻具的主要技术参数

项目	参数	项目	参数
钻孔直径（mm）	φ132	跟进套管直径（mm）	φ127
岩心直径（mm）	φ54.5	取心钻头直径（mm）	φ90
取心钻头超前量（mm）	100	钻具长度（mm）	1560/2507
回次长度（m）	1.2	配套冲击器	英格索兰 DHD340A

❀ 第四节　设 备 与 机 具

与一般岩心钻探不同，空气潜孔锤取心跟管钻进需要的设备机具见表 7-4。

表 7-4　　　　　　　　　　空气潜孔锤取心跟管钻进设备及机具

设备	φ168	φ127
钻机	XY-2	GX-5
空气压缩机	英格索兰 VHP700/VHP700E	英格索兰 VHP7500
	阿特拉斯 KRHS396d	
钻塔	高于 9m	高于 9m
冲击器	英格索兰 DHD-350R	DHD340A 长度：1138mm；外径：92mm
钻杆	φ73（9）、φ60（6）	
套管	φ168	φ127
管钳	φ127、φ89	φ127、φ89

❀ 第五节　钻 进 工 艺

一、设备调试

1. 检查调试

根据钻具装配要求和钻具的工作特性检查和调试钻具，主要包括：检查调试钻具的传扭付；中心取样钻头的内凹花键槽应能灵活地插入和退出套管钻头的内凸花健，否则应进行修理和调试，以避免因配合不当而影响钻具到位；检查调试环形钻头与管靴的悬挂分动式连接副的分动性能，应能灵活地相对转动，可注入黄油以提高分动灵活性；检查调试取心内管（短节部分）与中心钻头的密封性能，消除高压空气可能串入钻头底唇内部（低压气流腔）的不利因素；检查疏通内管排水（气）通道，以免因堵塞影响岩心进入。

2. 装配钻具

根据图 7-9 将冲击器与中心取样钻具连接，并在冲击器上端连接一根长度 0.3～0.5m 的短钻杆，连接后钻具总长约 3.5m。

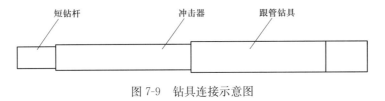

图 7-9　钻具连接示意图

根据图 7-10 将第一根套管直接连接在套管靴的套管接头上。

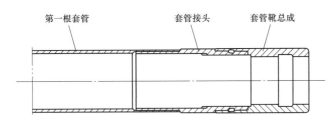

图 7-10　套管靴与套管连接示意图

二、开孔

将带有套管靴总成的套管直接放到孔位，根据钻孔设计的方位和顶角，采用简易措施将其定位；将中心钻具下入套管内并使其到位，送空气，开动钻机进行冲击回转钻进。

开孔时，由于套管基本上无孔壁摩擦制动阻力，必然随中心取心钻具回转，这属于正常现象。当套管跟进一定深度后，在孔壁的摩擦阻力作用下，套管不再随钻具转动。

开孔时，套管容易错位，钻进过程中，应采取扶正措施维持套管始终在钻孔设计的方位，直至跟进的套管长度能够依靠孔壁摩擦阻力维持方位。

三、钻具到位判断

准确记录孔内钻具（包括钻杆、机上钻杆）长度（L_z）和套管长度（L_t），并结合机高计算和记录钻具到位情况下的机上余尺（L_Y），要求丈量和计算精确到厘米，以此作为判断钻具到位的重要依据。

每次下钻采用钻机控制钻具下行，下至接近 $L_Y+210\text{mm}$ 时，采用管钳搬动钻具旋转，使中心取心钻头（内凹花键槽）进入套管钻头（内凸花键）处于配合状态。这一过程的直观表现是下放钻具遇阻，搬动钻具旋转，钻具在旋转过程中瞬间往下掉 210mm。检查实际机上余尺与计算余尺 L_Y 是否吻合（约相等），吻合则说明钻具到位，可以进行正常钻进操作；如实际机上余尺大于 $L_Y+210\text{mm}$，则说明钻具尚未到位，不能进行钻进操作。

四、钻进参数

潜孔锤取心跟管钻进参数见表 7-5。

表 7-5　　　　　　　　　　　　潜孔锤取心跟管钻进参数

钻进参数	$\phi168$ 取心跟管钻具	$\phi127$ 取心跟管钻具	
		优先选择	可选择
钻压（kN）	4～6	2～4	2～4
转速（r/min）	20～30	20～40	20～40
风量（m³/min）	18～20	18～20	9
风压（MPa）	1.2	1.2	0.7～1.2
回次进尺长度（m）	1.2	1.2	

正常钻进时，应根据卵砾石等覆盖层的密实程度、漂石和卵砾石的硬度及其大小等地层情况，在表 7-5 规定的范围内调整钻进规程参数，调整原则是：地层胶结差（松散），采用小钻压和大风量为主的规程参数；钻遇比较大的漂石和卵砾石，采用低转速和大钻压为主的钻进规程参数。

风量的调节可在输气管线上采用三通控制。采取控制回次进尺钻进，回次进尺长度一般为 1.2m。

五、操作注意事项

凡是下入孔内的套管，要求螺纹部分无损伤，螺纹连接必须用加力杆（长力臂）拧紧。在下钻过程中，由于中心取样钻具的内凹花键槽方位与套管钻头的内凸花键方位是通过人工辅助瞄向，靠钻机控制下钻一般不能完成瞄向任务，因此，为避免两者方位不一致而导致高速碰击或冲击变形，每次下钻接近孔底（距孔底 0.4～0.5m）时，严格控制下钻速度，采用最低速下钻，当下至接近 $L_Y+210\text{mm}$ 时，通过人工转动钻杆（辅助瞄向）使钻具到位。在中心钻具尚未到位情况下，严禁钻进操作，只有当准确判断确认钻具到位后，才能进行正常的钻进操作。为避免因孔内钻具长度误差而导致中心钻具到位判断失误，下钻时，必须拧紧每一根钻杆。

钻进过程中，严格控制回次进尺，一般不超过 1.20m；一旦出现异常现象，及时停钻检查并排除故障原因。

提钻过程中，尽量避免敲打钻杆。每回次应检查钻具磨损情况、岩心管有无损伤等。地面退出岩心时，由于岩心因地层等因素呈不完整的块状或碎颗粒状，所以必须严格按照岩心钻探规范操作，尽最大可能保持岩心原样，严禁人为混淆岩心层位。

管材直径较大、钻具较重，应严格遵守有关钻进工作的安全规程操作，在起下钻、跟管和退出岩心等工序时，应高度注意安全。

六、常见故障及处理

出现实际机上余尺不小于 $L_Y+210mm$ 时钻具不到位，可能是孔内残留岩心或岩心脱落，孔底无钻具到位的空间，需采用送风吹或用小一级取心钻具冲孔；或者是中心钻头花键损伤，采用提钻修理中心钻头花键。产生岩心丢失现象时，检查和调整短节与中心钻头的密封付的效果，消除中心钻头的高压空气通道与低压回气串通导致岩心丢失的因素。冲击器不做功或做功不稳定时，属钻进工艺因素即钻屑大量堆积堵塞在钻头上部，需采取提升（提升量不超过 50mm）钻具冲排钻屑处理、检查和疏通钻具的高压风路、检查排除冲击器的故障。

为处理因 $\phi168$、$\phi127$ 潜孔锤取心跟管钻具钻进中出现的残留岩心及孔内涌砂等特殊情况，研制与之配套的 $\phi127$、$\phi89$ 潜孔锤取心钻具，其结构如图 7-11 所示。

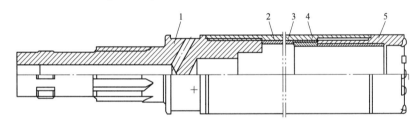

图 7-11　潜孔锤取心钻具示意图
1—上接头；2—外管；3—岩心管；4—内短接管；5—钻头

潜孔锤取心钻具主要由上接头、外管、岩心管、内管短节和取心钻头等零件组成。钻具的风路为：上接头内孔→上接头斜孔→钻具与孔壁的环状间隙。岩心直接进入岩心管。潜孔锤取心钻具参数详见表 7-6。

表 7-6　　　　　　　　　　　潜孔锤取心主要技术参数

钻具规格（mm）	$\phi127$	$\phi89$
钻孔直径（mm）	$\phi128$	$\phi91$
岩心直径（mm）	$\phi92$	$\phi54.5$
钻具长度（mm）	1410	
回次钻进长度（mm）	1000	1200
用途	处理故障	处理故障

第八章

绳索取心钻探技术

绳索取心钻进是一种不提钻而从钻杆内捞取岩心的钻进方法，自 20 世纪 40 年代问世以来，由于其辅助工作时间少、钻进效率高、取心质量好、劳动强度低、管材消耗少等优越性，已为国内地质勘探系统广泛采用，成为一种十分重要的钻进工艺技术。但是绳索取心钻进一般只应用于基岩钻进，尚未在砂、卵石覆盖层金刚石钻进技术中使用。"六五"科研以来，随着砂卵石层金刚石钻进与取样技术的成功推广应用，使深厚砂卵石层的钻进效率和取心质量上了一个新台阶，但其存在回次进尺长度较短、频繁起下钻作业引起抽吸和压力激荡影响孔壁的稳定、经常扫孔导致金刚石钻头和其他材料的消耗增大等不足，制约了钻进效率的进一步提高，甚至发生孔内事故。为此，国内科研院所曾在锦屏一级电站河床 4 个钻孔进行了砂卵石覆盖层绳索取心钻进工艺试验，经过试验和改进，绳索取心钻具对覆盖层的适应性大为提高，取得了良好的效果，改进后的 S95 绳索取心钻具在砂卵石覆盖层中平均岩心采取率达 90%，回次进尺达 1.0m 以上，柱状岩心的回次率达 96.4%，保证了钻探质量，提高了钻进效率，能够降低钻探成本，实现少提钻穿透深厚砂卵石层的目标。

绳索取心的优点主要表现在：

（1）减少起下钻的次数，增加纯钻时间，钻进效率可提升 25% 以上。绳索取心钻头的壁厚比普通取心钻头厚，钻进时的机械钻速略低于普通钻头，但由于减少了起下钻等辅助作业时间，增大了纯钻进时间，故总的钻进效率仍比普通钻头高。

（2）绳索取心钻具具有打捞速度快、提升平稳以及岩心堵塞后能即时报警等特点。当岩心堵塞时，可以立即打捞，减少岩心的损耗；对于难采心地层，可以采用 3 层管绳索取心钻具；绞车打捞提升平稳，速度快，可减少岩心磨蚀和中途脱落，岩心采取率最高可达 90%～100%，且无人为贫化或富集岩心现象，地质效果好。只在检查外管钻具、更换钻头时提下钻，减少了频繁升降和拧卸钻具、扫孔、碰撞等对钻头的磨损、损坏。同时，钻杆与孔壁间隙小，钻头在孔内工作平稳，钻头使用寿命延长。

（3）起下钻具次数少，且打捞岩心时，只需一人操作绳索取心绞车，大大减轻了劳动强度。孔越深，钻具越长，这个优点越明显。

（4）有利于复杂地层钻进、孔内安全和便于测斜工作。减少了提钻次数，缩短了孔壁的裸露时间，对坍塌破碎等复杂地层影响和扰动较小，减少了升降钻具时对孔壁的破坏。

同时，钻杆还可以起到套管的作用，有利于护壁，也使下放测斜仪器更加方便、敏捷。

绳索取心的缺点主要表现在：

（1）对钻杆管材的材质性能、加工精度要求较高。

（2）钻头壁较厚，切削孔底岩石的面积较大，碎岩功率消耗较大等。

（3）钻杆柱与孔壁的间隙小，增加了钻杆的磨损，同时冲洗液循环阻力有所增大，对冲洗液的流变特性和固相控制要求较高。

（4）钻杆修复难度较大。

（5）多级成孔时需准备多套不同规格的绳索取心钻杆。

（6）孔内事故一旦发生，几乎无法处理。

绳索取心钻进方法的应用要充分考虑地层条件、钻孔深度、钻头寿命以及绳索取心钻具配套设备较多、一次性投资较大等因素，以便综合权衡其使用的经济合理性。绳索取心钻进可用于钻进各种地层，在可钻性级别Ⅵ～Ⅸ级中硬岩层中效果最好；但在可钻性级别Ⅹ～Ⅻ级岩层，尤其是组织致密、颗粒细小无研磨性的极坚硬岩石，如石英闪长岩、石英砂砾岩、石英磁铁矿等，或研磨性很强的硬、脆、碎岩石中钻进时，钻头极易磨损，钻进效率极低，不能充分发挥绳索取心钻进的优越性。绳索取心一般可在孔深100m及以上钻孔中采用，钻孔越深其经济技术效果越好。采用绳索取心钻进，如果钻头寿命短，钻进过程中经常提钻更换钻头，便失去了采用绳索取心钻进的意义。

❋ 第一节　绳索取心钻具

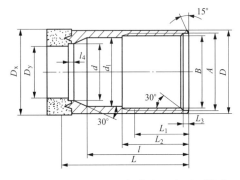

图 8-1　CT 型、CP 型绳索取心金刚石钻头

一、钻头和扩孔器

绳索取心金刚石钻头分为常规型（CT）和加强型（CP），配合相应的绳索取心钻具使用，钻头规格系列及结构示意图如图 8-1 和表 8-1、表 8-2 所示。

绳索取心扩孔器配合绳索取心钻头使用，其规格尺寸及结构示意图如图 8-2 和表 8-3 所示。

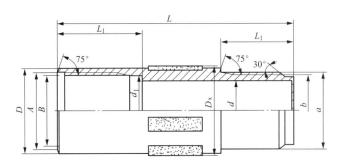

图 8-2　CT 型、CP 型绳索取心扩孔器

表 8-1　　　　　　　　　　　　　　常规型绳索取心金刚石钻头规格参数　　　　　　　　（单位：mm）

代号	钻头胎体		钻头钢体					钻头总长	螺纹尺寸（外螺纹）						
	外径 D_x	内径 D_y	外径 D	内径 d	内径 d_1	长度 l	l_4	L	大径 A	小径 B	长度 L_1	L_2	L_3	螺距 p	牙底宽 m
ACT	$48^{+0.3}_{+0.1}$	$25^{+0.1}_{-0.1}$	$46^{0}_{-0.1}$	$27^{+0.1}_{0}$	$39^{+0.1}_{0}$	47	2	62	$41^{+0.05}_{0}$	$39.5^{+0.05}_{0}$	$32^{+0.1}_{0}$	27	4	4	1.934
BCT	$60^{+0.3}_{+0.1}$	$36^{+0.1}_{-0.1}$	$58^{0}_{-0.1}$	$38^{+0.1}_{0}$	$50^{+0.1}_{0}$	60	2	75	$53^{+0.05}_{0}$	$51.5^{+0.05}_{0}$	$40^{+0.1}_{0}$	35	6	6	2.934
NCT	$76^{+0.5}_{+0.3}$	$48^{+0.1}_{-0.1}$	$73^{0}_{-0.1}$	$50^{+0.1}_{0}$	$61^{+0.1}_{0}$	60	2	75	$68^{+0.05}_{0}$	$66.5^{+0.05}_{0}$	$40^{+0.1}_{0}$	35	6	6	2.934
HCT	$96^{+0.5}_{+0.3}$	$64^{+0.1}_{-0.1}$	$92^{0}_{-0.1}$	$67^{+0.1}_{0}$	$80^{+0.1}_{0}$	75	2	90	$86^{+0.05}_{0}$	$84.5^{+0.05}_{0}$	$45^{+0.1}_{0}$	40	6	6	2.934
PCT	$122^{+0.5}_{+0.3}$	$85^{+0.1}_{-0.1}$	$118^{0}_{-0.1}$	$88^{+0.1}_{0}$	$102^{+0.1}_{0}$	100	3	115	$112^{+0.10}_{0}$	$110.0^{+0.10}_{0}$	$60^{+0.1}_{0}$	55	8	8	3.912

表 8-2　　　　　　　　　　　　　　加强型绳索取心金刚石钻头规格参数　　　　　　　　（单位：mm）

代号	钻头胎体		钻头钢体					钻头总长	螺纹尺寸（外螺纹）						
	外径 D_x	内径 D_y	外径 D	内径 d	内径 d_1	长度 l	l_4	L	大径 A	小径 B	长度 L_1	L_2	L_3	螺距 p	牙底宽 m
NCP	$77^{+0.5}_{+0.3}$	$46^{+0.1}_{-0.1}$	$74^{0}_{-0.1}$	$51^{+0.1}_{0}$	$61^{+0.1}_{0}$	60	2	75	$68^{+0.05}_{0}$	$66.5^{+0.05}_{0}$	$40^{+0.1}_{0}$	35	6	6	2.934
HCP	$97^{+0.5}_{+0.3}$	$61^{+0.1}_{-0.1}$	$93^{0}_{-0.1}$	$67^{+0.1}_{0}$	$80^{+0.1}_{0}$	75	2	90	$86^{+0.05}_{0}$	$84.5^{+0.05}_{0}$	$45^{+0.1}_{0}$	40	6	6	2.934

表 8-3　　　　　　　　　　　　　　绳索取心扩孔器规格参数　　　　　　　　（单位：mm）

规格代号	扩孔器胎体 外径 D_x	长度 L	螺纹尺寸								螺距 p
			内螺纹				外螺纹				
			大径 A	小径 B	长度 L_1	牙底宽 m	大径 a	小径 b	长度 L_1	牙底宽 m	
ACT	$49.5^{+0.3}_{+0.1}$	120	$41^{+0.05}_{0}$	$39.5^{+0.05}_{0}$	$32^{+0.1}_{0}$	1.934	$41^{-0.06}_{-0.12}$	$39.5^{-0.06}_{-0.18}$	$31.5^{-0.1}_{-0}$	1.964	4
BCT	$60.5^{+0.3}_{+0.1}$	150	$53^{+0.05}_{0}$	$51.5^{+0.05}_{0}$	$40^{+0.1}_{0}$	2.934	$53^{-0.06}_{-0.12}$	$51.5^{-0.06}_{-0.18}$	$39.5^{-0.1}_{-0}$	2.964	6
NCT	$76.5^{+0.5}_{+0.3}$	150	$68^{+0.05}_{0}$	$66.5^{+0.05}_{0}$	$40^{+0.1}_{0}$	2.934	$68^{-0.06}_{-0.12}$	$66.5^{-0.06}_{-0.18}$	$39.5^{-0.1}_{-0}$	2.964	6
NCP	$78.5^{+0.5}_{+0.3}$	150	$68^{+0.05}_{0}$	$66.5^{+0.05}_{0}$	$40^{+0.1}_{0}$	2.934	$68^{-0.06}_{-0.12}$	$66.5^{-0.06}_{-0.18}$	$39.5^{-0.1}_{-0}$	2.964	6
HCT	$96.5^{+0.5}_{+0.3}$	165	$86^{+0.05}_{0}$	$84.5^{+0.05}_{0}$	$45^{+0.1}_{0}$	2.934	$86^{-0.06}_{-0.12}$	$84.5^{-0.10}_{-0.18}$	$44.0^{-0.1}_{-0}$	2.964	8
HCP	$98.5^{+0.5}_{+0.3}$	165	$86^{+0.05}_{0}$	$84.5^{+0.05}_{0}$	$45^{+0.1}_{0}$	2.934	$86^{-0.06}_{-0.12}$	$84.5^{-0.10}_{-0.18}$	$44.0^{-0.1}_{-0}$	2.964	8
PCT	$122.5^{+0.5}_{+0.3}$	180	$112^{+0.10}_{0}$	$110^{+0.08}_{0}$	$60^{+0.1}_{0}$	3.912	$112^{-0.12}_{-0.16}$	$110^{-0.10}_{-0.18}$	$59.0^{-0.1}_{-0}$	3.942	8

与普通金刚石钻进相比，绳索取心钻进对钻头和扩孔器的技术性能和质量要求更高，其选择使用原则是：

（1）选择高品质金刚石制作绳索取心钻头。

（2）绳索取心钻头的胎体应满足耐冲蚀、耐磨损、自锐及长寿命、广谱性等要求。表镶钻头胎体硬度选择 HRC30/35、HRC40/45；孕镶钻头胎体硬度选择 HRC10/20、HRC20/30、HRC30/35、HRC40/45、HRC>45 等，以适应不同地层。

（3）孕镶金刚石钻头适应范围宽，价格低，且可钻进中硬、硬、极硬的弱至强研磨性地层，对破碎和软硬交互地层适应性好，不易损坏。孕镶钻头内外径常选用天然金刚石或人造聚晶、烧结体保径补强。适当增加水口、水槽的数量与过水断面，孕镶钻头水口一般为 8～12 个。

（4）在完整和较完整的中硬地层钻进时，可酌情使用表镶金刚石钻头。

（5）选用孔壁摩擦阻力较低和具有良好保径功能的金刚石扩孔器，且扩孔器水路能保证冲洗液过流通畅。

（6）为更大限度地发挥绳索取心钻探技术优势，大幅度提高钻探效率，降低能源消耗，减轻作业人员劳动强度，减少钻杆拧卸产生的磨损和损坏，在新的技术条件下，应积极推广使用二次镶焊和无压法生产的双水口或再生水口超高胎体等新型、高效、长寿命的金刚石钻头。目前这种钻头的工作层厚度最大可达 16～26.4mm，在地层条件较好的中深钻探孔作业，几乎可一钻成孔。

二、钻具

绳索取心钻具要符合以下技术要求：

（1）当内管总成下到外管总成预定限位时，能即时向地面发出信号，且内、外管之间的相对位置能够确定，使地面操作者及时得知内管总成已经到位，即可启动钻进程序。在钻进过程中，内管不上窜、下滑，内、外管之间不产生相对转动并能保证有良好的通水性。

（2）钻进过程中岩心充满内管或发生岩心严重堵塞时，能及时向地表发出明确的报警信号。

（3）保持内、外管同轴，单动灵活，以便使岩心顺利进入内管，在提取岩心时能防止内管因受力过大而损坏。内管总成的长度能够调节，使卡簧与钻头内台阶水路保持合理间隙。

（4）卡取岩心时，卡簧座能坐在钻头内台阶上，通过钻头把拔断岩心的反力传到外管上。

（5）打捞器能在柱内顺利下入，并将内管总成安全打捞到地面。钻进严重漏失地层或干孔时，打捞器能把内管总成安全地送到预定位置。打捞器卡住内管提拉不动或提升过程中遇阻时，能够安全解脱，避免拉断钢丝绳或发生其他事故。

1. 钻具的规格与型号

我国地矿行业使用的绳索取心钻具已经形成系列，目前常用的有 A、B、N、H 等口径，其规格有 φ56、φ59、φ75、φ91、φ95 等。部分绳索取心钻具规格参数如表 8-4 所示。

2. 绳索取心钻具的结构原理

虽然绳索取心钻具的型式很多，规格各异，但其基本结构大同小异。如图 8-3 所示为我国地矿系统最常用的 S75 型绳索取心钻具结构，整套绳索取心钻具分为单动双层岩心管和打捞器两大部分。

表 8-4　　　　　　　　　　部分绳索取心钻具规格参数　　　　　　　　（单位：mm）

系列	规格	钻头		扩孔器外径	外管		内管		配套钻杆规格	配套打捞器
		外径	内径		外径	内径	外径	内径		
普通系列钻具	SC56	56	35	56.5	54	45	41	37	S56	S系列
	S59	59.5	36	60	58	49	43	38	S59	
	S75/S75B	75	49	76.5	73	63	56	51	S75/S75A	
	S91	91	62	91.5	88	77	71	65	S91	
	S95/S95B	95	64	96.5	89	79	73	67	S95/S95A	
C系列钻具	BQ	59.5	36.5	60	58.2	46	42.9	39.1	BQ	Q系列
	NQ	76.3	48.6	76.8	73	60.3	56.6	50	NQ	
	HQ	96.6	63.5	96	92.1	78.8	73	66.7	HQ	
	PQ	122	85	122.6	118.5	103.2	96.6	89.9	PQ	
深孔和复杂地层系列钻具	S75B-2	76	47	76.5	73	63	54	49	S75A/CNH/CNH（T）	Q系列
	S95B-2	96.5	62	96	89	79	73	65	S95A/CHH	
	S76-SF	75	49	76.5	73	63	56	51	S75A/CNH	S系列
	S96-SF	95	62	96.5	89	79	73	67	S95A/CHH	S系列
	S150-SF	150	93	150.5	139.7	125	106	98	S127	S系列

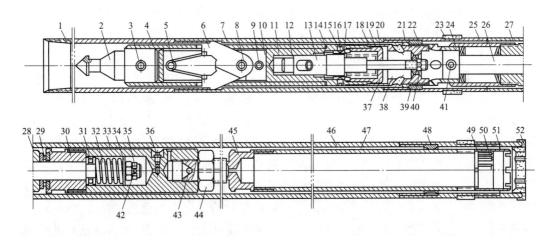

图 8-3　S75 型绳索取心钻具

1—弹卡挡头；2—捞矛头；3、41—弹簧销；4—回收管；5—张簧；6—弹卡；7—弹卡室；8、9—弹卡销；
10—弹卡座；11—弹卡架；12—复位簧；13—阀体；14—定位簧；15—螺钉；16—定位套；17、34、37—垫圈；
18—固紧环；19、32—弹簧；20—调节螺堵；21—悬挂环；22—座环；23—上扩孔器；24—接头；25—滑套；
26—轴；27—碟簧；28—调节螺栓；29—轴承；30—轴承座；31—推力轴承；33—弹簧座；35、40—螺母；
36—油杯；38—悬挂接头；39—阀堵；42—开口销；43—钢球；44—调节螺母；45—调节接头；
46—外管；47—内管；48—扶正环；49—卡簧挡圈；50—卡簧；51—卡簧座；52—钻头

外管总成由弹卡挡头、弹卡室、上扩孔器（稳定接头）、外管、下扩孔器和钻头组成。内管总成由矛头机构、弹卡定位机构、悬挂机构、到位报信机构、岩心堵塞报警机构以及单动、内管保护、调节、扶正、内管、岩心卡取等机构组成。

铰链式矛头机构由捞矛头、定位卡块、捞矛座等组成。捞矛头可在其转动平面内转动 180°，在提捞内管总成到地面后，打捞器与内管总成可在 0°～±90°内转动、变换位置，在倒、取岩心时，不必放倒内管总成，可直接吊着打捞器使内管总成倾斜即可将岩心倒出。另外，在放倒内管时，该机构还可防止捞矛头从打捞器的捞钩中脱出，以免摔坏内管和弄弯内管。

弹卡定位机构由弹卡挡头、弹卡板、张簧、弹卡室等零件组成。当内管总成在钻杆柱内下降时，张簧使弹卡向外张开一定角度，并沿着钻杆内壁向下滑动。当内管总成到达外管总成中的弹卡室时，弹卡板在张簧的作用下继续向外张开，使两翼贴附在弹卡室的内壁上。由于弹卡室内径较大，而其上端的弹卡挡头内径较小，在钻进过程中可防止内管总成上窜，起到定位作用。弹卡板沿钻杆的内壁向下滑动时，张开一定角度，具有向内下放的倾斜面，如遇阻碍，钻具重量和向下运动的惯性力使弹卡向内压缩张簧，从而使钻具顺利通过。

悬挂机构由内管总成中的悬挂环和外管总成中的座环组成（悬挂环的外径稍大于座环的内径，一般相差 0.5～1.0mm）。当内管总成下降到外管总成的弹卡室位置时，悬挂环坐落在座环上，使内管总成下端的卡簧座与钻头内台阶保持 2～4mm 的间隙，以防止损坏卡簧座和钻头，并保持内管的单动性能和通水性能。

到位报信机构由复位簧、阀体、定位簧、弹簧、调节螺堵、阀堵、调节圈等零件组成。当内管总成在钻杆柱内由冲洗液向下压送时，阀体的粗径台阶位于定位簧内，弹簧处于正常状态，阀体在关闭位置，冲洗液由内管总成和钻杆柱的环状间隙流通（见图 8-4），如果内管到达外管中的预定位置，内管总成的悬挂环坐落在外管中的座环上，把冲洗液的通道完全堵塞，迫使冲洗液改变流向，压缩弹簧，向下推动阀堵，直至阀体的粗径台阶移出定位簧，使阀堵打开（见图 8-5）。同时，泵压表的压力明显升高（升高 0.05～0.10MPa），表明内管总成已达到预定位置，可以开始扫孔钻进。由于定位弹簧的作用，可以防止阀堵自动关闭。在钻进过程中，冲洗液流经此处几乎不消耗泵压。捞取岩心时，打捞器通过捞矛头、回收管和弹性销向上提拉阀体，使阀体的粗径台阶克服定位弹簧的弹力进入定位簧，并继续向上运动，复位簧受压，直至阀堵超过关闭位置，给冲洗液打开一条排泄通道（见图 8-6），部分冲洗液由此下泄，减少了冲洗液对孔壁的抽吸作用和打捞阻力。内管总成打捞到地表后，由于复位簧的作用，随着回收管的复位，阀堵自动回到关闭位置。根据钻孔深度的不同，通过调节螺堵和调节圈，可以改变弹簧的预紧力，以调节泵压的变化范围。

岩心堵塞报警机构由滑套、轴、碟簧等零件组成。钻进过程中，当发生岩心堵塞或岩心装满内管时，岩心对内管产生的预推力压缩碟簧，使滑套向上移动到悬挂接头的台阶处，将通水孔堵塞，造成泵压升高，提示操作者应停止钻进、捞取岩心。根据钻进地层软硬程度的不同，可以改变碟簧的排列形式，并调节碟簧的弹力，使其既不影响正常钻进，又能在岩心堵塞时准确报信。

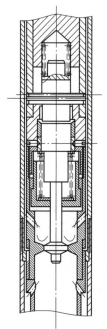
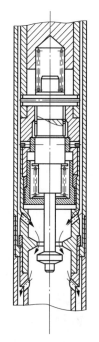
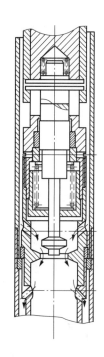

图 8-4　内管总成下降状态　　　图 8-5　钻进状态　　　　图 8-6　打捞状态

单动机构由两副推力轴承实现钻具单动，内管在钻进时不旋转。

内管保护机构由滑动接头、键、弹簧等组成，又称缓冲机构。采取岩心时，拔断岩心的力使滑动接头压缩弹簧向下移动，内管及卡簧座随之下移至钻头台阶上，从而使拔断岩心的力由钻头传递到外管，以保护内管不受损坏。

调节机构由调节螺母、调节接头、调节心轴等组成。内外管组装在一起时，可以通过调节机构调整卡簧座与钻头台阶之间的间隙（调节范围 0～30mm），满足要求后，用调节螺母锁紧，以防松动。

扶正机构即外管总成下部的扶正环，用于内管的导向，可使内外管保持轴向同心，便于岩心进入卡簧座和内管。

打捞器由打捞机构和安全脱卡机构组成，在钻进取心过程中，通过专用的绳索取心绞车下入打捞器来安放和提取内管总成。在孔内充满冲洗液并且确认不会造成钻具损坏的前提下，内管总成可直接投入钻杆内，而不用打捞器送入孔底。在大斜度钻孔和水平钻孔中，需通过泵送的方法才能将打捞器送达孔内预定位置。打捞器应能实现人工安全脱钩。当捞取岩心遇阻时，绳索取心绞车拉紧钢丝绳，由孔口沿钢丝绳投入脱卡管实现内管总成脱卡。S75 型绳索取心钻具配套的打捞器和脱卡管如图 8-7 所示。

打捞机构由打捞钩、捞钩架、重锤和钢丝绳接头组成。取心时，钢丝绳悬吊打捞器放入钻杆柱内，打捞钩靠重锤以 1.5～2.0m/s 的速度快速下降。由于捞钩架为圆筒状，故导向性好，当它达到内管总成上端时，能准确钩住捞矛头，把内管总成提升上来。

安全脱卡机构通常采用一根长为 1m、内径比重锤稍大的套管进行安全脱卡。套管壁上（见图 8-8）开有一斜口。当需要安全脱卡时，将此套管从斜口处套入钢丝绳上，

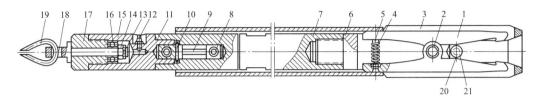

图 8-7　S75 型绳索取心钻具打捞器结构

1—打捞钩；2、8—弹簧销；3—捞钩架；4—弹簧；5—铆钉；6—脱卡管；7—重锤；

9—安全销；10、20—定位销；11—接头；12—油杯；13—开口销；14—螺母；

15—垫圈；16—轴承；17—压盖；18—连杆；19—套环；21—定位销套

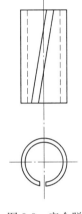

套管靠自重下降，行至打捞器穿过钢丝绳接头和重锤，撞击和罩住打捞钩尾部，迫使其尾部向内收缩，端部张开，使打捞器与内管总成脱离。在特深孔或大直径绳索取心钻孔中，为确保脱卡机构的可靠性，减少提钻次数，国外还研制出较为复杂的机械式变位脱卡器。当打捞内管总成遇阻时，只要提拉、放松数次后即可自动脱卡。

近年来，很多企业对绳索取心钻具结构进行了优化改进。图 8-9 是 S75 的改进型 S76-SF 绳索取心钻具结构。钻具采用上、下弹卡结构，利用下弹卡代替原来的悬挂环，其内管总成采用插接式结构。由于采用下弹卡结构代替了传统绳索取心钻具的悬挂环，S76-SF 绳索取心钻具的投放可靠性提高。因此，钻具取消了内管总成到位和岩心堵塞报信机构。S76-SF 绳索取心钻具大大简化了内管总成机构，减少了零件数量，缩短了钻具长度，使其加工容易，成本降低。同时，方便了搬运和钻探作业，减轻了工人劳动强度。

图 8-8　安全脱卡套管

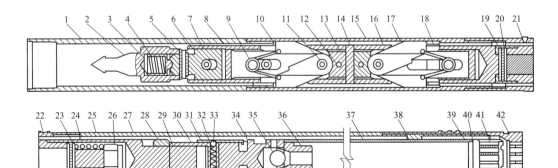

图 8-9　S76-SF 绳索取心钻具

1—弹卡挡头；2—捞矛头；3—捞矛头弹簧；4—捞矛头定位销；5、7、11、12—弹性圆柱销；6—捞矛座；

8—回收管；9—张簧；10—上弹卡钳；13—弹卡座；14—弹卡架；15—弹卡室；16—下弹卡管；17—下弹卡钳；

18—座环；19—轴承罩；20—轴承；21—轴承座；22—扩孔器；23—轴承；24、32—弹簧；25—弹簧套；

26—锁紧螺母；27—外管；28—调节螺母；29—锁圈；30—调节接头；31—限位套筒；33、35—钢球；

34—内管上接头；36—压盖；37—内管；38—扶正环；39—卡簧座；40—挡圈；41—卡簧；42—钻头

※ 第二节 绳索取心钻杆及附属机具

一、钻杆

绳索取心钻进用钻杆既可以传递动力，又可以输送内管和打捞器，还可以保护孔壁。目前，我国的绳索取心钻杆有通用型（S）、加强型（P）和薄壁型（M）三种，根据应用钻孔孔深和孔内工况合理选用。S 型绳索取心钻杆是在钢管两端直接加工普通螺纹的钻杆；P 型绳索取心钻杆是在钢管两端适当加厚，然后再加工加强型螺纹的钻杆；M 型绳索取心钻杆是采用端部内加厚的特殊薄壁型管材制造，两端加工普通螺纹。绳索取心钻杆的连接形式分为直连钻杆、端加厚直连钻杆、接头连接式钻杆和焊接式钻杆。

通用型（S）绳索取心钻杆包括 SⅠ（公制系列）及 SⅡ（英制系列）两种规格系列，两个系列钻杆体的规格通用，主要适用于地层稳定的中深孔绳索取心钻探。加强型（P）绳索取心钻杆，是国内针对复杂地层和深孔地质岩心钻探而研制的新型钻杆，分为Ⅰ型和Ⅱ型两种，目前主要有 N、H 两种规格。薄壁型（M）绳索取心钻杆可以减轻钻机负荷、搬迁重量，但因其钻杆体强度和耐腐蚀性要求高，端部内加厚工艺复杂，成本高，目前国内未批量生产。覆盖层工程勘察绳索取心钻进常用钻杆为加强型。

国内企业制造的绳索取心钻杆规格如表 8-5 所示。

表 8-5　　　　　　　　　部分国产绳索取心钻杆规格

序号	规格	系列	钻杆（mm）		螺纹连接形式	热处理方式	钻杆材质
			外径	内径			
1	S56	普通钻杆	53	44	地标、冶标		45MnMoB
2	S59	普通钻杆	56.5	46	地标、冶标		45MnMoB
3	S75	普通钻杆	71	61	地标、冶标		45MnMoB
4	S95	普通钻杆	89	79	地标、冶标		45MnMoB
5	S75A	加厚钻杆	两端加厚	61	企标	加厚端热处理	45MnMoB
6	S95A	加厚钻杆	两端加厚	79	企标		45MnMoB
7	CBH	C系列钻杆	两端加厚	44	企标		30CrMnSiA
8	CNH	C系列钻杆	两端加厚	61	企标	整体热处理	30CrMnSiA
9	CNH（T）	C系列钻杆	两端加厚	58	企标		ZT850
10	CHH	C系列钻杆	两端加厚	77	企标		30CrMnSiA
11	CPH	C系列钻杆	114.3	101.6	企标	局部热处理	ZT600
12	CSH	C系列钻杆	127	114.3	企标	摩擦焊接	S135

绳索取心钻杆主要失效形式为外圆磨损、螺纹磨损以及疲劳断裂、拉脱（喇叭口）等。提高绳索取心钻杆使用寿命的工艺措施为：

（1）合理设计绳索取心的钻探钻孔结构和套管程序。

（2）适当提高金刚石绳索取心钻探机械钻速。根据勘探区实际情况配备加长的绳索取心钻具，在满足取心质量的前提下，适当增加回次进尺。

（3）应用高时效、长寿命、光谱型金刚石绳索取心钻头。

（4）在拧卸绳索取心钻杆时，要使用多触点的自由钳，不应使用管钳。严禁用大锤敲击钻杆，以防止钻杆和接头螺纹变形。每次下钻，绳索取心钻杆结构螺纹部分应涂抹丝扣油，以润滑螺纹，增加其密封性能，防止冲洗液渗漏，并使螺纹副拧卸省力。为保护提离钻孔的绳索取心钻杆，需采用木质立根台架，钻杆接头外螺纹端部应与木板接触。为防止钻杆弯曲，从钻孔内提出多根钻杆组成的立根需竖立放置时，应在钻杆立根台架和塔上工作台之间设置中间支撑。

（5）绳索取心钻杆在搬运过程中要套上护帽，不使螺纹外露，装卸时严禁摔放，以防止钻杆接头螺纹磕碰损坏。使用后的绳索取心钻杆应当水平堆放，并垫上三道高度相同的枕木，或堆放在专用货架上。绳索取心钻杆接头（内外螺纹）应当定期涂油，以防锈蚀。

（6）优化钻进参数，杜绝违章作业，严格执行绳索取心钻探规程。根据钻孔深度和钻杆磨损情况，均衡调配使用绳索取心钻杆。

（7）推荐使用液压拧管钳，保证预紧扭矩。

出现以下现象的绳索取心钻杆应予报废：

（1）管体均匀磨损单边超过 1mm 的。

（2）管体磨损（偏磨）致使外径减少 1.5mm 以上的。

（3）螺纹严重磨损，螺纹副出现晃动的。

（4）管体出现裂纹（不考虑划痕、表层裂纹）、喇叭口或缩径的。

（5）螺纹副因磨损密封性能下降，在低压力（0.6MPa 以下）下出现明显泄漏的。

（6）管体弯曲（每米弯曲 0.75mm 以上）或明显凹陷的。

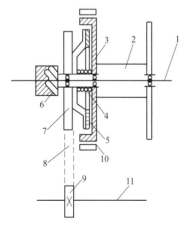

图 8-10　绳索取心绞车
1—绞车轴；2—卷筒；3—轮壳；
4—弹簧；5—摩擦片；6—离合爪；
7—大链轮；8—链条；9—小链轮；
10—制带；11—钻机绞车轴

二、附属机具

1. 绳索取心绞车

绳索取心绞车专用于下放打捞器和打捞岩心管，有两种基本类型：一种是单驱动式，即绞车由动力机单独驱动，与钻机动力无联系的绞车，可在任意场所安装，噪声小，钢绳排列整齐，机械磨损小；另一种是安装在钻机上，由钻机动力驱动，结构简单，安装紧凑，不需专用动力，使用方便，如图 8-10 所示，由小链轮、大链轮、离合器、离合手把、卷筒等部件组成。小链轮安装在升降机的矛头轮上，通过链条把动力传递到绳索取心绞车的大链轮上。提升时，向内拨动手把，离合爪推动摩擦片向内与卷筒轮壳压紧，并带动卷筒转动；刹车时，向外推动手把，借助压缩弹簧的力量使摩擦片向外与卷筒轮壳脱离接触。与此同时，制带被拉紧，从而把卷筒制动住；下放时，手把处在中间位置，离合器处于离开状态，制带松开卷筒，依靠打捞器及钢绳的重量下放。

2. 钻杆夹持器

绳索取心钻杆的夹持器有脚踏夹持器（木马夹持器）和球卡夹持器两种型式。

脚踏夹持器由偏心座、卡瓦及曲柄连杆等组成，如图 8-11 所示。夹持钻杆时，两个偏心座由椭圆的重头分别以 A 和 A' 为支点向下转动，从而向前推动卡瓦，把钻杆夹紧。同时，由于钻杆自重的作用，进一步带动卡瓦和椭圆重头向下，重量越大，夹持越紧。松开钻杆时，一边提升钻杆，一边脚踩偏心座的踏板，偏心座在以 A 为支点转动的同时，通过曲柄连杆机构使另一偏心座以 A' 为支点转动，从而使两个椭圆重头向上，把夹紧的钻杆松开。

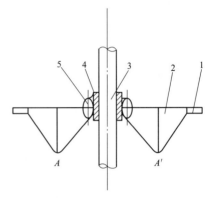

图 8-11　脚踏夹持器示意图

1—踏板；2—偏心座；3—钻杆；

4—卡瓦；5—椭圆重头

球卡夹持器的结构如图 8-12 所示，由卡瓦、卡块、外卡套、弹簧和拨叉等零件组成。夹持钻杆时，借助弹簧的力量向下推动卡套，使扁圆状的卡饼沿具有 8°～10° 的卡瓦向下滑动，并逐渐向内突出将钻杆夹持住。此外，钻杆的重力又有带动卡块向下运动的趋势，因而，钻杆越重夹持越紧。需要松开时，在向上提升钻杆的同时，脚踩拨叉脚踏板使内卡套压缩，弹簧向上移动，卡块沿卡瓦锥面向上并向外移动，从而松开夹紧的钻杆。

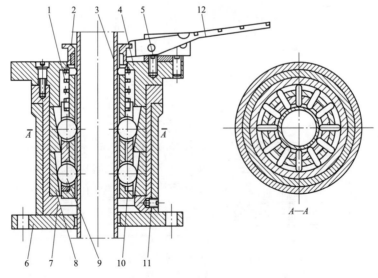

图 8-12　球卡夹持器

1—弹簧；2—卡套帽；3—内卡套；4—压盖；5、11—螺钉；6—底座；

7—承托；8—卡瓦；9—卡块；10—外卡套；12—拨叉

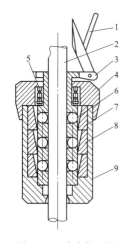

图 8-13　球卡提引器

1—扳手；2—钻杆；3—拨叉；
4—压盖；5—弹簧；6—卡球；
7—卡球套；8—卡瓦；9—外壳

3. 提引器

提引器分手搓式和球卡两种。手搓提引器结构简单，下端有与钻杆螺纹相同的接头，采用接头螺纹连接钻杆的方法，工作可靠，但操作复杂，比较费时；球卡提引器是利用钻具自重闭锁原理提引钻具的装置，结构如图 8-13 所示，主要由卡球、卡球套、弹簧、拨叉及扳手等零件组成。提升钻杆时，弹簧推动卡球套，使卡球沿着具有锥度的卡瓦向下滚动并向内突出卡住钻杆，同时，钻杆的重力又带动卡球进一步向下滚动，从而具有提引钻杆的作用。需要松开钻杆时，扳动拨叉扳手，使卡球套带动卡球克服弹簧的弹力向上移动，由于锥度作用，卡球向外移动，从而把卡紧的钻杆松开。

球卡提引器操作简便，节省时间，还有助于实现钻具升降自动化。由于卡球在钻杆与卡瓦间容易"楔死"，不易松开，并有夹伤钻杆的现象，特别是在孔深时，这种现象将更加严重，需根据具体条件选用手搓或球卡提引器。

4. 拧管机

我国已研制成功若干种型号的绳索取心拧管机，如图 8-14 所示为 JSN-56 型拧管

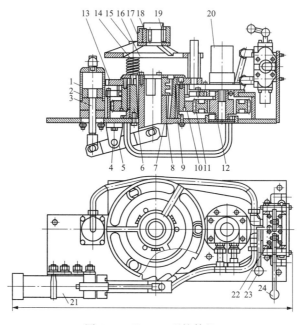

图 8-14　JSN-56 型拧管机

1—油缸；2—活塞；3—活塞杆；4—杠杆支架；5—杠杆；6—圆锥筒；7—套筒；8—卡瓦；

9—滑动轴承；10—齿圈；11—齿轮；12—空心轴；13—棘轮转盘；14—弹簧；

15—转盘立柱；16—转盘；17—夹持套；18—滚柱架；19—滚柱；20—液马达；

21—助推油缸；22—操作阀总成；23—夹持控制手把；24—拧卸控制手把

机。夹持钻杆时，压力油进入油缸的下腔，推动活塞向上运动，以便通过活塞杆、杠杆支架和套筒使位于套筒内的卡瓦在圆锥筒的斜面上向下移动，从而卡住钻杆；反之，则松开钻杆。拧卸钻杆时，液马达通过齿轮、齿圈、棘轮转盘和转盘立柱带动夹持套回转，滚柱架固定不动，滚柱被迫沿夹持套圆弧面滚动，向夹持套中心靠拢，直至卡住钻杆并带动钻杆卸扣。

第三节 绳索取心钻进

一、钻进参数

钻进工艺参数主要为钻压、转速和冲洗液量。根据岩石特性、钻头类型、钻孔深度、钻孔倾角、钻孔直径、冲洗液类型和所用钻具性能等因素选择并优化。

1. 钻压

绳索取心钻头的底唇面积比普通金刚石钻头的底唇面积大，如 $\phi56$mm 孕镶绳索取心钻头的底唇面积为 11.6cm²，约比普通金刚石取心钻头大 25％，因此所需钻压相应增大。绳索取心钻进一般适用于中硬至硬岩层（可钻性级别 6～11 级），使用常规表镶和孕镶金刚石钻头的钻压范围如表 8-6 所示。

表 8-6 　　　　　不同规格绳索取心金刚石钻头钻压 　　　（单位：kN）

钻头规格		A	B	N	H	P	S
表镶钻头	最大压力	8	10	12	15	17	19
	正常压力	4～6	6～8	7～9	8～12	10～14	12～16
孕镶钻头	最大压力	10	12	15	18	20	22
	正常压力	6～8	8～10	10～12	12～15	14～18	16～20

钻进节理发育岩石和产状陡立、松散破碎、软硬互层、强研磨性等地层及钻孔弯曲、超径的情况下，应适当减压；经初磨的新钻头，采用正常钻压可获得高钻速。钻进中，随着金刚石的磨钝，钻速下降，应逐渐平稳增大钻压。

实际采用钻压应按具体岩层条件、钻头类型、钻头实际尺寸（如超径钻头）等，通过实践合理确定。为减少钻孔弯曲，应降低钻压，绳索取心钻进宜选用底唇面积小的钻头，如多水口，交错唇面和齿形结构钻头，此时可适当降低钻压。

2. 转速

在孔径、孔深、冲洗润滑条件、孔壁稳定性、岩层研磨性、钻杆强度以及设备等条件允许下，可选择较高转速钻进；表镶金刚石钻头钻进的圆周速度一般为 0.5～2m/s，孕镶金刚石钻头钻进的圆周速度一般为 1.5～4m/s，同时需考虑钻孔深度。

钻进坚硬弱研磨性地层、裂隙破碎地层、软硬互层及产状陡立易斜地层时，应适当降低转速；在软岩层中钻进，需限制转速；钻孔结构和钻具级配要合理，钻杆与孔壁间隙小，适于采用高转速。在钻孔结构复杂、换径多、环状间隙大、钻具回转稳定性差，不适于开高转速。常用表镶和孕镶金刚石钻头的转速范围如表8-7所示。

表 8-7　　　　　　　　　　绳索取心钻探适用于转速　　　　　　　　（单位：r/min）

钻头规格	A	B	N	H	P	S
表镶钻头	400～800	300～650	300～500	220～450	170～350	140～300
孕镶钻头	600～1200	500～1000	400～800	350～700	250～500	200～400

3. 泵量

冲洗液量根据钻进条件合理确定，并保持上返流速为0.5～1.5m/s。由于绳索取心钻具环状间隙小，钻头底唇面积大，按钻头底唇单位面积上冲洗液消耗量计算泵量，比普通金刚石钻进的泵量略大。孕镶钻头钻进时所需冲洗液量如表8-8所示，表镶钻头所需冲洗液量比孕镶钻头稍小。

表 8-8　　　　　　　　　不同规格孕镶钻头所需冲洗液量　　　　　　（单位：L/min）

钻头规格	A	B	N	H	P	S
泵量	25～40	30～50	40～70	60～90	90～110	100～130

钻进坚硬、细颗粒的岩层，钻速低，岩粉低，泵量适当减小；钻进软及中硬岩层，钻速高，岩粉多，泵量适当增大。钻进裂隙，有轻微漏失地层，泵量稍大于正常情况。钻进研磨性强的岩层，泵量增大。

二、钻进

1. 钻具组装、检查及调整

现场一般备用一套外管总成、打捞器总成和两套内管总成。新使用的绳索取心钻具下孔前，认真检查内、外管总成和打捞器总成，然后将内管总成装入外管总成，调整内外管长度配合，并使用打捞器试捞内管总成，确认符合技术要求后方可下孔使用。

外管总成由钻头、扩孔器、稳定器（上部）、外管、弹卡室、弹卡挡头、座环及扶正环等组成。外管直线度误差每米不大于0.3mm，扶正环无变形，稳定器（上扩孔器）外径略小于扩孔器外径，所有螺纹处要涂丝扣油，以改善密封性能，方便拧卸。

内管总成由捞矛头、弹卡、单动轴承、内管、卡管座等组成。各部件丝扣拧紧，尤其要防止钻进中卡簧座倒扣（允许采用反扣设计）；装入的弹卡动作灵活，两翼张开间距大于弹卡室内径；钻具有到位报信机构时，根据孔深调节工作弹簧预压力；卡簧座、内管和内管总成上部连接要同轴。单动机构灵活，轴承套内注满黄油；内管光滑平直，无凹坑和弯曲现象；卡簧与钻头内径相匹配，卡簧自由内径一般比钻头内径小0.3～0.5mm。

内管总成装配，弹卡与弹卡挡头的端面一般保持3～4mm的距离；卡簧座与钻头内台阶保持合理间隙，该间隙通过内管总成调节螺母进行调整，一般为2～4mm；内管总成在外管总成内卡装牢固，捞取方便、灵活。

将打捞器与绳索取心绞车的钢丝绳牢固连接，打捞钩安装周正，无偏斜；打捞钩头部张开距离适宜，尾部弹簧灵活可靠；脱卡管能确保安全脱卡。

2. 钻具使用

（1）投放内管。当确认外管和钻杆内已无岩心时，将内管总成由孔口投入钻杆内，对上机上钻杆，开泵压送，应注意观察泵压变化，泵压明显升高或降低时，说明内管总成已达到预定位置。遇地层严重漏失，孔内没有冲洗液或水位很深时，不准直接投放内管总成，应采用打捞器把内管总成送入孔内；或用机上钻杆对准孔口，泵入适量的冲洗液，然后迅速投放内管总成。

（2）开始钻进。在孔口投入内管总成并确认已下降到位后，才能开始扫孔钻进。钻进过程中如发现岩心堵塞，或者回次进尺已接近岩心容纳管长度时，应停止钻进，并适当冲洗钻孔。

（3）打捞岩心。①孔口打捞：操作步骤包括提断岩心、提升并卸开机上钻杆、立轴钻杆移离孔口、下放打捞器、提升内管总成、将备用内管总成二次投入等。操作中应首先用回转器或动力头顶起钻具50～70mm。缓慢回转钻柱，扭断岩心，再提起并卸掉机上钻杆后，下放打捞器。②机上打捞：操作步骤包括提断岩心（钻具基本不离开孔底），卸开专用水龙头压盖，打捞器通过水龙头下入机上钻杆送达机底，开动绳索取心绞车，提升内管总成。采用机上打捞方法，宜用回水漏斗将溢出的冲洗液引向泥浆循环槽。打捞器在冲洗液中的下降速度以1.5～2.0m/s为宜。当将要到达内管总成上端时，应适当减慢下降速度，1000m孔深范围内，可以听到轻微的撞击声，然后开动绳索取心绞车，缓慢提升钢丝绳，确认内管总成已提动后可正常提升。提升过程中，若冲洗液由钻杆溢出，一般说明打捞成功，否则重复打捞，严禁猛冲硬镦，反复捞取无效应提钻处理。③大斜度和水平孔的岩心捞取：大斜度和水平孔绳索取心钻进中投放内管和打捞岩心工序必须采用专门设计的水力输送捞心装置。投放内管：将内管总成插入钻杆，再塞入水力输送捞心装置，接上密封接头，启动泥浆泵，借助冲洗液压力降内管总成和水力输送捞心装置送下，到位后提出水力输送捞心装置，进行钻进。打捞内管：回次终了，将卸去加重杆的打捞器接在水力输送捞心装置上塞入钻杆，接上密封接头，启动泥浆泵，将水力输送捞心装置送抵孔底内管总成顶部，捞住矛头，拉出内管总成并取心。

3. 故障处理

绳索取心钻具使用过程中的常见故障、原因及处理方法如表8-9所示。

表8-9　　　　　绳索取心钻具使用过程中常见故障、原因及处理方法

序号	故障类型	主要原因	处理方法
1	打捞器不能捕捞内管总成	捞矛头损坏，打捞器钩挂不住；岩粉沉淀或有实物覆盖矛头；矛头在弹卡挡头内偏置；打捞器损坏或尾部弹簧断裂失灵等	如数次提放打捞器无效，应提出打捞器，提钻检查处理

序号	故障类型	主要原因	处理方法
2	打捞器捕捞住内管总成后提拉不动	岩心堵死或卡簧座倒扣，使内管总成在钻头内台阶和弹卡挡头间顶死；岩心下端呈倒蘑菇头状并卡在钻头底部；弹卡的弹性轴销脱出卡住回收管；卡簧座下端和内管螺纹部分因岩心堵死变形，无法通外管总成座环；悬挂环和座环严重损坏相互卡死；弹卡挡头拨叉拆断，内管总成被卡等	应使用安全脱卡机构使打捞器脱钩，提钻处理
3	打捞途中提拉遇阻	钻杆螺纹变形，阻挡内管通过；内管严重弯曲变形，通不过钻杆；泥浆固相含量高，在钻杆内结成泥皮等	首先使用安全脱卡机构提出打捞器，继而提升钻具检查原因，并更换不合格的钻杆或内管；调整泥浆性能，并采用泥浆固控系统，如增设除砂器和除泥器
4	岩心脱落	岩心直径与卡簧不匹配，造成没有拨断岩心或未卡紧中途脱落；弹卡不起作用，钻进时内管上窜或内管总成下放未到位，形成"单管"钻进；岩心松软（如煤层），钻具结构不适合，钻进规程不合理等	检查卡簧是否合格，弹卡是否磨损失灵，分析造成打"单管"的原因；如地层松软宜更换特殊结构的钻具（如内管超前、半合管、三层管、带孔底反循环、底喷式钻头）
5	钻进效率过低	岩层致密坚硬，钻头金刚石质量差或胎体性能与岩层不匹配；钻头内径过度磨损，岩心变粗，进不去卡簧，形成堵塞；卡簧已损坏，岩心受阻，内管不平滑并有损伤，阻碍岩心顺利进入等	将内管总成提出并检查卡簧、卡簧座和内管；采用与岩层性能匹配的钻头和钻进规程，必要时换常规提钻钻进方法或用带液动锤的绳索取心钻具

三、钻进冲洗液

由于绳索取心钻具与孔壁之间的环状间隙较小，且内管需通过钻杆柱中心下投等原因，在地层条件许可的情况下，尽量采用无固相冲洗液，如清水加润滑剂、聚丙烯酰胺冲洗液、水玻璃冲洗液等。这不仅有利于内岩心管在钻杆内的升降，也可使钻杆的旋转阻力减小，有利于高转速钻进。

当所钻地层不能采用无固相冲洗液时，根据绳索取心钻进的特点选用黏度低、相对密度小、沉砂快、流动性好和具有防坍性能的低固相冲洗液，其基本性能指标如表 8-10 所示。

表 8-10　　　　　绳索取心钻进泥浆基本性能指标

密度（g/cm³）	黏度（s）	失水量（mL/30min）	静切力	泥皮厚（mm）
1.04～1.07	17～19	6～8	1～10	≤0.5

在绳索取心钻进中使用低固相冲洗液时，往往在靠近孔口 2～4 根钻杆内壁上形成一层很致密的泥皮，其厚度由上而下逐渐变薄。造成上部钻杆内壁黏结泥皮的原因，通常认为是冲洗液中固相含量大，地表泥浆净化质量差以及钻杆柱转速高，产生离心力大，致使黏土颗粒黏附在钻杆内壁上，形成泥皮。

防止钻杆内壁结泥皮的主要措施是加强泥浆的净化及改善泥浆的质量：采用机械方式搅拌，使黏土与处理剂混合均匀；在不降低钻速的条件下，尽量降低钻具转速；采用固相控制措施（加长泥浆槽的长度，一般不小于 15m；沉淀池不小于两个，并及时清渣及更换泥浆；采用除砂器净化泥浆等），以清除占 90% 左右大于 20μm 粒度的固相颗粒；当钻杆中已经结了泥皮影响打捞时，提钻前半小时采用稀释原浆循环，冲刷、清除泥垢，增大流动通径；或者将结泥皮的钻杆更换掉；使用防止结垢的专用冲洗液。地表清除钻杆内壁泥皮的方法有高压水清洗和溶解法两种。

四、现场操作技术

1. 合理确定内管长度

选择长的内管可以减少捞取岩心的次数，增加纯钻进时间，提高钻进效率。内管长度以 3m 为宜；钻进较完整松软岩层时，内管可加长至 4.5～6.0mm；钻进松软破碎、易溶等难以取心的地层或易斜地层时，内管长度应适当减小。

2. 准确掌握开始扫孔钻进的时间

通过报信机构确认从钻杆柱中投入的内管总成已坐落预定位置后，才能开始扫孔钻进。若内管总成未到达孔底即开始钻进，岩心过早地进钻，形成"单管"钻进，不仅取不上岩心，还将导致内管总成的弹卡和金刚石钻头急剧磨损；反之，若内管总成已到达孔底而不及时开钻，将增加辅助时间，降低钻进效率。在干孔中，不能直接把内管投入钻杆中，应采用具有干孔送入机构的打捞器送入，或在钻杆柱内注入冲洗液，然后迅速将内管投入。

3. 岩心充满岩心管或岩心堵塞需立即提钻

当岩心堵塞或岩心充满后，泵压骤然上升，立即停止钻进，捞取岩心，严禁采用上下窜动钻具、加大钻压等方法继续钻进，否则将加剧钻头内径的磨损，严重的将导致卡簧座倒扣，内管总成上下顶死弹卡不能向内收拢，造成打捞失败和提升钻杆柱。

4. 岩心打捞

将钻具提离孔底一小段距离，卡断岩心，拧开机上钻杆，钻机退离孔口。从孔口钻杆中放入打捞器，打捞器在冲洗液中下降的速度为 1.5～2m/s。当打捞器到达孔底，可缓慢地提动钢丝绳，若因提动钢丝绳而造成冲洗液由钻杆中溢出时，打捞可能成功，否则需再次下放打捞器。内管提出后，应缓慢放下摆平，以免将调节螺杆墩弯。

5. 提升钻具及打捞内管

及时向孔内回灌一定数量的冲洗液，以避免钻杆柱内外之间压力差导致的孔壁失稳坍塌。提升钻柱时，先打捞出内管总成，以增大冲洗液的流通断面，减小抽吸作用和压力激荡对孔壁的影响；下钻时，先下钻柱，再下内管。合理控制起下钻速度，减小钻具升降过程中引起的压力激荡，在复杂地层中钻进，应减缓起下钻速度。

6. 孔内事故处理

当孔底发生烧钻时，先将钻具提离孔底，然后用打捞器提升内管总成，再提外管总成并进行检查，切勿内外管一起提升，避免将内管留于孔内，使事故复杂化。

第九章

覆盖层特殊钻探技术

在水电水利、交通桥梁、港航工程及海洋资源开发建设中，不可避免的需要对江、河、湖、海等水域的水文、地质进行工程勘察，水上钻探占据了工程勘察钻探重要的一席之地。中、大型水电水利工程几乎都有或多或少的水上钻探，自 20 世纪 50 年代开始水上钻探，至今已有近 70 年的历史。水上钻探不同于陆地钻探，不同的水域由于水文情况对钻场的选择、搭建、维护均有不同的技术和安全要求。

在覆盖层钻探中，常出现只要冲洗液接触地层即溶蚀的现象，钻进速度很快，但无法取出岩心，即钻探上说的"空钻"。在这类松散覆盖层（一般包含流砂、砂砾、淤泥、松散细颗粒地层）中钻进，存在的主要问题有：一是取心困难，甚至无法取出岩心，原有地层中的砾石、砂、粉砂、黏土，在钻进过程中被冲洗液冲蚀掉，而这些细颗粒物质往往是影响工程基础的关键因素，是工程钻探的重点，针对这些问题，在钻探实践中，需要采取特殊的取心措施；二是孔壁稳定差，有时提钻后孔壁即垮塌，无法形成钻孔。

与相对完整、稳定的基岩不同，覆盖层由于地层整体性差、结构松散、结构聚力小，钻探过程中每一次提钻，原有地层应力失去平衡，很容易形成孔壁失稳，产生坍塌、掉块，有时难于成孔，需要采取专项护壁堵漏措施。

工程勘察中，高层建筑勘察规程中规定：基础勘察的深度为 20～50m。水电水利工程勘察规范要求：根据不同的挡水建筑物，勘探深度为水工建筑物高度的 1.5 倍。因而，视地质条件结合工程需要，有时需要进行超深厚覆盖层钻探，为保证达到预定设计孔深，查明预期地层情况，对钻探孔斜必须采取专项孔斜控制措施予以控制。

⚒ 第一节 水 上 钻 探

水上钻探主要有以下特点：在水面上搭建安装钻探设备并满足钻探作业所需面积和载重量的水上钻场；为确保水上钻探作业不受水流的影响，在孔位处下设一定长度的保护套管；钻探作业过程中，水上钻场常常受到水位、流速、风力、潮汐和航行船舶的影响而发生移动或被撞击，导致套管弯曲、折断等事故；设备配置和操作更复杂；水上钻场有时还会遭到洪水的威胁，要有专项应急预案，采取有效措施防止各种事故发生。

水上钻探的钻进工艺技术和操作与陆上钻探基本一致，其区别主要是根据水上作业条件不同建立水上钻场。由于水上作业条件的不同，水上钻探作业过程中根据具体情况配备相应的钻探设备与机具，并采取适宜的技术措施，才能确保水上钻探作业的顺利实施。

一、技术准备

1. 资料收集

水上钻探过程中，水位起伏、流速变化、风浪吹打、船舶过往、潮汐涨落或洪水等都可能影响钻探的正常作业，如果未采取措施或采取措施不适宜、不及时，不仅不能正常钻进，而且水上钻场会因之发生位移，被撞损、冲跑、套管、钻具被折断，钻孔报废等。因此，为了保证水上钻探顺利进行并确保水上钻探安全生产，作业前须到当地的水文、气象、航运管理等部门调查，并寻访当地居民、渔民，收集以下相关资料：正常情况的水位、流速、流量及其变化情况；枯水期的季节、时间长短、枯水期水位；洪水期的季节、雨水集中的月份、涨水时间长短、流速、流量、水位涨落范围和涨落速度。汛期有无倒树、漂流物及其数量、大小等；不同季节急流的位置及其变化；航道范围和航运情况；作业区水域风力等级与变化情况；在寒冷地区，冬季河床是否封冻，封冻时间长短、冰层厚度；凌汛时间、冰块的大小和流速等。

2. 现场查勘及准备

在航运频繁的大江、大河、峡谷中或近海地区进行水上钻探，涉及航运、水域管理等许可证办理和有关单位的密闭配合，才能保证可以生产和安全生产。组织人员到现场查勘，了解水文、地形、地质等条件，与航政、航运、航道及水上公安等部门共同研究钻探期间的安全事宜，并设立水上孔位标志，进行试验，如果有碍航行，共同研究采取措施或移动孔位；也可在孔位附近设置钻场范围，测试轮船是否顺利通过，确保航运与钻探均能安全进行。水上钻场位置与航线确定以后，由航道部门设置航标，航政部门通知水上运输各部门来往船舶，在通过钻场区域时，按照规定的航线、航速行驶；在江、河上钻探时，要事前与上游的水文站、水库管理部门联系，商定报汛方式方法，并采取措施预防事故发生。

3. 专项作业计划

根据以上资料和情况，周密考虑该河流的特点，编制切实可行的专项作业计划，确保水上钻探工作安全、顺利进行。专项作业计划在钻探作业计划的基础上，主要针对水上钻探作业涉及的水上钻场类型和钻探设备进行选择，拟定管材工具、钻进工艺、试验设备与器具、起抛锚设备与工具，制定水上钻探保证质量与安全的措施。

二、水上钻场

1. 分类与选择

水上钻探根据江河湖泊等水域的具体情况，选择适宜的水上钻场类型。水上钻场通常分为漂浮钻场和架空钻场。部分小河流的浅水河段，在条件允许的情况下，可以采用筑围堰或筑岛的方式修建钻场,其实质是将水上钻探变为陆上钻探。水上钻探钻场类型如图9-1所示。

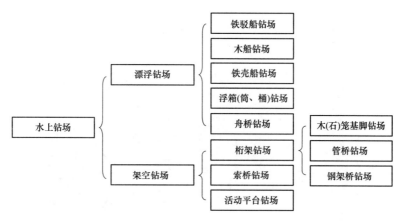

图9-1　水上钻场分类

进行水上钻探时,必须根据钻探水域的水位、水深、流速与航运情况,以及钻探目的、钻探设备的类型,洪水、枯水季节的变化等,合理选择水上钻场类型,以确保水上钻探工作顺利进行。可根据钻探期间水文实际情况,如最小水深、流速、浪高等,选择水上钻场类型,综合考虑安全因素参照表9-1进行选择。

表 9-1　　　　　　　　　　　　　　　　水上钻场类型选择

水上钻场类型		钻探期间水文情况			安全系数	安全距离（m）	
		水深（m）	流速（m/s）	浪高（m）			
漂浮钻场	专用铁驳（壳）船	≥2.0	<4.0	<0.4	6.0~10.0	全载时吃水线与甲板面距离	>0.5
	木船	≥1.0	<3.0	<0.2	6.0~9.0		>0.4
	浮箱（筒、桶）	≥0.8	<1.0	<0.1	>4.0		0.2~0.3
	舟桥	≥1.0	<4.0	<0.4	6.0~9.0		>0.4
架空钻场	桁架	≤3.0	<4.0	<1.0	6.0	钻场平面与水面距离	>1.0
	索桥	不限	<6.0	不限	6.0~9.0		>3.0
	活动平台	≤10.0	<3.0	<2.0	6.0~9.0		>3.0

2. 漂浮钻场

漂浮钻场常用的有铁驳船钻场、木船钻场、铁壳船钻场、浮箱（筒）钻场等。

（1）铁驳船钻场。在水深流急、浪大漩涡多、航运频繁的大江、大河、峡谷中或近海地区进行水上钻探,为了保证钻探作业安全,必须使用铁驳船布置钻场,其外貌如图9-2所示。

由于水上钻探作业人员均在铁驳船钻场上工作、生活,因此,铁驳船钻场应具有一定的长度、宽度和载重量,铁驳船钻场按不小于10m×7m的规格布置,以保证安全与操作方便,便于进行钻场布置、钻探材料堆放场地布置、船员值班等工作用房布置、船

图 9-2　铁驳船钻场

上人员生活用房布置等。

钻船的载荷量根据钻场设备器材（包括钻机、水泵、制浆设备、管材、工具）、所取岩心及操作人员等总质量，并考虑必要的安全系数进行确定。通常使用的铁驳船有：基本能满足钻场作业的需要和作业人员居住等生活条件需要的单体铁驳船（载荷量为150～200t，长约50m，宽约8m）；重型单体铁驳船（载荷量为300～500t，长约50m，宽为9～10m）；双体铁驳船（由载荷量为120t的两只铁驳船组成双体铁驳船，长为35～40m，宽约12m），两船间距约1.5m，便于接卸较大口径的保护套管。为避免对水上钻探造成较大影响，一般选用载荷量大的铁驳船。

钻场一般安装在铁驳船的尾部，在船的尾部甲板上焊有角钢及工字钢支架，有的需要伸出船尾一定距离。如图 9-3 所示为 150～200t 铁驳船，尾部支架伸出船尾 2～3m，在尾甲板中间开一个方形空洞，作为钻孔通道；在下面略高于水面处焊一个面积约 $3m^2$ 的工作台。300～500t 铁驳船：由于载荷量 300～500t 的铁驳船尾部甲板较宽，整个钻场即可布置在船上，不需要再伸出船外（如图 9-4 所示）。双体船钻场布置在两船中间空档处，在钻场下方也要布置小工作台，用以接卸套管，其余布置与单体铁驳船一致。

钻场上布置基台木与台板或钢质基台与钢板，其上安装钻机、水泵、制浆机、柴油机及发电机组等钻探设备。钻塔采用四脚铁塔，便于拆卸和安装，塔高 11～12m。在塔顶安装避雷针，绝缘电缆延伸到水面以下固定。四脚钻塔由天梁、塔腿、横斜拉杆、底梁与梯子等组成，在天梁上安装滑车。底梁安装在基台上，使塔腿与基台结合在一起。在铁驳船船舱内或适当位置设置冲洗液循环槽、沉淀箱、储浆箱等，便于冲洗液的循环和净化。为了保持钻场的稳定，在船舱内除放置钻探设备、器材外，还须装入适量吨位的重物，如锚链、铸铁块、砂或块石等，使船体下沉到一定深度，以减少风浪对水上钻探的影响。

钻探设备安装到铁驳船上后，需要采用拖轮将铁驳船钻场拖到孔位，然后抛锚定位；钻孔结束后再起锚，将铁驳船转移到一孔位或靠岸结束水上钻探工作。

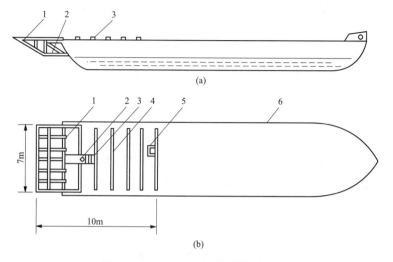

图 9-3　150～200t 铁驳船钻场布置图

（a）侧视图

1—角钢及工字钢支架焊接结构；2—钢架结构小工作台；3—工字钢底梁；

（b）俯视图

1—角钢及工字钢支架焊接结构；2—钻孔孔位；3—钻机；4—工字钢底梁；5—水泵；6—铁驳船

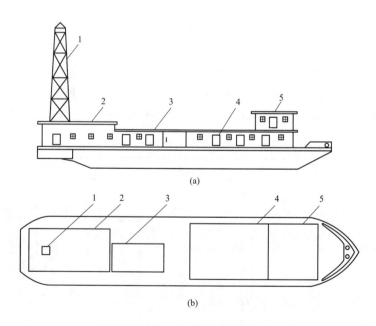

图 9-4　300～500t 铁驳船钻场布置图

（a）侧视图

1—钻塔；2—钻场；3—厨房；4—宿舍；5—船员值班室；

（b）俯视图

1—钻孔孔位；2—钻场；3—厨房；4—宿舍；5—船员值班室

铁驳船钻场是靠抛投的铁锚来固定，如何确保铁驳船钻场在钻探期间可靠地固定在孔位上，抛锚、定位是水上钻探的重要工序，直接影响铁驳船钻场的安全和水上钻探的顺利进行。

铁驳船在水中的受力：重力（自身重力和装载的设备材料人员等载荷）；水流的摩擦阻力，即水流对船体两侧吃水部分和船底的摩擦力；水流冲击力，在逆水流时船头吃水部分所受的冲击力；风力，不仅与风速大小有关，还与风向有关。当风向与铁驳船方向面成30°夹角时船身受风面积最大，阻力也最大。

要固定铁驳船，通常需要前主锚、后主锚、八字锚与边锚。前主锚要根据水流摩擦阻力、水流冲击力与风力同时作用于铁驳船，且各种作用力均为最大值时的状况进行选择。后主锚要根据逆水流方向的水流冲击力、摩擦阻力和风力同时作用于铁驳船的状况进行选择。八字锚与边锚的作用主要是防止铁驳船左右摆动，八字锚也要承担部分主锚所受之力。铁驳船钻场各铁锚质量如表9-2所示。

表 9-2　　　　　　　　　　　　铁驳船钻场各铁锚重量

锚的名称	锚的质量（kg）	
	$150 \times 10^3 \sim 200 \times 10^3$	$300 \times 10^3 \sim 500 \times 10^3$
前、后主锚	$400 \sim 600$	$800 \sim 1000$
前八字锚	400	500
后八字锚	300	300
边锚	300	300

河床底部一般为覆盖层和基岩，要根据河床地质情况选择铁锚类型，使铁锚易于插入河床底部并保证牢固可靠。铁锚的类型及适用条件等如表9-3所示。

表 9-3　　　　　　　　　　　　铁锚类型及适用

铁锚名称	铁锚质量（kg）	适用条件	优缺点	结构形状
霍尔锚（兔耳锚）	300、500、800、1000	砂卵石层河床	拉力大、携带方便、使用可靠	
将军锚	1000、1500、2000	大型钻探用船	拉力特别大，可用于任何地层的河床；笨重，携带不便	

铁锚名称	铁锚质量（kg）	适用条件	优缺点	结构形状
燕子锚	123.6、227、340.5	砂卵石层河床	插入河床后，越拉越紧	

锚绳采用钢丝绳，根据拉住铁驳船所承受的复合拉力确定锚绳直径。常用钢丝绳破断拉力如表 9-4 所示。

表 9-4 　　　　　　　　　　　钢丝绳破断拉力

钢丝绳直径（mm）	破断拉力（kN）
19.5	176.4～252.4
20	208.3～296
25	314.1～449.8
38	774.38～1059.4

锚绳直径根据其承受的拉力确定，表 9-5 是根据实际经验得出的锚绳直径与铁驳船的关系，可供参考。

表 9-5 　　　　　　　　　　　铁驳船钻场锚绳直径

铁驳船钻场吨位（t）	钢丝绳直径（mm）		
	主锚、前八字锚	后八字锚	边锚
150～200	25	20	16.5
300～500	38	25	20

根据水深、流速与水流方向等因素确定锚绳长度，一般为水深的 5～10 倍。主锚锚绳长度一般为 200～300m，前八字锚、后八字锚锚绳长度一般为 150～250m，边锚锚绳长度一般为 150m 左右。锚绳与水面的夹角一般为 10°左右，但水深较大的地区，则根据水深情况确定其夹角。

使用锚链的目的，是为了增强铁锚在河床上的稳定性，特别是在水深流急的河道、砂质或砂卵石层河床，须在抛锚时在锚与锚绳间增设锚链。

铁驳船钻场经常受到水流、风、浪等外力的冲击。铁锚与锚链所产生的抓力必须能承受这些力的冲击而不发生走锚。通常认为锚的抓力约为铁锚质量的 3～5 倍，锚链横卧在河底所产生的摩擦力约为锚链长度与单位质量之积的 0.6～0.7 倍。锚链每环直径有 $1''$、$1\frac{1}{2}''$、$2''$ 等规格尺寸，规格越大的锚链更能增加铁驳船钻场的稳定性。

锚链长度与铁锚的稳固有密切关系。锚链长度一般为 25～30m。凡是受力较大的主锚、八字锚与边锚均使用锚链。主锚用锚链 2、3 根，前八字锚、后八字锚各使用 2 根，边锚使用 1、2 根，必要时增加锚链根数。

铁驳船抛锚时，主要使用的设备和工具有拖船、起抛锚船、交通船、通信设备和铁锚、锚绳、锚链、铁钩、绳卡、救生衣、救生圈等。在铁驳船起抛锚时，要根据流速、风浪和航运情况，配备 300～500 马力❶的轮船作为拖船；起抛锚船载重量不小于 100t，装有用作抛锚与起锚的绞关，绞关起重力为 50～70kN，可用人力或柴油机驱动；交通船采用小型机动船即可，主要用于起抛锚和一般情况下的交通；通信设备采用高频通信设备和对讲机，用于指挥起抛锚定位以及钻探作业期间与来往船舶和现场管理部门及监督艇的联系通信工作。

抛锚前，将铁锚、锚链和锚绳在起抛锚船上接牢并按顺序摆好，如图 9-5 所示。

抛锚时，先抛主锚。由拖船分别将钻船与起抛锚船拖至孔位上游适当位置（根据主锚抛投距离的远近确定）。先将主锚抛下，然后拖船拖带铁驳船和起抛锚船慢慢向下游行驶，在离孔位 70～80m 处，把锚绳转移到铁驳船上，并绕在将军柱上。在将军柱上慢慢松锚绳，当离孔位 20m 左右时，把锚绳在将军柱上拴紧。然后，由拖船拖带起抛锚船离开铁驳船，按前八字锚、后八字锚和边锚的顺序，将各锚逐一抛下，锚位如图 9-6 所示。

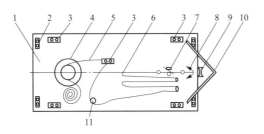

图 9-5　抛锚前各锚具摆放示意图

1—起抛锚船；2—马口；3—将军柱；4—绞关；
5—锚绳；6—锚链；7—抛锚铁架；8—铁锚；
9—滚筒；10—起重架；11—通风筒（可导向）

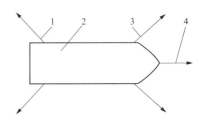

图 9-6　各锚位置示意图

1—后八字锚；2—铁驳船；
3—前八字锚；4—主锚绳

抛锚数量一般为 5～7 根，其中，主锚 1 根，在船头中间，锚绳与水流方向一致，受力最大。前八字锚 2 根，在船头两侧，与主锚绳夹角为 35°～45°。后八字锚 2 根，在船尾两侧，其夹角与前八字锚一致。在风浪大的水域，可在船的两侧各设置 1、2 根边锚。钻孔靠河道一边时，能将锚设置在岸上的，尽量将锚设置在岸上。

抛锚时应有专人指挥；各锚抛定的位置应准确；操作人员必须穿戴救生衣，不得站在锚绳与锚链活动范围以内；拖船与钻探船活动区域较大，应加强现场安全监督与管理，要求过往船舶注意避让和慢速通过。

水上钻探孔位误差一般小于 0.5m。在抛锚的同时，岸上测量人员用经纬仪或全站仪对钻塔上设置的标志进行观测，并通过对讲机等通信设备与抛锚人员联系。各锚抛设完后，通过松紧锚绳长度，调整钻探船位置，测准孔位后，再将锚绳绞紧，使钻探船稳定，在各锚绳上做好标记，便于检查钻探船是否移位。在水边设置水尺以观测水位涨落

---

❶　1 马力＝0.735kW。

情况，便于在钻进过程中校正水位和孔深。锚绳靠近航道的边界上，应按规定做出标志，防止发生锚绳挂船和撞船事故。抛锚定位后，立即通知航道部门按计划安排在钻探船周围正确设置航标，指引过往船舶按规定航线行驶，避免造成水上事故。

钻孔结束后，需要起锚移位。起锚时要注意安全，特别是在航运频繁、水深流急的河段，起锚时还需采取相应的安全措施。起锚时由专人指挥，操作人员分工明确。起锚的顺序与抛锚的顺序相反，即先起后抛的锚，后起先抛的锚。起锚之前，应先将拖船把铁驳钻船带好，另用拖船带起抛锚船。先用小铁链将锚绳拉紧，再将锚绳从系缆桩上解开，将锚绳从钻探船上转移到起抛锚船绞关上并固定，松开小铁链，将起抛锚船拖离钻探船，同时沿着锚绳方向推动绞关收紧锚绳，当起抛锚船到达锚位时将铁锚起拔上来。当河床上有孤石时，锚链与锚绳容易被挂住或缠绕，铁锚容易被卡等，造成起锚困难。如果用力过猛，易将锚绳拉断，导致锚链、铁锚丢失。此时，应开动拖船带动起抛锚船左右摆动拖拔，方向适当时能使锚绳、锚链或铁锚脱离孤石，将锚起拔上来。有时，由于铁锚或锚链卡塞严重，无法拔出，造成锚链、铁锚丢失事故。

为了起锚工作能安全、顺利地进行，在起锚时要注意：起锚前要检查所有起锚工具，发现有损坏的要及时进行修复或更换等处理；采用人力绞关时，严防绞棒反转伤人；中途停止作业时，应将绞关卡块（棘爪）卡牢；绞锚绳时，作业人员不得站在锚绳活动范围内，防止锚绳折断伤人或人员落水等事故；使用动滑轮时，必须检查其可靠性。在滑轮受力方向，任何人不得停留；用铁链暂时锁紧锚绳时，应特别注意安全。当放松铁链时，任何人不得站在锚绳活动范围；起锚时，应注意过往船舶，严防造成撞船事故。

（2）木船钻场。木船钻场是最常用的一种钻场，通常应用于流速较小的河段或河流上，也用于离岸边较近、水深不超过 30m 的近海进行水上钻探。其优点是可以就地租用木船，设备容易解决，钻场布置简单。由于双船比单船稳定性好，故木船钻场一般选用双船，即将两只木船并联在一起，在上面安装钻机。

木船的选择与铁驳船不同，一般情况下，采用木船钻场时，钻探作业人员均生活在陆地上，因而钻探船上不再考虑钻探作业人员的载重与生活物资荷载。木船钻场的荷载一般根据流速、水流冲击力、浪高、风速与钻探设备机具、材料的质量等进行选择。一般河流，流速小于 3.0m/s 时，单船的载质量为 15～40t，长度 20m 左右，宽度在 3.5m 左右，将两船拼装成双体船。如果流速较大或在近海地区作业，可采用两只 50～60t 的单体木船拼装成双体船，船长为 30m，宽度 8～9m。由于木船钻场是采用双体船，因而选择的两只木船载质量、长度、宽度要大致相同，船型也要基本相同或近似，结构要牢固。

通常采用圆木或方木，也可采用工字钢等拼装木船钻场，以保持双体船的牢固性。木船拼装前，要将每个单船进行加固，如图 9-7 所示。在舱内加底枕及支撑，上面用木梁与各舱的支撑相连接，各接头处采用马钉钉牢。

在单船加固完成后，将两只木船平行摆放，中间相隔 0.5～1.0m，打斜孔的还要适

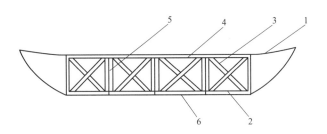

图 9-7　单船加固示意图

1—船面；2—底枕；3—支撑；4—木梁；5—船舱隔板；6—船底

当增大间隔距离。在舱面上横着摆放 10～12 根直径为 15～20cm 的圆木或断面为 200mm×200mm 的方木，圆木或方木间距为 0.8～1.0m。并用 9.5mm 的钢丝绳围箍船身，将两只木船牢固地并联在一起，形成一个整体，其结构如图 9-8 所示。采用较大载重量的双体船时，可采用 8 根长 12m 的工字钢横放在两船上，用直径 12.5mm 的钢丝绳从工字钢两端围箍船底，将木船与工字钢牢固地捆绑在一起。

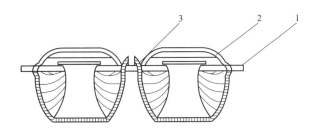

图 9-8　双船结构示意图

1—圆木或方木；2—木船；3—钢丝绳

　　然后在横枕木上安装基台。基台木与横枕木采用螺杆连接并固定后，放在各单船的支架上，使木船各部的结构受力均匀。基台上采用厚度为 50mm 的木板钉铺。钻机基台一般布置在双体船的中后部，基台要平整，台板用钉子钉牢。基台的规格：长×宽不小于 10m×6m。基台上立三角架、安装钻机。三角架上的滑轮与钻机的立轴，都应在两船空档之间的一条直线上。脚架应坐落于枕木上。在各船头船尾安装起重能力 3t 的人力绞车共 4 部，在两船头的中间安装起重能力 5t 的人力绞车 1 部，作为绞紧锚绳用。两船之间的空档，全部用台板钉牢。基台周围架设安全防护栏杆。船头采用薄铁板包裹，以防止河流物撞击损坏船身。

　　木船钻场用锚的重量一般是 50～400kg，主锚、前八字锚要大，其他可略小。在峡谷河流上，通常采用的锚型是 4 齿锚，而河床为覆盖层时，常常使用燕尾锚。锚绳抛出的长度，一般主锚和前八字锚为 100～250m，后八字锚为 50～200m，主锚绳比前八字锚绳略长，前八字锚绳或后八字锚绳均要相等。应注意：水深之处，抛在水里的锚，锚绳的长度不小于水深的 6～8 倍。锚绳太长了也不好，工作时很不方便。根据实践经验，锚绳直径，可以参考表 9-6 所列数据。

224

表 9-6　　　　　　　　　　　　　　　木船钻场锚绳直径

木船钻场吨位（t）	钢丝绳直径（mm）		
	主锚、前八字锚	后八字锚	边锚
20	12.5	9.3	9.3
30	12.5	12.5	9.3
50	16.5	12.5	12.5
80	19.5	16.5	12.5
100	20	19.5	16.5
120	25	19.5	19.5

通过计算确定锚绳直径时，还应考虑主锚和前锚所承受的力：一是主锚或前锚一根锚绳受力的情况；二是在洪水季节水位猛涨，流速达 3m/s 时，需要撤船，但流速还可能继续增加，钻船不能立即撤下来，出现漂浮物可能冲击和挂在船头或锚绳上等情况；三是在暴风雨中或遇到 8 级大风应即撤船，但风速可能发生变化，也不能及时撤下来的复杂情况。

在水深或流速较大时，为了增加锚的稳定性，锚与锚绳间通常采用一根锚链相连，锚链直径一般大于锚绳的直径，长度为 10～20m。

在移动钻探船前，先测出河中孔位大概位置。船上钻场布置完毕后，根据钻孔附近地形和水流情况，采用小型快艇或机动船将钻船拖至钻孔上游适当位置，用小船把主锚和前锚抛定，再用船上绞车调整主锚和前锚锚绳长度，使钻船移动逐步和孔位靠拢，而后将后锚及边锚抛入河中。岸上测量人员根据钻探船上立轴标识与孔位的关系，指挥钻探船上人员调整各锚绳长度，直至钻机立轴对准所测的钻孔后，将钻探船固定。

应尽量利用地形，把部分锚固定在岸上，如图 9-9 所示。如河床比较狭窄的，可以把 4 个锚都固定在岸上，如图 9-10 所示。

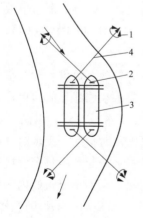

图 9-9　部分锚固定在岸上示意图
1—锚；2—绞车；3—钻探船；4—锚绳

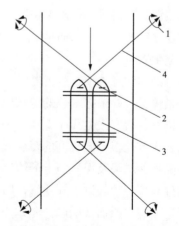

图 9-10　全部锚固定在岸上示意图
1—锚；2—绞车；3—钻探船；4—锚绳

岸锚能够抓住石缝凸档的，就将锚压紧抓住石缝凸档；如有树桩或大石头的，应将钢丝绳直接绑牢在树桩或大石头上。锚绳固定在岸上的好处是比较安全可靠，并便于检查其稳固性。由于钢丝绳提离水面，可避免挂上漂浮物增加船头负荷，而影响钻船的平衡。

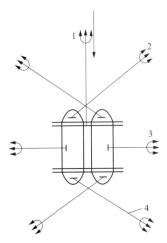

图 9-11　深水急流中抛锚示意图

1—主锚；2—前锚；3—边锚；4—后锚

锚的数目按实际情况而定一般为 4～7 只。水流平稳处，前锚两只、后锚两只。在急流上，两船头中间加一只主锚。为防止风浪对两侧的冲击，两边需加边锚，如图 9-11 所示。

抛锚时，应注意两船的中心线方向，要与水流的方向一致，两根前锚绳与主锚绳所构成之夹角应基本相等，约为 45°。两前锚绳的夹角约为 90°。无主锚者，两前锚绳与两船中心线的交角也应基本相等，否则影响稳定。

抛锚定位时，钢丝线在使用前要详细检查，已锈蚀损坏的钢丝绳不能使用。凡有折伤之处应切断，采用不低于 2 个钢丝绳卡重新连接。锚头上应拴捞绳，捞绳比水深略长，在绳尾上系浮漂，便于起锚。

抛锚定位，要选择无雾的天气进行，与岸上的测量人员互相协调配合。抛锚时要避免锚绳、锚链及捞绳等将人带入水中。

工作人员上下班，在水流平缓的河段，可用 3t 的小木船摆渡。如钻船离岸不远，不影响航运交通的，将岸上与钻船上连接一条绳索，套一个索环拉住渡船，确保来回过渡安全。但在流速比较大、河面比较宽时，应使用小机动船。

如果水流湍急，使用渡船困难时，可以采用架设跨河索。在岸上固定绞车，用吊斗运送来往人员，但要特别注意安全。夜间过渡，要有足够的照明设备。如需要在洪水季节或水流湍急的河段进行水上钻探，夜班人员应住在船上，以防万一发生事故。有条件时，应建立钻船与岸上的通信联系，以减少摆渡次数，在洪水期间尤为必要。摆渡时，应穿上救生衣。

钻进期间注意事项：放置器材，要随时考虑到钻船的平衡。每班须检查锚绳及保护绳的松紧情况，并根据水位的涨落情况，调整其长度。要有水位涨落的简单标志，并在孔口管与基台板齐平处做上记号。钻进时，套管周围要以木板钉好，以防工具掉落河中。船上应有几根不同长度的短套管，以便于随水位涨落及时接卸。涨水时，应派专人随时清除挂在锚绳及保护绳上的漂浮物以减轻其负荷。涨水撤船，应将套管接长，并在上面做好红色标识，以引起注意，防止船筏冲撞。钻孔回水，不得流入舱内。保持船只清洁，定期刷洗船面及船舱。冬季应随时清除船上的积雪和积冰。不得随意操作绞车，绞车上不得放其他物品。遇 6 级风，须放下钻架上的篷布，以减少风的阻力，保持钻场稳定。遇暴风雨，船只摆动剧烈时，应停钻并将钻具提出钻孔。钻船边应不离小船，以便随时使用。

（3）铁壳船钻场。在不通航的江河，无法租到船舶，可采用小型铁壳船钻场，将两只铁壳船并联安装在一起。使用铁壳船要注意减小水流对铁壳船的冲击力和摩擦阻力，结构强度大，船的自身质量轻、承载量大、连接方便、移动灵活、平衡性好，便于布置钻场。铁壳船的形状一般采用平直甲板、倾斜船首，船体平直，便于铁壳船关联，增大甲板面积，能保持铁壳船的稳定性。由于使用铁壳船的河段为不通航，只能采用车辆运输，因此，铁壳船通常采用分节建造，在总体尺寸及几何形体的控制下，一只铁壳船通常分为3、4节建造，使用时先将各分节组装成一只船，节间须密封、连接可靠。两只铁壳船用钢板连接，确保连接牢固。

铁壳船使用的河流基本都不通航，一般不采用水路运输而是采用陆路运输，将铁壳船各节分别运输，到现场后再组装。通常情况下，水电勘探区域交通条件较差，载货车辆无法通行。因此，在运输铁壳船前，要对运输车辆所经道路进行详细查勘，了解道路通过车辆的宽度、高度、最小转弯半径等，不足的要采取措施调整。由于通行条件较差，运输车辆通常选用载重量不低于5t，货箱长度不超过7m的单桥载重汽车。运输一对铁壳船一般需要6～8辆载重汽车。装、卸车时，一般采用脚架、葫芦，有条件的场所也可以采用吊车等方便快捷的吊装机械。将铁壳船各分节吊装到载重汽车上，再采用4～6把紧线钳将铁壳船与载重汽车固定在一起。运输过程中，要随时检查紧线钳的稳固情况。

铁壳船运输到现场后，通常不能直接卸到组装铁壳船的河岸边，这段距离一般要先修筑宽3m左右的便道，道路路面尽可能平整。采用圆木或钢管作铺垫，将铁壳船各分节放置到圆木或钢管上，分别滚动转移到组装铁壳船的河岸边。

组装铁壳船通常在下水方便的河岸边进行。先将河岸边平整一块比铁壳船约大的组装场地，有条件的可以将场地表面硬化。

铁壳船各分节的连接处按预留的螺栓位置安装拧紧，连接要牢固，密封良好，确保不漏水。组装好的单体铁壳船须下水后再拼装，如图9-12、图9-13所示。

图9-12 铁壳船钻场照片

（4）浮箱（筒、桶）钻场。在水流比较缓慢或比较小的河流中，往往由于地区比较

图 9-13　铁壳船钻场作业现场

荒僻，没有航运，在附近地区内租不到合适的船只的情况下，可以采用油桶并联成筏，称为浮箱（筒、桶）钻场，如图 9-14 所示。在筏上布置钻场，进行钻探工作。

图 9-14　浮箱（筒、桶）钻场

通常用作浮箱（筒、桶）钻场的油桶规格为：直径 600mm，高度 900mm，容积 220L，油桶自身质量 30kg，单只油桶浮力 190kg。

钻场荷载重量主要考虑钻机、水泵、发电机、搅拌机等及其动力机（相应规格的柴油机），还要考虑脚架、钻杆、套管、钻具、压水器材、工具、枕木、木板、浆材、循环浆液、作业人员及其他，另外还需考虑制作钻场材料的重量。安全系数不低于 4 的情况下，计算所需油桶数量。

浮箱（筒、桶）钻场的拼装结构形式：纵向有 8 排油桶，每排 10 个。1～4 排及 5～8 排并联在一起，第 4 排与第 5 排之间相距 0.5～1.0m，与双船拼装一样，中间留出钻孔位置，便于浮箱（筒、桶）钻场的撤离。在迎水面，每 4 排并联的前面横摆 3 个桶，共 6 个桶，如图 9-15 所示。浮箱（筒、桶）钻场绑扎连成后，长约有 10m，宽约 6m，面积约 60m²。油桶采用第 1 排为横排、其他各排为纵排的排列方法，以减少水的阻力。

浮箱（筒、桶）钻场的拼装，可采用 6 根长约 11m 的钢管或角钢，22 根长约 6.5m

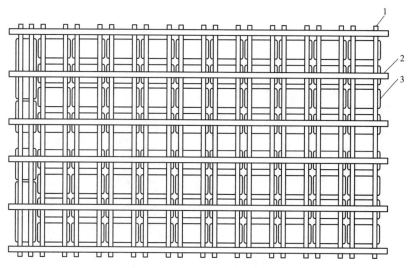

图 9-15　浮箱（筒、桶）钻场拼装平面示意图
1—横杆；2—纵杆；3—油桶

的钢管或角钢。先在岸上用 6.5m 的两根钢管或角钢作横杆，将 8 个油桶扎成一小架，每 4 个桶并联在一起，在中间留出 0.5～1.0m 的空档。80 个桶共扎成 10 架，再扎一横排共 6 个油桶，作为筏首。然后将 10 个小架及筏首放入河湾浅水处，用 6 根 11m 的钢管或角钢作纵杆，以筏首为迎水面，将 10 个小架拼装在一起，即成一浮箱（筒、桶）钻场。图 9-16 为制作的部分浮箱（筒、桶）钻场。

图 9-16　浮箱（筒、桶）钻场制作部分照片

3. 架空钻场

水上架空钻场常用的有桁架（钢管架）钻场、索桥钻场、索桥—钢架钻场、自升式钻探平台。

（1）桁架（钢管架）钻场。某些钻孔布置在河谷漫滩上，平时无水，一旦涨水就被淹没，不好开展钻探工作；或河水很浅，如使用船筏，水位一旦下降，船身就被搁住，甚至会将船底顶坏；在急流险滩而且水深不超过 3.0m 的河段上进行钻探，采用其他钻场比较困难时，可以采用桁架钻场，通常采用钢管架设钻场，又称为钢管架钻场，如图 9-17 所示。

图 9-17　桁架（钢管架）钻场

在架设钢管架钻场前，应收集相关水文气象资料，实地调查水情；确定钻场规格尺寸；确定交通管桥规格。一般情况下，采用管桥与钻场连接。先架设管桥，再架设钢管架钻场。管桥宽度不小于 2.0m，支撑牢固，铺设厚 40~50mm 木板或竹夹板，两边设置安全防护栏。钻场架设根据钻孔深度及钻探所需器材情况，一般不小于 9.0m×6.0m，铺设厚 40~50mm 木板或竹夹板，周围设置安全防护栏。钻场上尽量简洁整齐，不放置多余器材物品，岩心装满一箱时及时转移到岸边安全位置。

岷江上游太平驿水电站勘探时，水面宽 50~60m，最大水深 3m，最大流速 7m/s，采用钢管架设钻场。管桥长 60m，宽 5m。桥身分为上下两层，上层铺设方木和台板，形成桥面。管柱间距 1m，水面上 0.5m 高架设第一层横拉手，其上 1m 为第二层横拉手，两层间形成 1m² 的格架，作为管桥的主体。为保持桥身的稳定，在下游加固顶角为 30°的斜支撑；在管桥架设的河段上游架设 4 根与桥宽相同的过河钢丝绳，直径不小于 22mm，高度与桥面一致。钢丝绳可作为管桥架设中的辅助钢丝绳，在钻探作业过程中还可对管桥起到保护作用。

桁架钻场搭好以后，高出水面 2.5~3.0m，涨水不超过这个高度，仍能继续进行钻探作业。与其他水上钻探一样，应根据上游水文站的预报资料，正确估计出涨水的大约高度，以决定采取的措施。这种钻场，适用于一般水位涨落不大的情况。在洪水来到以前，仍需进行撤离。使用桁架钻场，钻探作业期间仍需备有船只，以便涨水时摆渡及撤离钻探器材。

根据实践，桁架钻场一般都比较稳定，但涨水的时候，亦须进行检查，如发现不均匀沉陷情况，应即采取措施。钻进过程中，要经常检查桁架钢管扣件螺栓是否紧固，立柱底端管座是否被水冲蚀、掏空。桁架钻场机动性和适应性比较好，既能用于陆地，也能用于浅水和海滨，同样适用于构筑钻场与彼岸相连的桥梁（俗称管桥），在水上构筑时，适当增大立柱下端面积，以防止沉降。桁架钻场不能放在流沙或涨水后会被冲走的沙滩上，因会发生沉陷、偏斜或倒塌。

（2）索桥钻场。在流速大、山洪猛的峡谷中，水上钻探不好稳船。此种情况，河段皆狭窄，可以考虑使用索桥钻场。在两边岸上设固定点，架跨河索桥，在桥上布置钻场。

常需用 2 台规格为 5t 的绞车，装在两岸绳桩上，用以拉钢丝绳过河及吊运。钢丝绳需 5 根，其中桥的主索需 4 根，另脚架顶尖上空吊索 1 根，直径均为 25mm，长度按峡谷两岸绳桩距离及弧度确定；钢丝绳不得有折伤和锈蚀，使用前须涂防锈油。基础为硬岩石的使用铁桩，每绳端两个，用直径 50～80mm 圆钢制作。为防止钢丝绳滑脱，上端应弯成圆圈形；基础为土层的，采用深埋混凝土桩。挂钩螺栓是作为主索与底梁的接头，在主索上悬挂基台用，约需 20 根，材料以 25mm 圆钢加工制成，一头为圆圈挂钩，另一头为带螺帽的螺栓。

绳台选择时，两岸绳台所构成的断面，应垂直于河床；两岸绳台的距离要尽可能短，因钢丝绳长质量会加大，不易拉拽；绳台的基础要稳固，周围要有一定的工作场面，尽量建在完整、坚硬的基岩上，或为结实的地层上，但不能布置在冲沟或是雨后积水的地方；两岸绳台的绳桩高度应一致；两岸绳台所牵钢丝绳的自然垂度的最低点要与钻孔对正。

钢丝绳垂度最低点的位置，由两岸绳台高低来调整，如图 9-18 所示，钻孔靠左岸的，右岸绳台要高些，反之钻孔靠右岸的，左岸绳台要高些，位于河中间的，两岸绳台的高度应相等。若地形不允许的，可筑一小台，以便抬高一边的钢丝绳，从而改变弧度。

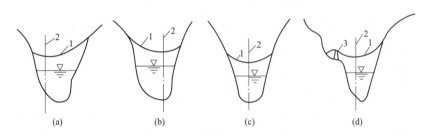

图 9-18　钢丝绳垂度与钻孔位置关系示意图
（a）钻孔靠近左岸；（b）钻孔靠近右岸；（c）钻孔位于河中间；（d）岸筑小台调整钢丝绳垂度
1—索桥主索；2—钻孔；3—小台

为保证安全，若决定使用索桥钻场，应组织地质与钻探人员到钻孔两岸进行勘测，以便选出适用的位置作为绳台。索桥钻场布置，如图 9-19 和图 9-20 所示。

在两岸绳台位置选定以后，即进行绳台的修筑和绳桩的埋设工作。若绳台为基岩的，应凿眼插入铁桩，在铁桩与孔眼间隙注入水泥浆固结。如绳台是土层的，混凝土桩应深埋在结实的土层中；桩深按基础的坚固程度而定，好的可浅些，差的要深些。为确保安全，钢丝绳每端用两个绳桩加固。

拉钢丝绳，是在一端的绳台上用绳卡把钢丝绳卡牢后，即跨河引至对岸绳台的绳桩上。由于重量很大，在对岸的绳台上，需先固定绞车，以小规格的钢丝绳作引绳，把引绳先放过河去，再将大钢丝绳拉过来。固定主索时要保持一定的垂度，最低点高出洪水

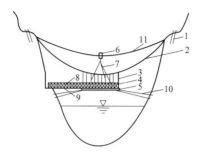

图 9-19　索桥钻场布置侧视图

1—铁桩；2—主索；3—挂钩螺栓；4—钻场栏杆；
5—基台；6—游动滑车；7—脚架；8—便道栏杆；
9—便道；10—稳索；11—吊索

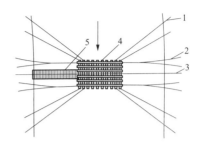

图 9-20　索桥钻场布置俯视图

1—稳索；2—主索；3—吊索；4—基台；5—便道

位约 2m。绳卡要合乎钢丝绳的规格，每边接头上不能少于 3 个，绳卡螺丝一定要拧紧。

基台位用挂钩式吊桥，吊桥先在绳台处的工作面上进行装配，桥面约 6m×9m。将相邻两根主索并在一起，把 4 根主索分为两股。挂钩下端螺栓提住枕木梁架，上端挂在主索上，两边挂钩的数目要相等，确保受力均衡；挂钩要牢固，不能脱出；螺栓要用两个螺帽拧紧。索桥上部另拉一吊索，吊索上装游动滑轮，用以配合安设基台吊脚架，并在钻进中起保护脚架的作用。为防止基台摆动，在基台四角用细钢丝绳拉上稳索，稳索的另一端固定在两边岸上。为了向基台上运送设备和器材，以及解决工作中的交通问题，钻场与岸间需架设便道，即较狭窄的钢索桥，上面铺木板，宽约 1.5m，一端固定在岸上，另一端连接在钻场的基上。钻场周围及便道两侧，均需设置安全防护栏杆。

两岸绳桩基础必须经过地质人员仔细查勘与研究，保证在钻进过程中，能承受住一切负荷，不发生安全问题。绳桩应进行编号，并将基础上的节理裂隙用油漆标记，分配专人每日检查，发现异状，立即采取措施。绳桩四围应设置排水沟。在钻场上安装机械、放置器材时，应考虑钻场受力的均衡性，勿使基台产生偏斜。尽量减轻索桥上的负荷，不必要的器材放在岸上，随用随取，用毕拿走。索桥上的栏杆，高度应不低于 1.2m，并结实可靠。钻探作业时，不要在桥上跳动，起下钻时，操作要稳，不得猛提猛放。以千斤顶顶拔孔内钻具，应吃力在外层套管的管口上。在索桥上避免使用吊锤。必须使用吊锤时，应派人监视各关键部位的变化。尽可能地将水泵布置在岸上供水。钻场用电，应用电缆输送，电缆应经详细检查，保证绝缘。遇大风大雨、冰冻、解冻及地震时，应暂停钻探作业，检查绳桩基础有无变化，保证安全。

（3）索桥—钢架钻场。某工程地理位置特殊，河谷深约 200m，宽度仅 30m，河谷狭窄、水流急、水位变化大、突石暗礁遍布、不能行船、设备运输困难。钻孔设计孔深 300m，要求配合物探、地质实施大量水文地质试验，工期预计与当地汛期交叉。综合分析各类客观因素，选择索桥钻探平台与钢结构钻探平台组合的方案搭建平台。

钻探平台高出水面 5m，以应对汛期水位抬升。平台主体由工字钢、槽钢铆接、焊接而成，横跨于河面上，平台两端的工字钢分别坐落在两岸的人工平台上，采用 ϕ28mm 螺纹钢作为地锚与工字钢焊接在一起固定整个平台。平台上面铺设木板，下面安装支撑桩，形成钢结构支撑桩平台。通过钢丝绳连接平台与两岸山体形成钢索吊桥结构，如图 9-21、图 9-22 所示。

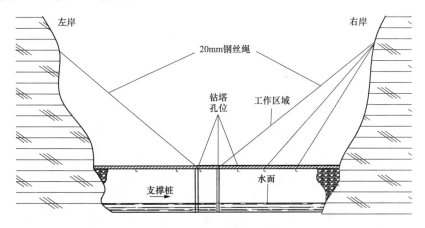

图 9-21　钻探平台结构侧视图

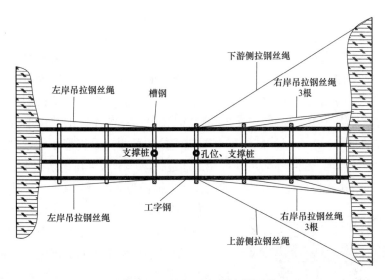

图 9-22　钻探平台结构俯视图

在两岸通过开凿、爆破、预埋锚桩、混凝土浇筑等方式，在崖壁基岩上修建宽约 4m、长约 2m 的平台；在平台与河水面间用钢管搭建脚手架，脚手架最上层与平台表面高度一致；脚手架只是在搭建钻探平台初期起到支撑钢梁的作用，同时为搭建平台提供工作面。汛期时，河水流速增加、杂草树枝等漂浮物众多，为避免脚手架框架产生的阻水作用影响平台稳定，脚手架不能作为平台的永久支撑，平台搭建完成后，需全部拆除。

铺设平台钢梁时，首先将 7 根槽钢铺设在脚手架上，槽钢根据平台载荷分布情况铺设，安置钻机等承载较大区域槽钢铺设相对稠密。然后在 7 根槽钢上铺设横跨于河面的工字钢，4 根工字钢在孔位两侧 4m 宽度内对称铺设。现场使用的工字钢长度均为 6m，需 5 根对接在一起才能横跨河面搭接在两岸平台上。工字钢的对接采用两块 800mm×170mm×20mm 的钢板作为夹板，对称夹在两根工字钢对接处两侧，在钢板轴线两侧距轴线 8.5、

18.5cm 和 32.5cm 处各打一 ϕ24mm 螺孔，在两根工字钢相应位置打同样尺寸的螺孔，两根工字钢和夹板用螺栓连接紧固后，在对接的缝隙处将两根工字钢焊接成整体。

槽钢、工字钢铺设完毕之后，将槽钢、工字钢在其所有接触点处焊接成 30m×4m 的整体框架，如图 9-23 所示。

图 9-23　钢结构平台框架效果图

钢结构平台搭建完毕后，使用 ϕ20mm 钢丝绳，一端连接钢结构平台上，另一端锚固在平台上方两岸山体上，对钢结构平台形成斜拉的效果。平台右侧为荷载集中区域连接 6 根钢丝绳，分布在平台的两侧，上下游各 3 根。平台左侧连接 2 根钢丝绳起到辅助作用，上下游两侧各一根。使用 ϕ20mm 钢丝绳 2 根，一端连接钢结构平台，另一端锚固在平台侧方两岸山体上，对钢结构平台形成侧拉的效果。最终形成钢索吊桥与钢结构相结合的钻探平台。钢丝绳与平台的连接端是通过钢丝绳卡铆接在钢结构平台的横担槽钢上，钢丝绳另一端铆接在预埋山体内部的锚杆上，锚杆为 ϕ25mm 钢筋，预埋深度 1.2m。

图 9-24　套管支撑平台图

使用钻机在钻孔孔位及孔位左侧 3.5m 处各打入 ϕ168mm 厚壁套管，套管打入基岩至少 0.5m，形成钢结构平台的支撑桩。两根 ϕ168mm 厚壁套管均打入基岩之后，在平台钢梁与套管外壁之间焊接斜撑，每根套管外壁焊接 4 根斜撑，4 根斜撑在套管外壁均匀分布。其中，2 根斜撑垂直于工字钢与平台最外侧两根工字钢焊接在一起，另 2 根斜撑垂直于槽钢与套管两侧的槽钢焊接在一起，如图 9-24 所示。钢索吊桥结构如图 9-25 所示。

（4）自升式钻探平台。随着改革开放和沿海各种基础设施建设的发展，港口与海上工程地质勘探任务逐年增多，由于海域钻探作业受潮汐、风浪的影响，采用船舶作业非常困难。国内科研院所研制成功了自升式钻探平台，该平台由平台结构（可在水上漂浮的船体）、能够升降的桩腿和升降传动装置等组成。平台在作业时，依靠升降装置把平台举升到海平面以上，使之免受海浪冲击，并用锁紧机构将平台锁紧固定，依靠桩腿的支撑站立在海底完成钻探作业；作业完成后，再依靠升降装置将平台降至海面，依靠海水浮力支撑整个钻探平台，待桩腿拔起升至拖航位置，即可在拖船的牵引下拖航到下一个孔位作业。自升式钻探平台的关键部件是桩腿。当作业水深加大时，带来的结果是桩腿尺寸、长度和质量迅速增大，使得钻探作业和平台拖航时的稳定性变差。因此，平台既要满足拖航移位时的漂浮性和稳定性的要求，也要满足钻探作业时桩

图 9-25　钢索吊桥结构效果图

腿着底的稳定性要求和强度要求，还要满足升降船体和升降桩腿的要求。升降方式有机械升降和液压升降两种。机械升降采用齿轮齿条式连续升降，速度快、操作灵活，钻探作业期间，升降机构一直在受力状态，对齿轮齿条要求高；液压升降利用油缸升降，体积小，传动效率高，易于控制，但不能连续升降，速度慢，操作繁复，对液压器件要求高。

自升式钻探平台主要特点有：

1）不是用锚固定，而是靠平台的自重并通过四个支腿固定。将支腿上的管靴压入地层中一定深度，当地层的承载力达到平台的自重时，平台腿不再下沉，平台就稳固住。解决了用钻船使用锚固定，绞盘常因反转而伤人的不安全因素，安全性得到保证。

2）在工作时是离开水面的，不受潮差、风浪和水位变化的影响，当升到安全高度后，隔水套管下到位就不用再接套管和卸套管，也不用紧锚绳和松锚绳，节省了大量的辅助时间。受风浪、潮差、水位高低影响极少。辅助生产时间减少，纯钻进时间增加，生产效率大大提高。

3）当平台升起后作业环境与陆地基本一样，可以准确地做静力触探、十字板剪切试验、压水试验等原位试验。试验数据准确，勘察质量提高和勘察成果可靠。解决了钻船受到风浪影响上下、左右颠簸无法做原位试验的技术难题。

4）由于平台结构采用多个独立的密封舱，即使某个密封舱进水，其他密封舱的浮力也足以将平台浮起，不会造成平台沉没。避免了钻船没有多个密封舱，一旦船体进水可能造成沉船的重大事故。

自升式钻探平台工作原理是在平台上安装钻机进行钻探。通过 4 个支腿将工作平台通过液压油缸或机械升降，工作时 4 个支腿放到水底，将平台提离水面，平台通过自重将 4 个支腿压入到地层中进行定位，避开了风浪影响，钻孔搬迁、水上拖运时将平台的 4 个支腿提离水底，漂浮在水面，采用动力船拖运，不用抛锚定位。

目前近海勘探使用的主要是自升式钻探平台（见图 9-26）；内河水上钻探使用轻型自升式平台（见图 9-27）船，由主体、支腿、升降机构、定位装置等部件组成。为解决

平台船运输，平台船主体可拆解成两个片体，通过主梁的法兰高强度螺栓连接成为一个整体，有效作业面积 76.5m²，达到类似陆地的操作环境与条件，平台升降方式采用机械（手动葫芦）升降。平台由承受载荷的横向及纵向主管梁支撑全部载荷，为了尽量减轻平台重量，又有足够的安全性，缩短加工时间，降低产品成本，在设计上采取了以下措施：

1）选用优质板材，卷制圆形管为主梁，加密主梁（龙骨）之间的肋骨距离，使船体形成一个密集金属结构体，增强了船体的刚度与强度。

2）将平台主体分隔成 10 个互不相通的钢管密封舱与浮力密封舱，并在焊后用气压检验确保无渗漏现象。

3）支腿选取用优质管材，具有较好的强度与刚性。

4）保持平台的全密封性能，在特殊工程情形下，船体可能局部破裂，由于密封舱均为独立密封，破损舱与其他舱隔离，因此平台仍能保持一定时间的漂浮。

5）做好对作业河床河底地层情况的调查工作，如若是淤泥河床，平台支腿底靴的面积要适度加大，以免平台起升时压入河底过深，造成起拔支腿时的困难。

图 9-26　桩腿长 56m 自升式钻探平台

图 9-27　轻型自升式内河水上钻探平台

在采用自升式平台开展钻探作业的河段，特别是洪水期，应调查暴雨可能造成的洪水暴涨及泥石流情况，避免在激流中以及容易突发洪水期间工作。在作业过程中，提高预警机制，若因气候、洪水、强风等突发情况，要立即快速撤至岸边，将平台升至最高水面 1m 以上，以确保人员和设备的安全。

4. 冰上钻场

在严寒地区的冬季，河床被冰封时，河中钻探可在冰上进行。由于各河流结冰、流冰、化冰的规律都不同，为了保证工作安全，开工前应进行调查冰层的结晶透明厚度，超过 0.3m 才能在冰上布置钻场。布置前应对搬迁器材通过区域、钻场及其周围影响范围进行冰层厚度的探测。为便于互相照顾，探测时应不少于两个人，测点自河边开始，逐点向中间探测，不得跨距离到河中间或洪道上探测，以防发生事故。探测时采用钎杆如图 9-28 所示，用人力穿凿冰层，凿通后将直角尺子放在冰孔内进行测量，如图 9-29 所示。

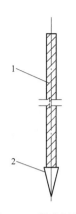

图 9-28　凿冰钎杆

1—木柄；2—铁钎头

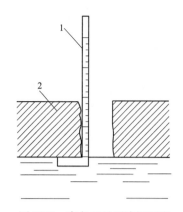

图 9-29　直角尺量测冰层厚度

1—直角尺子；2—冰层

冰上运输便于滑行，河床中各钻孔间的器材搬迁可以采用拖拉滑行的办法。将钻机、水泵、柴油机都安装在可以单独滑动的基座上。安装基台时，直接将基座用螺栓装在基台木上。为保持水泵与水管的水流通畅，冰上钻探需要有保暖的厂房，使人员和设备能在温暖的条件下进行工作；厂房建立在基台上，考虑到拆迁方便，厂房不宜过大，防风要严密，窗户安装玻璃，冰上厂房如图 9-30 所示。

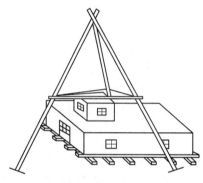

图 9-30　冰上厂房示意图

厂房内一般都要有两个火炉，火炉装在不妨碍工作的地方，炉子与台板之间垫上砖头和厚铁板，不宜用明火，煤气要导向室外。烟筒伸出房外一定距离，防止火星落在房上。三角架立在厂房外面，着力在冰面上，脚架高度足以起下 2~3 根钻杆。因为冰上很滑，脚腿会自动下沉，在起立脚架前，脚腿着力处要先刨浅坑并垫以厚木板，起立后立即加上横拉杆。抽水或回水用的冰洞要设置在钻场内适当位置；钻场内器材设备应尽量精简，不常用的器材尽量不放在钻场内。钻场附近不得随便开凿冰洞；交通线路应明确规定范围。

冰上钻探要做好机械设备的保温措施，防止柴油机、水泵冰冻事故发生；水泵停止运行时间不超过 10min，因故障停止运行时，须将水泵与管路中的水排放干净。柴油机应采用 35 号轻柴油、0W 机油或 5W 机油，否则机器无法正常运转。双手不得直接接触铁器，热手遇冷铁易产生水气并立刻冻结，手缩回时可能撕伤手。注意防火，钻场内必须配置充分的灭火器材。

三、保护套管

1. 保护套管及管靴的选择

在水上钻探中，钻探船会受到水流冲击的影响，钻进作业困难。为防止水流对钻具的冲击，确保钻进工作顺利进行，在钻进前须在钻探船与河床或海床间安装强度足够的

237

保护套管。保护套管的规格一般为 $\phi168mm\times8mm$、$\phi219mm\times8mm$、$\phi273mm\times9mm$ 的套管。安装保护套管的作用主要是：隔绝水流对钻具、钻杆柱的冲击；保护小口径的套管和钻具；为钻孔导向定位；保证冲洗液循环，降低浆材消耗量。

保护套管的受力情况：保护套管安装时，通常会用吊锤向下锤击，使保护套管垂直竖立于河床或海床上，因此会受到轴向冲击力的作用；安装和起拔保护套管时，会受到覆盖层轴向摩擦力；保护套管安装好后，顶端和底端相对固定，中部受水流的径向冲击力，因而产生弯曲应力和剪应力，容易导致保护套管弯曲和折断；当保护套管打入覆盖层后，因覆盖层不稳定而使套管受到径向压力；保护套管安装或起拔时，为避免脱扣导致保护套管脱落，常需扭动拧紧保护套管，而使其受到扭力。

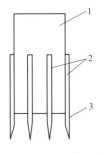

图 9-31　带钉管靴图
1—筒状管靴；2—钉的焊接段；
3—钉的出刃

在安装保护套管前应探明河床有无覆盖层，据此选择管靴型式。在覆盖层的河床，通常选用普通筒状刃口的管靴。在无覆盖层的河床则采用带钉管靴，如图 9-31 所示，防止套管沿岩面滑动，使保护套管在达到基岩面时能抓住基岩表面的风化层，便于固定位置。带钉管靴有 6～8 个钉子，钉子尖端有锐利的棱角，锻成后经过热处理，有一定的强度，用电焊焊在筒状刃口管靴上。钉子伸出靴口的高度约为 50～100mm，尖角宜向外倾斜，以免钉入后向内弯曲影响钻进。

2. 保护套管的连接

保护套管必须能抵抗在作业中所承受的各种力的作用。如果其强度不够，就会造成套管弯曲、折断等事故，影响水上钻探的顺利进行，甚至导致钻孔报废，因此，保护套管必须达到一定的技术要求：一是套管钢材质量，要求套管无裂痕，内径、外径和壁厚均应符合技术要求；二是套管加工工艺，要求套管连接后无弯曲现象，套管管箍螺纹可以互换使用，螺纹松紧适度。

保护套管下端应安装套管靴，以保护套管底端。保护套管下到河床或海床上后，为了垂直稳固，增大抗弯强度，须将套管跟进到覆盖层一定深度，常常会遇到坚硬的卵石，容易损坏管靴，所以要求管靴材质好、强度大、硬度高。管靴材质一般选用合金钢或碳素钢，其表面进行淬火或渗碳处理，增大其表面硬度及内部韧性。

保护套管在各种力的作用下，螺纹部分极易损坏和折断，为此，通常采用外接箍连接以增强螺纹连接的强度。在水深超过 60m、流速大于 3m/s 的河流中下入保护套管时，其接箍必须采取加固措施，防止套管折断。加固措施主要有两种：

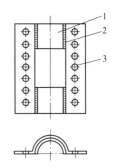

图 9-32　加固夹板
1—铁垫瓦；2—垫瓦焊接段；
3—螺栓孔

（1）如图 9-32 所示的套管夹板加固法，它是由两块 700～800mm 的铁夹板组成，用螺栓拧紧固定，用以包住套管接箍及其上下部的套管，但需避免夹板打入覆盖层中。

（2）电焊支撑钢筋法，采用几根直径不小于 $\phi20mm$ 的钢筋均匀布置在接箍圆周上焊牢，并将套管管体焊牢，拔管时用氧气切割。

3.保护套管的安装

钻探船抛锚定位、孔位测放好并固定后，就可以安装保护套管。根据水深、流速、覆盖层厚度与钻孔深度等情况，选择保护套管及护壁套管的规格，保护套管与护壁套管间的匹配情况见表9-7。

表 9-7　　　　　　　　　　　　保护套管与护壁套管规格匹配

套管名称	套管直径（mm）		
保护套管	273	219	168
护壁套管	≤219	≤168	≤127

安装保护套管前需测量孔位水深，以确定安装保护套管的长度。在深水急流处，可采用钻机的升降机构系吊锤进行测量；在流速低、水深不大时，可用钻杆或测绳进行探测。安装保护套管前还需检查加固夹板、套管夹板、钢丝绳、提引器等器具的完好情况，钻机升降机构应安全可靠，确保保护套管安装工作顺利进行。

保护套管安装方法有：

（1）单根逐一安装法。将保护套管连接一根下放一根，逐一安装，直至达到计划深度。这种方法应用比较广泛。

（2）整体连接安装法。在水浅、流速小的河段安装保护套管时，通常将保护套管在钻探船上连接好，然后整体下入水中安装。这种方法能够大大节约安装时间。

（3）整体转移安装法。即在完成一个钻孔后，不将保护套管全部起拔到钻探船上，而是采用升降机将保护套管整体起拔提离水底3～5m，然后固定在钻探船上整体移动到下一孔位，抛锚定位稳定后，整体安装保护套管。需要注意的是，在水面以下的套管不得影响起抛锚和移位工作。

保护套管安装步骤：保护套管常用的安装方法是单根逐一安装法，底部通常采用长度约4m的长节套管。水深时，长节套管可多下；水浅时，长节套管应少下。顶部多采用长度0.5～1.0m的短节套管，河水涨落时接卸方便。

（1）安装保险绳。安装第一节套管时，在其顶部管箍以下安装一个活动环圈，并穿入保险绳（直径为$\phi12$～$\phi15mm$的柔性钢丝绳）。安装的每节套管均安装活动环圈并拴好保险绳，直至安装完所有套管，最后将保险绳固定在钻场上。

（2）安装定位绳。根据水深、流速以及定位绳牵引的位置，选择定位绳的规格、长度。定位绳一般采用2根，固定在保护套管的中部，与水平面的夹角约45°。定位绳必须穿过钻探船底向上游固定在船头的系缆桩上，便于调整保护套管的垂直度，起到保护套管的定位作用。

（3）安装减压绳。在水深超过70m的急流河段，套管柱自身重量较大，作用于套管下部，容易导致套管下部弯曲、折断。为此，需在套管柱适当位置设置1～2根减压绳，垂直引向钻场并固定，使套管柱上部受压，下部受拉，以减轻下部套管的压力，防止套管弯曲、折断事故的发生。定位绳、保险绳、减压绳的安装如图9-33所示。

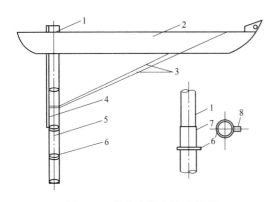

图 9-33　保护套管安装示意图
1—保护套管；2—钻探船；3—定位绳；4—减压绳；
5—保险绳；6—活动环圈；7—接箍；8—穿保险绳孔

保护套管的定位一般采用立轴钻杆校正定位的准确性。水上钻探一般为垂直钻孔，因此，保护套管必须垂直。保护套管下到河床或海床底后，通常采用地质罗盘或水平尺校正其垂直度，如有偏斜，及时调整。为了保持保护套管垂直，有条件情况下，将保护套管强行跟入覆盖层中 3～5m。但是，也不能跟入太多，也免起拔保护套管困难或不能完全起拔造成损失，甚至形成安全隐患。

在水深流速大的河段下保护套管十分困难，因为长管柱的下部，会被急流冲向下游，使下着点偏离原定孔位，或将套管柱冲弯，甚至将接头处套管柱折断。实际操作中，为了达到预期效果，在水深流急的河段采用以下方法：

（1）加重锤法。目的是利用重锤增加管柱最下部的坠力。在管靴上部第一节保护套管套上 1 个大吊锤。套管下入深水后，便可防止管子被冲弯。此法操作比较简单，但是，如吊锤陷入覆盖层中，起拔套管时阻力很大，会增加起拔保护套管的难度。如果河床是基岩，则非常实用。通常在水深流急的河段，河床底细砂砾不易积存，一般为基岩或比较坚实的大卵石层。因此，在水深流急处安装保护套管采用这种方法较好。

（2）保护绳法。在河流上游方向，用钢丝绳做保护绳，把保护套管柱拉住。如河床狭窄，要尽量利用有利地形，将保护绳一端用绞车固定在岸上。若河床比较宽，无地形可利用时，可在船上设绞车，于船头固定一定滑轮变向，从上游拉住保护套管，如图 9-34 所示。保护绳与保护套管之间的夹角应尽可能大，必要时，在船头安装拉架，将定滑轮安装在拉架的顶端。但要注意拉架不能过长，以防船头向下倾斜。保护绳应与水的流向一致，否则不起作用。

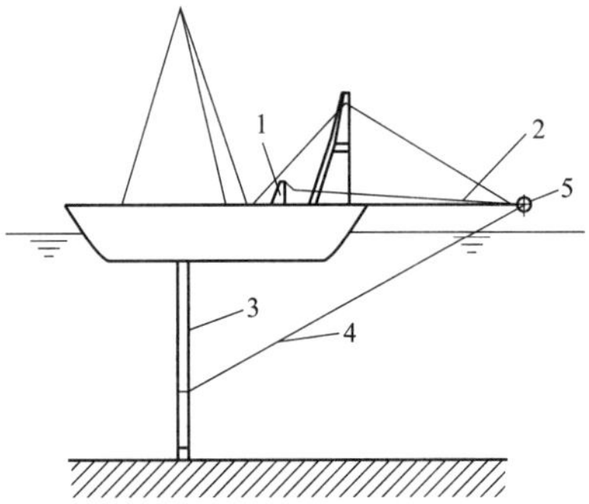

图 9-34　保护绳法安装保护套管示意图
1—绞关；2—拉架；3—套管；
4—保险绳；5—定滑轮

在长江下游或近海区域进行水上钻探时，经常会受到潮汐的影响，造成接卸保护套管频繁，增加了钻探难度。为了消除潮汐对水上钻探的影响，通常安装伸缩式保护套管。伸缩式保护套管由内、外保护套管构成，在内、外保护套管间设置有密封装置（见图 9-35）。一般外保护套管安装在下部，固定在河床或海床覆盖层中，内保护套管下端内嵌入外保护套管中，上端固定在钻探船上。外保护套管长度根据平潮低水位水深与进入河床或海床内至少 6.0m 控制，内保护套管长度根据最大涨潮高度时伸入外保护套管内的长度不低于 3.0m 控制，以保证在任何情况下，内、外保护套管之间的重叠长度 3.0m，从而在水上钻探过程中不影响保护钻孔的功能。

在钻探船抛锚定位后，按上述保护套管的安装方法先安装外保护套管，再安装密封装置，最后安装内保护套管。当涨潮时，钻探船随水位的上升而上升，从而带动内保护套管向上延伸；当落潮时，借用内保护套管的自身重力，自动回收至外保护套管内。

使用伸缩式保护套管，不再需要人工接卸保护套管，提高了水上钻探的钻进工效；同时，内、外保护套管间的密封装置使孔内冲洗液不再漏失。

伸缩式保护套管安装需注意：保护套管的螺纹连接必须牢固可靠，螺纹要全部拧紧。连接不

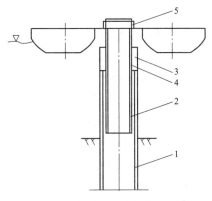

图 9-35　伸缩式保护套管安装示意图
1—外保护套管；2—内保护套管；
3—密封装置；4—密封圈；5—固定管卡

牢固的不得安装；孔口夹板必须上紧卡牢，以防套管脱落；定位绳、减压绳、保险绳派专人负责，保持各绳的固定牢固可靠；在保护套管顶端要采用护丝箍保护丝扣不损坏；钻进过程中要随时关注保护套管的情况并适时进行调整，出现异常状况要及时处理；要及时清除钻探船及保护套管附近的漂浮物；如遇大风、水位上涨过快时，要停止钻进作业，将钻具提离钻孔，并加长保护套管。

4. 保护套管起拔

钻探船漂浮在水上，不够稳定，起套管比在岸上困难。故在覆盖层内，每级套管跟入深度不超过 10m。终孔验收后即可起拔保护套管，在保护套管跟入覆盖层不深时，可直接采用钻机的升降油缸向上顶拔，即能顺利拔出。起拔保护套管时，可采用升降机慢慢提拉，同时用链子钳转动套管柱，以避免脱扣导致保护套管脱落。如下部阻力大，可用 150kg 吊锤上下冲击，使其活动，便于起拔。有条件时，可使用电动或液压震动器辅助起拔保护套管，既安全又快捷，大大降低劳动强度。起拔过程中如发生保护套管折断事故，可用套管公锥进行打捞，锥紧后用吊锤向上下冲击起拔套管。如果阻力过大，可采用带锥度的木锥下入折断的套管内，然后投入铁砂、碎石等卡料，使木锥与保护套管牢固地卡在一起，再用吊锤上下冲击或用震动器辅助起拔套管。在保护套管跟入覆盖层较深，管靴被卡死不能拔出时，可采用割管器将管靴段割断，再进行起拔。不得将千斤顶直接坐于钻探船上顶拔保护套管。使用千斤顶时，要将力传递到河床或海床上。

四、水上钻探安全

水上钻探受水文、气象、航运和潮汐等条件的影响，安全隐患大，事故发生概率高，因此，水上钻探安全工作是重点。为了保证水上钻探顺利进行，必须配备必要的安全设施，采取适当的安全措施，切实把安全生产落到实处。由于水上钻探工作大多量少，规模不经济，为了达到较优的投入产出比，不可能将钻探设施建成抗风、抗浪、抗洪、抗震的坚固安全设施，因而，最可靠的安全措施就是按照自然规律，安排作业期避

开"风高浪急、主汛期、暴雨"时段，尽可能避开危险时段现场作业。

水上钻探使用的安全设备主要有交通设备、照明设备、通信设备等。开展水上钻探工作，必须备有交通船只作为水上钻场与岸上间交通运输与联系之用，水上钻场与交通船上必须配备足够的救生衣、救生圈等救生器材。在通航的水域，水上钻场应悬挂号灯、号旗与航行标志，交通船必须正确运用航行标志和信号，严格遵守航行规程，保证水上交通安全。水上钻场的照明一般采用电力照明，通常配备 $5\sim24\mathrm{kW}$ 的发电机，为防止发电机故障造成照明中断，配置充电手电筒。严禁使用火焰外露的照明设备，防止造成火灾。为了使水上钻场与往来船只或岸上进行联系，保证钻探工作顺利进行，通常配置高频无线电话机、对讲机、高音喇叭等通信设备，并指定专人负责管理，规定通信时间，保持经常联系。

水上钻探要特别注意施钻过程中的安全问题，采取相应的技术措施防止钻杆和套管折断、钻场被撞、钻孔报废等重大事故的发生。当有大型船只通过产生涌浪时，停止钻进，待船只通过后涌浪消退再继续作业；及时掌握风力和水情，如有大风、洪峰预报，及时告知水上钻场作业人员做好准备，采取预防措施；如有 5 级以上大风，卸掉钻场篷布，以减小风的阻力，保持钻场稳定；各班记录员应观测、记录水位涨、落情况，及时校正孔深、接卸套管；值班人员要经常检查锚绳、定位绳、保险绳等的安全状态，注意观察来往船只，严防撞船事故的发生；停工时，水上钻场仍须安排专人值班，注意水上钻场安全与防火；严禁在水上钻场及其抛锚范围内进行砂石采取或爆破作业；铁驳钻探船要按时进行维护，保证船舶安全，延长其使用寿命。

❈ 第二节　松散细颗粒土取心技术

一、取心方法

一般钻进采取土样有卡料卡取、卡簧卡取等方法。对于有块、卵石的覆盖层，可采取卡簧卡取岩心，卡簧一般与卡簧座配合使用，卡簧与卡簧座的锥度要一致，卡簧的自由内径比钻头内径小 0.3mm 左右，现场应配备同一口径钻头多种卡簧，卡簧对岩心既要有一定的抱紧力，又要能在岩心上被轻轻地推动为适宜，推动费力则为过小，停留不动则为过大。

使用单管钻具取心，以合金钻头钻进松散、软岩和塑性地层中，当采用卡料或卡簧卡不住土样时，可采用干钻法，即在回次终了时，停止送浆，低速钻进一定进尺，一般不超过 30cm，充分利用未排除的岩粉挤堵塞住土样，实现土样与钻头紧密接触，再通过回转将其扭断提出；在回次钻进终了时，停止冲洗液的循环，利用岩心管内岩粉的沉淀作为卡料挤塞卡住岩心，通常岩粉沉淀的时间控制在 $10\sim20\mathrm{min}$，常与干钻法配合使用。

二、器具或工艺技术选择

1. 采用适宜的钻头

一般情况下，钻头利用钻头唇面的水口、水槽实现钻头底部过水，对于松散的、水敏感性地层，减小地层与冲洗液的接触，是有效的方法。采用底喷或侧喷式结构钻头，改变冲洗液的流向，既实现了冷却钻具，又减小了冲洗液的冲蚀作用，有利于获得较好的取心效果。

2. 采用适宜的取心钻具

选用投卡式无泵钻具（投球单管钻具如图 2-7 所示），回次终了卡住岩心后，投入球阀隔离钻杆内水柱，减少岩心脱落。适用于可钻性Ⅲ～Ⅳ级具有黏性的地层以及不易被冲蚀的地层。

选用无泵反循环钻进。敞口式无泵钻具如图 9-36（a）所示，封闭式无泵钻具如图 9-36（b）所示。在钻进过程中不用水泵，而是利用孔内水的反循环作用，不使钻头与孔壁或岩心黏结，同时将岩粉收集在取粉管内。适用于软弱、破碎地层。

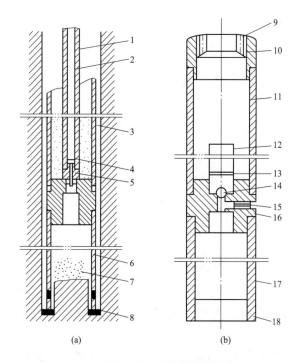

图 9-36　无泵反循环钻具

（a）敞口式无泵钻具；（b）封闭式无泵反循环钻具

1—钻杆；2—出水孔；3—取粉管；4—球阀；5—钻杆接头；6—岩心管；7—沉淀的岩粉；8—钻头；
9—出水孔；10—异径接头；11—取粉管；12—导粉管；13—控制销；14—球阀；
15—螺钉；16—特种接头；17—岩心管；18—钻头

采用双级单动双管 SD 系列钻具（见图 6-12）或半合管单动双管钻具（见图 9-37）。适用于各种成因、类型的覆盖层。

3. 使用反循环钻进工艺

钻进时，冲洗液从钻杆内送达孔底，从钻头内向外流出，完成冷却钻具、排除岩粉后，从钻杆外与孔壁之间的环状空间返出孔口，一般称为正循环钻进；反之，冲洗液从

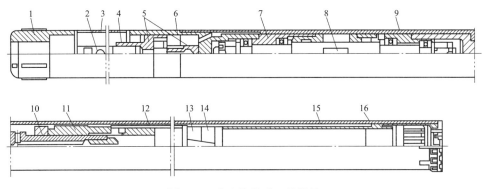

图 9-37 半合管单动双管钻具

1—异径接头；2—除砂机构；3—沉砂管；4—打捞头；5—单向阀；

6—外管接头；7、9—上、下单动接头；8—轴；10—调节轴；11—内管接头；

12—外管；13—半合管环槽；14—卡箍；15—扩孔器；16—定中环

钻头外流向钻头内，这种循环方式称为反循环。

反循环钻进具有如下优越性：

（1）样品从内管中心返回，不因冲洗液侵蚀孔壁而污染样品，能取得实时样品，能取得有真实代表性的样品，在连续取样取心基础上，采取率可达 100%，为提高化验精度提供了条件，因此地质效果好。

（2）有效地净化了孔底，钻速可提高 2～3 倍，在可钻性Ⅲ～Ⅳ级地层可达 16～21m/h；在可钻性Ⅳ～Ⅴ级可达 7～10m/h，总的钻速变化在 4～30m/h。

（3）双层钻杆连续取心起下钻时间可减少 30～50 倍，有时 30～120m 的钻孔用一个钻头，只提一次钻就完孔了。台月进尺平均 4500m，比常规岩心钻探效率高 6～8 倍。

（4）钻孔可以不下套管，钻杆就等于跟管钻进的套管，有效隔绝孔壁，保护孔壁完整。

反循环钻进分为全孔反循环和局部反循环。局部反循环适宜于地层Ⅳ～Ⅵ级松软、胶结性差、易磨损的地层，也适宜于硬碎脆地层，其关键器具是局部反循环钻具，常用的局部反循环钻具有弯管喷射流孔底反循环单管钻具、911 型喷反接头及微型喷反接头。

弯管喷射流孔底反循环单管钻具（见图 9-38），钻进时冲洗液以一定速度射入扩散管，在喷嘴及扩散管附近形成负压区，孔底液体经岩心管被吸入到扩散管并与泵入的冲洗液混合，混合流体进入喉管形成稳定的流动状态，进入扩散管后，流速降低，压力升高，流经弯管排出，部分液流沿孔壁与钻具之间的环状间隙返回地面，部分冲洗液在负压的作用下流入岩心管，形成孔底局部反循环，从而携带孔底岩心进入岩心管。通过改变冲洗液的流量和性能、调整喷射元件的参数及相互关系，可以调整孔底形成反循环能力的强弱。

喷反钻具结构紧凑、强度高、钻具的加工精度容易得到保证，安装方便。如图 9-39～图 9-41 所示，911 型喷反钻具接头用 $\phi 70 \times 250$mm 的公接头制作，喷反元件置于其中，用钢板焊接回水槽壳，与接头上的回水槽构成回水通道，排水孔的出口处焊有排水孔罩，防止直接冲刷钻孔孔壁，调节垫圈厚度可以调整喷嘴与承喷器的距离。

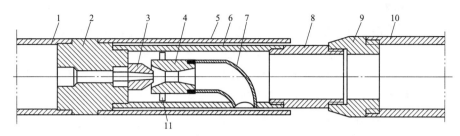

图 9-38 弯管喷射流孔底反循环单管钻具

1—导正管；2、9—接头；3—喷嘴；4—扩散管；5—挡水管；

6、8—连接管；7—弯管；10—岩心管；11—导正圈

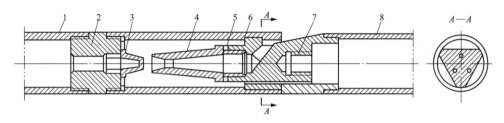

图 9-39 喷反钻具

1—导正管；2—喷嘴接头；3—喷嘴；4—扩散管；5—垫圈；6—连接管；7—分水接头；8—岩心管

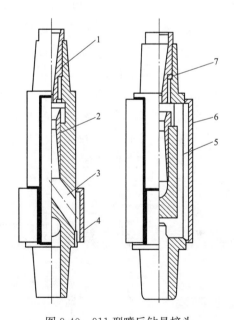

图 9-40 911 型喷反钻具接头

1—喷嘴；2—承喷器；3—排水孔；

4—挡水罩；5—回水槽；6—回水槽壳；7—垫圈

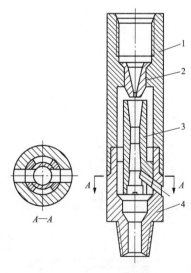

图 9-41 接头喷反钻具

1—上接头；2—喷嘴；3—承喷器；4—下接头

使用反循环钻进时，操作注意事项如下：必须经过地表试验，弄清喷反钻具的返水效率及返水量变化范围，以便钻进中正确控制送水量。孔内必须保持清洁，残留岩心过

长或岩粉过多（超过 0.3m）应专门捞取。下钻至距离孔底 0.5m 时，先调好所需泵量，形成反循环后再缓慢扫孔到底钻进。保证泥浆泵工作性能稳定，中途不得停泵或减少泵量，否则易发生沉淀自卡或堵塞水路，发生事故。控制好冲洗液中岩粉杂质，以免堵塞喷反元件，影响喷反性能。使用泥浆时，黏度一般控制在 18~23s。钻压与一般正循环钻进相同，转速 100~150r/min，泵量由所钻地层和选用的喷嘴直径确定。

4. 使用无泵绳索取心钻进技术

绳索取心钻进技术采用不提出钻具钻杆，利用专用工具直接从孔底提出岩心管的取心方法，减少了诸多因提钻过程对进入岩心管内岩心的破坏，同时也缩短了钻进辅助工作时间、提高了钻进效率，因而有利于提高取心质量。

破碎、松软地层中钻进时，在进入内管前往往易被冲洗液冲蚀，进入内管后也常常因卡簧卡不牢在打捞时掉落造成空管，打捞岩心时在重力和内管上部水压的作用下脱落。在这种情况下，采用无泵反循环绳索取心钻具有很好的效果。该钻具的内管总成由绳索取心钻具内管总成除去内管和卡簧座、卡簧，换接绳索取心无泵钻具内管及无泵接手，内管由 2 节组成，下节 1m 长，上下两节内管由无泵接手连接，上下内管加无泵接手总长与普通绳索取心内管长度一样。这样，可在不提大钻的前提下实现普通绳索取心钻具和绳索取心无泵钻具的互换，外管总成不变，只把普通钻头换成超前侧喷钻头。

无泵反循环绳索取心钻具把无泵钻具和绳索取心钻具合二为一（见图 9-42），既可提高岩心采取率，又可提高钻进效率，稳定孔壁，减轻劳动强度，钻具的超前侧喷钻头改变了冲洗液的流向，冲洗液从钻头侧面喷出，保证了进入钻头的岩心不被冲蚀；钻头超前部分罩住尚未进入钻头的岩心，同时减弱了冲洗液的流速，有效地保护了钻头前部的岩心。减短了内管长度，又用无泵接手隔离了上部的水，大大减小了岩心上部的水压，能有效提高采取率。无泵接手使下内管处于密封状态，当岩心下滑时上部即形成负压对岩心产生吸力，阻止其下滑。在破碎、软弱地层中钻进取心，卡簧实际上已失去了作用。爪簧在岩心上行时张开，下行时收拢，保证岩心只能进不能出。

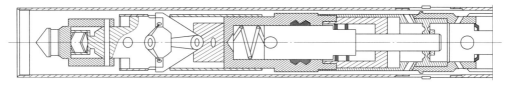

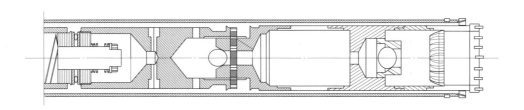

图 9-42 绳索取心无泵钻具＋超前侧喷钻头组合钻具

当遇到极破碎、软弱易冲蚀地层时，将内管总成打捞上来，换成绳索取心无泵钻具内管总成（钻头可用普通绳索取心钻头）进行无泵钻进。无泵钻进不用水泵送水，通过钻具上下串动及无泵接手的作用在孔底形成局部反循环。无泵钻进的钻进参数是钻压、转速、串动频率和串动高度。钻压不宜过大，一般为 2～4kN，否则可能造成岩心堵塞或糊钻。转速也不宜过快，以便保护岩心，一般在 100～200r/min。串动频率一般为 5～10 次/min，串动高度一般为 15～20cm，视孔底岩粉多少和孔壁稳定程度而定。钻进过程中要不停地串动钻具，并且快提快落，以增强反循环的抽吸效果。钻进结束，用打捞器打捞内管取心。通过钻具上下串动形成孔底局部反循环，由于极破碎岩层中存在粒径接近内外管环状间隙的细小颗粒，如果进入内外管间隙，会导致内外管机械摩擦增大，甚至内管完全卡死无法打捞。防堵锥网可以有效地隔离这些细小颗粒，把它们过滤在内管之中，从而提高钻具的寿命，防止卡内管。采用绳索取心无泵钻进能很好地保证取心率，不需提大钻。但进尺较慢且要求孔内水位必须高于无泵接手 1～3m，否则无法形成孔底局部反循环。

当遇到极破碎、软弱易冲蚀地层时，普通绳索取心钻进因冲洗液对岩心的冲蚀大，岩心在进入内管前就被冲蚀，造成取心率低；绳索取心无泵钻进进尺较慢，且孔内水位太低时不能实施。在这种情况下，可用"绳索取心无泵钻具＋超前侧喷钻头"组合工艺，用正常的钻进参数钻进。用这种组合工艺技术满足了在极破碎、软弱地层中作业提高取心率的需要，在不需增加钻探设备和实施绳索取心钻进工艺的前提下，采取率达到 95％以上。实现孔底加钻杆和取心的办法是：采用绳索取心钻杆做主动钻杆，加钻杆和打捞岩心时卸掉水接头，从主动钻杆上部加钻杆和下打捞器打捞。准备 2～4 根 1m 长的短钻杆，10 个钻杆公母接手，一个易反接手。进入破碎带就将易反接手接到主动钻杆下面，以后通过短钻杆、钻杆接手、易反接手调节钻杆长度，保持主动钻杆不进入地面以下，则钻头就可以不离开孔底。具体操作方法是：刚进入破碎层，即将主动钻杆提出地面，卸掉主动钻杆，加易反接手和短钻杆、钻杆接手，使主动钻杆处于最高位置，继续钻进。当主动钻杆到孔口后，卸掉主动钻杆，加 3～4 个钻杆接手继续钻进。当易反接手以上的接手总长超过 1m 后，孔内反出易反接手，卸下钻杆接手，用 1m 的短钻杆替换钻杆接手；当易反接手以上的短钻杆和接手总长超过 3m 后，孔内反出易反接手，换 3m 的钻杆，易反接手接到新加的 3m 长钻杆的上部。如此操作，直到打穿破碎层。

进入破碎带后，加钻杆和打捞岩心时都保持钻头不离开孔底。只要钻头不离开孔底，上部围岩即使掉块也进不到岩心里面去，从而可保证岩心不被污染。

5. 套钻法取心技术

该取心技术的原理是利用注入浆液固结原松散地层，增加地层的内聚力和强度。具体做法是：在松散、破碎地层中先钻进一个小孔，在小孔中注入适宜的水泥浆液或化学浆液，待注入浆液凝固后，再采用大一径或两径的钻具取心。关键在于注浆固结的效果及小孔与大孔的同心。

三、工艺操作

在覆盖层钻进操作工艺上，采用"小泵量、中转速、短回次、慢提下钻、精细退心"的措施。由于地层松散，冲洗液对孔底地层的冲刷、冲蚀作用更为强烈，这种破坏作用与冲洗液的用量有关，一般选择较小的冲洗液泵量和适用高黏度的冲洗液。一般来说，植物胶冲洗液对岩心的保护较好，实践中成功应用的植物胶有：SM、KL、PW 等植物胶。覆盖层使用的冲洗液泵量在能保持循环的情况下，取正常钻进泵量的 $1/3 \sim 2/3$ 泵量是可行的，比如：在 100mm 孔深，$\phi76$ 口径的钻进，泵量控制在 $20 \sim 25 L/min$，取心效果较好。

钻具的回转速度是控制钻进效果的重要因素，一般来讲，高转速，则进尺高，但无论是单管、双管、三管钻具，在钻进过程中，岩心都会受到钻具回转引起的振动，产生碰幢。

缩短回次进尺是控制岩心受钻具破坏的有效措施，覆盖层中一般控制进尺在 1.5m 以内为宜，有时更短，这样充分减少岩心在岩心管内受到破坏的时间。另外，覆盖层中钻进容易出现岩心堵塞，出现堵塞后应立即提钻处理，防止堵塞岩心磨损孔底地层，出现只有进尺而无岩心的情况。

因钻杆钻具占据一定的空间，在提钻过程中，改变了原孔内冲洗液的静止液面高度，引起孔内冲洗液压力激荡，有时会在岩心管内产生抽吸作用，这样带来两个负面效果：一是因孔内液面瞬间降低，短时间内孔壁内外压力失衡，引起孔壁坍塌；二是形成局部负压，对已进入岩心管的岩心产生抽吸作用，产生岩心掉落影响取心质量。尤其是在小口径钻探中因钻具与孔壁之间的间隙很小，这种抽吸作用更为明显。在操作中，通常采用控制提钻速度和及时从孔口回灌冲洗液的方法予以控制，控制激荡压力。

覆盖层本身松散，在岩心管提出孔口后，尽可能避免悬吊钻具通过敲打钻具使岩心散落钻场后，捡拾装箱。采取适用的退芯方法，有助于提高取心率和保持岩心的原有状态，使用单管钻具时，一般需要拆卸异径接头，缓慢排出上部残留冲洗液，再倾倒出岩心入岩心箱；使用双管钻具时，需要拆卸出岩心管，岩心从上段缓慢退出，进入岩心箱。对于重要的岩心，采用半合管作为岩心管是一种有效的退心措施，即精细退心。

第三节　护壁堵漏技术

一、孔壁失稳

造成地层失稳的因素主要有地层的性质、遇水不稳定地层、地层的孔隙性、钻具及冲洗液对孔壁稳定的负作用四个方面。

1. 地层的性质

不同性质地层决定了钻孔孔壁的稳定性，比如岩浆岩及部分变质岩，一般不会出现孔壁失稳，沉积岩在钻进中或钻孔形成后，出现遇水膨胀、分散、崩解等水敏性失稳，或松散、坍塌、垮孔等力学性失稳。这些都是因地层性质不同形成的钻孔失稳。浅部的风化残积层、冲积层和洪积层、流砂层等，胶结差或不胶结、松散、孔隙度大、稳定性差、透水性强、钻进时孔壁易坍塌。深部的破碎地层和裂隙地层，颗粒或块体间无联结、空隙大、透水性强、稳定性差，钻进时孔壁易坍塌、钻孔超径，常出现冲洗液的漏失。

2. 遇水不稳定地层

遇水不稳定地层是指孔壁与冲洗液接触，产生松散、溶胀、剥落、溶蚀等使孔壁失去稳定性的地层，故也称水敏性地层。钻进中遇到这类地层时，常出现钻孔缩径、超径、孔壁剥落、崩塌等孔壁失稳问题。依孔壁遇水产生的情况不同，遇水不稳定地层又可分为遇水松散地层、遇水溶胀地层、遇水剥落地层、遇水溶解地层，遇水松散地层是由于受风化或蚀变的影响，地层遇水后经浸泡，产生松散性破碎，表现为掉块、塌孔、孔内沉渣多等，这类地层如风化黄铁矿、风化大理岩、风化花岗岩、风化泥质砂岩等；遇水溶胀地层遇水后，颗粒或分子间的联结力降低，岩层吸水后体积膨胀，甚至进而以胶体或悬浮状态分散在水中形成悬浮体，这类地层有黏土、泥岩、软页岩、绿泥石等，钻进这类岩层时，产生因溶胀而缩径，因分散成悬浮体而超径；遇水剥落地层结构的不均匀性（如层理、节理、片理的存在）及其充填物和胶结物的水敏性，遇水后往往产生片状剥落或块状剥落，如硬页岩、片岩、千枚岩、滑石化高岭石化板岩、硬煤层等；遇水溶解地层与水接触后便溶解于水中，由于溶解的结果，使孔壁出现超径。遇水不稳定地层除地层本身的性质、结构等决定性因素外，水的作用是促使它们发生复杂情况的主要外界因素。因此，力学不稳定与遇水不稳定是既有区别又互相联系。地质因素是两者的客观原因，水的作用是造成不稳定的外界因素。同时，力学不稳定又可因水的作用而加剧。

3. 地层的孔隙性

地层的孔隙性是指地层形成过程中或形成后，在动力地质作用下产生的孔隙，孔隙是钻进中造成漏失的必要条件。坡积层、洪积层等松散堆积体地层颗粒之间没有胶结、颗粒之间存在孔隙，往往贯通互联，分布均匀；中硬及坚硬岩层的成岩裂隙、风化裂隙、构造裂隙等裂隙性空隙，其分布极不均匀，且不联通；溶隙或溶洞等发育溶蚀性空隙。

4. 钻具及冲洗液对孔壁稳定的负作用

钻进过程中，钻具及冲洗液的作用对孔壁稳定会造成重要的不利影响。钻进过程中采用不同的钻进方法、工艺、材料等会对孔壁造成不同的影响，如泥浆的种类、循环方式、钻具的规格及起下速度等对孔壁稳定都有不同程度的影响：

（1）冲洗液的液柱压力。钻孔形成后，地层原有受力条件发生改变，利用冲洗液产生的液柱压力可以实现维护地层应力平衡，保持孔壁稳定，这种方法也称为压力平衡护孔；其基本的原理是冲洗液的液柱压力与地层的侧压力基本相当。

冲洗液的液柱压力对孔壁稳定影响主要有两个方面，一是冲洗液的静止液柱压力，二是压力激荡的瞬间作用。

静液柱压力是由液柱重量引起的压力，其大小与液柱的单位重量及垂直高度（直孔时即孔深）有关，而与液柱的横向尺寸及形状无关。静液柱压力可用式（9-1）表示：

$$P_w = 9.8 \times 10^{-3} \gamma_w H \tag{9-1}$$

式中　P_w——静液柱压力，MPa；

　　　　γ_w——液体密度，kg/L；

　　　　H——垂直高度（即孔深），m。

压力激荡是指在有液体的孔内进行升降钻具时，因钻具运动引起的孔内某一点的液体压力的骤增或骤减，这一现象称为压力激荡，产生的动压称为激荡压力。压力激荡可以带来以下几方面的危害：造成孔壁失稳而垮塌，以致造成卡钻，埋钻事故；造成地层流体释放，因孔内液柱降低而引起井涌和井喷事故；造成地层被压裂而带来冲洗液的漏失。由于下钻时冲洗液在高速下落钻具的挤压下产生高的冲击动能，使孔壁周围岩层承受很高的挤压力，孔壁由此而被压裂。起钻时，岩心充满整个取心钻具，粗径钻具如同一活塞，在钻具高速上行时，环空间隙小，下行的液体来不及补给，使钻头下部的空腔产生负压，对孔壁岩层产生抽吸压力，孔壁周围的岩层因失去原来的孔内压力平衡而造成垮塌。孔愈深，下钻或起钻的速度愈大，产生的挤压压力或抽吸压力愈大，对孔壁周围岩石的破坏也愈大。

上覆地层压力是指某深处在该地层以上的地层基质（岩石）和孔隙中流体（油、气、水）的总质量造成的压力。其大小随地层基质和流体重量的增加而增加，随孔深的增加而增加，可用式（9-2）计算：

$$P_o = 9.8 \times 10^{-3} H \left[(1-a) \gamma_r + 2\gamma \right] \tag{9-2}$$

式中　P_o——上覆地层压力，MPa；

　　　　H——地质柱状剖面垂直高度，m；

　　　　a——岩石孔隙度；

　　　　γ_r——岩石基质的密度，kg/L；

　　　　γ——岩石孔隙中流体的密度，kg/L。

地层侧压力可用式（9-3）计算：

$$P_s = \lambda P_o \tag{9-3}$$

式中　P_s——地层侧向压力；

　　　　λ——地层侧压力系数。

（2）冲洗液对岩层的水化作用通常是指那些在钻进中易发生坍塌、剥落、膨胀等复杂情况的泥页岩而言，一般认为存在表面水化和渗透水化两种水化机理。页岩黏土矿物表面水化时，可以吸附多至 4 个水分子层的水，层间距离可增大至 2nm，会引起明显的膨胀和软化。在受上覆岩层的压力而压实过程中，原来吸附的水被挤出，页岩释放能量而吸水，造成水化膨胀，产生表面水化。渗透水化是水分子通过半渗透膜，从离子浓度较低的溶液一侧迁移到离子浓度较高的溶液一侧去；渗透压力是在半渗透膜存在条件下由于体系中的不同部分存在着离子浓度差而产生的，渗透方向是低离子浓度溶液的水分子向高离子浓度溶液中迁移的方向。当用淡水泥浆作冲洗液时，页岩中水的离子浓度高，泥浆中的水转移到页岩中去，从而造成页岩的水化膨胀；反之，用高矿化泥浆作冲洗液时，页岩中的水被吸出，造成页岩的去水化。

（3）冲洗液对孔壁岩层的直接冲刷作用取决于冲洗液循环时在环空中的流速和流态。环空中上返速度大，易形成紊流，对孔壁的冲刷作用便大；而流速较小的层流或改型的平板型层流，对孔壁的冲刷作用小，有利于孔壁稳定。

二、钻孔漏失

1. 测定漏失层的方法

钻孔是否出现漏失，需要采用一定的测试方法进行必要的测试，常用的测试方法有以下几种：

（1）当钻开天然裂缝性地层时通常会突然漏失，伴随有扭矩增大和跳钻现象，如上部地层没有发生过此现象便是漏层在孔底的可靠显示。

（2）通过对岩心的观察，了解地层的倾角、接触关系、孔隙、溶洞、裂隙及断层等发育情况，了解漏失通道情况。

（3）观察冲洗液性能的变化情况，通过冲洗液性能变化反映出孔底地层性质，判断漏失层位置。

（4）采用正反循环测试、钻杆内外水力学测试等手段确定漏失层的位置及漏失量大小。

（5）使用专用的漏失检测仪器测得漏失量大小、漏失方向、漏失位置等参数。

2. 漏失层的分类

通常对漏失层按漏失速度分类，详见表9-8。

表 9-8　　　　　　　　　　　　漏失速度分类

序号	项目	Ⅰ	Ⅱ	Ⅲ	Ⅳ	Ⅴ
1	漏速（m³/h）	<10	10~20	20~50	>50	单泵或双泵不返水
2	漏失强度 [m/(MPa·h)]	<7	7~20	20~45	45~50	>55
3	漏径比 [m³/(h·m)]	0.08~0.82	0.82~1.64	16.4~4.1	4.1~6	>6
4	吸收系数 [m³/(MPa·h)]	0.1~0.5		0.5~1.5		>1.5
5	程度描述	微漏	小漏	中漏	大漏	严重漏失

漏失强度可按式（9-4）计算：

$$K = \frac{Q}{\Delta PS} \tag{9-4}$$

式中　K——漏失强度，m/(MPa·h)；

　　　Q——漏失速度，m³/h；

　　　ΔP——压差，MPa；

　　　S——漏失面积，m²，通过漏失段长及孔径计算得出。

漏径比为漏失速度与孔径之比，吸收系数是漏速与压差之比。

3. 钻孔漏失预防

控制钻孔漏失的主要技术手段是采用适当的预防措施，预防钻孔漏失的主要方法有：

（1）设计合理的孔身结构，选用适宜的钻进工艺。根据不同孔段地层的特点设计相应的钻孔孔径及钻进工艺参数，不能单一方法到底。

（2）降低钻进过程的压力激荡。采用合理的冲洗液密度与类型，实现孔内近平衡压力；降低冲洗液的环空压耗，降低开泵、下钻和下套管过程中的激荡压力等；采用调整冲洗液性能、在预计漏失地层钻进过程中加入堵漏材料等措施。

三、护壁堵漏

在钻进过程中，常见钻孔孔壁出现地层漏失、地下水向孔内涌入甚至孔口喷出，或掉块、缩径、扩径、坍塌、垮孔等现象，钻进中遇前者需要采取堵漏措施，遇后者需要采取护壁措施，才能实现正常钻进。护壁和堵漏是钻进过程中针对孔内不同问题所采取的不同技术措施，有时护壁措施同时也起到堵漏的作用，如套管护壁措施，无法严格区分二者，在钻探实践中一般护壁与堵漏同时考虑。

1. 不同地层的护壁堵漏思路

水敏性地层主要有黏土层、黏土质地层（如页岩、千枚岩）、盐膏层等，由于其造浆性能强极易造成泥浆黏度、切力增加。这类地层产生膨胀的原因可用两种水化机理解释：第一是表面水化；第二是渗透水化，在钻进过程中极易发生膨胀、缩径、掉块、卡钻等事故。为降低泥浆黏度和切力，常常需用清水稀释，从而造成孔壁更不稳定。在钻探过程中，处理该类地层常采取的措施是：使用抑制性冲洗液、快速穿过该层、下入套管隔离封闭该层孔段。采取的技术手段有：提高冲洗液的抑制性；提高冲洗液对地层的吸附成膜效果；降低冲洗液活度，使其小于或等于地层的活度；降低冲洗液泥皮的渗透性，防止冲洗液滤失水进入地层。常用的抑制性冲洗液的种类有：油基（或油包水）冲洗液；饱和盐水冲洗液、K盐冲洗液、钙处理冲洗液、高分子聚合物（PHP、钾铵基聚合物、两性离子聚合物、阳离子聚合物、聚磺等）。

破碎地层胶结性差、空隙发育，极易造成坍塌、卡钻、漏失等事故，一般在该类地层中，为维持孔壁稳定采取以下措施：提高冲洗液的黏度，降低其滤失水性能、增强冲洗液形成泥皮的厚度与韧性。使用高聚物、复合胶作为冲洗液，以增强冲洗液的护壁效果。利用高聚物吸附成膜效应，使冲洗液在孔壁形成隔水、有润滑降阻的薄膜。利用冲洗液的静止压力平衡地层侧向应力及地下水的压力，保持孔壁内外压力平衡。采用套管、注浆、泥球等有效的堵漏措施，进行固壁，防止浆液漏失。

碎石层具有结构松散、组织不均匀、孔隙度较大、厚度不一的特点，一般为几米到几十米，甚至数百米，碎石的直径一般 20~200mm，其中含有个别卵石，其直径甚至到 500mm 以上，在卵石、碎石之间一般为砂、粉土、淤泥等所充填。由于成层时期先后、形成原因不同，碎石之间胶结、密实情况不同，有的密实，有的有胶结，有的无胶结松散，有的有架空现象。通常钻孔孔壁易失稳，产生坍塌、掉块、漏失、涌水，提钻后碎石大量堆积在孔底，给钻进与取心造成困难。碎石层钻进通常采用以下方法：

（1）采用泥浆护壁：一般使用高比重、高黏度泥浆，泥浆的黏度控制在 25～50s，能实现孔壁不坍塌、不漏失；对于没有胶结的漏失层，泥浆黏度宜提高到 80s，除使用特制泥浆外，还需要在钻进中投入黏土球进行补强孔壁，泥浆的比重控制在 1.1～1.4。

（2）采用套管护壁：套管护壁是碎石层钻进中保护孔壁的有效方法，通常有下管、跟管护壁等措施，一般情况下，一径套管采用下管的方法可以保护 20～40m 的孔段，地层越密实，一径套管保护的孔段长度越长；采用跟管的方法，一径套管能保护 35～50m 的孔段；对较厚的覆盖层，通常采用多径套管护壁的方法。

（3）采用水泥浆注浆固结孔壁，对于无地下水孔段，采用自流式注浆；对有地下水孔段采用注浆管下至孔段底部压力注浆；对于涌水及有地下暗河的孔段，采用布袋注浆。采用注浆护壁时，需要控制浆液浓度、初凝时间、控制注浆量等，为提高早期强度及缩短凝固时间，可以适当加入早强剂和速凝剂。

砂层具有内聚力低、结构松散、遇水易流动等特点，钻进中容易出现坍孔、涌砂、埋钻的事故。为保持砂层孔段的孔壁稳定，一般采取的措施有：

（1）提高冲洗液的黏度和比重，增强冲洗液的泥皮厚度；由于砂层具有破坏冲洗液性能的作用，钻进中应及时检测冲洗液的含砂量、黏度、滤失水量等性能，并通过加入新浆或处理剂的方式及时调整。对于极松散、易坍塌的砂层，有的使用水泥浆钻进，以增强固壁效果，但该方法对岩心有一定的侵蚀、污染。

（2）应使用加大的粗径钻具或扩大钻具增大孔壁之间的间隙，其目的是增大浆液的回流环状间隙，减小冲洗液返出时对孔壁的冲刷作用；同时减小提钻过程中，冲洗液的瞬间抽吸作用。

（3）在冲洗液循环系统设计中，增长冲洗液地表循环槽的长度、增设沉淀池及挡浆板，目的是让冲洗液在地表循环过程中充分除砂。及时从孔口回灌优质冲洗液，保持孔内液面高度，维持孔壁内外液体静止压力的平衡。

（4）保持连续钻进，减少辅助工作及提钻时间，防止地下水的侵蚀造成的泥浆性能改变而引起孔壁失稳垮塌。

人工填土、渣场、倒石堆、孤（块）石等强漏失的架空层，这类地层物质组成复杂、地层结构松散、空隙大，架空严重，钻进中，钻口不返浆，甚至孔底成干孔；提钻后孔内堆积严重，有时钻进进尺量与孔内堆积量相等；组成地层的岩石成分多样，有的很硬，有的很软，很难确定一种适宜的钻进方法。针对这类地层，查阅相关资料，还没有一种有效的方法。在本书第七章中介绍了一种"空气潜孔锤取心跟管钻探技术"，基本上克服了上述问题，但对作业环境要求很高，对于大多数交通不变、电力供给不足的野外工程钻探适宜性不强。对这一类地层处理的关键，首先是解决堵漏护壁的问题，其次是钻进的器具问题，最后是取心质量问题。

2. 护壁堵漏的方法

常用的护壁方法有冲洗液护壁、套管护壁、水泥浆液护壁、化学浆液护壁等。

（1）冲洗液护壁。冲洗液在钻探过程中具有护壁作用和堵漏制涌作用，从护壁的目的出发，主要从冲洗液的流速、滤失水量、抑制水化、泥皮厚度等方面采取措施。对于孔隙性地层的漏失，采用降低冲洗液密度、调整流变参数和泵量以及改变开泵措施等方法，降低钻孔内激荡压力和环空压耗，改变冲洗液在漏失通道中的流动阻力，减少地层产生诱导裂缝的可能性。本节中对水敏性地层导致的孔壁失稳的原因及采取抑制性冲洗液进行治理进行了叙述，这是冲洗液护壁堵漏的重要利用。合理地控制冲洗液量和提高冲洗液的润滑性，是降低冲洗液对地层冲刷、冲蚀的主要措施。

（2）套管护壁。松散地层及强破碎带钻进中，在使用泥浆护壁、水泥浆护壁手段难以保持孔壁稳定，影响钻进时，多使用套管护壁。使用的套管从材质上讲有普通钢管、膨胀钢管及塑料管，根据下入套管的方式分为下管护壁、跟管护壁。在水电工程勘探中，先后采用锤击跟管、孔内爆破跟管及孔底扩孔跟管等套管护壁手段，用于松散覆盖层的护壁。根据不同的孔内情况，选择不同的套管护壁的类型及流程。

（3）注浆护壁堵漏。灌浆前准备工作的好坏直接影响灌注质量，甚至影响护壁堵漏的成败，必须要认真做好此项工作。灌浆前的准备工作包括：准确掌握灌注孔段地层情况（如漏失层的深度、厚度和大致的漏失量等；又如坍塌层的深度、厚度和坍塌的严重程度等）；要分析机台钻进该层时出现的情况、观察岩心，必要时可用测漏仪或测径仪测定；根据灌浆的目的要求和孔内具体情况确定灌浆方法；选择与检查水泥质量，通过室内小型试验确定水泥浆的合理配方，决定可泵期和待凝时间；检查灌注设备与工具（如采用水泵注入时，应严格检查水泵主要工作部件是否保持良好的技术状态，检查每个立根及高压胶管的通水情况；如用灌注器灌注，应检查灌注器的工作可靠性）；在泥浆冲洗钻进的钻孔中，为提高水泥浆与岩石的胶结强度，灌浆前应用清水进行洗孔；如在钻孔中段灌注，应在灌注孔段下部用木塞、草把等进行架桥，并用少量石子或砂子投入孔内，将桥卡牢、填实，防止水泥浆液漏失；做好组织工作，人员分工要明确，在统一指挥下进行。

根据灌注孔段情况及确定的水泥浆液配方，计算出各种材料的用量，并备齐所需材料。水泥浆液的计算由式（9-5）计算：

$$V = \frac{\pi}{4} K D^2 h \tag{9-5}$$

式中　V——水泥浆液体积，m^3；

$\quad\quad K$——附加系数（地面损耗、钻孔超径、渗透或漏失、孔内稀释等），一般取 1.2～1.4；

$\quad\quad D$——钻孔直径，m；

$\quad\quad h$——灌浆孔段长度，m。

配置水灰比为 m 的水泥浆 $V m^3$，水泥及水的用量可按式（9-6）计算：

$$\begin{cases} G_1 = \dfrac{V\gamma_1}{m\gamma_1 + 1} \\[3mm] G_2 = \dfrac{m\gamma_1 V}{m\gamma_1 + 1} \end{cases} \tag{9-6}$$

式中 G_1、G_2——水泥加量，t；

γ_1——水泥比重，一般为 3.05～3.20，式中假定水的比重为 1。

添加剂用量的确定一般按加入的干水泥重量的百分数计算。根据采用的配浆方法备齐配浆所用的工具。

使用普通水泥浆护壁堵漏时，一般使用钻杆输送孔底注浆法，应做好以下几方面：

1）水泥浆的可泵期是指水泥浆可以泵送的时间，可泵期太短，水泥浆在泵送过程中稠化凝固，造成堵塞管路或凝固孔内钻具，造成孔内事故；反之，造成现场待工，影响效率。一般以 30～60min 为宜，根据护壁堵漏孔段需要注入水泥浆的量适当调节，量大选用较长可泵期，量小选择较短可泵期。可泵期应在水泥浆的初凝时间以内。

2）选择适宜的水泥种类及水灰比，采用实例类比或现场试验的方式，确定水泥浆的凝结时间，包括初凝时间、终凝时间。初凝时间是指浆液从加水搅拌起，到开始失去塑性的时间；终凝时间是指浆液从加水搅拌起，到完全失去塑性的时间。水泥浆的凝结时间与材料种类、水灰比、环境温度及环境水质等有相关性。必要时可以加入适量的速凝剂或缓凝剂，以调节凝结时间。常用的速凝剂有氯化钙、水玻璃、食盐、硅酸钠、铝酸钠，一般加量为水泥量的 0.5%～3%。常用的缓凝剂有木质酸钠、磷酸氢二钠、磷酸氢二铵，一般加量为水泥量的 0.5%～2%。

3）注入水泥浆护壁堵漏时，一段钻孔一般应一次性连续注浆，因此，在准备浆液时，应备料充足，不得边注浆边备料。

4）有地下水的孔段，采用钻杆孔底注浆时，钻杆下端离孔底的距离应小于 0.2～0.5m 为宜，主要目的是防止孔底沉淀及浆液在下沉过程中被水稀释，降低水泥浆护壁堵漏效果。

5）注浆终了后，快速将钻杆提离堵漏孔段，并及时用替换水冲洗送浆管路。及时清洗提出钻孔的管路，严禁送浆管路中残留水泥浆，形成堵塞。在注入水泥浆护壁堵漏后，应留足充分的凝固时间，一般应在 48h 后才能复钻，否则会影响护壁堵漏的效果。

（4）投球堵漏护壁。在出现钻孔漏失，全孔不返浆，出现干孔，孔壁掉块严重影响钻进时，可以采用投注水泥球进行护壁堵漏。使用该方法时，应注意以下几方面：在地面拌合水泥及黏土时，应控制水的加量，一般拌合材料呈固态，具有一定的塑性，经揉搓能形成的团状，不散也不流动；揉搓水泥球的最大直径应小于钻孔直径的 1/3。过大水泥球会在孔底架桥，形成架空，不利于堵漏护壁；严格控制投入速度，每个水泥球的投放间隔；下入满眼钻具进行倒实，使水泥球与孔壁充分接触，或挤压部分水泥球入孔壁缝隙。

（5）导管灌注法。在浅孔或孔内水位很低的漏失层中，可以使用导管灌注水泥浆进行护壁。导管灌注法的安装如图 9-43 所示。

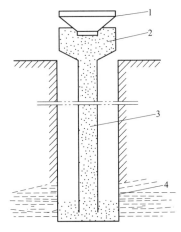

图 9-43　导管灌注法安装图

1—漏斗；2—储浆筒；

3—管柱；4—裂隙

导管可用钻杆或小径套管，将导管下到灌浆孔段下部，用夹持工具将导管停留在孔口，并将储浆筒接于导管上，使水泥浆经过漏斗、储浆筒和导管注入孔内，直到注满欲灌孔段，然后将导管提离水泥浆液面一定高度后，用水冲洗，并提出钻孔，密封孔口等待水泥浆液凝固。

（6）膜袋注浆护壁堵漏。在钻探中出现坍塌、掉块、涌水、漏失等复杂情况，尤其是地下溶洞超径严重及地下水流动剧烈，使用一般水泥注浆难以达到预期效果的情况下，采用膜袋注浆进行护壁堵漏。膜袋灌注水泥堵塞溶洞，是将特制的膜袋匿藏在钻具内下到溶洞上部，以水泵送水，靠水的压力将膜袋推出，使其按着溶洞的几何形状展开，然后灌注水泥浆，提出钻具，将充满水泥浆的膜袋留在孔内，使水泥凝固后，钻出新孔，实行人工造壁。具体作业程序是：采用冲击钻机跟管钻进至终孔→下入预先制作好的膜袋→往膜袋内注入浓浆→拔出套管→膜袋内再次注浆，并加至设计压力。

膜袋的形状如图 9-44（a）所示。可就地取材，用两条棉布或土工织物布制成。膜袋大小视其预测的溶洞大小而定。膜袋上部呈筒状，距上口 20mm 剪开，再用线稀稀地缝起来，使此处强度低于布料强度易于拉断。膜袋内有一个导流膜套，如图 9-44（b）所示。导流膜套下部剪开三瓣，用线与膜袋底缝合，也易从此处拉断。

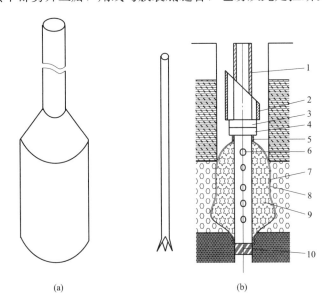

（a）　　　　　　　　　　（b）

图 9-44　膜袋注浆示意图

（a）外观示意图；（b）剖面示意图

1—钻杆；2—取粉管；3—取粉管接手；4—下接手；5—岩心管；6—通水孔；

7—导流膜套；8—膜袋；9—水泥浆；10—架桥木塞

组装时，如图 9-44（b）所示。一套普通粗径钻具，上带取粉管，导流膜套套在接手上，用细铁丝缠紧。岩心管的长度应以容纳下膜袋为宜，在岩心管上部钻 $\phi15mm$ 的通水孔 6 个，膜袋上口用铁丝经过通水孔牢固地绑在岩心管上。

操作时，将膜袋用水浸湿，自上而下的重叠，慢慢地装入岩心管内，使其松紧适度。为了检验其作用是否可靠，在地表接上机上钻杆，开泵送水。重叠的膜袋在很小的泵压下脱管而出，胀开呈伞包状。水从岩心管 6 个通水孔流出。地表试验作用良好，即可将膜袋水拧干，重新装入岩心管内，岩心管下端不必堵塞，膜袋不会自行脱落。通过钻杆将钻具降到距洞 0.2m 处，接好机上钻杆后，开泵送水。送水时间根据钻孔深度，以水能达到孔底把膜袋胀开为宜。然后去掉机上钻杆，接上漏斗，并加上过滤筛。先灌注清水，待形成抽吸作用时，随即将配好的水泥浆连续灌入，切忌水泥浆中途停灌。水泥浆经钻杆、取粉管接手、导流布套进入膜袋底部［如图 9-44（b）所示］，排出膜袋中的积水，经岩心管 6 个通水孔流出。膜袋内全被水泥浆充填，防止了水的稀释作用，而多余的水泥浆亦从通水孔排出。水泥用量根据膜袋容积确定，应有一定的裕量。某工程钻孔遭遇溶洞，采用 5t 水泥，水灰比 0.45，加 0.5％食盐，1％三乙醇胺。当水泥浆全部灌入之后，接着灌入适量的替换水。然后提起钻具，将导流布套从膜袋底部线缝合处拉断，膜袋从上部线缝合处拉断。钻具提到地面检查，只留膜袋在孔内，导流布套内壁尚有水泥浆流蚀的痕迹。32h 后，下钻检查，钻具下到 487.53m 遇到了凝固的水泥，水泥部位高出溶洞 0.6m，采用泥浆透孔，泥浆开始返出地表，堵住了溶洞。又经过一周时间的钻进，冲洗液循环正常，消耗少许，止住了涌水、坍塌、掉块，恢复了正常生产后又通过多层破碎带，在深部钻透了一层很厚的铜硫矿体，竣工孔深 837.20m，达到了地质目的。

操作需要注意：要准确预测溶洞的位置，摸清溶洞的类型，是否有充填物，这是选择膜袋灌注水泥堵塞溶洞的关键。膜袋的容积应大于预测的溶洞容积。膜袋可用一般棉布或土工织物布制作，能轻微渗透水泥浆，以便与溶洞岩石黏合；导流膜套可用厚实布料（或尼龙布）制作，以提高其强度，特别是用泵灌注时尤应注意，防止因水泥浆冲刷而损坏。膜袋钻具下孔之前，应先下普通钻具试探孔内情况，畅通无阻方可下入。岩心管与膜袋用铁丝连接部位的外圆，应车成宽 2mm、深 1mm 的环状槽沟，使铁丝进入槽沟内，预防下钻时磨断。尽量采用钻杆灌注水泥浆，可以降低水灰比，提高水泥强度，而用泵送，由于泵压大，也有可能冲坏导流布套。

（7）化学浆液护壁堵漏。除水泥浆护壁堵漏外，还可以采用脲醛树脂浆液、水玻璃浆液、聚丙烯酰胺浆液、氰凝浆液、不饱和树脂浆液、丙凝浆液等材料进行钻孔护壁堵漏，由于使用较少，且其使用方法与水泥浆基本相似，在此不再叙述。

第四节　孔斜控制技术

一、孔斜表征及危害

1. 孔斜表征

在钻孔作业时，往往由于地层因素和工艺技术因素的影响，作业后的实际钻孔轴线会偏离原设计钻孔轨迹，这种实际钻孔轴线偏离原设计钻孔轴线的现象称为钻孔弯曲。确定钻孔轴线空间位置的参数是钻孔顶角 θ（或倾角 β）、方位角 α 和孔深，它们是钻孔空间位置的几何参数（三要素）。在实际作业中，钻孔弯曲是必然的，尤其在深孔钻进时。钻孔弯曲的程度可由钻孔弯曲强度、钻孔空间弯曲强度或曲率来表示。钻孔弯曲强度（i）是指单位孔段长度的顶角或方位角的变化量，顶角弯曲强度用 i_θ 表示，方位角弯曲强度用 i_a 表示。

$$i_\theta = \Delta\theta/\Delta L, \ i_a = \Delta\alpha/\Delta L \tag{9-7}$$

式中　i_θ——顶角弯曲强度，$(°)/\mathrm{m}$；

　　　i_a——方位角弯曲强度，$(°)/\mathrm{m}$；

　　　$\Delta\theta$——顶角变化量，$(°)$；

　　　$\Delta\alpha$——方位角变化量，$(°)$；

　　　ΔL——弯曲孔段长度，m。

2. 钻孔弯曲的危害

钻孔弯曲的危害主要体现在三个方面：

（1）由于钻孔未按照预定的目标点穿过岩体或其他地质层位，就有可能会歪曲岩体产状与厚度、打丢岩体、遗漏断层或改变勘探网度，从而影响对岩体评价、构造判断和储量计算的准确程度等，影响地质分析与评价。

（2）由于钻孔孔身偏斜或过分弯曲，钻具在钻孔内弯曲变形严重，与孔壁的摩擦阻力增大，将造成钻具升降、套管下入和起拔困难；钻杆磨损加剧，钻压传递条件恶化，钻杆折断事故增多；如地层破碎不完整，受钻具的强烈碰击和敲打，极易引起孔壁掉块，从而造成卡钻、埋钻事故，危害钻孔安全。

（3）在弯曲钻孔内作业，动力消耗加大；发生孔内事故时不易处理，往往会使事故复杂化，导致钻孔部分或全部报废；钻孔弯曲超过允许范围而达不到地质目的时，需要纠斜或重新钻孔，将耗费大量的人力、物力和时间，从而增加作业成本，影响勘探进度，增加钻探作业成本。

二、孔斜机理

1. 导致孔斜的原因

导致孔斜的原因主要包括地质因素、技术因素和工艺因素。地质因素是钻进时的客观因素，工艺技术因素是钻进时的主观因素。

（1）地质因素。影响钻孔弯曲的地质因素主要是岩石各向异性、软硬互层以及地层的复杂程度等。岩石各向异性是指岩石在不同方向上具有不同的强度和硬度，它与岩石的层理、片理、微裂隙性和流纹性等构造特征有关，其程度用岩石各向异性系数 K_σ 表示：

$$K_\sigma = H_{max}/H_{min} \tag{9-8}$$

式中　H_{max}——平行于层理方向上的岩石硬度；

H_{min}——垂直于层理方向上的岩石硬度；

K_σ——变化范围为 1.1～1.75，数值越大，各向异性越强，钻孔越容易弯曲，小于 1.1 以下的岩石，一般认为是各向同性的均质岩石。

岩层软硬互层对钻孔弯曲的影响取决于钻孔的遇层角 δ（遇层角是指钻孔轴线与岩层层面法线夹角的余角）和软硬互层的硬度差。钻孔遇层角存在着临界值，超过此值时，钻孔顶层进；低于此值时，钻孔将沿硬岩层面下滑（俗称顺层跑）。当遇层角约为 50°～60°时，钻孔弯曲趋势最明显。钻孔以锐角穿过软硬岩层界面，从软岩进入硬岩时，由于软、硬部分抗破碎阻力的不同，使钻孔朝着垂直于层面的方向弯曲，岩层软硬差别越大弯曲的程度也越大；而从硬岩进入软岩时，则钻具轴线有偏离层面法线方向的趋势。但由于上方孔壁较硬，限制了钻具偏倒，结果基本保持着原来的方向；钻孔通过硬岩进入软岩又从软岩进入硬岩时，最终还是沿层面法线方向延伸。

钻孔轴线的偏离与所钻地层的复杂程度有关，地层越复杂，钻孔越容易弯曲。在松软、极破碎和溶洞地层钻进时，因钻具与孔壁间隙较大，钻具在重力作用下，钻孔（斜孔）有下垂趋势；在卵、砾石层钻进时，钻具将沿容易通过的方向延伸，钻孔弯曲方向没有规律性。

（2）技术因素。钻机设备本身的性能存在缺陷，如回转给进部件导向性能差、立轴导管松动、立轴箱固定不牢、油压钻机滑道松动等；钻机安装固定不稳，没有安装在坚固的地基上；钻塔滑车、钻机立轴和钻孔中心不在同一轴线上；钻机立轴（或转盘）没有准确固定在既定的倾角和方位上。粗径钻具长度短，钻孔弯曲将会增大；粗径钻具刚度不足，也将导致钻孔弯曲强度的增加；钻具结构不合理，使用弯曲的钻具、变形的钻头钻进，换径或扩孔时，未使用导向钻具，或导向钻具太短等都容易造成钻孔弯曲；当钻具级配不合理，钻孔与钻杆柱的间隙比差增大时，钻杆柱的挠度增大，弯曲钻杆柱对孔壁的侧压力也愈大，钻孔弯曲率也就越大。

（3）工艺因素。钻进方法不同，具有不同的孔壁间隙，孔壁间隙越小，钻孔弯曲强度也越小；金刚石钻进方法所形成的孔壁间隙较小，一般钻孔直径较钻头直径大 1～3mm，硬质合金钻进一般为 4～8mm。钻进规程参数钻压过大，会引起钻杆柱弯曲变形，容易造成钻孔弯曲；转速过高，钻杆柱回转离心力增大，钻具的振动和扩壁作用加剧，从而使孔壁间隙增加，导致钻孔弯曲；冲洗液量过大，特别是在松软的岩层中容易冲刷破坏孔壁，使间隙增加，也会导致钻孔弯曲加剧。

2. 钻孔弯曲条件

造成钻孔弯曲的根本原因是粗径钻具轴线偏离钻孔轴线。粗径钻具轴线偏离钻孔轴线的方式可以是偏倒也可以是弯曲。要使粗径钻具轴线偏离钻孔轴线，一方面要有引起偏倒或弯曲的力，另一方面要有允许偏倒或弯曲的余地。如果仅有粗径钻具的偏倒或弯曲，而偏倒或弯曲的方向不定，在不同的时刻朝向不同的方向，则钻头在孔底仅能产生扩大孔壁的作用，钻孔仍不会弯曲。因此，发生钻孔弯曲的必要而充分的条件是：

（1）存在孔壁间隙，为粗径钻具偏倒或弯曲提供空间。

（2）具备偏倒或弯曲的力，为粗径钻具偏倒或弯曲提供动力。

（3）粗径钻具偏倒或弯曲面的方向稳定。孔壁间隙和倾倒力或弯曲力是实现钻孔弯曲的必要条件，而粗径钻具倾斜面或弯曲面方向稳定是产生钻孔弯曲的充分条件。

3. 钻孔弯曲的一般规律

在一定的地质、技术和工艺条件下，钻孔弯曲具有以下规律：在变质岩（结晶片岩、片麻岩等）中钻进时，钻孔弯曲强度大于在沉积岩（如页岩）中钻进时的弯曲强度，更大于在岩浆岩（如花岗岩、辉绿岩）中钻进时的弯曲强度。在均质岩石中钻进时，钻孔弯曲强度小于在不均质岩石中钻进时的弯曲强度，并且岩石中的各向异性程度越高，则钻孔弯曲强度越大。在层理、片理发育的岩石中钻进时，钻孔朝着垂直于层理面、片理面的方向弯曲。钻孔遇层角大于临界值，钻孔方位垂直于层面走向时，顶角上漂而方位角稳定；钻孔方位与层面走向斜交时，既有顶角上漂又有方位角弯曲，方位变化趋向于与层面走向垂直。钻孔遇层角小于临界值，则钻孔沿层面下滑，方位角变化不定。钻孔顶角变化和遇层角 δ 有密切关系，如图 9-45 所示。当遇层角 δ 由其临界值逐渐增加到 $90°$ 时，顶角变化（弯曲强度）由小到大，然后再由大到小，呈近似对称关系。当遇层角在 $50°\sim60°$ 范围内，顶角变化最大。

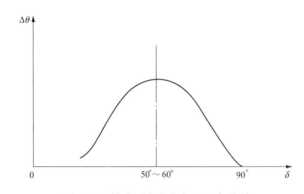

图 9-45　钻孔顶角变化与遇层角关系

在软硬互层的岩石中钻进时，钻孔以锐角从软岩进入硬岩，而遇层角又小于临界值，则钻孔沿硬岩层面顺层跑，方位角变化较大，且无一定规律；如果遇层角大于临界值，则钻孔顶层进。当钻孔以锐角从硬岩进入软岩，则钻孔趋于平行软硬岩层接触面方向。由于钻孔从软岩进入硬岩时，弯曲强度较大，而从硬岩进入软岩时，弯曲强度较小，所以最终钻孔弯曲的趋势仍是与层面垂直。钻孔穿过松散非胶结岩石、大溶洞时，钻孔趋向于占据垂直位置，孔身变陡。钻孔碰到硬包裹体时，可能朝任意方向弯曲。包裹体越硬，弯曲越强烈。钻孔顶角大时，方位角变化小；钻孔顶角小时，方位角变化大。按一般规律，方位角弯曲往往与钻具回转的方向一致。只是在顶角接近于零的钻孔中，方位角变化才表现不定，在整体均质岩层或较厚的水平岩层中钻进，则它基本上是向着顺时针方向偏斜，经常是呈螺旋线状。钻孔方向与岩层产状方向相反的斜孔和向上孔，钻孔方向顺着岩层产状方向的斜孔，遇层角为锐角（$10°<\delta<90°$）与岩层倾斜相穿越时的垂直孔，钻孔顶角容易增大或上漂。当斜孔垂直岩层走向线（遇层角 δ 为 $90°$）或顺着岩层层面走向钻进（遇层角 δ 为 $0°$），则其方位变化不大。采用回转钻进方法

时，钻孔方位主要是向右偏斜，而采用冲击回转方法时则向左偏斜。如果斜孔向着岩层层面且与岩层走向线呈锐角相交（$0°<\sigma<90°$），其遇层角 δ 数值接近临界值，则钻孔的方位变化较大，向着与岩层层面直交的方向偏斜。

三、孔斜预防

孔斜控制主要是预防为主，其措施主要有以下几方面：

1. 按照地层条件布置和设计钻孔

尽量避开或减小地层促斜，以降低地质因素对钻孔孔斜的影响；按勘探网布置钻孔时，尽可能使钻孔垂直于岩层层面，尽量避免穿过溶洞、老窿，尽量减少破碎、松软、砂卵石层的钻探工作量。必须穿过松软、破碎、厚的砂卵砾石覆盖层、裂隙及溶洞地层时，尽可能设计为垂直孔。对软硬不均、层理、片理发育的地层，所设计钻孔的方向应力求与层理面垂直；对于方位角易产生偏斜的钻孔，尽量避免设计小顶角钻孔；对于地层造斜规律明显的钻孔，在设计钻孔顶角和方位角时可预留一定的偏斜余量。

2. 确保设备安装和开孔技术质量

设备安装前，地基要平整、坚实，确保基台木水平、稳固。钻塔滑轮、立轴、钻孔三点一线，立轴中心要与钻孔中心一致。开孔前要用罗盘仔细检查立轴角度是否与设计角度一致，并用经纬仪检查开孔方位是否与设计方位一致。不得使用立轴松动的钻机开孔，机上钻杆或主动钻杆不得过长，并固定在卡盘中心。孔口管要下正，并按设计方向固牢。开孔粗径钻具要直，随孔深的延伸而加长。

3. 正确选用钻具

控制钻柱和粗径钻具弯曲，加强作业时的器材管理，经常检查钻杆和钻具的弯曲程度，对于弯曲的钻杆或钻具要及时进行更换，以提高整个钻柱的平直度，避免因钻具弯曲导致的钻孔弯曲。钻具要求刚性好，直而圆，不弯曲，不偏心，连接后同心度好，岩心管长度尽量长。钻具在钻压作用下，不可避免地会出现弯曲，刚性越小，其弯曲越大，对钻孔弯曲的影响也越大，因此要尽量提高孔底组合钻具的刚性，以减小施加钻压时钻具的弯曲程度，增强钻具稳定性和导正作用。在扩孔或换径时，钻具应带有扶正和导向装置，以提高钻具的稳定性和导正作用，避免钻具偏倒导致的钻孔弯曲。对于偏斜严重的钻孔，采用简易的防斜组合钻具和特殊结构的防斜钻具等，如钟摆钻具、偏重钻具（钻铤）、满眼钻具、带扶正器的刚性钻具和防斜保直器等。

4. 采用合理的钻进方法和规程参数

尽可能采用金刚石钻进，不要频繁地更换钻进方法，以免造成孔壁间隙的不均匀，同时也有利于减小孔壁间隙，防止钻孔弯曲。合理的钻进规程参数应能保证较高机械钻速，减小孔壁间隙，减小下部钻具弯曲。钻压、转速应控制在规程以内，过大的钻压及过高的转速都会使钻杆过度弯曲。在孔壁易塌岩层中采用优质泥浆护孔，防止钻孔超径。穿过破碎带、强裂隙带及其他易垮塌岩层后，及时采用水泥或其他措施固孔，防止孔壁扩大。

四、测斜及纠斜

1. 孔斜测量

目前有多种适用于非磁性和磁性区域的测斜仪器，其结构和操作方法虽然不同，但在测量钻孔顶角和方位角的原理是一致的。

测量并记录钻孔顶角的敏感元件有：液面或液面上的气泡、指向孔内重力方向的机械重锤和重力加速度计等。液面水平原理是：将液体装入一试管内，并将试管与钻孔轴线一致，虽钻孔倾斜，但液面保持水平，此时在倾斜平面内液面的垂线与试管轴线的夹角就是钻孔的顶角，中心液面的垂线与试管轴线所组成的平面就是钻孔倾斜面。重锤原理是：利用地球重力场原理，悬吊的重锤因重力作用永远处于铅垂状态，它与探管轴线（即钻孔轴线）之间的夹角即为钻孔倾角。为了测量此角度，探管内大多设计了框架。

测量方位角时，在无磁或磁性干扰很小的孔段中，测量方位角的敏感元件是磁针或磁通门；在磁性矿区或套管内有磁屏蔽的孔段，只能用地面定向原理和陀螺测斜仪。地磁场定向原理是利用罗盘磁针呈水平状态将永恒指向大地磁场的特性，可测钻孔的磁北方位角，磁角度在水平面上。测量时罗盘必须处于水平状态（即罗盘指针的轴应呈铅垂状态），并且罗盘上 0°线必须指向钻孔弯曲方向。为满足上述要求，罗盘的转轴垂直于钻孔倾斜面，且在其下部装重块使罗盘保持水平。罗盘上 0°与 180°连线及框架上的偏重块，都在垂直且平分框架的平面（即钻孔倾斜面）内，偏重块与 180°线同侧。这样，在倾斜钻孔中，0°线必定指向钻孔倾斜方向。此时，0°线与磁针指北方向的夹角，就是钻孔的磁方向角。地面定向原理是在地面用经纬仪，由已知坐标点导出一条通过孔口中心的方向线作为定向方向，然后将此定位方向设法传到孔内各个测点。如果能将地面的定位方向传至孔内某点，保持不变，并在此点测得终点角，再根据相关公式计算出方位角。目前，采用地面定向原理测量钻孔方位角的具体方法有钻杆定向法、环测法和陀螺惯性定向法。

钻孔测斜仪类型、品种多，根据测量原理主要分为磁性测斜仪和陀螺测斜仪两大类，磁性测斜仪适用于非磁性矿区和不受磁性干扰的钻孔，而陀螺测斜仪则主要用于磁性矿区和受磁性干扰的钻孔测量。钻孔测斜仪分类见表 9-9。

表 9-9		钻孔测斜仪分类见表		
磁性测斜仪	罗盘类测斜仪	磁针罗盘式测斜仪（单点）		
		磁球定向测斜仪（单点）		
		磁针电测式测斜仪（多点）		
		罗盘照相测斜仪（单点、多点）		
	电磁类测斜仪	电子测斜仪（单点、多点）		
		随钻测斜仪	有线随钻测斜仪	
			无线随钻测斜仪	泥浆脉冲传输
				电磁波传输

陀螺测斜仪		照相陀螺测斜仪（单点、多点）
	电子陀螺测斜仪	机械陀螺测斜仪
		微机械陀螺测斜仪
		压电陀螺测斜仪
		动调陀螺测斜仪
		光纤陀螺测斜仪

选用钻孔测斜仪的一般原则为：

（1）首先确认是否是磁性区域，是否受到磁性干扰。

（2）根据工程技术要求选用合适的测斜仪器测量范围和精度指标。

（3）单点测斜仪和多点测斜仪的选择依据钻孔深度，孔深不大于 200m 选用单点测斜仪，孔深大于 200m 应选用多点测斜仪，以提高测斜效率。

在非磁性岩体中采用的测斜仪，测量方位角都用磁针，而测量顶角大部分用重锤。仪器每次只能测一个点的顶角和方位角，称为单点全测仪；有些仪器一次能测许多点的顶角和方位角，称为多点全测仪。JXY-2 型测斜仪系单点全测仪用罗盘测量方位角，用悬垂测量顶角。在孔内测点用定时钟锁卡装置固定罗盘指针和顶角刻度盘，然后将仪器从孔内提出，即可读出顶角和方位角。该仪器结构简单，操作方便，使用广泛，适用于非磁性矿区直径大于 80mm 的钻孔。KXP-1 型测斜仪系多点全测仪，是一种非磁性矿区的小口径（46mm 以上）轻便测斜仪，由井下探管和地面操作箱两大部分组成，用三芯电缆连接。探管主要由电机传动部分、状态控制部分、测量灵敏系统和外管组成。电机传动部分和状态控制部分主要有电机、减速箱、凸轮、集流环。测量灵敏系统主要有铝合金框架、方位角测量系统、顶角测量系统。测量系统的顶角和方位角电阻分别与集流环的内环、外环连接。外管用不锈钢材料制成，管内灌注 1∶1 变压器油和煤油的混合油，起阻尼作用。D80-2B 型测斜仪是多点照相测斜仪，适用于非磁性矿区直径 46mm 以上的钻孔，测量时利用缩微镜头将每个测点的方位角、顶角数据记录在 10mm 宽的微型胶卷上，仪器每下一次孔可以拍摄 180 张照片，可冲洗长期保存。探管可用钢丝绳、钻杆或电缆下孔进行测量。

在磁性岩体中，由于磁体干扰或磁屏蔽，须采用地面定向原理来测量钻孔方位角，即在地面求测一通过钻孔中心的方向线作为定向方位，再将此定向方位传递到孔内各测点，并以此定向方位作为基准，根据终点角进一步计算钻孔方位角，宜采用全测法。按照传递地面定向方位的方法，可分为钻杆定向、环测定向和惯性定向。陀螺测斜仪可抗磁性干扰，在磁性区域及套管内进行顶角、方位角测量。陀螺测斜仪的主要类型有：机械陀螺、微机械陀螺、压电陀螺、动力调谐陀螺和光纤陀螺。

2. 纠斜

特深超深覆盖层钻孔孔斜的预防是主要的孔斜控制措施，对于覆盖层钻孔尽管采取了预防措施，仍出现孔斜超过要求时，也可以采取适当的纠斜措施，实现钻孔按照预定方向钻进。

此前没有查到覆盖层纠斜资料介绍，其主要原因在于：

（1）松散覆盖层钻孔地层结构松散，在河床或地下水的作用下，如未采取固壁措施，提钻后钻孔出现垮塌，再下钻连孔都不存在。

（2）纠斜时需要找到相对稳定的孔段，因覆盖层孔壁松散，难以承受外部的侧压力。

（3）过去工程勘察中，很少开展 300m 以上的深覆盖层钻孔作业。

近年来，因工程勘察的需要，先后在冶勒、ML、白鹤滩等工程勘察中开展 300m 以上的超深覆盖层钻孔。为保证钻孔顺利实施，国内科研院所研发了"深厚覆盖层纠斜技术"，其核心是：借鉴完整地层钻孔纠斜的方法，通过注浆，建造人工水泥孔底，固结硬化孔壁，然后从水泥孔底进行增斜（或降斜）进入覆盖层，再从覆盖层进行降斜（增斜），以实现覆盖层钻孔纠斜。

"深厚覆盖层纠斜技术"包括：覆盖层纠斜工艺、纠斜配套机具及现场操作等方面，覆盖层钻孔纠斜作业流程如图 9-46 所示。

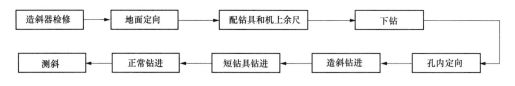

图 9-46　纠斜作业流程图

纠斜配套机具主要为：小顶角定向仪、双滑块连续纠斜器、纠斜钻头。小顶角定向仪及双滑块连续造斜器的参数参见表 9-10、表 9-11。

表 9-10　　　　　　　　　　小顶角定向仪主要技术指标

外径（mm）	$\phi 34$	顶角测量范围与精度	$(0°\sim90°)\pm0.2°$
耐水压（MPa）	10	定向精度	$\pm4°$
工作温度（℃）	$-10\sim75$		

表 9-11　　　　　　　　　　造斜器主要技术指标表

外径（mm）		108
长度（mm）		2700
质量（kg）		75
卡固力（kN）	上滑块	1.82～1.87
	下滑块	9.77～9.93
造斜强度（°/m）		0.56～1.14
造斜效果与设计吻合程度		＞90%

3. 造斜钻头

与造斜器配套使用的是全面钻进不取心钻头，造斜钻头侧刃要锋利，对于中硬以上地层采用天然表镶金刚石钻头，钻进效率高、造斜强度高；对于中硬以下地层采用复合片钻头。地面定向和孔内定向应按仪器使用说明正确操作，以免出现与纠斜目的相反的结果；纠斜钻进的时候，要由班长或技术熟练的钻工操作；为了保证孔内钻具尽量靠近孔底，以免钻具下放行程过长，影响定向方向，应尽量加高机上余尺；检查钻机加压系统的准确性，钻机压力表要灵敏可靠，并且纠斜过程中要时刻注意泵压、泵量的变化；纠斜钻进时要先加压、后开车回转。钻进过程中绝不允许上提钻具，出现问题，应先关车，待钻杆停止转动后再将油门松开，分析原因，然后重新加压钻进。立轴倒杆时，应先关车，待钻杆停止转动后，才能进行；发现憋泵的时候，不允许像常规钻进那样上下提动钻具，应立即提钻；由于纠斜器的工作特点，有时进尺是不均匀的，甚至有短时间不进尺现象，要继续观察，若不进尺，可以通过油门在 $25\sim28kN$ 压力范围内变化钻压，但绝不允许低于额定钻压的下限，更不允许将钻具提离孔底；纠斜回次进尺，以 $1.0\sim1.5m$ 为宜，回次纠斜完毕，即可提钻，卸下纠斜钻头，取出小岩心装入岩心箱；纠斜结束，用总长 $1.0m$ 短钻具钻进一个回次，然后钻具逐步加长到 $1.2m$ 钻进一个回次，再延长到 $1.5m$ 钻进一个回次，即可转入正常钻进；在正常钻进后，钻孔延伸超过 $3\sim5m$ 后，即可以开始进行测斜工作，以确认纠斜效果。

第十章

覆盖层孔内试验与测试

在工程勘察中，需要对场地覆盖层的物理和力学性质以及水文地质条件等工程特性进行研究和掌握，指导工程项目的设计和建设。孔内试验与测试是研究覆盖层工程特性的工程勘察方法之一。孔内试验与测试主要是在保持覆盖层天然结构和原始状态的条件下，通过不同的试验器材和测试方法测试处于原位状态下覆盖层的渗透性参数、抗剪强度、承载力、变形模量等物理和力学性质以及水文地质条件。在覆盖层勘察中，孔内试验和测试工作主要有两大类，一是反映水电水利工程场地水文地质条件的原位渗透试验，试验内容主要有含水层的抽水试验和注水试验；二是反映覆盖层岩土体工程性质的原位测试，试验内容主要有标贯测试、触探测试、旁压测试和波速测试等。

✳ 第一节 抽 水 试 验

一、试验原理及类型

1. 抽水试验的原理

抽水试验是用人工方式持续地从钻孔内抽水，使得孔内水位下降，破坏钻孔内外水压平衡状态，在形成的孔内外水压差作用下，使地层中的水渗流到钻孔内。持续抽水保持孔内水位下降到一定高度并到达稳定状态，通过测量这一过程中的钻孔涌水量、钻孔内的水位以及在一定距离外观察孔中的水位随时间变化等数据，根据井、孔涌水的稳定流或非稳定流理论，采用涌水量与水位降深值的函数关系来计算含水层的渗透性参数。

测定含水层渗透性参数的主要目的是为计算坝（闸）基、渠道、水库渗漏量和水工建筑物基坑涌水量提供依据。

2. 抽水试验的类型

按照不同的划分原则，抽水试验可以划分为不同类型，具体类型划分见表 10-1。在实际工程运用中，多数是按照抽水孔与观测孔的数量进行划分。

表 10-1   抽水试验类型划分

划分原则	抽水试验类型	备注
抽水孔与观测孔的数量	单孔抽水试验	只有一个抽水孔，在抽水孔中观测水位降深
	多孔抽水试验	一个抽水孔和一个或多个观测孔
	群孔抽水试验	两个及两个以上抽水孔同时抽水，并配若干观测孔
试段含水层情况	分段抽水试验	非均质含水层厚度大于 6m 时
	分层抽水试验	非均质含水层厚度大于 3m、小于 6m 时
	综合抽水试验	非均质含水层厚度小于 3m 时
抽水孔类型	完整井抽水试验	当均质含水层厚度小于 15m
	非完整井抽水试验	当均质含水层厚度大于 15m
涌水量与动水位的稳定关系	稳定流抽水试验	抽水时要求涌水量和动水位同时相对稳定
	非稳定流抽水试验	抽水时要求涌水量和动水位中某一个相对稳定，而观测另一个随时间的变化情况

二、试验器材选择

1. 抽水设备

抽水设备的类型主要是根据地下水位埋深、过滤器直径和孔内涌水量的大小来选择。抽水设备的抽水能力必须大于试验段长度含水层的总出水量，保证孔内水位的下降深度满足抽水试验的水位降深要求。目前常用的抽水设备及使用范围见表 10-2。

表 10-2   抽水设备的选择

设备名称	使用条件	优缺点
离心式水泵	水位埋深在 6～7m 以内，出水量较大的大口径钻孔	装卸简单，调节降深方便，出水均匀
往复式水泵	水位埋深在 7～8m 以内，出水量中等的小口径钻孔	笨重，出水不均匀，多数时钻机设备均配套有往复式水泵，不需另加设备
潜水泵	水位埋深不受限制，出水量中等的钻孔	设备安装复杂，可作大降深、长时间抽水，出水均匀
拉杆式水泵	水位埋深不受限制，出水量小的钻孔	设备笨拙，出水量较小，拉杆与活塞易损，不宜长时间抽水
空气压缩机	水位埋深不受限制，出水量大的小口径钻孔	抽水成本高，水位波动较大

在水电水利工程水文勘察生产过程中，潜水泵是普遍使用的抽水设备。

2. 过滤器

过滤器的作用主要是防止抽水时含水层的泥沙涌入孔内，保证孔内的汇水面积和涌水量，同时防止孔壁坍塌。

（1）过滤器类型。水电水利工程覆盖层中抽水试验用的过滤类型主要有填砾过滤器、包网过滤器和缠丝过滤器等，如图 10-1 所示。

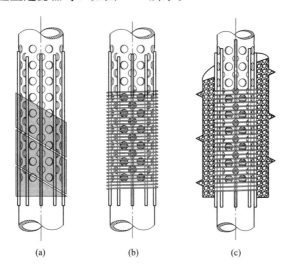

图 10-1　过滤器类型

（a）包网过滤器；（b）缠丝过滤器；（c）填砾过滤器

选择的过滤器要与试验段含水层的性质相适应，根据 NB/T 35103—2017《水电工程钻孔抽水试验规程》的要求，过滤器的选择方式见表 10-3。

表 10-3　　　　　　　　　　　　　　　过滤器的选择

钻孔孔类型	含水层性质	过滤器类型	骨架管口径（mm）	骨架管孔隙率（%）
抽水孔	细砂、粉细砂	填砾过滤器	外径 73～89	25～35
	卵（碎）石、圆（角）砾、粗砂、中砂	包网过滤器缠丝过滤器	外径 108～127	
观测孔		包网过滤器	内径大于 50	不小于 15

为了保证水流通畅，在过滤器制作时先设垫筋后再缠丝或包网。

（2）过滤器长度。过滤器长度是根据含水层厚度及层数而确定。当均质含水层厚度不超过 15m 采用完整孔试验时，过滤器长度可按小于含水层厚度 0.5～1.5m 计；当均质含水层厚度超过 15m 采用非完整孔试验时，过滤器长度应根据选用的计算公式适用条件确定，但过滤器总长度不宜大于 30m。

当非均质层状含水层单层厚度大于 6m 且采用非完整孔分段试验时，过滤器长度宜为 2m 到含水层厚度的 1/3；当非均质层状含水层单层厚度为 3～6m 且采用非完整孔分段试验时，过滤器长度宜为含水层的厚度。

（3）网眼、缝隙尺寸。缠丝过滤器和包网过滤器的网眼和缝隙尺寸要与地层相适应，根据 NB/T 35103—2017《水电工程钻孔抽水试验规程》，滤网网眼、缝隙尺寸规格要求见表 10-4。

表 10-4	缠丝和包网的网眼、缝隙尺寸规格		
过滤器类型	网眼、缝隙尺寸（mm）		备注
	颗粒均匀的含水层	颗粒不均匀的含水层	
缠丝过滤器	$(1.5\sim2.0)d_{50}$	$(2.0\sim2.5)d_{50}$	d_{50} 为过筛量 50% 的粒径 含水层为细砂时，取小值
包网过滤器	$(1.25\sim1.5)d_{50}$	$(1.5\sim2.0)d_{50}$	含水层为粗砂时，取大值

填料过滤器骨架管缠丝的缝隙尺寸和网眼可采用 D_{10}（D_{10} 是指过滤砾料过筛量 10% 的筛眼直径）。

（4）孔隙率计算。圆孔过滤器骨架孔隙率计算方法见式（10-1）：

$$p=\frac{d^2\times n}{40\times D} \tag{10-1}$$

式中　p——圆孔过滤器骨架孔隙率，%；

d——滤孔直径，mm；

D——过滤器骨架外径，mm；

n——1m 长过滤器骨架上的滤孔数量，个。

缠丝过滤面孔隙率计算方法见式（10-2）：

$$p=\left(1-\frac{d_1}{m_1}\right)\times\left(1-\frac{d_2}{m_2}\right) \tag{10-2}$$

包网过滤面孔隙率计算方法见式（10-3）：

$$p=\left(1-\frac{d_1}{m_1}\right)\times\left(1-\frac{d_2}{m_2}\right)\times n \tag{10-3}$$

式中　p——缠丝过滤面或包网过滤面孔隙率，%；

d_1——垫筋宽度或直径，mm；

m_1——垫筋中心距离，mm；

d_2——缠丝宽度或直径，mm；

m_2——缠丝中心距离，mm；

n——包网的孔隙率，%。

3. 沉淀管

抽水孔和观测孔过滤器的下端均需要安装沉淀管，沉淀管的长度为 2~4m，沉淀管的管底必须封闭。

沉淀管的作用主要是承接孔内涌水带出的细粒物质，防止因细粒物质沉淀堵塞过滤管缩短试验涌水段的段长，导致含水层渗透性参数的计算值偏小。

4. 量测工具

（1）涌水量的量测工具。涌水量的量测工具应根据涌水量大小选择，主要是便于精确观测。涌水量小于 1L/s 时，可采用容积法或水表；涌水量为 1~30L/s 时，宜采用三角堰；涌水量大于 30L/s 时，应采用矩形堰。

采用容积法时，充水时间不宜少于 15s，计时精确到 1s。宜使用较大的量水桶，得到的结果较为准确。一般要求反复 2～3 次，取平均值计算涌水量。采用水表时，水表的精度应达到 0.0001m³ 以上，水表应安装水平。

采用三角堰或矩形堰时，堰板应安装垂直，当水位波动较大时应加设挡浪板，提高测量精度。在测量过堰水头 h 时，应在堰口上游大于 $3h$ 处测量。三角堰水箱是抽水试验用于涌水量观测的最主要的工具，一般设计成净空间尺寸为 2m×1m×0.8m（长×宽×高）的标准三角堰水箱形式，便于现场使用。

（2）水位的量测工具。水位的量测工具有万用表、电测水位计、浮标水位计或自记水位计等。一般使用万用表或电测水位计方式测量孔内水位。量测方式是将电极探头连接标有深度标记的导线后下入孔内，当电极接触水面时，地面仪器发出响声或万用表指针发生偏转，量测导线长度数据，即可得到孔内水位。

5. 过滤砾料

在过滤器外围填入的过滤砾料，其主要目的是增大过滤器及其周围有效孔隙率，减小地下水流入过滤器的阻力。过滤砾料应选择质地坚硬、密度大、浑圆度好的石英砾料，并用清水冲洗干净。过滤砾料的砾径大小选择与含水层的颗粒不均匀系数有关，根据《水文地质手册（第二版）》，过滤砾料的砾径规格选择见表 10-5。

表 10-5 过滤砾料砾径规格

含水层类型	砂土类含水层	碎石土类含水层	
	$\eta_1 < 10$	$D_{20} < 2mm$	$D_{20} \geqslant 2mm$
砾径（D）的尺寸	$D_{50} = (6 \sim 8)d_{50}$	$D_{50} = (6 \sim 8)d_{50}$	$D_{50} = 10 \sim 20mm$
砾料的 η_2 要求	$\eta_2 \leqslant 5$		

表中 η_1 为含水层的不均匀系数，η_2 为过滤砾料的不均匀系数。$\eta_1 = d_{60}/d_{10}$，$\eta_2 = D_{60}/D_{10}$。d_{10}、d_{20}、d_{50}、d_{60} 和 D_{10}、D_{20}、D_{50}、D_{60} 分别为含水层试样和过滤砾料试样，各在筛分中能通过筛眼的颗粒，其累计质量占筛样全重分别为 10%、20%、50%、60% 时的筛眼直径。

过滤砾料的填入厚度不小于 50mm，过滤砾料的储备量应大于孔内填砾料的计算量。

三、试验操作

1. 试验段钻孔

在水电水利工程勘察过程中，抽水试验多数是利用勘探钻孔进行孔内试验工作，很少进行专门性钻孔的抽水试验工作，这主要是基于节约勘察成本和缩短工期考虑的。

但不论是利用勘探钻孔还是进行专门性钻孔进行抽水试验，均要求钻孔抽水试验段的孔径必须满足试验要求。试验段的孔径大小是根据含水层的水文地质条件选择的抽水设备型号以及过滤管类型确定的，在松散含水层中采用填砾过滤器时的钻孔孔径不小于 168mm，采用包网过滤器或缠丝过滤器时的钻孔孔径不小于 130mm，观测孔的孔径至少大于 59mm。

当利用勘探钻孔作为抽水试验孔时，需要提前依据地层情况和试验任务的要求进行钻孔结构设计和选择适宜的钻孔工艺方法。

（1）钻孔结构设计。在钻孔结构设计时，要充分考虑覆盖层的钻探特性、水文地质条件、钻孔终孔孔径、钻孔深度、钻进方法、钻孔用途等因素，在保证抽水试验质量的前提下，简化钻孔结构，降低钻孔难度。水电水利勘察工程抽水试验钻孔典型结构如图 10-2 所示。

（2）钻进工艺方法。在实施抽水试验孔以及观测孔时要选择与覆盖层的钻探特性、孔径、孔深和作业条件相适应的钻进方法，常用的钻进方法见表 10-6。

水电水利勘察工程中的抽水试验多数是以单孔试验为主。当有观测孔时应按照先抽水孔后观测孔的次序造孔，原因是只有在抽水孔的结构确定之后才能确定观测孔的结构。

水电水利勘察工程抽水试验孔段严禁使用泥浆或植物胶等钻孔冲洗液，主要原因是泥浆或植物胶的细小颗粒会扩散渗入到地层中，导致含水层的输水通道被堵塞，得到的渗透性参数的计算值偏小。

水电水利勘察工程中需要进行抽水试验的钻孔，

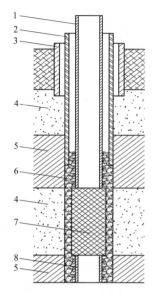

图 10-2　典型钻孔结构

1—工作管；2—护壁套管；3—孔口管；
4—含水层；5—隔水层；6—填砾料；
7—过滤器；8—沉淀管

常用的钻进方法是先小口径回转清水取心后，再跟进套管的方式形成钻孔，即先小口径清水回转取心钻进后，再用重锤拍击护壁套管跟进成孔的方式。当地层中含有粒径较大的漂块砾石、卵砾石或致密地层，套管跟进困难时，一般采用孔内爆破方式通过。护壁套管的跟进深度必须抵达试验孔孔底位置，以保证试验器材能顺利安装在正确位置。

表 10-6　　　　　　　　　　　　　　钻进方法选择

钻进方法	适用范围
硬质合金钻进	土、砂、砂砾石、砂卵石层以及部分大漂块石、卵石、砾石层
金刚石钻进	所有地层
气动潜孔垂跟管钻进	大漂石、卵石、砾石层以及崩塌体、堆积体等架空层
管钻钻进	土、砂、砂砾石、砂卵石层以及部分卵石、砾石层

在套管跟进过程中，做好套管的防斜纠偏工作，保证过滤管能顺利放入到试验位置。完成造孔后，将护壁套管内的渣土清理干净，并校正孔深，采取措施修正、消除误差，保证抽水试验段位置的准确。

2. 试验器材安装

试验器材在入孔安装前，应根据试验孔钻孔深度、过滤器安装的深度位置和护壁套管内径大小提前做好器材的准备工作，包括符合要求的工作管、沉淀管、过滤器、过滤砾料、抽水设备、测压管和量测工具等试验设备和材料。检查各类套管连接丝扣是否完好，过滤砾料的储备量要足够并清洗干净，同时量测钻孔底部沉淀物是否过多。

在制作、组装过滤器时，应在过滤器的上下端加设定中装置，保证填砾过滤器周围的填砾料厚度均匀。

试验器材安装流程：下放沉砂管→连接过滤器和测压管（观测孔不需要安装测压管）→连接工作管和测压管→从工作管外下入过滤砾料→起拔护壁套管至试验段顶→安装抽水泵→涌水量测试装置安装。

沉淀管、过滤器、工作管采用丝扣连接，并用钻机卷扬或其他辅助吊装设备逐根连接放入到孔底位置。抽水孔的测压管固定在过滤器外壁上，并随同过滤器一起下入到孔内。

通过工作管与护壁套管间的缝隙分批投入过滤砾料，投料速度要缓慢，在投料时要定时探测孔内过滤砾料面位置，发现堵塞时应消除后再填入，直至过滤砾料面位置超出过滤器顶端至少0.5m。在起拔护壁套管时，要测量过滤砾料面的高度，当过滤砾料面的高度下降时必须及时补充滤料。护壁套管的起拔速度不宜过快，防止发生过滤砾料面低于套管管靴的事故，影响试验的准确性。

起拔护壁套管时，随时观察孔内已安装到位的工作管是否被护壁套管带起。当发现工作管被带起时，采用吊锤轻拍或钻机下压等方式处理。护壁套管的起拔高度按套管管靴与过滤器顶端齐平或略高控制。

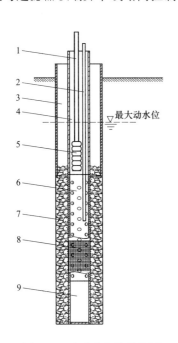

图 10-3　试验孔安装结构图

1—出水管；2—测压管；3—护壁套管；
4—工作管；5—水泵；6—过滤器；
7—砾料；8—滤网；9—沉砂管

安装抽水泵时，在承压含水层中应将潜水泵泵体或吸水龙头安装在含水层顶板处，在潜水含水层中可以将潜水泵泵体或吸水龙头安装在最大降深动水位以下0.5～1m处。潜水泵或吸水龙头的安装位置一旦固定后，在整个抽水试验过程中不得变动。

当涌水量测试装置选择三角堰或矩形堰时，堰板应安装垂直，流水水道应防渗防漏，当使用三角堰水箱或矩形堰水箱时，箱体应安装平直。

观测孔过滤器的长度、安装深度和安装方式与抽水孔的过滤器安装一致。抽水试验孔的一般安装结构如图10-3所示。

3. 试验孔段洗孔

洗孔的目的是要彻底清除孔内的渣土以及在造孔过程中渗入含水层中的岩粉等细小颗粒物质，保证试验孔的涌水量。

在正式抽水试验前，要对抽水孔和观测孔反复清洗，达到水清砂净无沉淀的要求。完成洗孔后，应测定孔内的沉淀厚度，当沉淀过多时，应找出原因并消除。

根据钻孔结构、地质条件和过滤器类型确定适宜的洗孔方式，抽水试验的洗孔方法分为机械洗孔、化学洗孔两大类型，机械洗孔类型如活塞洗孔、空气压缩机洗孔、清水泵洗孔、液体二氧化碳洗孔等；化学洗孔类型主要指焦磷酸钠洗孔和六偏磷酸钠洗孔两种。由于水电水利勘探工程抽水试验孔是采用清水工艺成孔，基本不采用化学洗孔方式，主要以机械洗孔方法为主。常用洗孔方法的适用范围见表 10-7。

表 10-7　　　　　　　　　　　　　常用洗孔方法

洗孔方法	适用范围	优缺点
活塞洗孔	中砂以上的粗颗粒地层	1. 成本低，效率高； 2. 操作简单，但容易发生孔内事故； 3. 严禁在粉、细砂地层中使用该方法洗孔； 4. 洗孔深度不受限制
液态 CO_2 洗孔	1. 中砂以上的粗颗粒地层； 2. 过滤器为缠丝、填砾过滤器	1. 成本最高，效率高； 2. 操作复杂； 3. 严禁在粉、细砂地层中使用该方法洗孔； 4. 洗孔深度不受限制
空气压缩机洗孔	所有含水地层	1. 成本高，效率高； 2. 当采用空气压缩机抽水试验时，采用该方法洗孔最适宜； 3. 当在粉、细砂地层中使用该方法洗孔时应适当调低风压
清水泵洗孔	所有含水地层	1. 成本低廉，效率较低； 2. 操作简单； 3. 洗孔深度受到水泵能力的限制

由于水电水利勘探工程抽水试验孔的造孔要求是采用清水取心跟管成孔，即先小口径清水回转取心钻进后，再用重锤拍击护壁套管跟进成孔的方式，孔壁不会有泥浆或其他颗粒物质渗入，孔壁上也不会形成泥皮，当护壁套管起拔露出孔壁后，试验段地层基本为原始地层结构，试验孔的洗孔过程一般不会太长，因此在实际生产作业中一般以选择清水泵洗孔方法为主。

（1）活塞洗孔。一般采用直径比工作管内径小 10～20mm，底端封闭的套管作为洗孔活塞，采用自上而下逐段拉洗，洗孔时间视具体情况掌握，一般当水中含砂量不多时，即可停止。洗孔过程中，经常注意对比沉砂量、水位、出水量的变化情况。粗颗粒地层可多拉、猛拉；反之则少拉、慢拉。活塞下降速度要适当，提升速度一般控制在 0.6～1.2m/s 之间。活塞不要下降到沉淀管中，防止真空吸附作用发生活塞卡死导致事故。

（2）液体二氧化碳洗孔。二氧化碳液瓶、输液管汇和管道、控制阀、安全阀、压力表等，要求密封性能良好，不得泄漏，耐压强度不得小于 10MPa。二氧化碳液瓶应安设在距孔口 20～30m 处，洗孔时，液瓶应倒放，瓶身倾斜 20°～30°。输液管应下放到含水层中部，洗孔时先将输液管和管汇的阀门打开，然后再开瓶阀，待井喷后即可将瓶阀关闭；当孔口停喷并待孔内水位上升一定高度时，再将瓶阀打开，再次造成井喷，连续数次，直至洗好为止。洗孔结束或洗孔过程中管道堵塞，需要撤除洗孔设备时，应先关闭瓶阀，并打开管汇和管道的泄气阀，将管道内的余气放尽后，才可以撤除设备。

采用液体二氧化碳方式洗孔时，要做好安全防护工作，气瓶轻装轻卸防止碰撞，储存点要保持通风，防止阳光直接曝晒，远离热源、明火、热表面。

操作人员需要接受专门指导培训后才能操作，并且按要求使用防护装备，做好个人安全防护工作，操作液体二氧化碳装置时使用棉手套防止冻伤，使用防护眼镜防止飞溅冻伤眼睛，避免直接接触其至吸入二氧化碳造成伤害事故。

（3）空气压缩机洗孔。将混合器直接下放至过滤器中部，先关闭送风阀门，将风压憋至空气压缩机额定最高值时，快速打开送风阀门，使压缩空气以最大的速度和压力在过滤器部位进行有效的振动洗孔，每隔一定时间憋压一次，直至洗好为止。

（4）清水泵洗孔。根据洗孔深度选择合适的清水泵，深井泵的泵体或离心泵的吸水龙头应下放至过滤器的下部，并以清水泵的最大能力作最大降深的连续抽水洗孔。清水泵洗孔在抽水试验中一般结合试验抽水进行。

4. 试验操作

抽水试验操作流程：观测抽水孔的静止水位（含观测孔）→试抽水（确定降深）→同步观测抽水孔的动水位（含观测孔）→正式抽水→第一个降深观测→第二个降深观测→第三个降深观测→同步观测抽水孔的动水位（含观测孔）→停泵后水位恢复观测（含观测孔）。

正式抽水前先进行试抽水，目的是全面检查动力、水泵、过滤器、侧压管等试验设备的运转情况和工作效果，并实测能够达到的最大降深，发现问题应及时解决。

在校核静止水位时，在抽水影响范围或以外与抽水孔抽水可能有水力联系的坑孔和地表水体，应设置水位观测点，定时观测。以抽水泵的最大能力抽取孔内水，以此确定最大降深值。在整个抽水试验过程中，吸水龙头、潜水泵或深井泵位于最大降深位置以下，不能改变其位置。抽水降深宜从小到大逐步推进，控制、调整抽水设备出力大小或调整闸阀控制出水口的水量大小，保证孔内水位匀速缓慢下降，防止因钻孔内外水压差过大孔壁的细粒物质被过多的带入孔内。

在抽水试验过程中，根据要求的时间间隔同步观测、记录抽水孔、观测孔的动水位变化，以及观测、记录有水力联系的坑孔和地表水体的水位变化情况。

各次降深稳定标准要求是在抽水稳定延续时间内，抽水孔涌水量和动水位与时间关系曲线只在一定范围内波动，且没有持续增大或变小的趋势。涌水量最大值与最小值之差应小于平均涌水量的 5%。当采用机械泵形式时抽水孔测压管的水位波动值不应大于 3cm，同一时间内观测孔的水位波动值不应大于 1cm。当采用空气压缩机抽水过程中，抽水孔测压管的水位波动值不应大于 10cm。

各次降深稳定延续时间要求是中、强透水含水层中单孔抽水试验，稳定延续时间不小于 4h；多孔抽水试验的稳定延续时间不小于 8h，并以最远观测孔的动水位值确定；透水性弱的含水层抽水试验，应适当延长抽水稳定延续时间。

涌水量和动水位的观测时间，宜在抽水开始后的第 1、2、3、4、5、10、15、20、

30、40、50、60min 各测一次，出现稳定趋势以后每隔 30min 观测一次，直至结束。

抽水试验结束或中途因故停泵，应立即同步观测抽水孔和观测孔的恢复水位。恢复水位的观测时间是停泵后的第 1、2、3、4、6、8、10、15、20、25、30、40、50、60、80、100、120min 各观测一次，以后可隔 30min 观测一次，直至结束。达到最大降深后的试验延续时间不应少于 2h。

试验结束后，要测量孔深和复测各孔（管）高程。

5. 注意事项

在整个抽水试验过程中，不能挪动吸水龙头、潜水泵或深井泵的位置。抽水试验要求各次降深的稳定延续连续进行，当因故中断后，及时快速了解中断原因，尽快恢复试验，同时延长抽水稳定时间。

动水位以及恢复水位的观测初期，由于时间间隔短，要求观测快速准确，一般采用下入带有深度标记的导线用万用表或电测水位计方式测量水位，同时在静水位深度以上 2m 至最大动水位以下 2m 的导线位置上加密标记深度数据，在实测时可以快速方便的得到动水位数据，而不必每次将所有导线提出孔外量测，这样速度慢，而且累计误差较大。

从孔内抽出的水采用管排方式或排水渠内铺设塑料布的方式排放至远处，防止抽出的水渗入到孔内。当孔内涌水量很小时，应换用适宜的小排量抽水泵，保证抽水试验过程的连续性，否则可能导致试验不成功。在试验过程中，要量测孔深，当孔底沉淀太多且影响试验段长时应停止试验，清除孔底沉淀物后重新试验。

试验过程中，应详细记载所发生的有关情况，随时检查各种观测记录，并现场绘制 $Q—S$ 或 $Q—\Delta h^2$ 和 $S—t$ 与 $Q—t$ 曲线。当 $Q—S$ 曲线反常时，应分析和查明原因，必要时重新试验。

⚒ 第二节　注　水　试　验

一、试验原理及类型

1. 注水试验原理

水电水利工程钻孔注水试验是采用人工方式持续稳定地向钻孔内注水，使得孔内水位升高，在形成的钻孔内外水压差作用下，钻孔内的水向外扩散渗流到地层中。持续注水保持钻孔内固定的水头高度下量测注入的水量或保证固定的注水量下量测水头高度随时间的变化率，通过计算就可以得到钻孔地层的渗透系数。注水试验的目的主要是定性了解地层的相对透水率，评价地层的渗透性。

2. 注水试验的类型

根据试验段过滤器安装要求的不同，注水试验可以分为标准注水试验、简易注水试验；根据试验水头稳定的情况，可以分为常水头注水试验和降水头注水试验，具体试验类型及其适用范围见表 10-8。

在水电水利工程勘察中，当抽水试验段地层涌水量很小且试验无法连续时一般改用注水试验，多数又以常水头的标准注水试验为主。

表 10-8　　　　　　　　　　　　　注水试验类型

划分方式	试验类型	适用范围	备注
试验段是否安装过滤器	标准注水试验	各类土体	试验段需安装过滤器
	简易注水试验	孔壁稳定、透水性弱的土体	试验段不需安装过滤器
试验水头是否稳定	常水头注水试验	渗透性较强的土体及破碎岩体	试验水头保持不变
	降水头注水试验	地下水位以下渗透性较弱的土体	试验水头随时间发生变化

二、试验器材的选择

注水试验设备包括供水设备、止水材料、过滤器、测试设备等，钻孔注水试验设备可按表 10-9 的规定选择。

表 10-9　　　　　　　　　　　　注水试验设备器材

设备类型	名称
供水设备	水箱、水泵
止水材料	栓塞、套管、黏土
过滤器	包网过滤器、缠丝过滤器、骨架过滤器（花管）、填砾过滤器
测试设备	水表、量筒、瞬时流量计、秒表、米尺、水位计、温度计等

1. 供水设备

注水试验供水可使用水泵，也可以不使用水泵，采取自流水注入。使用水泵注水时，根据经验估算注水量的大小选择水泵，注入量大时，可选用潜水泵，注水量小时，可选用活塞式水泵。当采用水泵供水时，要求水泵的排量稳定，特别是在常水头试验时便于控制孔内水位的稳定。

2. 过滤器

当采用标准注水试验方法时，过滤器规格要求与抽水试验的过滤器要求一致。当采用简易注水试验方法时，对过滤器可以不作要求。

3. 过滤砾料

过滤砾料砾径规格要求与抽水试验的过滤砾料砾径要求一致。

4. 测试工具

注水量的测试器具应根据注水量大小选定，注水量小于 0.5L/s 时，宜采用容积计，注完满量筒或提桶水所需的时间不宜小于 30s，观测读数应精确到 1s；注水量大于 0.5L/s 时，宜采用水表，观测读数应精确到 0.0001m³，也可采用自动记录仪。水表是注水试验的主要量测工具。目前可以同步记录瞬时流量和累计流量的自动记录仪也得到大量运用，自动记录仪可以避免人的观测误差，数据的精确度和准确度均高于水表，但需要定期校验。

水位的量测工具有万用表、电测水位计或自记水位计等。一般使用万用表或电测水位计测量孔内水位。测量方式是将电极探头连接标有深度标记的导线后下入孔内，当电极接触水面时，地面仪器发出响声或万用表指针发生偏转，测量导线长度数据，即可得到孔内水位高度。当供水能力足够时，常水头注水试验一般是将孔内水位升高至钻孔孔口位置，多数是维持在工作管管口位置，便于直接观察与现场操作。

三、试验操作

1. 试验段钻孔

在水电水利工程勘察过程中，与抽水试验孔一样，基于节约勘察成本和缩短工期的要求，注水试验多数也是利用勘探钻孔进行孔内试验工作，很少进行专门性钻孔的注水试验工作。

同样，无论是利用勘探钻孔还是进行专门性钻孔进行注水试验，均要求钻孔注水试验段的孔径必须满足试验要求。试验段的孔径大小是根据地层的水文地质条件选择的过滤管类型确定的，在松散含水层中采用填砾过滤器时的钻孔孔径不小于168mm，采用包网过滤器或缠丝过滤器时的钻孔孔径不小于130mm。

在水电水利工程勘察中，调查覆盖层水文地质条件的试验任务书一般是以抽水试验为主，当地层涌水量很小且抽水试验无法连续试验时一般改用注水试验。亦即多数情况下注水试验是直接在已完成安装的抽水试验装置中进行的，只需要将抽水泵提出工作管外下入注水管就满足注水试验的基本要求。

当下达专门性的注水试验时就需要试验孔的造孔工作，这时就需要提前依据地层情况和具体的试验任务要求进行钻孔结构设计和选择适宜的钻孔工艺方法。

钻孔设计一般是先确定试验段的孔径后再合理设计整个钻孔的孔深结构，并以此为基础结合周边已有的勘探资料或地质预判确定钻进工艺方法和选择钻探设备。

在钻孔结构设计时，要充分考虑覆盖层的钻探特性、水文地质条件、钻孔终孔孔径、钻孔深度、钻进方法、钻孔用途等因素，在保证注水试验质量的前提下，简化钻孔结构，降低钻孔难度。

注水试验孔的钻进工艺方法和要求与抽水试验钻孔的要求一致。

2. 试验器材安装

注水试验器材在入孔安装前，应根据试验孔钻孔深度、过滤器安装的深度位置和护壁套管内径大小提前做好器材的准备工作，包括符合要求的工作管、沉淀管、过滤器、过滤砾料、注水设备和量测工具等试验设备和材料。检查各类套管连接丝扣是否完好，过滤砾料的储备量要足够并清洗干净，同时量测钻孔底部沉淀物是否过多。

在制作、组装过滤器时，应在过滤器的上下端加设定中装置，保证填砾过滤器周围的填砾料厚度均匀。

试验器材安装流程：下放过滤器→连接工作管→从工作管外下入过滤砾料→起拔护壁套管至试验段顶→安装注水管→安装水泵→注水量测试装置安装。

过滤器、工作管采用丝扣连接，并用钻机卷扬或其他辅助吊装设备逐根连接放入到孔底位置。过滤器、工作管的各连接接头要拧紧，不能有漏水现象，必要时采取止水措施。工作管应高过孔口。

通过工作管与护壁套管间的缝隙分批投入过滤砾料，投料速度要缓慢，在投料时要定时探测孔内过滤砾料面位置，发现堵塞时应消除后再填入，直至过滤砾料面位置超出过滤器顶端至少0.5m。在起拔护壁套管时，要测量过滤砾料面的高度，当过滤砾料面的高度下降时必须及时补充滤料。护壁套管的起拔速度不宜过快，防止发生过滤砾料面低于护壁套管管靴的事故，影响试验的准确性。

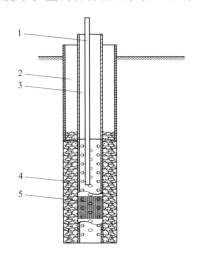

图10-4　标准注水试验典型结构
1—注水管；2—套管；3—工作管；
4—填砾料；5—过滤器

起拔护壁套管时，随时观察孔内已安装到位的工作管是否被护壁套管带起。当发现工作管被带起时，采用吊锤轻拍或钻机下压等方式处理。护壁套管的起拔高度按套管管靴与过滤器顶端齐平或略高控制。

注水管的出水口必须下放到过滤器的中部位置，且在整个注水试验期间不发生变动。标准注水试验典型结构如图10-4所示。

3. 试验段洗孔

洗孔的目的是要彻底清除孔内的渣土以及在造孔过程中渗入含水层中的岩粉等细小颗粒物质，保证试验孔段的渗水通道。在标准注水试验前，可选用清水泵洗孔法、活塞洗孔法、压缩空气法等方法对试验段进行反复清洗，达到水清砂净。根据钻孔结构、地质条件和过滤器类型确定适宜的洗孔方式。

完成洗孔后，应测定孔内的沉淀厚度，孔底沉淀物厚度不得大于10cm。当沉淀过多时，应找出原因并消除。

4. 试验操作方法

（1）常水头注水试验。常水头注水试验主要用于地下水位以上的粉土、砂土和砂卵砾石层等渗透性较强的地层。

常水头注水试验流程：地下水位观测→向孔内注水→孔内水位升高到试验要求的位置→保持孔内水位稳定→量测注水水量。

注水前观测地下水位主要确定压力计算零线，因此需要测定稳定水位。孔内水位升高的高度一般高于地下水位1～5m，亦可至工作管管口。当工作管中的水位达到试验要求水位后，随时调整流量以保持水头稳定，水位变幅不应超过±2cm，同时进行注水流量观测。

流量观测时开始每5min量测一次，连续量测5次，以后每隔20min量测一次，且至少连续量测6次。当连续两次注入流量之差不大于最后一次注入流量的10%，且无持续增减趋势时，应结束试验，取最后一次注入流量作为计算值。

（2）降水头注水试验。降水头注水试验用于地下水位以下渗透性较弱的黏性土层。

降水头注水试验流程：地下水位观测→向孔内注水→孔内水位升高到试验要求的位置→停止供水，同时开始量测孔内水位高度。

孔内水位升高的高度一般高于地下水位1~5m，亦可至工作管管口。当停止供水，开始水位测量时每1min量测一次，连续量测5次；以后每隔10min量测一次，观测3次；后期观测间隔时间应根据水位下降速度确定，可按30min间隔进行。

在试验过程中，及时在半对数纸上绘制水头比与时间 $[\ln(H_t/H_0)-t]$ 的关系曲线，如不呈线性关系，说明试验有误，需要重新进行注水并进行观测。当试验水头下降到初始试验水头的0.3倍，或连续观测点达到10个以上且观测点均在直线上时，可结束注水试验。

（3）注意事项。常水头注水试验时，供水管的位置不能发生变动，要保持一致。降水头注水试验时，最好使用电测水位计或自记水位计量测孔内水位，可以快速、准确地得到水位数据。尽量将试验水头升高至工作管管口位置，便于操作和读数。

🌊 第三节　动力触探试验

一、试验原理及类型

1. 动力触探试验原理

动力触探试验是利用一定的落锤能量，将一定规格的探头打入土中，根据探头贯入的难易程度来判断被贯入土层的工程性质的一种原位测试方法。动力触探试验能量平衡如图10-5所示。

理想的自由落锤能力 E_i 可按式（10-4）计算：

$$E_i = \frac{1}{2}Mv^2 \qquad (10\text{-}4)$$

式中　M——落锤的质量；

　　　v——锤自由下落碰撞探杆前的速度。

由于受落锤方式、导杆摩擦、锤击偏心、打头的材质、形状与大小、杆件传输能力的效率等因素的影响，实际的锤击动能与理想的落锤能量不同，存在能量损失。一般按照式（10-5）予以修正：

$$E_p = e_1 e_2 e_3 E_i \qquad (10\text{-}5)$$

或者近似为：

$$E_p \approx 0.6 E_i \qquad (10\text{-}6)$$

评价传至探头的能量，消耗于探头贯入土中所作功，即：

$$E_p = \frac{R_d A h}{N} \qquad (10\text{-}7)$$

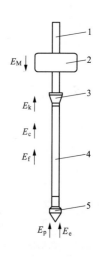

图 10-5　动力触探试验
能量平衡示意图

1—导杆；2—重锤；3—锤垫；
4—探杆；5—探头

式中　E_p——平均每击传递给探头的能量；

　　　e_1——落锤效率系数，对自由落锤，$e_1 \approx 0.92$；

　　　e_2——能量输入探杆系统的传输效率系数，对国内通用的探头，$e_2 \approx 0.65$；

　　　e_3——探杆传输能量的效率系数，它随杆长增大而增大，杆长大于 3m 时，$e_3 \approx 1.0$；

　　　N——贯入度为 h 的锤击数；

　　　R_d——探头单位面积的动贯入阻力；

　　　A——探头的截面积。

$$R_d = \frac{E_p}{A} \times \frac{N}{h} = \frac{E_p}{As} \qquad (10\text{-}8)$$

式中　s——平均每击的贯入度（$s = h/N$）；

其余符号含义同上。

从式（10-4）、式（10-5）和式（10-8）可以看出：当规定一定的贯入深度（或距离）h，采用一定规格（规定的探头截面、圆锥角和质量）的落锤和规定的落距，那么锤击数 N 的大小就反映了动贯入阻力 R_d 的大小，即直接反映被贯入土层的密实程度和力学性质。

2. 试验类型

根据贯入能力的大小，动力触探试验一般分为轻型、重型、超重型。依据 DL/T 5354—2006《水电水利工程钻孔土工试验规程》，动力触探试验具体规格要求和适用范围见表 10-10。

表 10-10　　　　　　　　　　　动力触探的类型规格及使用范围

类型		轻型	重型	超重型
击锤	锤质量（kg）	10	63.5	120
	落高（mm）	500	760	1000
探头规格	锥端直径（mm）	40	74	74
	圆柱部分长度（mm）	16	—	—
	渐变段长度（mm）	8	90	90
	后部直径（mm）	25	60	60
	后部长度（mm）	—	85	85
	锥角（°）	60	60	60
触探杆直径（mm）		25	42	50、60
试验指标		贯入 30cm 的锤击数 N_{10}	贯入 10cm 的锤击数 $N_{63.5}$	贯入 10cm 的锤击数 N_{120}
适用土层		细粒类土	砂类土和砾类土	砾类土和卵石类巨粒土

轻型动力触探试验主要用于一般黏性土、素填土、粉土和粉细砂，连续贯入深度一般不超过 4m，主要目的是测试并提供浅基础的地基承载力参数，检验建筑物基础的夯实程度，检验建筑物基槽开挖后基底以下是否存在软弱下卧层等。

重型动力触探试验主要用于砂类土、砾类土以及卵石类巨粒土，主要用于查明、确定基础的承载力，评价地基土变形模量等。

二、试验器材

动力触探试验的器材包括导向杆、击锤、锤垫、触探杆和触探头五部分。对于不同动力触探试验类型，其主要区别是在器材的重量和尺寸上。

1. 击锤

击锤质量根据不同试验类型分 10kg、63.5kg 和 120kg 三种，其中：10kg 击锤用于轻型动力触探试验，63.5kg 用于重型动力触探试验，120kg 用于超重型动力触探试验。

击锤一般为圆柱形，高径比为 1～2。击锤中心的通孔直径应比导向杆外径大 3～4mm。轻型动力触探试验一般采用人工落锤方式，重型和超重型动力触探试验采用自动落锤方式，因此重型和超重型触探试验的击锤上需要增加提引器装置。

2. 触探杆

触探杆的直径不得大于触探头的最大直径，主要是减少侧壁摩阻的影响。轻型触探试验的触探杆直径为 25mm，重型触探试验的触探杆直径为 42mm，超重型触探试验的触探杆直径为 50mm 或 60mm。

3. 触探头

触探头分轻型触探试验用触探头和重型触探试验用触探头两种，超重型触探试验的触探头与重型触探试验的触探头一样，其尺寸差别如图 10-6 所示。

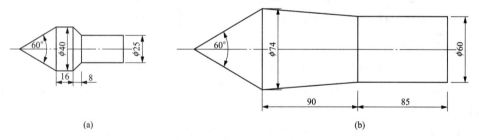

图 10-6　动力触探试验触探头结构尺寸

（a）轻型动力触探试验触探头；（b）重型、超重型动力触探试验触探头

三、试验操作

1. 预钻孔

当试验土层埋藏较深时，为了保证试验的精度，用钻机或轻便钻具（螺纹钻或洛阳铲等）在孔位上将试验土层以上的钻孔形成试验器材安装的所需空间，预钻孔孔底预留30cm 以上的保护层。一般选用对试验土层原状结构影响小的钻孔方法，如回转钻进或人工凿挖方法。为了防止试验过程中锤击振动造成孔壁坍塌掩埋触探杆后增大侧壁摩擦阻力，影响试验精度，一般在预钻孔内下入套管，这样也可以减少触探杆的径向晃动。

2. 试验器材安装

轻型、重型和超重型触探试验器材的安装结构基本相同，其典型的安装结构如图 10-7 所示。

试验器材入孔安装前，应先检查试验器材的规格尺寸是否符合试验要求，并单独摆放，防止混淆，以免导致错误安装；同时，检查连接丝扣是否完好，并排除明显弯曲的触探杆。

触探头和触探杆连接丝扣要拧紧，在试验过程中不应脱扣松开。试验器材入孔安装完成后，锤垫距离孔口的高度要求小于 1.5m：一是外露触探杆过长，锤击时容易回弹，摆动幅度大，影响试验精度；二是便于现场操作安全。导向杆的脱钩距离（即击锤的落高）要与试验的击锤重量相匹配，不能选择错误。

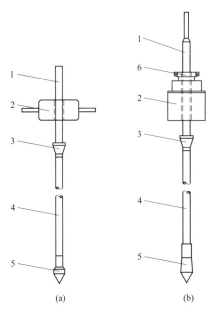

图 10-7　动力触探设备安装典型结构
（a）轻型触探试验；（b）重型和超重型触探试验
1—导向杆；2—重锤；3—锤垫；
4—触探杆；5—触探头；6—提引器

最后，以孔口或套管顶端固定参照点为起点，用粉笔或记号笔按每隔 30cm（轻型）或 10cm（重型、超重型）在触探杆上画线做记号，方便试验时观察、记录贯入深度。当使用单独支架提升击锤时，支架腿抓地要牢固，不会弹跳偏移，支架的滑车与触探孔轴向方向保持在同一垂线上。

3. 试验操作方法

（1）轻型动力触探试验。先检查导向杆的脱钩距离是否满足 50cm 的要求，仔细检查击锤的提升方向与钻孔方向是否在同一条垂线上，检查击锤的提升装置是否安全稳固。

当开始锤击时，调整钻机卷扬或提升系统的速度，控制 10kg 击锤的锤击频率在 15～30 击/min。同时记录每贯入土层 30cm 的锤击数，并记录触探深度，最初的 30cm 可以不记录锤击数。当贯入土层 30cm 时锤击数超过 100 击或贯入土层 15cm 的锤击数超过 50 击，可以停止作业。每一试验土层需要连续贯入，连续贯入深度不宜超过 4m，否则需要考虑触探杆侧壁摩阻的影响。如果需要对下卧地层继续进行轻型动力触探试验时，用钻机钻孔穿透上部土层后重复上述操作过程。

（2）重型动力触探试验。同样需要先检查导向杆的脱钩距离是否满足 76cm 的要求，仔细检查击锤的提升方向与钻孔方向是否在同一条垂线上，检查击锤的提升装置是否安全稳固。

当开始锤击时，调整钻机卷扬或提升系统的速度，控制 63.5kg 击锤的锤击频率在 15～30 击/min。同时记录每贯入土层 10cm 的锤击数，并记录触探深度，最初的 30cm 可以不记录锤击数。每贯入 1m，转动触探杆一圈半，当贯入深度超过 10m 后，每贯入

0.2m旋转触探杆一次。转动触探杆的目的是保持触探杆能垂直贯入，并减少触探杆的侧阻力。当实测锤击数连续3次每贯入土层10cm时大于50击，可以停止作业。如需对土层继续试验时，应改为超重型动力触探。

重型动力触探试验应连续贯入，且连续贯入的深度一般不超过15m，否则需要考虑触探杆侧壁摩阻的影响。锤击时，要保持触探杆的垂直度，防止锤击偏心、触探杆歪斜和触探杆侧向晃动。

（3）超重型动力触探试验。检查导向杆的脱钩距离是否满足100cm的要求，仔细检查击锤的提升方向与钻孔方向是否在同一条垂线上，检查击锤的提升装置是否安全稳固。

当实测锤击数连续3次每贯入土层10cm时大于50击，可以停止作业。当实测每贯入10cm的锤击数小于5击时，则不能采用超重型动力触探试验，可以更改为重型动力触探试验。

超重型动力触探试验应连续贯入，且连续贯入的深度一般不超过20m，否则需要考虑触探杆侧壁摩阻的影响。

锤击时，要保持触探杆的垂直度，防止锤击偏心、触探杆歪斜和触探杆侧向晃动。

当开始锤击时，调整钻机卷扬或提升系统的速度，控制120kg击锤的锤击频率在15～30击/min。记录每贯入土层10cm的锤击数，并记录触探深度，最初的30cm可以不记录锤击数。每贯入1m，转动触探杆一圈半，当贯入深度超过10m后，每贯入0.2m旋转触探杆一次。转动触探杆的目的是保持触探杆能垂直贯入并减少触探杆的侧阻力。

（4）注意事项。为了减少裸露孔壁坍塌增大触探杆的侧壁摩擦阻力，控制触探杆的侧向晃动，保持触探杆的垂直度，一般在预钻孔内下入套管。

在锤击贯入过程中，转动触探杆可以有效减少触探杆的侧壁摩擦阻力，特别是总贯入深度越深后，触探杆的侧壁摩擦阻力明显增加。

⊛　第四节　标准贯入试验

一、试验原理

标准贯入试验与重型动力触探试验十分相似，标准贯入试验是动力触探的一种，它是一种用63.5kg的穿心锤，以76cm的落距自由落下，将一定规格的带有取样筒的标准贯入器先打入土中15cm，然后记录再打入30cm的锤击数的原位试验。在贯入过程中，整个贯入器对端部和周围土体产生挤压和剪切作用，在冲击力的作用下，一部分土被挤入贯入器，其工作状态和边界条件十分复杂。

标准贯入试验一般结合钻孔进行，对开管式的贯入器能取出试验土层的扰动土样，可以直接对土体进行鉴别描述。根据贯入度的大小确定土层的密实程度和力学性质，并对被贯入土层进行工程地质评价。标准贯入试验主要用于细粒类土和砂类土。

二、试验器材

标准贯入试验的设备包括击锤、贯入器、钻杆、锤垫和导向杆五部分。依据 DL/T 5354—2006《水电水利工程钻孔土工试验规程》，标准贯入试验设备规格要求见表 10-11。

表 **10-11**　　　　　　　　　　　　　　**标准贯入试验设备规格**

设备名称		项目	规格
击锤		质量（kg）	63.5
		落高（mm）	760
贯入器	对开管	长度（mm）	700
		外径（mm）	51
		内径（mm）	35
	管靴	长度（mm）	50
		靴端锥度（°）	19
		靴端壁厚（mm）	2.5
钻杆		直径（mm）	42
		相对弯曲	<1/1000
锤垫		直径（mm）	100～140
导向杆		与锤垫的总质量（kg）	≤30kg

标准贯入器的结构及尺寸见图 10-8。

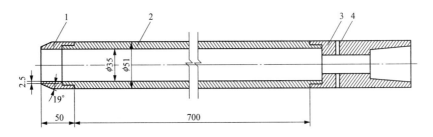

图 10-8　贯入器结构及尺寸（单位：mm）

1—管靴；2—对开管；3—标贯头；4—排气排水孔

三、试验操作

1. 试验孔的要求

标准贯入试验一般是结合其他钻孔实施，很少单独实施标准贯入试验的钻孔。在水电水利勘察作业中，一般是在取心钻孔中针对细粒类土或砂类土这类特殊地层中才进行标准贯入试验，不需要专门的预钻孔。由于标准贯入试验要求钻孔方法对试验土层原状结构影响小，在水电水利勘察作业中一般是采用回转钻进方法钻孔。

钻孔的孔径要求大于标准贯入器外径的 2 倍以上，要求钻孔孔壁稳定，可以采用泥浆护壁，必要时也可以采用套管护壁方式，但要求套管底部距离试验土层大于 75cm，主要是减少套管跟进对地层原状结构的影响。

当钻进至试验土层以上 15cm 处停止钻进，并清除孔底残土，清孔时应避免扰动试验土层。

2. 试验器材安装

标准贯入试验器材安装与动力触探试验的安装方式基本一致，其典型的安装结构如图 10-9 所示。

试验器材入孔安装前，应先检查试验器材的规格尺寸是否符合试验要求，并单独摆放，防止混淆，以免导致错误安装；同时，检查连接丝扣是否完好，并排除明显弯曲的触探杆。

贯入器和钻杆连接丝扣要拧紧，在试验过程中不应脱扣松开。试验器材入孔安装完成后，锤垫距离孔口的高度要求小于 1.5m，一是外露钻杆过长，锤击时容易回弹，摆动幅度大，影响试验精度；二是便于现场操作安全。

最后，以孔口或套管顶端固定参照点为起点，用粉笔或记号笔按 15cm、10cm、10cm 和 10cm 的间隔距离在钻杆上画线做记号，方便试验时观察、记录贯入深度。

当标准贯入试验位置较深时，可以在钻杆上加装定位导向器，减少、控制钻杆的径向晃动程度。当使用单独支架提升击锤时，支架腿抓地要牢固，不会弹跳偏移，支架的滑车与钻孔轴向方向保持在同一垂线上。

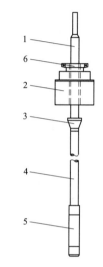

图 10-9　标准贯入试验
安装典型结构
1—导向杆；2—63.5kg 击锤；
3—锤垫；4—钻杆；
5—贯入器；6—提引器

3. 试验操作方法

先检查导向杆的脱钩距离是否满足 76cm 的要求，仔细检查击锤的提升方向与钻孔方向是否在同一条垂线上，检查击锤的提升装置是否安全稳固。

当开始锤击时，调整钻机卷扬或提升系统的速度，控制 63.5kg 击锤的锤击频率在 15～30 击/min。先预打 15cm 后，记录每贯入土层 10cm 的锤击数，并同时记录贯入深度。

当遇密实土层，锤击数达到 50 击，贯入深度未到达 30cm 时，应终止试验，并记录 50 击时的贯入深度。

完成贯入试验后，从孔内提出贯入器，打开对开管光测量土样长度，最终按要求取出土样并妥善保管。

4. 注意事项

如果标准贯入试验位置低于钻孔的地下水位，在试验过程中要保持孔内的水位高于地下水位。在将贯入器提出钻孔外时，不要强力敲打钻杆丝扣，防止钻杆敲击振动导致贯入器中土样掉落，导致取样失败。

取出的土样防水、防晒、遮光包装，并编号保存。

⚙ 第五节　十字板剪切试验

一、试验原理及类型

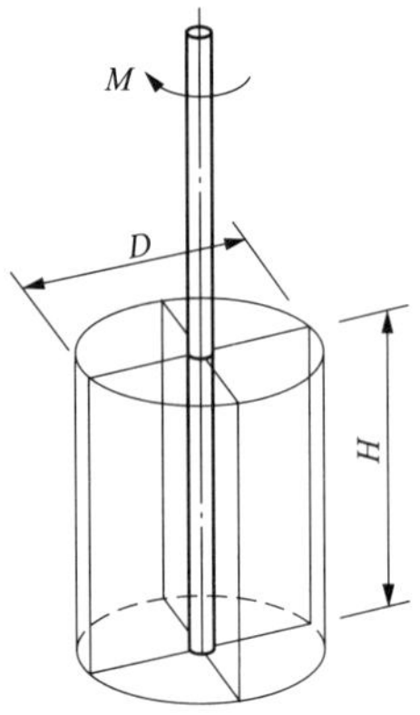

1. 十字板剪切试验原理

图 10-10　十字板剪切原理

十字板剪切试验是在钻孔某深度的软黏土中插入规定形状和尺寸的十字板头，施加扭转力矩，将土体剪切破坏，测定土体抵抗扭损的最大力矩，通过换算得到土体不排水抗剪强度 C_u 值（假定 $\varphi \approx 0$）。十字板头旋转过程中，假设在土体中产生一个高度为 H（十字板的高度）、直径为 D（十字板的直径）的圆柱状剪损面，如图 10-10 所示。假定该剪损面的侧面和上、下底面上土的抗剪强度都相等。在剪损过程中，土体产生的最大抵抗力矩 M 由圆柱侧表面的抵抗力矩 M_1 和圆柱上下面的抵抗力矩 M_2 两部分组成，即 $M = M_1 + M_2$。

$$M_1 = C_u \pi D H \times \frac{D}{2}$$

$$M_2 = 2 C_u \times \frac{1}{4} \pi D^2 \times \frac{2}{3} \times \frac{D}{2} = \frac{1}{6} C_u \pi D^3$$

则：

$$M = M_1 + M_2 = C_u \pi D H \times \frac{D}{2} + \frac{1}{6} C_u \pi D^3 = \frac{1}{2} C_u \pi D^2 \left(\frac{D}{3} + H \right)$$

$$C_u = \frac{2M}{\pi D^2 \left(\dfrac{D}{3} + H \right)} \tag{10-9}$$

式中　C_u——十字板抗剪强度；

D——十字板直径；

H——十字板高度。

对于普通十字板仪，式（10-9）中的 M 值应等于试验测得的总力矩减去轴杆与土体间的摩擦力矩和仪器机械摩擦力矩，即：

$$M = (p_f - f) R \tag{10-10}$$

式中　p_f——剪损土体的总作用力；

f——轴杆与土体间的摩擦力和仪器机械阻力，在试验时，通过使十字板与轴杆脱离进行测定；

R——施力转盘半径。

将式（10-10）代入式（10-9），得：

$$C_u = \frac{2R}{\pi D^2 \left(\dfrac{D}{3} + H \right)} (p_f - f) \tag{10-11}$$

式（10-11）中右端第一个因子，对一定规格的十字板剪力仪为一常数，称为十字板常数 k，即：

$$k = \frac{2R}{\pi D^2 \left(\dfrac{D}{3} + H\right)} \tag{10-12}$$

则有：

$$C_u = k(p_f - f) \tag{10-13}$$

式（10-13）即为十字板剪切试验换算抗剪强度的算式。

对于电测十字板仪，由于在十字板头和轴杆之间有贴电阻应变片的扭力柱连接，扭力柱测定的只是作用在十字板头上的扭力，因此在计算土的抗剪强度时，不必进行轴杆与土体间的摩擦力和仪器机械摩擦阻力修正，可以直接按式（10-9）进行计算。

十字板剪切试验不需要采取试样，避免了土样扰动及天然应力状态的改变，是一种有效的现场测试方法，试验目的是：饱和软黏土的抗剪强度和灵敏度；地基加固效果和强度变化规律；测定地基或边坡滑动位置；计算地基容许承载力；计算单桩承载力。

十字板剪切试验适用于灵敏度 $S_t \leqslant 10$、固结系数 $C_v \leqslant 100\text{m}^2/\text{a}$ 的均质饱和软黏土，试验深度一般不超过 30m，十字板剪切试验在我国沿海软土地区被广泛使用。

对于不均匀土层，特别是夹有薄层粉细砂或粉土的软黏土，十字板剪切试验会有较大的误差，使用时必须谨慎。

2. 试验类型

根据十字板仪的不同，十字板剪切试验分普通十字板剪切试验和电测十字板剪切试验。

普通十字板剪切试验是先预钻孔至距离试验土层的顶部一定位置后，用贯入机具将十字板仪压入试验土层部位，施加扭转力矩剪切土体。当采用离合式轴杆时，还需要进行轴杆摩擦校正试验后才能换算不排水抗剪强度 C_u 值。

电测十字板剪切试验不需要预钻孔，用贯入机具将电测十字板仪直接压入到试验土层，然后施加扭转力矩剪切土体。由于电测十字板仪测定的是直接作用在十字板上的扭力，不需要进行轴杆摩擦校正试验就可以直接换算不排水抗剪强度 C_u 值。电测十字板仪操作简单，成果比较稳定，实际应用较广泛。

二、试验器材

目前，使用的十字板剪切仪主要有普通十字板剪切仪和轻便十字板剪切仪两种，其主要部件有十字板头、轴杆和扭力测量装置。

1. 十字板头

十字板头为矩形，高径比（H/D）为 2，其基本参数见表 10-12。

对应不同的土类，应选用不同尺寸的十字板头。一般在软黏土中，选择 75mm×150mm 的十字板头；在稍硬土中，选用 50mm×100mm 的十字板头。

表 10-12　　　　　　　　　　　　　　**十字板头基本参数**

十字板测头							扭矩	
板宽 (mm)	板高 (mm)	板厚 (mm)	刃角 (°)	轴杆		面积比 (%)	量程 (N·m)	准确度
				直径 (mm)	长度 (mm)			
50	100	2	60	13	60	14	0～80	1%F·S
75	150	3		14	50	13		

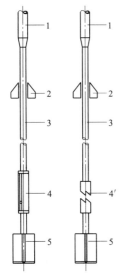

图 10-11　轴杆形式

1—导杆；2—导轮；3—轴杆；

4—牙嵌式离合器；

4'—离合式离合器；5—十字板头

2. 轴杆

轴杆直径一般为 20mm，对于普通十字板仪，轴杆与十字板头的连接方式有离合式、牙嵌式（套筒式），如图 10-11 所示。

离合式轴杆是利用一离合器装置，使轴杆与十字板头能够离合，以便分别作十字板总剪切试验和轴杆摩擦校正试验。

牙嵌式（套筒式）轴杆是在轴杆外套上一个带有弹子盘可以自由转动的钢管，使轴杆不与土接触，从而避免二者之间的摩擦力。套筒下端 10cm 与轴杆间间隙内涂抹黄油，上端间隙灌注机油防止泥浆浸入。

3. 扭力测量装置

普通十字板仪是采用开口钢环测力装置，而电测十字板仪是采用电阻应变式测力装置，并配有读数记录仪器。

开口钢环测力装置（图 10-12）是通过钢环的拉伸变形来反映施加扭力的大小。

电阻应变式测力装置是在十字板头上端的轴杆部位安装测量扭力的传感器（图 10-13），可以通过电阻应变传感器直接测读十字板头所受的扭力，而不受轴杆摩擦、钻杆弯曲以及塌孔等因素的影响，提高了测试精度。

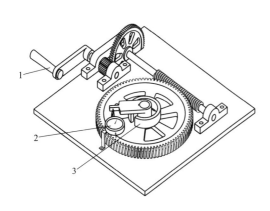

图 10-12　开口钢环测力装置

1—摇把；2—百分表；3—开口钢环

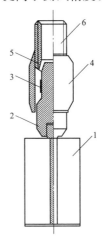

图 10-13　电测应变式测力装置

1—十字板头；2—扭力柱；3—应变片；

4—护套；5—出线孔；6—轴杆

电阻应变式测力装置的扭力传感器定期标定，一般三个月标定一次，在使用过程中出现异常，也应重新标定，标定时所用的传感器、导线和测读仪器应与试验时相同。

三、试验操作

1. 预钻孔

当采用普通十字板剪切试验或电测十字板剪切试验位置较深时，应提前进行预钻孔，预钻孔主要目的是保证十字板头能顺利压入试验土层。钻孔直径至少大于十字板测头宽度的 2 倍，一般要求钻孔直径至少 127mm 以上。钻孔深度距离试验土层 3～5 倍孔径时停止钻进，实际应用中一般控制在 75cm 以上，主要是减少试验土层的扰动影响。

一般采用扰动影响范围小的钻进方法造孔，如回转取心、螺旋钻或管钻等钻进方法，不宜使用跟管钻进、冲击钻进等扰动影响范围大的钻进方法造孔。

当完成钻孔后，孔内下入 127mm 的套管至孔底，再用提土器逐段清孔至套管底部以上 15cm 处，并再套管内灌满水，以防止软土在孔底涌起及尽可能保持试验土层的天然结构和应力状态。在孔口将套管固定。

2. 试验操作方法

将十字板头、离合器、轴杆与试验钻杆及导杆逐节接好放入孔内，并保证十字板头与孔底接触。各接头必须拧紧，减少扭力消耗。各杆件要求平直，保证十字板头在旋转时不发生摆动，在探杆上下部位各安装一个导轮，导轮间距不大于 10m。

用摇手柄套在导杆上向右转动，使十字板离合齿啮合。再将十字板徐徐压入土中至预定的试验深度，当采用电测十字板仪时，直接将十字板徐徐压入至预定的试验深度即可。压入深度不小于 3～5 倍孔径，第一个测试点距地表不小于 1m。

将底座穿过导杆，通过锁紧螺钉将底座固定在套管上。当采用普通十字板仪时，将开口钢环测力装置安装固定；当采用电测十字板仪时，将扭力传感器用导线与测读仪器接口连接。

十字板测头压入土中后，静置时间不少于 3min。套上传动部件，转动底板使导杆键槽与钢环固定夹键槽对正，用锁紧螺钉将固定套与底座锁紧，再转动摇手柄使特制键自由落入键槽，将指针对准一整数刻度，安装百分表并调至零位或读初始读数。以 0.1°/s 的速度旋转转盘，每转 1°测记百分表读数 1 次，当读数出现峰值后，再继续旋转转盘测读 1min，测记读数的稳定值。当读数不再增大或开始减小时，表示土体已被剪切。

拔出连接导杆和测力装置的特制键，在导杆上端装上旋转摇手柄，连续顺时针方向转动导杆、轴杆和十字板头 6 圈，使十字板测头周围土完全扰动。再以同样剪切速度试验，测记重塑土剪切时百分表的稳定读数。

对于离合式十字板测头，拔下控制轴杆与十字板头连接的特制键，将导杆上提 2～3cm，使离合齿脱离，再插上特制键，以 0.1°/s 的速度匀速转动摇手柄，测记轴杆与周围土摩擦时的百分表稳定读数；对于牙嵌式十字板测头，逆时针快速转动摇手柄 10 余圈，使轴杆与十字板测头脱离，再顺时针方向以 0.1°/s 的速度匀速转动摇手柄，测记轴杆与周围土摩擦时的百分表稳定读数。

　　试验完成后，卸下转动部件和底座，从孔内逐节提取钻杆和十字板测头，继续钻进至下一深度的试验段。两试验点的间距不小于十字板板高的 5 倍，一般间隔 0.5～1m。在极软的土层中或采用电测十字板头时，不必拔出十字板，可以连续压入十字板至不同的深度进行剪切试验。

　　3. 注意事项

　　在试验过程中，需要控制好剪切速率。剪切速率过慢，由于排水导致土层强度增长；剪切速率过快，对于饱和软黏性土，由于粘滞效应导致土层强度增长。十字板剪切试验深度一般不超过 30m。

※　第六节　静力触探试验

一、试验原理

　　静力触探的基本原理就是用准静力将一个内部装有传感器的静探探头以匀速压入土中，由于地层中各种土的软硬不同，探头所受的阻力也不一样，静探探头中的传感器将这种大小不同的贯入阻力通过电信号输入到记录仪表中记录下来，再通过贯入阻力与土的工程地质特征之间的定性关系和统计相关关系，来实现取得土层剖面、提供浅基承载力、选择桩端持力层和预估单桩承载力等工程地质勘察目的。

　　1. 静力触探探头的工作原理

　　静探探头大部分都采用电阻应变式传感器测试技术，静探探头的空心柱体上的应变桥路有两种布置方式，见图 10-14。

　　第一种为全桥两臂工作［图 10-14（a）］，空心柱体四周对称地黏帖 4 个电阻应变片，其中 2 个竖向的承受拉力，两个横向的处于自由状态（无负荷），只起平衡（温度补偿）的作用。

　　第二种为全桥四臂工作［图 10-14（b）］，电阻应变片的黏帖与第一种相同，但由于空心柱空心长度较长，故横向电阻应变片处于受压状态。

　　若为全桥两臂工作，未受力时，有：

$$D_1 D_2 = R_1 R_2$$

　　B、D 两点间的电位差等于零，即电桥处于平衡状态。

　　受力时，则有：

$$(D_1 + \Delta D_1)(D_2 + \Delta D_1) > R_1 R_2$$

　　若为全桥四臂工作，未受力时，有：

$$D_1 D_3 = D_2 D_4$$

　　受力时，则有：

$$(D_1 + \Delta D_1)(D_3 + \Delta D_3) > (D_2 - \Delta D_2)(D_4 - \Delta D_4)$$

　　即受力后，B、D 两点间存在电位差，毫伏计 G 便能测出电流大小，这个电流的大

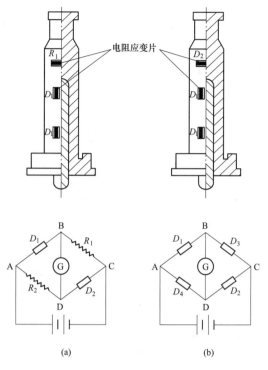

图 10-14 空心柱体结构及电桥

（a）全桥两臂工作；（b）全桥四臂工作

小与空心柱体的受力伸长有关。

在实际工作中，把空心柱体的微小应变所输出的微弱电压，通过电缆传至电阻应变仪中的放大器，放大器放大至几千倍到几万倍后，就可以用普通的指示仪表量测出来。

静探探头量测到的贯入阻力，仅仅是探头部分承受的阻力，避免了探杆与孔壁间摩擦这一不确定因素的影响。

2. 静力触探试验的贯入机理

静力触探试验的贯入受到的影响因素比较多，目前还没有一种理论能圆满解释静力触探的贯入机理，因此在实际工程应用中，常用一些经验关系把贯入阻力与土的物理力学性质联系起来，建立经验公式；或根据对贯入机理的认识做定性分析，并在此基础上建立半经验半理论公式。

目前已有的理论分析可分为承载力理论分析、孔穴扩张理论分析和稳定贯入流体理论分析三大类。

承载力理论分析大多借助于对单桩承载力的经验分析，这一理论把贯入阻力视为探头以下的土体受圆锥头的贯入产生整体剪切破坏，是由滑动面处土的抗剪强度提供的，而滑动面的形状是根据经验模拟或经验假设，承载力理论分析适用于临界深度以上的贯入情形。

孔穴扩张理论分析是假设圆锥探头在均质各向同性无限土体中的贯入机理与圆球及

圆柱状孔穴扩张问题相似，并将土作为可压缩的塑性体，也有认为静力触探圆锥头在途中的贯入与桩的刺入破坏相似，球穴扩张可作为第一近似解，因此，孔穴扩张理论分析使用于压缩性土层。

稳定贯入流体理论分析是假设土是不可压缩的流动介质，圆锥探头贯入时，受应变控制，根据其相应的应变路径的偏应力，并推导得出土体中的八面体应力，故稳定贯入流体理论分析适用于饱和软黏土。

在均质土层中，不论是锥尖阻力（q_c）还是侧壁摩擦阻力（f_s）都存在临界深度的问题，即在一定深度范围内，均随着贯入深度的增大而增大，当达到一定深度后，q_c 和 f_s 均达到极限值，即 q_c 和 f_s 不再随贯入深度的增加而增大。临界深度与土体的密实度和探头直径有关，土体的密实度越大、探头直径越大，临界深度越小，但 q_c 和 f_s 并不一致，一般而言，f_s 的临界深度比 q_c 的要小。

3. 孔压静力触探的贯入机理

孔压静力触探贯入土体的机理是十分复杂的，探头贯入所产生的超孔压沿水平径向的初始分布以及停止贯入时超孔压的消散均属于轴对称问题，对贯入机理所做的简化假设和所选择的土体模型不同，可以建立不同的计算公式。

静力触探试验的主要目的是探测持力层深度、确定单桩的极限承载力、确定土体的承载力、判定饱和砂性土液化的可能性、评定土体的物理力学指标以及渗透性质的相关参数。

静力触探试验适用于软土、黏性土、粉土、砂类土和含有少量碎石的土层。与传统的钻探方法相比，静力触探试验具有速度快，劳动强度低，清洁、经济等优点，而且可以连续获得地层的强度和其他方面的信息，不受取样干扰等人为因素的影响。静力触探试验不能对土体进行直接的观察和鉴别，不适用于含较多碎石、砾石的土层和很密实的砂层。

二、试验器材

一般静力触探试验的设备包括贯入系统和量测系统两部分，贯入系统包含贯入装置、探杆和反力装置子系统，量测系统包含探头和记录仪器子系统。静力触探试验的仪器设备组成见表 10-13。

表 10-13　　　　　　　　　静力触探试验的仪器设备组成

设备类型		要求或方式
贯入系统	贯入装置	能匀速将探头垂直压入途中
	反力装置	地锚、压重物或地锚与重物联合使用
	探杆	平直度不大于 0.1%
量测系统	探头	单桥探头、双桥探头、孔压静力探头或多功能探头
	深度测量装置	深度标尺或深度转换装置
	记录仪器	电阻应变仪、数字测力仪器等

1. 贯入系统

（1）贯入装置。按加压动力装置分电动机械式、液压式和手摇链条式三种。电动机械式静力触探机，如图 10-15 所示，是以 2～3 马力的电动机为动力，通过带轮（或齿轮）传动及减速，使螺杆下压或提升，当无电源时，也可用人力旋转手轮加压或提升。电动机械式静力触探机结构简单，操作容易，在软黏性土地区，触探深度可以达 60m（100kN 静力触探机）以上。

液压式静力触探机，如图 10-16 所示，是利用汽油机或电动机带动油泵（油泵压力为 0.7～1.4MPa），通过液压传动，使油缸活塞下压或提升。这种装置设备较多，液压系统加工精度要求高，但推力较大，在软黏性土地区触探深度可达 50m 左右。

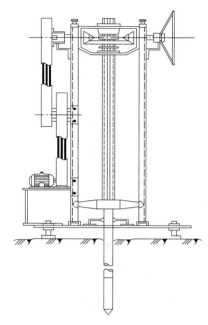

图 10-15　电动机械式静力触探机

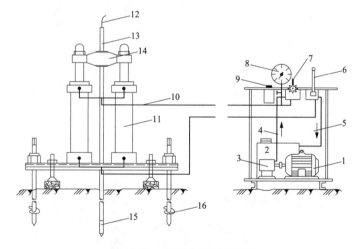

图 10-16　液压式静力触探机

1—马达；2—油箱；3—油泵；4—进油路；5—回油路；6—换向阀；
7—节流阀；8—压力表；9—开关；10—油管；11—油缸；12—电缆；
13—探杆；14—卡杆器；15—探头；16—地锚

手摇链条式静力触探机是以手摇方式带动齿轮传动，通过两个 $\phi 60mm$ 的链轮带动链条将探杆压入土中。该设备结构轻巧、操作简单、不用电源（量测仪表用干电池或充电电池供电）、易于安装和搬运，特别适用于交通不便及无电地区。该设备的贯入能力有限，在软黏性土地区，触探深度在 20m 左右。图 10-17 是电测十字板-静力触探两用机。

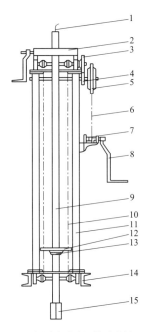

图 10-17　电测十字板-静力触探两用机

1—电缆；2—施加扭力装置；3—大齿轮；
4—小齿轮；5—大链条；6、10—链条；7—小链条；
8—摇把；9—探杆；11—支架立杆；12—山形板；
13—垫压板；14—槽钢；15—十字板头

（2）探杆。探杆要求杆件的平直度误差小于 0.1%，探杆一般采用高强度合金无缝钢管制造，其屈服强度不小于 600MPa。

探杆的直径比探头的直径要小。

（3）反力装置。反力装置是防止探头压入土层时触探仪设备整体上抬。一般反力装置有三种形式：一是地锚，二是压重物，三是地锚与重物联合使用。

2. 量测系统

从量测方式上，量测系统分为机械式和电测式两大类，目前电测式已在我国普及推广。量测系统包括探头和记录仪器两大部分。

（1）探头。目前在工程实践中主要使用的探头有单桥、双桥和孔压探头等三种。

单桥探头主要用于测定贯入阻力 p_s，主要由外套筒、顶柱、空心柱等组成，其结构如图 10-18 所示。

当探头被压入到土层中时，土层对锥头的阻力通过顶柱被传递到空心柱，空心柱受到压力发生变形，贴在空心柱上的电阻应变片也发生相应的变形，其电阻值发生变化。

常用的单桥探头规格见表 10-14。

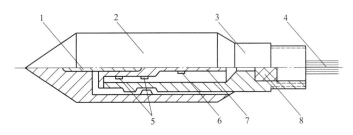

图 10-18　单桥探头结构示意图

1—顶柱；2—探头套；3—探头管；4—电缆；5—应变片；6—传感器；7—空心柱；8—密封垫圈套

表 10-14　　　　　　　　　　　　　　　单桥探头规格

类型	锥底直径（mm）	锥底面积（cm²）	有效侧壁长度（mm）	锥角（°）	探杆直径（mm）
Ⅰ	35.7	10	57	60	33.5
Ⅱ	43.7	15	70	60	42
Ⅲ	50.4	20	81	60	42

双桥探头可以同时测定锥尖阻力 q_c 和侧壁摩擦力 f_s 两部分，主要由锥尖阻力量测部分和侧壁摩擦阻力量测部分组成，其结构如图 10-19 所示。

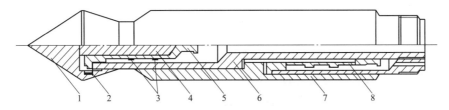

图 10-19　双桥探头结构示意图

1—锥尖；2—胶垫；3—应变片；4—顶柱；5—空心柱下半段；

6—支座；7—摩擦筒；8—空心柱上半段

锥尖阻力量测部分是由锥头、空心柱下半段、加强筒组成锥尖阻力传递结构，当探头被压入到土层中时，土层对锥头的阻力被传递到空心柱下半段，空心柱下半段受到压力产生压缩变形，贴在空心柱下半段上的电阻应变片也发生相应的变形，其电阻值发生变化。

侧壁摩擦阻力量测部分是由摩擦筒、空心柱上半段和加强筒组成，当探头被压入到土层中时，探头侧壁受到一个向上的摩擦力，摩擦力通过摩擦筒传递到空心柱上半段，空心柱上半段受拉力产生伸长变形，贴在空心柱上半段上的电阻应变片也发生相应的变形，其电阻值发生变化。

常用的双桥探头规格见表 10-15。

表 10-15　　　　　　　　　　　　常用双桥探头规格

类型	锥底直径 （mm）	锥底面积 （cm²）	有效侧壁长度 （mm）	锥角 （°）	探杆直径 （mm）
Ⅰ	35.7	10	200	60	33.5
Ⅱ	43.7	15	300	60	42

孔隙水压力探头可以量测探头锥面等处的孔隙水压力。按照滤水器位置的不同有不同种类的孔隙水压力探头，目前滤水器的位置基本统一在锥面、锥肩和摩擦筒尾部，测得的孔隙水压力分别记为 μ_1、μ_2 和 μ_3，见图 10-20。

孔隙水压力是直接传递到孔压电测传感器，必须保证滤水器与孔压电测传感器之间充满液体，不能有空气存在。在使用之前，必须先经过脱气处理，保证孔压量测系统饱和。

（2）记录仪器。目前国内静力触探量测仪器有数字式电阻应变仪、电子点位差自动记录仪、微电脑数据采集仪等。微电脑数据采集仪的功能包括数据的自动采集、储存、打印、分析整理和自动成

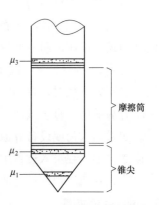

图 10-20　滤水器位置与符号

图，使用方便。

三、试验操作

1. 预钻孔

如果地层中含有密实、粗颗粒或含碎石颗粒较多的地层时，先用钻孔方式通过后再试验，必要时使用套管防止孔壁的坍塌。

在软土或松散土中如果含有可能影响贯入的硬壳层时，也应通过钻孔方式钻穿硬壳层。

2. 器材安装

触探孔开孔前，用水平尺校准触探机机座保持水平，并与反力装置锁定，保证探杆垂直贯入地下，防止触探孔偏斜。触探孔偏斜后，会造成触探深度误差，带来资料分析的误差，同时由于土层固有的各向异性和探头内部结构的特点，可能导致测试成果无效。

检查探杆的平直度，特别是最初 5 根起导向作用的探杆，其平整度要求更为重要，控制探杆轴向偏差小于 2°。如果探杆弯曲度过大时，极易造成触探孔偏斜，特别是在厚层软土下遇到硬夹层或粗大颗粒土时，同时可能导致探杆折断。

将探头和探杆连接后插入导向器内，调整垂直并紧固导向装置，将穿过探杆的传感器引线接到量测仪器上，打开电源开关，预热并调试到正常工作状态。

3. 试验操作方法

启动主机，控制以 (1.2±0.3)m/min 的贯入速度匀速将探头贯入土中。当探头贯入土中 0.5～1.0m 时，稍许提升探头，使探头传感器处于不受力状态。待探头温度与地温平衡后，将仪器调零或记录初读数。在深度 6m 以内，按每贯入 1～2m 提升探头检查温漂并调零，6m 以下时按每贯入 5～10m 提升探头检查温漂并调零。

对于孔压静力探头，在整个贯入过程中，不得提升探头。终孔起拔探头时应记录锥尖阻力和侧壁摩擦阻力的零漂值；探头拔出地面时，应记录孔压的零漂值。

采用自动记录仪测记数据时，根据贯入阻力大小合理旋转供桥电压，并随时核对，做好记录；使用电阻应变仪或数字测力仪时，按每隔 0.1～0.2m 记录读数一次。

每隔 3～4m 校核一次实际深度数据，深度记录的误差不大于触探深度的 1%。测定孔隙水压力消散时，在预定的深度或土层停止贯入，按合适的时间间隔或自动测读孔隙水压力消散值，直至基本稳定。

如果因人为或设备等原因使贯入停止 10min 以上时，重新贯入前应提升探头，测记零读数。如果在贯入过程中发生触探主机达到额定贯入力、探头阻力达到额定负荷、反力装置失效或发现探杆弯曲已达到不能容许的程度时，停止贯入。

4. 注意事项

触探孔距离原有钻孔的距离至少 2m 以上。如果需要进行平行试验对比时，对比孔间距不宜大于 3m，此时宜先进行静力触探试验而后再进行勘探或其他原位试验。孔压探头必须经脱气处理后才能入孔试验。为了保证触探深度符合试验设计要求，触探反力必须大于总触探阻力。

❀ 第七节　旁　压　试　验

一、试验原理及类型

1. 旁压试验的原理

旁压试验可以理想化为圆柱孔穴扩张理论。旁压仪器工作时，将高压力的水体压入到旁压器中，旁压器的弹性膜膨胀挤压钻孔孔壁，孔壁受压后产生变形。其变形量是由增压缸的活塞位移值 S 确定，压力 P 由与增压缸相连的压力传感器测得，根据所测结果，得到压力 P 和位移值 S 之间的关系，即旁压曲线。从而得到土体的临塑压力、极限压力旁压模量等有关土力学指标，可以对土体的承载力（强度）、变形性质等作出评价。

典型的旁压曲线如图 10-21 所示。

旁压曲线可分为三段：

Ⅰ段（曲线 AB）：初步阶段，反映孔壁受扰动土的压缩；

Ⅱ段（直线 BC）：似弹性阶段，压力与体积变化量大致成直线关系；

Ⅲ段（曲线 CD）：塑性阶段，随着压力的增大，体积变化量逐渐增加，最后急剧增大，达到破坏。

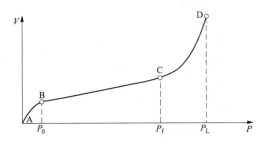

图 10-21　典型的旁压曲线

Ⅰ-Ⅱ段的界限压力相当于初始水平压力 P_0，Ⅱ-Ⅲ段的界限压力相当于临塑压力 P_f，Ⅲ段末尾渐近线的压力为极限压力 P_L。

依据旁压曲线似弹性阶段（BC 段）的斜率，由圆柱扩张对称平面应变的弹性理论解，可得旁压模量 E_M 和旁压剪切模量 G_M。

$$E_M = 2 \times (1 + \mu) \left(V_c + \frac{V_0 + V_f}{2} \right) \frac{\Delta P}{\Delta V} \tag{10-14}$$

$$G_M = \left(V_c + \frac{V_0 + V_f}{2} \right) \frac{\Delta P}{\Delta V} \tag{10-15}$$

式中　μ——土的泊松比；

V_c——旁压器的固有体积；

V_0——与初始压力 P_0 对应的体积；

V_f——与临塑压力 P_f 对应的体积；

$\Delta P / \Delta V$——排烟曲线直线段的斜率。

试验工作时，由加压装置通过增压缸的面积变换，将较低的气压转换成较高压力的水压，并通过高压导管传递至旁压器，使得旁压器的弹性膜膨胀导致试验孔孔壁受压产生变形，其变形量由增加缸的活塞位移值 S 确定，压力 P 由与增压缸相连的压力传感器测得。根据所测得结果，得到压力 P 和位移值 S 间的关系，即旁压曲线。从而得到土层的临塑压力、极限压力、旁压模量等有关土力学指标。

旁压试验适用于黏性土、粉土、砂土、碎石土、残积土、极软岩和软岩等。

2. 旁压试验的类型

根据旁压器放置在土层中的方法的不同，旁压试验可以分为预钻式旁压试验、自钻式旁压试验和压入式旁压试验三种。

预钻式旁压试验是事先在土层中预钻一竖直钻孔，再将旁压器下到孔内试验深度进行旁压试验。预钻式旁压试验的结果很大程度上取决于成孔的质量。

自钻式旁压试验是在旁压器的下端装置切削钻头和环形刃具，在以静力压入土中的同时，用钻头将进入刃具的土切碎，并用循环泥浆将碎土带到地面，钻到预定试验深度后，停止压入，进行旁压试验。

压入式旁压试验分为圆锥压入式和圆筒压入式，都是利用静力将旁压器压入指定的试验深度进行试验，压入式旁压试验在压入过程中对周围有挤土效应，对试验结果有一定的影响。

虽然预钻式旁压试验需要预先钻孔，但由于其操作简单、使用方便，几乎不受任何条件限制，在实际工程实践中应用广泛。

二、试验器材

旁压试验的设备仪器主要由旁压器、变形测量系统和加压稳压装置组成。旁压仪设备仪器的规格参数要求见表 10-16。

表 10-16　　　　　　　　　　　旁压仪设备规格要求

旁压器				量管			压力	
外径 （mm）	中腔长度 （mm）	总长度 （mm）	总长度 外径	量程 （cm³）	截面积 （cm²）	准确度 （%）	量程 （MPa）	准确度 （%）
44～90	200～250	450～980	4～10	0～600	13.2～34.5	1.5	0～4	1.5

1. 旁压器

旁压器是旁压试验的主要部件，内部为中空的优质铜管，外层为特殊的弹性膜；为三腔式圆柱形状，上、下腔为辅助腔，中腔为测试腔，上下腔用金属管连通，与中腔严密隔离。

根据试验土层的情况，旁压器外径上可以安装橡胶保护套或金属保护套，以保护弹性膜不直接与土层中的锋利物接触，延长弹性膜的使用寿命。

2. 变形测量系统

由储水桶、量测管、位移和压力传感器、显示记录仪、精密压力表、同轴导管及阀门组成。用于向旁压器注水、加荷并测量、记录旁压器在受压下的径向位移。

3. 加压稳压装置

有高压储气瓶、精密调压阀、压力表及管路组成，用来在试验中向土体分级加压，并在试验规定的时间内自动精确稳定各级压力。

三、试验操作

1. 预钻孔

在水电水利勘察工程中，旁压试验一般结合取心钻孔进行，不需要进行专门的钻孔作业。取过土样或进行过其他孔内试验的部位不得进行旁压试验。

试验孔钻孔应选用对周围土层扰动小的钻进设备和钻进方式实施，对于钻孔孔壁稳定性差的土层，可以采用泥浆或植物胶浆液护壁钻进。一般选择地质钻机采用回转钻进工艺钻孔。

钻孔孔径要比旁压器外径大 2～10mm。钻孔完成后，孔壁应垂直、光滑，并呈规则的圆形。

2. 试验器材安装

旁压试验的器材安装较简单，一般先在地面组装好检查无误调零后，再将旁压器放入孔内的试验位置，旁压设备的安装结构如图 10-22 所示。

调零时先向水箱注满蒸馏水或干净的冷开水，扭紧水箱盖。用同轴导管将仪器主机和旁压器连接，并连接好气源导管。

将旁压器竖立，打开水箱、量管以及辅管的阀门开关，使水注入旁压器各个腔室，当量管和辅管的水位升至零刻度时终止注水，关闭注水阀门。把旁压器垂直提高，直到中腔的中点与量管的零位相平，打开调零阀，当量管的水位下降到零时，关闭调零阀、量管阀和辅管阀。在此过程中，应不断晃动拍打同轴导管和旁压器，充分排出管路系统内的空气。

测量此时量管水面与孔口的垂直距离和地下水位。

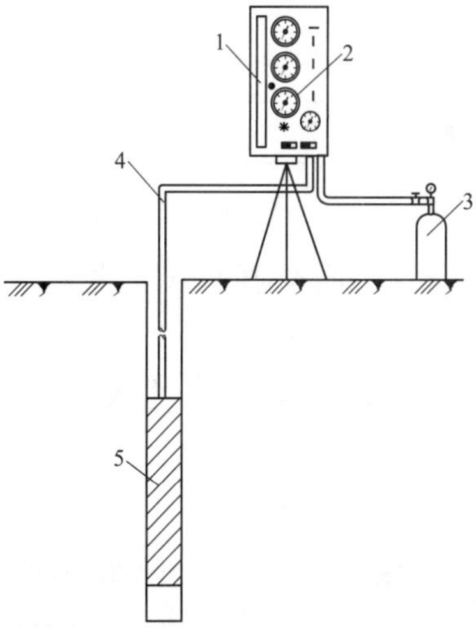

图 10-22　旁压试验设备
安装结构示意图
1—量管；2—压力表；3—高压气瓶；
4—同轴导管；5—旁压器

3. 试验操作方法

完成旁压器调零后，要先检查传感器和记录仪的连接是否处于正常工作状态，并设置好试验时间标准。用钻杆（或连接杆）连接好旁压器，将旁压器放入孔中预定的深度位置，其深度以旁压器中腔中点为准。打开高压气瓶，调节减压阀，使气源压力降低至比所需最大试验压力大 100～200kPa，然后缓慢调节调压阀并调至所需的试验压力。在旁压器还未加压时按下记录仪的记录键，此时显示仪显示为零。打开阀门连通量管与旁压器，旁压器内产生静水压力，该压力为试验的第一级压力。

第一级试验压力持续时间达到观察时间后，打开调压阀施加压力，开始下一级的载荷试验。其方法是：迅速小心地旋转调压阀进行加压，所加压力值有记录仪显示，当其值增至试验的加荷压力等级时，立即按下记录键。此时记录仪开始按设定的相对稳定时间标准进入试验，记录仪自动显示和记录该级压力下的水位下降值，即土体变形。

在对旁压器加压时，上、下腔同步加压，上、下腔施加的压力不高于中腔的压力。加压分级为预计最大压力的 $1/8 \sim 1/12$，当现场不易预估时，加压分级也可参照表 10-17 确定。

表 10-17

试验加压分级

土的特性	压力增量（kPa）
淤泥、淤泥质土、流塑状态的黏性土、松散的粉细砂	$\leqslant 15$
软塑状态的黏性土、疏松的黄土、稍密的饱和粉土、稍密很湿的粉或细砂、稍密的粗砂	$15 \sim 25$
可塑—硬塑状态的黏性土、一般性质的黄土、中密—密实的饱和粉土、中密—密实很湿的粉或细砂、中密的粗砂	$25 \sim 50$
硬塑-坚硬状态的黏性土、密实的粉土、密实的中粗砂	$50 \sim 100$

各级压力下的相对稳定时间，根据土的变形大小选择 1min 或 3min，1min 时按 15、30、60s 的观测时间测计量管水位一次；3min 时按 1、2、3min 的观测时间测计量管水位一次。测记完成后立即施加下一级压力。

试验压力大于预计最大压力后，即可终止试验。试验结束后，缓慢将压力退至零，$2 \sim 3min$ 后取出旁压器。

4. 试验注意事项

旁压试验成功的关键在于钻孔的质量，试验要求钻孔直径要与旁压器的直径相适应。而且尽量减少对孔壁土体的扰动。孔径太小，旁压器入孔困难，由于旁压器已受到孔壁挤压，导致数据缺失，旁压曲线不完整；孔径太大，旁压器的膨胀量有相当部分消耗在空穴体积上，试验无法进行；当孔壁严重扰动后，旁压器的体积容量不够而迫使试验终止。

在试验前，需要旁压器进行弹性膜（包括保护套）约束力校正和仪器综合变形校正。弹性膜约束力校正方法是：将旁压器竖立地面，按试验加压步骤适当加压（0.05MPa 左右）使其自由膨胀。先加压，当测水管水位降至近 36cm 时，退压至零，如此反复 5 次以上，再进行正式校正，其具体操作、观测时间等均按下述正式试验步骤进行。压力增量采用 10kPa，按 1min 的相对稳定时间测记压力及水位下降值，并依次绘制弹性膜约束力校正曲线图。

仪器综合变形校正方法是：连接好合适长度的导管，注水至要求高度后，将旁压器放入校正筒内，在旁压器受到刚性限制的状态下进行。按试验加压步骤对旁压器加压，压力增量为 100kPa，逐级加压至 800kPa 以上后，终止校正试验。各级压力下的观测时间与正式试验一致，根据所测压力与水位下降值绘制其关系曲线，该曲线为一斜线，其斜率即为仪器综合变形校正系数 α。

❀ 第八节　波　速　测　试

一、试验原理及类型

1. 波速测试的原理

钻孔波速法是通过测量由振源传播到振动接收点的直达波的时间以及距离，根据式（10-16）来确定岩土层的波速（剪切波速、压缩波速）：

$$V = \frac{\Delta H}{\Delta T} \qquad (10\text{-}16)$$

式中　V——岩土层剪切波速或压缩波速；

　　　ΔH——振动波所在岩土层中传播的距离；

　　　ΔT——振动波所在岩土层中传播的时间。

改变振动接收点的深度，便可以得到不同深度岩土层的波速。根据弹性波在岩土体内的传播速度，间接测定岩土体在小应变条件下（$10^{-4} \sim 10^{-6}$）的动弹性模量等参数。

2. 波速测试的类型

根据测试方式的不同，波速测试分为钻孔波速法和面波法。由于面波法测试的深度不深，在水电水利勘探工程中应用较少，因此不予阐述，本文只介绍钻孔波速法。根据振源和拾振器的布置不同，钻孔波速法又分为单孔法和跨孔法。其中单孔法又分为单孔孔下法和单孔孔上法，如图 10-23 所示。

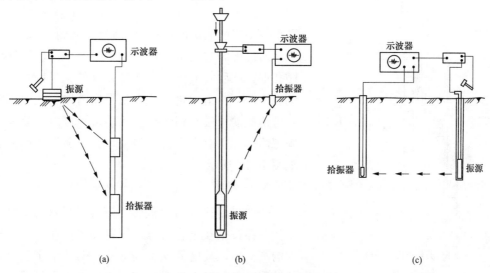

图 10-23　钻孔波速测试示意图

（a）单孔孔下法；（b）单孔孔上法；（c）跨孔法

单孔孔下法是在孔口地面设置振源，在钻孔中需要探测的深度处设置拾振器，主要检测水平的剪切波（S_H 波）和压缩波（P 波）的波速。单孔孔上法是将振源放置在孔内一定深度处，将拾振器放置在地面。单孔法直接得到的是几个土层的平均波速，需要通过换算才可以得到各个土层的波速。

跨孔法需要两个钻孔，一个钻孔中放置振源，另一个钻孔放置拾振器，主要检测竖向剪切波（S_V 波）和压缩波（P 波）的波速。跨孔法可以直接得到各个土层的波速。

二、试验器材

钻孔波速测试法所需设备一般包括激振设备和弹性波接收装置两大部分，弹性波接收装置包含检波器、放大器和记录仪三部分。

1. 激振设备

（1）单孔孔下法。单孔孔下法时的振源一般采用人工激发的方式。压缩波振源一般采用锤和钢板，剪切波振源一般采用锤和上压重物的木板或混凝土板。

剪切波振源常用 2～3m 的木板，木板长度方向垂直于板中心与试验孔中心的连线，木板与地面紧密接触，并在木板上放置约 500kg 的重物。用锤沿木板长度方向从两个相反方向水平锤击板端，木板与地面摩擦时产生水平的剪切波。当木板长度越长时产生的剪切波频率越低，压重越重时产生的剪切波能量越大。

（2）单孔孔上法和跨孔法。压缩波振源一般采用电火花振源。剪切波振源有两种：机械振源和爆炸振源。爆炸振源由于安全问题应用较少，一般采用机械振源。机械振源目前有井下剪切波锤和穿心锤敲击取样器两种。穿心锤敲击取样器装置携带方便，操作简单，缺点是不能进行坚硬密实地层的跨孔法波速测试，并且需要一边钻进一边测试，不能一次成孔，运用较少。

井下剪切波锤是一种常用的机械性振源，它可用于各类土层，这种装置由一个固定的圆筒体和滑动重锤组成。测试时，把该装置放到钻孔测试深度处，通过地面的液压装置将 4 个活塞推出使筒体紧贴孔壁，然后向上拉连接在锤顶部的钢丝绳，使活动重锤向上冲击固定筒体，就会在筒体和孔壁间产生剪切振动；松开钢丝绳，活动重锤自由下落冲击固定筒体，也会产生剪切振动。井下剪切波锤安装如图 10-24 所示。

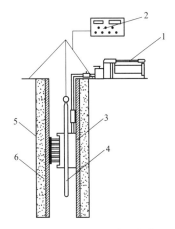

图 10-24　井下剪切波锤安装图
1—液压泵；2—信号采集仪；3—套管；
4—井下剪切波锤；5—钻孔壁；
6—填砂或注浆

2. 检波器

一般采用三分量检波器，三分量检波器是由 3 个传感器按相互垂直的方向固定并密封在一个无磁性的圆筒内，其谐振频率为 8～27Hz。由于三分量检波器本身的谐振频率较高，方向性不太敏感，所以三分量检波器在孔内不需要定向，在任何方向上都能接收 P 波和 S 波。

单孔孔下法或跨孔法时，检波器在孔内的贴壁效果将直接影响信号接收效果，按照检波器贴壁方法的不同，可以将检波器分为充填式、弹跳式和磁吸式等三种，具体应根据钻孔的结构选择合宜的检波器。

3. 放大器和记录仪

放大器要求选用带低通滤波功能的多通道（通道数至少 2 个）放大器，各通道振幅一致性偏差小于 3%，相位一致性偏差小于 0.1ms，电压增益大于 80dB，折合输入端的噪声水平低于 2μV，放大倍数要求 200 以上，内部噪声小，频率特性适应，抗工频干扰能力强。

记录仪可采用示波器或多通道工程地震仪，要求记录时间的最小分度值为 1~2ms，其扫描速率可以调节。

三、试验操作

1. 预钻孔

声波测试孔一般结合其他勘探钻孔实施，很少单独实施专门的声波测试孔的钻孔作业。

钻孔孔径要求满足孔内器材的下放，钻孔方向要垂直，当采用跨孔法测试声波时，要考虑孔斜对声波测试的影响。跨孔法时，每组测试应布置 1 个振源孔，在振源孔同一侧同一条直线上布置 2 个接收孔，孔间距为 2~5m。

当孔壁不稳定时，可以在孔内设置套管，套管一般选用内径 76~85mm，壁厚 6~7mm 的硬聚氯乙烯工程塑料管。在套管与孔壁间隙中，用砂充填或进行灌浆处理。当孔深小于 10m 时，可采用填砂方法，充填砂时应不断敲击套管，直到间隙全部填实。采用灌浆方法时，通过放到孔底的灌浆管灌注 1:1:6.25 的水泥：膨润土和水的浆液，使浆液从孔底向上灌注，同时逐步拔出灌浆管，直到孔口溢出的浆液浓度与拌制的浆液浓度相同为止，待灌浆后 3~6 天，方可进行测试工作。

2. 试验操作方法

（1）单孔孔下法。正式测试前调整仪器至正常工作状态。测试从孔底自下而上逐点进行，并根据土层分层情况布置测试点，两测试点间距不小 1m，层位变化处加密。测试点布置遵循的原则：

1）每一土层都应有测点，每个测点宜设在每一层土层的顶部或底部，尤其对于薄土层。不能将测点设在土层的中点。

2）若土层厚度大于 4m，须增加测点，通常按间隔 1~2m 设置一个测点控制。

3）测点设置必须考虑土层特点。如土层相对均匀，可以考虑等间隔布置；否则只能根据土层条件按不等间隔布置。

将检波器放入孔内试验点深度，并保持与孔壁紧密接触，必要时可以借助钻机设备固定。测试剪切波时，在距离孔口 1~3m 的位置放置长度为 2~3m 的木板，木板长度方向垂直于板中心与试验孔中心的连线，木板与地面紧密接触，并在木板上放置约

500kg 的重物。用锤沿木板长度方向从两个相反方向水平锤击板端,木板与地面摩擦时产生水平剪切波。测试压缩波时,在距孔口 1～3m 的位置放置钢板,用锤竖向锤击钢板产生压缩波,人工锤击振源或驱动锤击激发器机械锤击振源。记录仪接收传到测试点的剪切波和压缩波的初至时间并储存,并记录剪切波和压缩波波形数据。

检查记录仪记录波形的完整性和可判读性,当发现记录仪接收的波形不完整或无法判读时,应重新测试,直到正常为止。每个测试点,测试次数不少于 3 次。完成一个测试点的测试工作后,提升孔内检波器到下一个测试点深度位置,重复上述过程,直至完成测试孔的所有测试工作。

(2)单孔孔上法。与单孔孔下法类似,相比之下,单孔孔上法的设备仪器安装比单孔孔下法要复杂。检波器安放在地面,振源设备安装在孔内。此时振源设备应选用剪切波锤和电火花分别作为剪切波和压缩波的振源装置。

测试方法与单孔孔下法一致。

(3)跨孔法。正式测试前调整仪器至正常工作状态。波速测试从孔底自下而上逐点进行。孔内测试点位置应根据土层的分层情况布置,量测试点的间距不小于 1m,最上的测试点距离孔口距离不小于两钻孔间距的 0.4 倍,测试点不宜布置在软硬土层的交界面处。

测试剪切波时,采用剪切波锤作为振源,并将剪切波锤固定在测试点高程的套管上。测试压缩波时,将电火花振源放置在试验点高程的部位。

驱动锤击激发器,记录仪接收记录剪切波和压缩波的初至时间并储存,并记录剪切波和压缩波波形数据。

每个测试点,测试次数不少于 3 次。采用一次成孔测试时,测试工作结束后,应选择部分测试点作重复观测,其数量不少于测试点总数的 10%。也可以采用振源孔和接收孔互换的方法进行检测。检查记录仪记录波形的完整性和可判读性,当发现记录仪接收的波形不完整或无法判读时,应重新测试,直到正常为止。完成一个测试点的测试工作后,提升孔内检波器到下一个测试点深度位置,重复上述过程,直至完成测试孔的所有测试工作。

(4)仪器安装时,振源和检波器应安装在同一高程上或同一土层中。如果孔深大于15m,应对钻孔测斜并对振源孔和接收孔的水平距离进行修正。

第十一章

钻 探 技 术 管 理

钻探是在专业技术理论的指导下，采用一定的技术装备和工艺技术方法，按照一定的技术要求进行的，获取岩心或为孔内试验提供作业条件的作业过程。钻探技术管理就是对钻探作业过程中的一切技术活动（技术手段和技术方法）及工作成果的管理，主要内容包括钻探设计、现场准备、过程控制、资料管理等。

钻探作业前要根据工程地质勘察大纲、钻孔任务书、现场踏勘情况等进行钻探设计，编制钻探作业计划；特深、超深、定向钻进、超深覆盖层、水上钻探等钻孔还需编制专项作业方案，一般在作业计划相关章节中体现，有时则需要形成单独文件，现场准备包括作业准备和管理制度的建立。过程控制包括钻进工艺技术参数控制、岩心管理、孔斜控制、水文观测和试验控制、原始记录、终孔校验、竣工验收、封孔及终孔坐标测量等过程的控制。资料管理主要包括经审批的作业计划、作业过程形成的交底记录、钻探班报表、交接班记录、水文观测记录、试验记录、过程检查记录、竣工验收、孔位测放、数据分析等资料的管理。

❀ 第一节 钻 探 设 计

一、设计依据和步骤

钻探设计是指导钻探作业的依据，内容应全面、系统、严谨、可操作性强，实际作业时还要根据钻探作业过程中的实际情况进行修正、补充和完善。钻探设计形成的书面文件——钻探作业计划，要严格执行编写、校核、审查、批准四级校审程序，确保钻探设计的科学性、实用性。钻探作业前，需组织地质人员、钻探作业人员进行技术交底，使操作人员充分了解钻探设计中的工作内容、关键技术要求、任务书及安全环保要求、应留下的证据等重点内容并形成相应交底记录。

钻孔结构是指钻孔由开孔至终孔，钻孔剖面中各深度孔段所对应口径的变化情况。一般来说，换径次数越多，钻孔结构越复杂；换径次数越少，钻孔结构越简单。对于钻孔较深或地层变化较大或有专项要求的钻探任务，钻孔结构设计是钻探设计的重要内容，钻孔结构设计是依据勘探区钻孔地层剖面、地质结构、岩石物理力学性质、钻孔设计深度、方位角、顶角、钻进方法等进行的，是保证钻孔成孔和取心正常进行的重要前提条件，它会直接影响到钻进效率、钻探成本、钻孔质量及钻探目的实现，尤其是在深孔及复杂地层中钻进，如果钻孔结构设计不科学、不全面，往往导致钻孔达不到设计深度，甚至导致钻孔报废。

钻探设计要遵守国家相关法律、法规和钻探作业所在地方政府相关文件规定。编制时，主要依据国家和行业相关技术标准、钻探相关合同及钻探任务书、地质要求，考虑钻探区域自然及社会环境、现场踏勘资料及钻探作业单位的人员结构状况、技术水平，兼顾作业单位的管理水平、设备材料情况等。一般情况下，钻探设计步骤为：认真研读、分析钻孔任务书及相关合同文件，查阅作业区域地质资料，了解以往钻探作业情况；组织现场踏勘，了解钻探区域地理位置、自然气候、地形地貌、水源水质、交通状况、物资供应、临建选址、青苗赔偿、民风民俗、宗教信仰等；确定钻孔位置，提出供水、供电、道路、钻场设计方案等；组织编写代表性钻孔及有特殊要求钻孔的单孔钻探作业计划；钻探作业计划完成后，组织相关部门、领导及专家进行会审，提出修改意见；修改工作完成后报批，经负责人批准后实施。

二、作业计划内容

作业计划包括封面封底部分和主体部分。封面封底部分包括封面、次页、编制单位审核意见、任务委托方审核意见、封底等要素。

作业计划主体部分的主要内容包括：工程概况及工作条件、钻探质量、钻探作业重点及难点、资源配置（包括人员配置、设备和材料配置）、进度计划、临建设施、钻孔结构、钻探工艺、试验和测试、安全生产保证措施、职业健康、环境保护措施、文明作业保证措施、保密措施等。

1. 工程概况及工作条件

简要说明项目名称、工作性质、目的、任务、工程期限及作业要求等。简述地理和自然条件（作业区域地理位置、标高、地形地貌、气候、森林植被、河流等）、区域地质情况（岩石类型及主要矿物成分及结构、地层构造、产状、断裂带情况、水文地质情况、含水及漏失层位，勘探区岩石的主要物理机械性质及可钻性、研磨性分类，岩层倾角、硬度、节理裂隙发育程度、破碎程度及其他可能给钻进带来影响的区域地质情况）、工程部署（勘探线布置、设计钻孔数量、总工作量、钻孔分布、钻孔类型、钻孔倾角、钻孔最大深度、平均孔深、终孔直径、作业顺序等）、钻探技术要求（必须执行的规范、规程、标准，以及其他指导性文件）、工作条件（气候条件、交通通信条件、水源条件、物资供应条件、作业环境条件、电力条件等）等。

2. 钻探质量

根据合同文件及钻孔任务书、地质要求，明确钻探工程质量目标，确保工程一次验收合格率，并对钻孔工程优良率进行量化（勘探孔取心率一般在 90% 以上，实现"开工必优，一次成优"目标）。

根据地质设计确定钻孔六项质量指标的具体要求和质量保证措施，具体包括：取心方法，取心工具的配备、使用和操作；测斜仪器选择，易斜地层的防斜、纠斜措施；封孔设计，包括封填孔段、架桥或封孔材料和灌注方法、检验方法等；保证质量的具体技术措施，薄弱环节技术攻关方案。

3. 钻探作业重点及难点

对钻探区域进行详细的踏勘了解后，收集相关地理、地质、水文、气象、交通等资料，对应钻孔任务书，梳理钻探作业的重点（任务书中要求的勘探目的、地质人员所关心的勘探目的）及难点（针对钻孔所在地层条件，钻孔过程中可能出现的技术问题以及钻孔所处位置的周边地理社会环境），分析重点、难点的影响因素，转化成钻探作业计划所能解决的钻探要素，提出解决问题的措施方法。

4. 资源配置

依据任务量、工期、现场作业条件，确定所需机组台（套）数量，根据管理要求和现场生产管理模式以及现场生产条件进行人员配置，并明确各级人员岗位职责。根据钻探工作量及钻探场所所在环境条件、交通运输状况、小型材料加工状况、零配件采购状况等进行设备和材料配置，材料配置计划必须充分，但又不能造成材料过剩及因材料过剩产生的运输费用、采买费用、加工费用、保管费用等资源浪费；钻探设备配置计划是根据钻探作业区域自然条件、地层条件、钻孔深度、钻孔倾角、钻进方法，确定钻探设备类型（钻机、泥浆泵、动力机、钻塔等）、规格数量，注明主要设备的性能和参数。

钻探设备一般较坑探设备轻便，理论而言，基本不受自然环境制约，实际操作中却往往受自然条件社会环境的制约。例如，在 4000m 高程以上的高原地区，要完成 1000m 深孔，且在高山之巅，风大气温低，无车可达，这样的设备选择，一是要抗冻，二是要防风，三还要功率大，四还得可拆卸为人力可搬运重量，这样的制约条件反过来可能会直接影响到该孔实施的可行性。再如，孔不深、自然环境也不错、农田里，自然条件不受任何制约，但村民不允许修便道进入农田，此时设备配置计划就得考虑背包式钻机，这也可能直接影响钻探成果。所以，资源配置计划必须充分考虑各种影响因素后拟定。

5. 进度计划

根据钻探工作任务要求及钻探工作量进行编制，首先，要满足钻孔任务书下达的进度要求，确保勘探进度不影响地质专业工作进度，要在作业组织与技术管理、资源配置上有相应的措施，确保作业进度计划的实现；其次，将进度计划按月、周、日分解到每个作业班组；再次，也须引起重视的是，经过分析论证认定进度计划无法满足任务书要求时，要及时沟通反馈并取得一致意见；最后，作业中要经常检查计划的执行情况，及时解决存在的问题，使作业按照预订的计划要求有条不紊地进行，检查发现进度制约条件超出事前预计情况且采取赶工措施也难以满足原进度计划要求时，要及时经过原审批流程调整进度计划。

钻探作业所需的辅助工程（便道修建、钻场搭设、水路铺设等）、辅助工作（临时征地、入林许可、民爆物品供给、孔与孔之间转场搬迁、材料设备采买等）均直接占用工期，往往成为制约钻探作业计划能否按期实施的主要因素，甚至导致钻探作业无法实施。因而，在进度计划拟定时，要充分考虑所涉及的辅助工程、辅助工作内容，不能遗漏相应的辅助工程、辅助工作所需工作时间，留足相应的工作时间。为了不遗漏，最好在进度计划编制时，单独梳理出辅助工程、辅助工作项，并理顺相互之间的逻辑关系，尽量安排辅助工程、辅助工作不占用直线工期。

6. 临建设施

临建设施包括钻场的修建、进场便道的修建以及营地修建规划。

钻场布置根据任务书坐标布设，避开泥石流、垮方、冲沟、洪水淹没、飞石、风口等地段，如遇潜在风险性很大的孔位，作业计划拟定时要与地质人员沟通准许后移位至相对安全地点；根据作业场所属地，与相关方协商林地或草场使用许可手续办理的可能性，同时提前协调解决神山等民俗禁行问题。水上钻探需编制专项作业方案，明确水上钻场型式、钻场技术参数和钻场搭建作业要求，制定保护套管安放及水上钻探作业安全保证等措施。

便道设置常常视工程量、工期、现场条件等进行事前策划，可以策划为系统便道（工区内连接各孔位的主要交通道路）和支便道（系统便道至各孔位）。便道设置要避免急弯、陡坡，选择设置于稳固、可靠的基础上，尽量避免架空，道路走线选择时尽量绕过较大块石突起地段。系统便道宽度、坡度除了满足现行国家行业标准要求外，还要能满足设备材料搬运、人员行走安全，冲沟、水沟地段设置跨沟桥。

钻探作业常在无人区或人烟稀少区域进行，营地建设主要解决钻探作业过程中的办公、生活、物资供应、机修加工、设备材料保管等生产生活问题。因而，营地修建计划必须结合工程量、工期、现场条件、自然地理环境、社会环境等诸多因素综合考虑确定修建地址、规模。营地选址原则：安全保卫条件、防洪防雷、环境保护等安全原则；从临时驻地到各钻孔路程总和最小、距重点钻孔路程最近的就近原则；物资采购、供应、保管，设备维修、交通和通信便利的方便原则；充分利用现场和周边已有资源（如水、电、道路、场地等）的经济原则。按照营地选址原则进行生产、生活营地选址，规划出道路、供水、供电、钻探现场、生活区建设等设施，并绘制平面布置图，做好临时营地规划。

7. 钻孔结构

钻孔结构包括开孔直径、套管层数（即换径次数）、终孔直径以及各孔段的长度和直径。钻孔结构设计，首先根据钻孔任务书及地质要求确定相应的开孔直径和终孔直径；其次根据地层条件、设计深度、钻进方法、护壁措施及设备能力因素，合理确定换径次数和深度，阐明选择钻孔结构的依据；最后确定套管的规格、数量、下入深度及程序。

就钻探而言，换径次数越多，钻孔结构越复杂。在满足地质设计要求的前提下，尽可能采用较小口径的钻孔结构，这样可以最大限度地减少设备重量和操作难度；孔壁稳定条件允许时也尽量采用裸眼钻进，可以减少护壁作业工序，同时也减少了作业工序、作业强度，也减少了作业成本投入。出于工序简化、材料节约的考虑，覆盖层钻探尽量简化钻孔结构，尽可能少换径，节约护壁套管投入，为一次性钻探成孔增大可行性。同理，浅孔或中深孔上部较复杂的地层孔段采用套管护壁，一般情况下尽量少用或不用套管护壁；特深孔、超深孔、复杂地质条件的钻孔需采用多级钻孔口径，且应适当加大口径级差。

钻孔结构设计步骤：根据地质设计要求确定终孔直径；根据地层条件、钻孔设计深度、钻进方法、护壁措施及设备能力因素，合理确定开孔直径、换径次数和深度，阐明选择钻孔结构的依据；确定套管规格、数量、下入的深度及程序；绘制地质柱状图和钻孔结构图。

水电工程覆盖层钻探通常要求进行一定的试验和测试项目，因此，钻孔结构设计的终孔口径一般不小于 75mm，为确保该终孔口径，根据钻孔深度设计的钻孔结构如表 11-1 所示。

表 11-1　　　　　　　　　　　　　　　不同孔深钻孔结构

孔深（m） 钻孔 直径（mm）	≤200	200～300	300～400	400～500	≥500
223	—	—	—	—	0～50
200	—	—	—	0～50	50～100
175	—	—	0～50	50～100	100～200
150	—	0～100	50～150	100～200	200～300
130	0～50	—	—	—	—
110	—	0～100	100～150	150～250	200～300	300～350
96	50～100	100～150	150～250	250～300	300～400	350～450
76	100～200	150～200	250～300	300～400	400～500	≥450

8. 钻进工艺

按照地层可钻性选择合理的钻进方法，一般 5 级以下选用硬质合金钻进方法，6 级以上以金刚石钻进方法为主；金刚石复合片及聚晶金刚石钻进适用于 4～7 级、部分 8 级岩石；坚硬致密打滑地层采用冲击回转钻进方法。按口径分段确定钻进方法并说明依据，确定钻头类型、钻具组合及钻进技术参数，确定分层钻进技术要求和措施。中深孔、深孔钻探，可采用金刚石绳索取心钻进。根据地层和钻进方法选择单管、双管、绳索取心等钻具，确定钻头类型和规格。按口径分段确定钻进方法并说明依据，确定钻头类型、钻具组合及钻进技术参数，确定分层钻进技术要求和措施。

根据采用的钻进方法、钻探设备能力、地层条件、地层结构及组成成分、钻头类型、结构确定钻进技术参数（包括钻压、转速、泵量），合理选择钻进技术参数是保证钻孔质量的关键，不同的钻进方法、钻孔结构、钻具组合采用不同的钻进技术参数。

确定冲洗液类型和选择护壁堵漏措施的一般原则：钻进密实、孔壁稳定的浅孔地层，可以采用清水做冲洗液；钻进水文地质试验钻孔时，采用清水做冲洗液；钻进钻孔以取心为主要目的时，采用固相冲洗液。钻进斜孔、定向孔和深孔加入润滑剂。钻进密实、轻微水敏性地层时，采用低固相或无固相冲洗液；钻进水敏性强的地层，在冲洗液中加入适量的防塌抑制剂。钻进中地层发生漏失或涌水，根据压力平衡钻进技术，采用低密度冲洗液（如泡沫泥浆等）或加重泥浆。依据上述原则，明确不同地层选用的冲洗液类型和性能，初拟冲洗液的配制、性能调整方法，拟定冲洗液原料、添加剂和润滑剂用量计划、护壁堵漏措施，完成冲洗液循环系统设计。

根据勘察区以往作业经验，初步选定钻进工艺方法、钻进参数，针对主要孔内事故（如卡、埋、烧钻事故等）拟定预防和处理措施，并做好相应机具的准备工作。

9. 试验与测试

覆盖层钻探不仅仅是钻孔取心，常有大量的水文地质试验和工程地质测试，需根据钻孔任务书的要求，依据相关行业标准，进行钻孔水文地质观测、试验及工程地质测试、取样测试等，水文地质试验主要是抽水试验、注水试验和振荡式渗透试验，为了不影响试验成果，一般采用清水作为冲洗液，为保证试验能顺利实施，常采用跟管钻进。

明确所需完成的孔内试验与测试类型、组数、孔段，拟定所需准备的仪器设备型号规格。

10. 安全生产

拟定成立安全生产领导小组，建立健全安全管理组织机构，制定员工安全教育计划，梳理钻探作业所涉及的不安全因素，识别风险程度，提出拟采取的措施，加强全体员工安全意识教育，增强"我懂安全，我要安全，保证安全，从我做起"的安全意识。

安全生产是关系到企业全员、全层次在钻探生产过程中的一件大事，建立和健全落实安全生产责任制的各项安全管理制度，是保障安全生产的重要组织手段，因此，必须制定好安全生产责任制，明确各级安全生产责任。

根据勘察地区地域地貌、气候条件等，拟定防寒、防火、防洪、防滑坡、防雷电等自然灾害和突发事件处理预案，编制钻探操作安全技术要求和措施等。

11. 职业健康

职业健康的终极目标是全体员工不因钻探工作造成身体伤害或职业病，对影响职业健康的各种危险源进行识别、拟定出对应的预防措施是最基本的要求，一般从钻探作业安全要求、劳动防护、环境条件、食品卫生等方面进行梳理、识别；拟定入场前人员岗前培训计划、三级教育培训计划，培训计划的内容包括钻探安全操作规程、危险源的识别及分析控制、环境因素的影响和控制、劳动防护用品的正确使用等。

进入高寒作业区域人员，要有健康体检、基础医疗知识教育措施；偏远山区可能存在蚊虫、毒蛇、蚂蟥、瘴气等威胁人员健康安全的区域，要制定相应的防蚊虫、毒蛇、蚂蟥、瘴气等措施；高温、高寒区域，要有相应的降温、防寒保暖措施；作业中可能产生生产性粉尘、噪声等职业危害因素的洞内封闭场所要有监控措施，使作业场所的有害物质的浓度或含量始终处于允许范围和受控状态。

根据国家规定，每人每日工作时间不超过 8h，为做到劳逸结合，要制定合理的倒班制度，调配好员工的工作休息时间。

制定防止食物中毒、禁止采食野果野菜（蘑菇）、重视食品的运输、储存、保管措施，防止食品污染、冻害、腐烂变质，保证所用食品及饮水符合卫生防疫要求。

制定劳动保护措施，配备合格的劳动保护用品，并要有确保作业人员正确使用劳动保护用品的管理措施。

12. 环境保护

钻探作业中的水排放、气排放、声排放、油料滴/洒/漏等都可能造成环境污染，针对以上可能的污染源制定相应的预防和处理措施。做好作业场地规划，明确功能区，做到设备、材料分类摆放；规划钻探作业的废浆引排线路地点，做到不肆意横流；规划废柴、机油集中处理场所，制定措施（不乱泼洒废柴、机油，油桶、柴油机、维修场地必须铺设塑料膜）防止柴、机油污染土壤；规划浆池、水池填埋地点（排浆沟、沉淀池、浆池清理出来的浆液凝固体必须填埋，一般在钻场挖设土坑，平时产生的作业小、轻废弃物倒入坑内，坑口遮盖，在完成勘探任务后，对整个钻场、抽水处的垃圾清理、集中填埋）。涉及林区、草地等的临时占用，要有用后恢复计划。

13. 文明作业

文明作业是指保持作业场地整洁、卫生，作业组织科学，作业程序合理。实现文明作业，不仅要着重做好现场的场容管理工作，而且还要相应做好现场材料、设备、安全、技术、保卫、消防和生活卫生等方面的管理工作。文明作业的工作内容包括：通过培训教育、提高现场人员的文明意识和素质，并通过建设现场文化，使钻探现场成为钻探企业对外宣传的窗口，树立良好的企业形象。文明作业计划应有进行现场文化建设、规范场容、保持作业环境整洁卫生、创造有序生产的条件、减少对居民和环境不利影响的具体措施，要有明确的、结合当地实际的、可实施的文化设施布设计划、现场设施布置规划、场地文明管理制度、宣传计划、当地居民协调工作计划。

14. 保密

为保守企业秘密，维护企业的合法权益不受侵犯，保证企业正常经营管理秩序，或为了保证工程不受外界干扰，需要制定保密措施或制度。保密措施主要明确以下几点：保密工作遵循的原则；钻探作业涉密员工的义务，树立保密意识及增强保密观念的措施；保密制度（规定保密范围、责任义务、奖惩、监督和检查）。

现场所有作业人员必须严格遵守国家相关法律法规及企业有关保密管理规定，所在工程所有钻探资料均须严格保密；钻探工作现场、钻孔岩心、钻探班报表等严禁无权限人员拍照、复印等；钻探相关信息严禁向无关人员泄露；钻探作业人员发现企业秘密已经泄露或者可能泄露时，要立即采取补救措施并做出处理；出现泄密情况的，按企业或国家相关法律处置。

❀ 第二节　作　业　准　备

作业准备包括现场准备（主要工作包括但不限于临建设施修建、材料设备进场、设备安装、技术交底、记录表格准备）和现场管理制度建立（包括但不限于岗位责任制及质量、安全、环保等管理办法、机组班会制度、交接班制度和材料设备管理制度）。

现场准备要依据拟定的作业计划进行，临建设施修建一般包括测量放线、确定孔位、三通一平（三通指水、电、路要通，一平指钻场场地平整）；材料设备进场是按照材料计划准备的现场作业材料、工器具配备到位；设备安装一般包括钻探设备安装、调试、验收；技术交底是将作业计划方案、意图向现场操作人员宣贯、说明；记录表格准备是按照钻孔作业计划，有针对性地准备足够数量的班报表、岩心标牌、测斜记录表、孔深测量与校验记录表、水文观测及安装记录表等。

岗位责任制是指钻探作业过程中，各岗位按照"三定"方案确定的职责、职能，将岗位的职责、任务、目标要求等内容具体化，并落实相应责任制度，制定岗位责任制应遵循因事设岗、权责一致、要求明确、责任到人、便于考核等原则，根据机组所采用的钻进方法、钻机和动力类型、钻孔深度等情况制定，除机长岗和材料员岗以外，现场一般实行三岗制：班长岗、记录员岗、助手岗。质量、安全、环保等管理办法是针对勘探作业实际情况，细化项目可实施的符合相应要求的质量、安全、环保措施。机组班会制度是明确班前会内容，一般包括提前到现场了解上一班生产情况，根据上一班的作业情况进行"三定"（定生产任务、定技术措施、定安全生产措施）；规定班后会内容，一般包括交班后进行"三查"（查任务完成情况、查技术措施及岗位责任制执行情况、查安全及操作规程等执行情况），并总结本班工作。交接班制度是为使班与班之间互通情况，密切配合，达到均衡生产，按岗位分工进行对口交接，接班时，班长了解孔内情况，设备运转情况及安全情况，记录员主要交接原始记录报表和有关数据（包括下入孔内的钻杆数，孔深情况，机上余尺，孔内钻进情况等），助手主要检查设备运转，油料消耗、泥浆配置和循环情况、泥浆材料消耗情况以及现场使用工器具等，保证钻场内清洁；交班时，交班之前遵照上一班为下一班、白班为夜班创造条件的原则，必须清洁钻场，擦洗设备，整理钻具和工器具等，加注好各种油料，班报表书写整齐，使一切工作处于最佳状态。现场材料设备管理制度中，值得强调的是钻探设备安装完毕，要经过项目、安全技术、机组等方面人员对安装结果进行逐项验收，验收合格后方可开钻；制度应明确材料设备接收、入库、建账、检查、保管、发放领用、盘库清查、材料信息反馈、计划调整等流程，强调所有进场设备登记造册的内容（登记设备基本性能参数，标注设备运转情况，备注维修记录等）。

一、临建设施修建

一般情况下，测量人员根据钻孔任务书提供的钻孔坐标采用红外线全站仪或经纬仪（难以测放地区采用手持式 GPS 定位仪）将钻孔位置测设于实地并进行打桩标记，以便按照标记进行钻场、便道、营地等临建设施布设、修建。修建钻场时被破坏的钻孔位置，待钻场平整后进行复测恢复。钻探工作结束后，测定钻孔中心（封孔标志中心或套管顶面中心）的平面坐标和高程。

钻场通常分为陆地钻场和水上钻场，钻场修建是根据作业计划和测放的钻孔位置、工作量及周边边界条件、相关安全、环保要求进行。陆地钻场修建时，要确保钻场置于稳固的基础，钻场位于斜坡上时，钻场基础开挖至坚实地层或架设架管钻场或浇筑混凝土平台或浆砌石平台，设备基础和材料堆放基础不置于松散堆积的边坡上；钻场位于覆盖层基础上时，平整场地要按照作业计划开挖、碾压，或浇筑混凝土平台或浆砌石平台；斜坡上的钻场排水沟修建，若现场地形条件无法避开钻场外侧边缘和便道上方，则视现场实际地形条件采用排水管将废水排至远处，并按作业计划做好环保、文明作业。水上钻场搭建要严格按拟定的专项方案实施，并做好相应的验收工作。修建钻场的同时修建冲洗液循环系统和弃浆、垃圾临时处置池；修建的钻场长度及宽度要满足钻机、钻塔等设施的安装及钻场内工具、器材放置所需；钻场要搭建有消耗材料和岩心的堆放棚或遮挡物，使材料、岩心不直接暴露在外日晒雨淋；钻场动力线路和照明线路离地设置，所有接头牢固包扎并防水处理；动力设施一机一闸，照明系统按区域设置断路器，不设置长明灯；空气开关、隔离开关等安装在配电箱中，不采用木板固定方式。钻场修建完成后，一般由生产执行单位会同相关部门验收合格后才能进行设备组装和材料堆放。

便道修建一般涉及基岩和覆盖层开挖，基岩便道修建常需使用民爆器材，国家涉爆管理越来越严，便道修建使用民爆器材要符合相关的规程规范、法规法律要求，也可以在策划时尽量减少爆破修建的基岩便道，多采用栈道、填方或其他非爆破手段修建的便道，覆盖层便道修建要回避冲沟、路基沉陷、路面上方滚石等地灾对便道的不安全因素。便道修建时要尽量绕开树木、重要植物，涉及法规规定应办理许可的要事前完成相关审批取得许可手续。

营地主要为钻探作业和管理提供办公、生活场所，其修建位置的选择一般要求地质专业人员参与确定，现场寻找符合需要、安全之处，避开泥石流、塌方、冲沟、洪水淹没、飞石、风口、大树下和公路正下方等具有潜在危险隐患的地段。营地搭建处与钻场间距适宜，避免工作设备噪声影响下一班工作人员休息；房屋或工棚基础要稳固结实，并有防大风掀翻措施，雨季时段房屋或工棚周边设置排水系统；营区设置小型材料堆放棚并摆放整齐，材料不随意摆放在营区的各个角落；营区设置垃圾收纳装置，并集中处置，避免随意丢弃和抛洒；营区要有烟头熄灭水桶装置，便于做到不随意丢弃和抛洒，防止引发火灾；要有安全的生活用柴用煤集中存放点，避免直接堆放在厨房内或紧挨厨房边；房屋或工棚四周设置防火墙；营区的生活区域、油料库、材料堆放处要配置灭火器等消防设施。根据营区位置和自然气候条件，确定是否加设避雷系统。营区内挂设行为准则、安全警示等标识牌，同时在营区入口设置醒目的禁止外来人员参观、拍照和摄像的标识牌。

二、设备安装

现场安装完成的设备要稳固、周正、水平，为此，设备安装时，各部连接螺栓要加防松垫紧固以便设备各部连接稳固，钻孔中心、立轴和天车前沿要调整到同一条直线上以利起下钻、孔斜控制，钻架腿放置在基台枕木上以使钻架受力均匀传递至地基而避免钻架沉陷；安装斜孔钻架，前腿与水平面夹角应大于钻孔设计倾角 $2°\sim5°$，后腿应与水平面呈 $77°\sim83°$ 夹角。

为确保设备安装过程不出现安全事故，立、放钻架时应在机长统一指挥下进行，钻架左、右两边设置牵引绷绳以防翻倒，不得自由倒落放钻架；滑车除检查和加油外，还要设置保护装置；整体搬迁轻型钻架，要在平坦地区，不得在高压电线、光缆下方进行立放钻塔作业；电器设备安装场所应保持清洁、干燥；导电线路应绝缘良好，不得裸露，不得浸入油、水和杂物。

为确保设备长期能正常运转，拆卸时不得猛敲乱打，应保护机体上的孔眼、仪表、油管、螺钉、螺母等装回原位或妥善保管；保持钻探设备的清洁和润滑部件的润滑良好；按说明书及有关技术要求，使用与维护保养钻探设备；填写钻探设备的使用维护和检修记录，并与设备档案一起保存。

三、技术交底

技术交底是钻探工作实施前由钻探技术负责人召集钻探作业人员、管理人员、地质相关人员向钻探作业人员对钻孔任务、目的、地质要求、钻探工艺、工期等进行说明。技术交底内容包括：钻探目的、钻探技术要求、钻探工作量、钻探工期、钻探作业重点及难点、钻探工期及进度安排、钻探作业方法、岩心保护、水文观测、试验、原始记录、终孔处理、安全技术措施、环境保护措施等。

❋ 第三节 过 程 控 制

过程控制涉及开孔至资料（包括文档和实物资料）提交的整个过程，常需关注开孔作业、钻进工艺参数、岩心管理、孔斜、水文观测和试验、原始记录等工序工作。

一、开孔钻进

开孔是保证正常钻进的基础，开孔不符合要求易引起质量和孔内事故。开孔首先要校正钻孔顶角和方位角，然后按设计的钻孔结构开孔，孔口管下至较完整地层内 0.5m，下入孔内的套管（孔口管）管脚宜固定，连接丝扣涂抹松香或黏接剂黏牢并拧紧，逐渐加长钻具钻进。

作业时，先采用导向钻具用小一级的孔径钻进一定深度后，将孔口管下入隔水层或相对隔水层中，目的是隔离上部含水层，防止地表水流入钻孔和冲洗液的漏失。止水材料可选择黏土、水泥、胶塞、海带等，黏土止水适用于干孔，为提高止水效果，可掺入膨胀材料，作业时将泥球投入孔底，捣实后打入套管即可；水泥止水效果好，但待凝时间长，作业时用导浆管将灰水比为 0.5∶1 的水泥浆注入孔底，水泥浆上升 0.5m 左右下入套管，待水泥浆凝固后即可钻进；胶塞止水是利用管靴斜面挤压套在其外的胶塞使之膨胀而达到止水目的；海带止水是利用海带遇水膨胀性能止水。

二、钻进工艺参数

钻孔开工前依据钻孔任务书中提供的地层地质条件在钻探设计中对钻孔进行钻进工艺及参数预设，钻孔钻进过程中严格按照预设工艺及参数进行钻进，不得随意更改，当钻进遇到地层与任务书中描述地层有较大变化时，需要停钻与技术人员、管理人员一道共同商讨新的钻进工艺及参数。钻进参数是指钻进过程中可控制的参数，主要包括钻压、转速、钻速、冲洗液性能、泵量、泵压及其他参数，其控制遵循如下原则：钻压随孔深的延深逐渐减小，甚至减压钻进；对于砂层、砂卵砾石层，冲洗液量尽可能小，以浆液能返出钻具即可；在钻进平稳的情况下，可尽量增大转速；为确保钻孔质量、取心质量，控制钻速。

值得提醒的是，钻进过程中，钻进参数的随意调整或不视地层变化情况及时调整，都是钻探过程中的大忌。

三、岩心管理

1. 取心

岩心是钻探工作成果的具体表现，岩心采取率和岩心品质的好坏直接影响到地质人员能否对地层准确评价。除了采取合理的钻进参数和取心工艺外，合理使用钻头、合理选配卡簧、合理选用扩孔器、钻头工作条件良好、回次进尺控制等都是保证岩心采取率和岩心品质的条件。

实际操作中，新钻头常要求由经验丰富的机班长亲自操作，一能避免损伤钻头，二可保证钻孔质量，三不影响机组经济利益。新钻头下孔之前最好将孔内残留岩心打捞完，以防新钻头下孔钻进时因内径大小不一造成岩心堵塞而损伤钻头内径，或因钻头直接下孔钻进套取岩心时损坏岩心外表面而影响地质人员对岩心结构的判断。新钻头下孔之后，距离孔底 0.3～0.5m 应开泵送水，再缓慢下放；离孔底 0.2m 左右即卡紧卡盘，轻压慢转；初磨 10～15min，0.2～0.3m，同时考虑残留岩心长度，待与孔底磨合，才能采用正常的钻进技术参数。一般说来，初磨得好的钻头其寿命都较高。

电镀钻头表面粗糙不平，内径不易精确测量，故卡簧的选配特别要仔细。通常卡簧的自由内径应比钻头内径小 0.3～0.4mm。随着钻头内径的磨损，岩心直径不断变粗，因此，钻场应配备 2～3 种规格的卡簧，以便选择使用。卡簧的检查方法是：把卡簧装入卡簧座内并套在岩心上，卡簧对岩心既要有一定的抱紧力，又能在岩心上被轻轻推动，卡簧抱紧岩心后不得露出卡簧座。

扩孔器的直径一般比钻头的外径大 0.3～0.5mm，在坚硬岩层中一般不能超过 0.3mm。扩孔器外径过大易加剧磨损；扩孔器直径小于钻头外径，就失去了保持钻头直径的作用而影响以后钻头和扩孔器的使用，常会发生严重的夹钻事故。

钻进过程中要为金刚石钻头创造良好的工作条件，保持孔内清洁、孔底平整、孔径规矩。每个回次始末，都应该开大泵量冲孔，发现孔底有硬质合金碎屑、胎块铁屑，要立即采用粘、吸、冲、捞、捣、抓、磨等方法清除；换径做好孔底的清理和整修工作，下套管后用锥形钻头将换径台阶修成锥形，并取净孔底异物后方可钻头下孔，尤其对于斜孔要注意。如遇堵，不得猛墩钻具，可用管钳慢慢回转钻具。钻进中合理选择钻进参数，改善钻具稳定性。

覆盖层钻进取心时，回次进尺不得超过岩心管长度的 90%。岩心采取困难的孔段，回次进尺应小于 1.0m；有特殊要求的孔段回次进尺小于 0.5m；钻进中发现堵心要及时起钻。

2. 退心

退心时不得使用榔头等锤击岩心管。岩心退出后须由一人操作从上自下的拿取，并按由浅至深的顺序从左至右、自上而下依次摆放在岩心箱内，不得乱拿乱摆，人为颠倒、混乱岩心造成人为破坏。

3. 岩心标识

长度超过50mm的岩心样要按图11-1式样进行编号，有岩粉污染的岩心样要进行清洗，待岩心样表面沥干后用红油漆进行编号；破碎岩心样宜装入心样袋，并在袋上用红漆或油浸色笔编号。编号要书写正确、字迹清晰、方向一致。

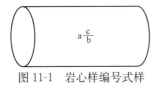

图 11-1　岩心样编号式样

a—钻孔回次；

b—本回次心样总块数；c—心样序号

每一回次都应填写一张岩心样牌（式样按图11-2），不得以任何理由拖延、后补造成回次岩心样混淆；岩心样牌应放置在本回次末端，采用不易褪色的蓝黑或黑色碳素墨水钢笔或签字笔填写，字迹工整。选取试验试件的岩心样应采用与岩心样直径相近的柱状物替换，并注明取样岩心样的编号、长度及试件编号。

岩心样牌的填写内容必须翔实，不得漏填、乱填、补填。

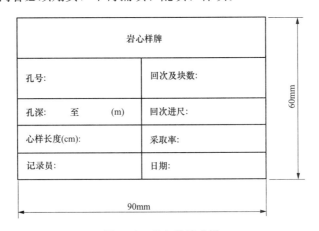

岩心样牌	
孔号：	回次及块数：
孔深：　　　至　　　（m）	回次进尺：
心样长度(cm)：	采取率：
记录员：	日期：

图 11-2　岩心样牌式样

岩心箱要刚度足够、不易老化，已放入岩心样的岩心箱应用红油漆标识，标识包括孔号、箱号和总箱号，钻孔完成后，岩心箱及时补写总箱号。

4. 钻场岩心保管、转运

钻场岩心要有临时库房或遮光覆盖保存，不得随意摆放在现场，导致岩心混乱或受污染；水上钻场的岩心要及时转运上岸存放；岩心堆放时，单垛岩心箱不得超过10箱，防止堆放过高导致倾覆。钻探作业时段，岩心除了机组人员、有权限的相关人员能够查看外，只有地质人员有权限进行岩心查看、编录、拍照，其余任何人不得查看、拍照、摄像。

钻孔完成取心任务经地质人员验收并通知终孔后，要及时转运至岩心库存放保管。使用加盖岩心箱的要能够闭锁，确保岩心转运时岩心不遗漏、不因颠簸混淆岩心。为确保不损坏岩心或使岩心摆放秩序被打乱，转移岩心时，要采取适当的保护措施（如覆盖、包裹）后，一般用人力抬运至库房，不允许人背、马驮方式。

5. 岩心入库移交和保管

摆放岩心的库房，要具备防潮、防雨、防风设施，即使是临时存放，也要有遮风挡雨的措施。岩心作为勘察成果的重要资料，常常要求保管的年限为永久；覆盖层岩心最好用有盖、耐久材料岩心箱入库，在移交归档、保存及利用过程中不宜扰动；岩心样实物档案应按心样采集次序依次装箱后拍照，心样实物、纸质照片和对应的电子文件应一并归档。

岩心移交和归档保管数量，视工程阶段、性质确定。一般情况下，水电工程预可行性研究阶段，枢纽区归档岩心孔数宜为钻孔总数的15%，代表性坝址轴线不应少于3个，厂址区不应少于1个，其他主要建筑物不应少于1个钻孔；可行性研究阶段，枢纽区归档岩心孔数宜为钻孔总数的10%~20%，坝址区不应少于4个，厂址区不应少于2个，其他主要建筑物不应少于2个钻孔；招标及施工详图阶段，开展的专门性工程地质问题勘察归档心样孔数宜为钻孔总数的30%，且不应少于2个；重大工程地质问题岩土心样孔数宜为钻孔总数的50%，且不应少于3个。地质缺陷的岩土心样宜全部保留；施工期水工混凝土检查心样，除试验心样外，应全部保留。水工混凝土质量检查孔数量应符合《水工混凝土施工规范》（DL/T 5144—2015）的规定；固结灌浆归档岩心孔数宜为检查取心孔数的30%；帷幕灌浆归档岩心孔数宜为检查孔数的30%，且一个坝段或一个单元不应少于1个孔。检查孔数量应符合《水工建筑物水泥灌浆作业技术规范》（DL/T 5148）、《水工建筑物化学灌浆规范》（DL/T 5406）的规定；因地质原因开展的补强帷幕和固结灌浆区域的质量检查孔心样应全部保留；实际采用的混凝土骨料料场钻孔心样孔保留数量不少于钻孔总数的20%，且孔数不应少于2个；存在渗漏通道的抽水蓄能电站上水库库周部位钻孔心样应保留。岩心箱外侧长边正面中间位置粘贴心样档案标签，标明题名、档号、孔号、箱号、部位等。心样档案标签式样如图11-3所示。

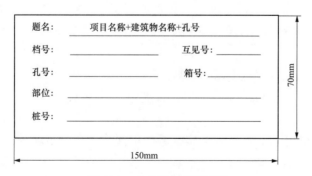

图 11-3　心样档案标签式样

心样档号采用三段编写型式，由项目代号、分类号、心样类别代号和孔顺序号组成，如图11-4所示。分类号为分类方案中的类目代号；心样类别采用下列代号表示：

岩土心样—YX；混凝土心样—HX；帷幕灌浆心样—WX；固结灌浆心样—GX。

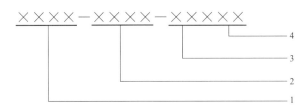

图 11-4　心样档号
1—项目代号；2—分类号；3—心样类别代号；4—流水号

需入库保管的每箱心样需拍摄一张照片，拍照前将标签摆放至心样箱上方，拍摄时镜头要正对心样箱，保证照片清晰。使用的数码成像设备像素不低于 1200 万，能显示"日期时间"，亮度、对比度适中；数码照片格式为"JPEG"或"TIFF"，形成心样影像档案，并刻录光盘。

心样实物与心样影像同步移交，移交时双方需办理心样档案移交签证、心样实物档案移交清单、心样影像档案移交清单等移交手续，并经双方签字认可。

四、孔斜控制

导致孔斜的因素有地质因素和工艺技术因素，因此，控制钻孔弯曲就是采用合理的工艺技术措施，消除或限制工艺技术因素对孔斜的影响，削弱地质因素的促斜作用。

根据钻孔不产生弯曲的条件（钻孔延伸时保持钻头轴线与原钻孔轴线方向一致）及工艺技术因素的促斜原因，合理地控制钻孔弯曲工艺技术措施，主要从避开或减小地层促斜、控制钻柱和粗径钻具弯曲、提高孔底组合钻具刚性、减小孔壁间隙、增强钻具稳定性和导正作用，以及具有与促斜力方向相反的抗斜力等着手。

选择稳定性好、导向好的钻机、钻塔，从而减少在钻进过程中钻机、钻塔的位移。设备安装必须水平、周正、稳固；钻机立轴安装须垂直且立轴中心线与钻孔中心线及天车前缘成一直线；钻机立轴不得晃动，安装好后要用经纬仪检查钻机立轴的方位，变角盘螺丝要拧紧牢固。必要时将钻机和钻塔连接在一起，钻塔与地基利用预埋件固定。

开孔及孔口管安装时要遵循以下原则：

（1）不使用立轴、滑道旷动的钻机，长度适中的机上钻杆或主动钻杆固定在卡盘中心。

（2）水龙头与高压胶管连接处卡牢并系牵引绳，开孔时主动钻杆上余较长需牵引，保持主动钻杆（方钻杆）垂直。

（3）开孔钻进参数通常为普通钻进参数的 1/2～1/3，轻压慢转，逐步加长粗径钻具。

（4）孔口管要下正、牢固，安装孔口管的过程中需检测管外侧对称四个方向的垂直度，根据其偏斜情况采取措施纠斜，确保安装后的孔口管对称四方向均垂直。

在钻进过程中，采用合理的钻进工艺及操作方法：

（1）由大孔径变小孔径或由小孔进行扩孔时，加导向装置，钻进到一定深度后去掉。

（2）扩孔钻进时，在扩孔钻具内设置小径钻具导向，随扩孔深度的增加调整扩孔钻具和小径导向钻具的长度。

（3）选用刚度较大的钻杆，且保证钻杆笔直，没有弯曲，连接后同心度要好；使用扶正器或扶正块以扶正稳定钻具。

（4）使用刚性好、长而直的岩心管；使用岩心管肋骨接头钻具或扶正器，以便扶正稳定粗径钻具。

（5）在地层岩性变化时，及时调整钻压，钻压随孔深的延深逐渐减小，甚至减压钻进；控制钻压和转速在规程范围内，过大的钻压和过高的转速都会使钻杆挠曲度增大；对于砂层、砂卵砾石层，冲洗液量尽可能小，以浆液能返出钻具即可；钻进过程中保持适度的钻进参数，不得随意改变；当钻进参数突然变化时，要及时处理。

（6）不频繁更换钻进方法，以免造成孔壁间隙不均匀。

（7）控制钻速均匀。

加强过程检查：下钻前检查钻杆、钻具的平直度和同心度，弯曲变形或丝扣损坏的钻杆、钻具不得使用；跟进套管时检查套管丝扣的完好情况、平直度和同心度，丝扣有损伤或弯曲变形的套管不得下入孔内；经常检查钻机、钻塔、钻机立轴是否移位，钻机立轴安装是否垂直，且立轴中心线与钻孔中心线及天车前缘是否成一直线。

五、水文观测和试验控制

按照任务书要求进行水文观测，观测设施要安装准确、规范，观测要做到及时、量测要准确、记录要完整。

孔内各种水文试验严格遵照有关规程规范的相关规定、作业计划和地质人员的要求进行。孔内试验实施前，提前检查准备试验器材是否符合规范以及地质人员的要求并提前通知地质人员，地质人员同意后按要求进行孔内器材的安装、组装；试验器材经现场地质人员检查符合要求后才能进行相关试验作业。每组孔内试验完成后，机班长应立即复核，检查相关试验数据是否准确，要求试验原始数据附在整理表格上，及时将试验过程和结果报地质人员；试验过程中出现的任何异常情况应及时报地质人员，并根据地质人员的指示和要求认真执行。认真检查试验数据，确保孔内试验准确性、可靠性。准确测量试验位置深度、试验段长，确保不漏失试验段。试验数据及时记录整理并复核，试验取得的数据未经整理和复核不得进入下一工序。

六、原始记录

原始记录包括钻探原始班报表、交接班记录、设备运行记录、抽（注）水试验记录和试验配合记录等与钻探有关的现场所有记录。所有记录内容要详细、准确、完整、规范、清晰、及时和真实。所有记录不得有涂抹情况，填写错误的用删除线标定、旁边补写的方式处理。

钻探原始班报表除了正常记录钻具配置数据、钻杆配置数据、孔内套管数据、孔内试验内容、起下回次、配合试验内容和工序时间等基本数据外，要特别注意记录钻进感觉、进尺快慢、返浆、返水、掉钻、埋钻等异常情况。钻进感觉不能只填写平稳、异响等平白内容，要包含有钻机负荷判断、钻杆有无跳动情况；进尺快慢要有现场初步测定的数据；返浆、返水要有颜色变化情况和含沙量的判断数据；探头石要有深度数据和发生频次；掉钻要有下落深度和掉钻深度数据等。

交接班记录内容包括本班孔内情况、钻具配置、钻头使用情况、上段抽（注）水试验情况、本班岩心采取情况、孔内套管情况、原始记录填写和设备运行情况等。

设备运行记录包括现场主要设备的运行时间、维修时间，运行情况，维护保养情况。制浆记录，主要包括浆材用量、制浆时间等内容。

抽（注）水试验记录包括洗孔记录、试验安装记录、抽（注）水试验观测记录；试验安装记录应包含套管、连接管、过滤器、沉淀管的直径、长度、顶端深度及底端深度等数据。抽（注）水试验观测记录应包含孔内动水位、降深，测压管动水位、降深，以及出（注）水量。

试验配合记录应在原始记录中反应配合内容和配合时间。可以用工作联系单形式表现，内容应包含配合内容、配合时间、配合设备台班数、配合人员名单、油料消耗数据、其他消耗材料消耗数据，并有试验人员的签证认可。

所有记录除了机组人员、有权限的相关人员能够查看外，地质人员有权限进行各种原始记录查看、编录、拍照、摄像，其余任何人不得查看、拍照、摄像。原始记录是钻探的重要成果，一般情况下，在现场作业过程中，由机班组现场保管，钻探任务完成时，交由地质人员留存，作为质量验收资料之一，通常将其同岩心柱状图等资料一并归档备查。

⚘ 第四节 验收及资料管理

一、终孔校验及竣工验收

钻孔达到任务书设计深度后，首先由钻探执行单位对钻孔深度进行初验，初验完成后，会同地质或质检部门进行终验。钻孔较浅时可用测绳进行孔深校验，钻孔相对较深时，则在终孔起钻后对孔内起出的钻具、钻杆进行重新丈量、计算，将钻孔深度校验准确。

钻孔校验完成后，通知地质人员及相关部门对钻孔进行竣工验收。水电工程钻探竣工验收一般采用单孔验收，也可采用批次钻孔验收（如营地勘探钻孔、移民集镇勘探钻孔等），包括现场竣工验收和质量评定。现场竣工验收一般由钻探机组、勘探现场负责人和地质专业负责人共同参加；未现场验收，钻探设备不撤离，原因是钻孔系地下工程，具有一次性及隐蔽性的特点，一经撤离或封孔，不可能再现。质量评定是根据钻探过程中和现场竣工验收收集到的数据，对钻孔（或批次钻孔）按照规程中设定的质量评定指标项目进行量化打分，评定钻孔质量等级。钻探竣工验收应留有相应的记录。

水电工程钻探质量评定指标主要项目是：岩心采取率与岩心整理、钻孔弯曲与测量间距、孔深误差测量与校正、简易水文观测、原始班报表、封孔。针对水电工程钻探特点，钻探质量侧重于岩心采取率、岩心品质、水文地质观测、水文地质试验及工程地质测试、孔斜、孔深、原始记录、终孔处理。

岩心采取率按式（11-1）计算：

$$岩心采取率 = \frac{取出的岩心长度}{相应的进尺} \qquad (11\text{-}1)$$

不同钻探目的钻孔岩心采取率及试验完成率的质量标准要有区别，水电工程勘察钻探质量要求如表 11-2 所示。

表 11-2　　　　　不同钻探目的的钻孔岩心采取率和试验完成率指标

钻探目的	冲洗液	评价项目及指标	
		岩心采取率	试验完成率
取心孔		≥85%	—
专门性取心孔		≥95%	—
水文地质试验孔	清水	—	≥90%
原位测试孔	无固相冲洗液或低固相冲洗液	≥85%	≥90%
	清水	—	≥90%

岩心品质不得有磨损、对磨、冲蚀、顺序颠倒等现象。

钻孔顶角的偏差，直孔每 100m 孔深不应大于 3°，斜孔每 100m 孔深不应大于 4°。钻孔方位角偏差、钻孔顶角的测量根据地质要求确定。

每钻进 100m、下护壁套管、水文地质试验前、终孔后以及有特殊地质要求时，需校正钻孔深度，孔深误差不超过 0.3%。

二、封孔

终孔处理包括封孔和长期观测设施的安装。

钻探验收合格，需先完成终孔坐标测收后才能进入封孔工序。封孔工作要按照钻孔任务书的要求进行，无水孔段采用人工拌制砂浆直接从孔口添加方式按 50m 一次分次处理，并用钻杆加废旧螺丝头压密，不得一次性填埋至孔口，防止孔内架空；严禁向孔内填塞大块石或木塞或编织袋等方式架空钻孔只封钻孔上部；钻孔完成封孔作业后，在孔口插入废旧钢筋或架管，并妥善稳固，同时涂抹红油漆或悬挂明显的标识标牌，便于以后需要复核孔位时能够准确测定。有水钻孔采用钻杆作导浆管将浆液从孔底进行置换，导浆管口距孔底小于 0.5m，利用泵入法或注入法进行置换灌浆封孔，水灰比通常为 0.5～0.6，并记录导浆管长度；置换过程中保证钻杆出浆口低于孔内水泥浆液面；采用注入法进行灌浆封孔时，要注意随浆液高度的上升逐渐上提导浆管。堤防及涵闸地基部位的钻孔封孔时，在砂层中，每次回填实际孔段长不超过 1m；在黏土层中，将黏土搓成直径 2.0～2.5cm 的泥球并风干，每次向孔内投入高 0.3m 的泥球并捣实，依次按要求回填至孔口。使用水泥浆或砂浆封孔时，下入注浆管，采用孔底循环压力封孔，以保证封孔质量。钻孔封孔记录内容应包括孔径、孔深、下导浆管深度、水泥标号、水灰比、灌入量、封孔日期、操作者，堤防钻孔封孔记录内容应包括孔径、孔深、粗砂填入量、黏土球直径、黏土填入重量、操作者。

长期观测设施的安装要按相应的规程、地质任务书要求，在钻孔现场竣工验收完成后进行。

三、钻孔竣工报告

当一批或单个特深、超深、定向钻进、超深覆盖层、水上钻探等钻孔竣工后，应写出钻孔竣工报告，供该区域后续钻探作业时参考并推动钻探技术的进步。钻孔竣工报告的内容，根据钻孔目的、对钻孔的要求和钻探规模而定，一般情况下可包括下列内容：工程概况与工作条件；钻孔目的与要求；钻孔地质概况；钻孔作业程序与钻孔技术（包括钻孔结构、钻孔工艺、钻孔取心及冲洗液、钻孔特殊情况、孔内事故处理）；抽（注）水试验；稳定水位的测定；钻孔封孔；钻孔主要设备及材料消耗；钻孔效果（包括钻孔取心质量分析及钻孔工效分析）；结论与建议。钻孔竣工报告中应附图表，包括：钻孔位置平面图、钻孔地质图、钻孔岩心柱状图、钻孔测斜成果图、钻孔完成工作量表、钻孔工效分析成果表、其他一些必要的现场作业及岩心图表和照片。

四、资料分析

为总结经验吸取教训，钻孔竣工后按需要进行各种数据统计分析，用"去粗取精、去伪存真"的方法对钻孔资料按不同需要的统计口径（质量、时间、成本）进行统计并加以认真分析，为后续钻孔作业提供可靠及持续改进依据。

提交统计分析的原始资料内容可包括：设备投入及人员配备情况，钻进方法，钻进参数，钻孔孔深结构及套管下入情况，覆盖层分层情况及钻进特点，水文地质试验情况及数据分析，特殊情况下的处理措施，主要消耗材料，单位工程量单价。

根据岩石可钻性、定额、钻进方法及岩层复杂程度计算台时，做出成本分析，为企业定额修订、成本核算制度修订提供依据。

通过钻孔工效分析（工效分析成果表参见表 11-3），可以了解相应地层采用的钻孔工艺及机具配置的合理性、钻孔过程中主要工作及工时利用情况，为后续人员、设备的组织及工期计划安排提供参考依据。

五、钻探资料清单

一般情况下，水电综合项目钻探一般要留存以下资料备查，其他类型的钻探资料可

表 11-3

钻孔工效分析成果表

工程项目：　　　　　作业单位：　　　　　钻机类型：　　　　　孔径：

孔号	开竣工日期	孔深（m）		钻孔进尺（m）	钻具类型	岩心采取率（%）	工时利用情况（min）									工时利用率（%）		工效（m/台班）		
		自	至				钻进	辅助生产	其他辅助生产					设备故障	停工待料	总工时	钻进	辅助生产	钻进	生产	平均
									扩孔	跟管	爆破	试验	搬迁安装								

注　1. 表中内容可根据钻孔实际情况进行增减、调整。

2. 表中：钻进工时利用率＝$\dfrac{\text{钻进工时}}{\text{总工时}}×100\%$；生产工时利用率＝$\dfrac{\text{钻进工时}+\text{辅助工时}+\text{其他辅助工时}}{\text{总工时}}×100\%$；

钻进工效＝$\dfrac{\text{钻孔进尺}}{\text{钻进工时}}$（m/台班）；生产工效＝$\dfrac{\text{钻孔进尺}}{\text{钻进工时}+\text{辅助工时}+\text{其他辅助工时}}$（m/台班）；平均工效＝$\dfrac{\text{钻孔进尺}}{\text{总工时}}$（m/台班）。

参照留存：

(1) 合同文件。

(2) 钻孔任务书。

(3) 作业计划。

(4) 钻孔孔位测量记录，终孔测量记录。

(5) 钻探原始班报表。

(6) 钻孔变更通知书。

(7) 水文地质观测记录，水文地质试验记录。

(8) 交接班记录。

(9) 过程检查记录。

(10) 钻孔竣工通知单、验收报告单、质量评定表。

(11) 封孔记录。

(12) 数据统计、分析记录（钻孔质量统计表、材料消耗统计、工效分析、成本分析等）。

(13) 技术总结、竣工报告。

(14) 岩心移交记录。

(15) 资料移交记录。

第十二章

钻 探 实 践

本章介绍了 10 个典型工程钻探实践，涵盖了水利、水电、航电、民用建筑及国内、国外的覆盖层钻探工程，各工程钻探实践均具有其代表性。紫坪铺水利枢纽代表覆盖层结构松散，且含砂土块（漂）碎石层中充填砂质黏土或壤土层原状样或近似原状样获取的钻探工艺选择；瀑布沟水电站代表覆盖层的架空结构在钻进时出现冲洗液大量漏失，及含漂卵石层夹砂层透镜体原状样或近似原状样获取的钻探工艺选择；冶勒水电站代表在地层结构松散、孔壁稳定性差、钻孔孔壁缩径、深部承压水及地层深厚、层次结构复杂变化频繁的第四系地层钻探工艺的选择及特殊情况的处理；锦屏一级水电站代表覆盖层结构松散、地下水活动厉害、孔壁稳定性差，取心困难情况下的钻探工艺选择及绳索取心钻进在河床砂卵石覆盖层的应用；泸定水电站代表覆盖层中漂卵石粒径大，粉细砂及粉土层钻进时取心困难的钻探工艺选择及潜孔锤取心跟管钻进的应用；藏木水电站代表含漂砂卵砾石层获取钻孔原状样或近似原状样困难时的钻探工艺选择；ML 水库电站代表由于覆盖层深厚带来的成孔问题、取心及取样问题、护壁堵漏问题、钻孔防斜与纠斜问题及特殊情况处理问题的钻探工艺选择；老木孔水电站代表地层因不稳定而导致的孔壁垮塌、掉块、涌砂等情况下的钻探工艺选择；伊朗水电站钻探实践，介绍一国外工程为类比和参考；成都温哥华广场地基钻探实践，介绍一工民建建筑工程为类比和参考。

🌊 第一节 紫坪铺水利枢纽

一、工程简介

紫坪铺水利枢纽工程位于四川省都江堰市岷江上，坝基覆盖层厚 15～25m，分布于现代河床和右岸一级阶地，主要由冲积漂卵砾石组成，根据其分布部位、新老关系和物质组成的差异，分为两个单元，即河床漂卵砾石层单元（alQ_4^2）和右岸阶地覆盖层单元（alQ_4^1）。覆盖层中分布有砂层透镜体。坝基河床冲积漂卵砾石层厚 2.67～18.5m，其成分主要为花岗岩、闪长岩，次为灰岩、砂岩、辉绿岩，多呈次圆状，粒径一般为 2～5cm、7～10cm、20～40cm，粗颗粒含量为 75%～85%，基本构成骨架，空隙中多充填灰色中细砂，总体结构较密实，局部存在架空现象。

右岸阶地覆盖层一般厚 11～25m，最厚达 31.6m，覆盖层由下至上分为三层：第①层漂卵砾石层，成分以花岗岩、闪长岩为主，次为灰岩、砂岩、辉绿岩等，呈次圆状，基本构成骨架，空隙中多充填细～中粗砂。该层总体结构较密实，偶有架空现象。第②层含砂土块（漂）碎石层，成分主要为灰岩或白云质灰岩，次为砂岩，呈次棱角状或棱角状，其中混杂有少量花岗岩漂卵砾石，空隙中充填砂质黏土或壤土，其结构较密实，局部偶有架空。第③层漂卵砾石层，覆于第②层含砂土块（漂）碎石层之上，物质组成与第①层基本相似，所不同的是其结构略显松散，且在坝线上、下游各夹一层范围和厚度均较大的砂层透镜体，即砂层①和砂层②，砂层①主要为灰黄色含泥的粉细砂，局部为砂壤土或含砾中粗砂，结构较密实。砂层②主要为黄色或灰黄色粉细砂，含泥，结构较松散。

由于紫坪铺水利枢纽工程覆盖层结构松散，且含砂土块（漂）碎石层中充填砂质黏土或壤土，及漂卵砾石层灰黄色含泥的粉细砂透镜体，在常规的钢砂、钢粒以及硬质合金钻进中取心极困难，尤其是原状样或近似原状样根本无法获取。

二、钻探

前期勘探钻孔主要采用常规钢粒钻进取心、爆破跟管护壁。钢粒钻进时，冲洗液量的控制是钻进的关键因素，过小无法刻取新鲜岩土层，过大则砂粒被悬浮，进尺困难。一般使用单管钻具，且口径较大，根据覆盖层深度不同，一般常用口径有 $\phi168$、$\phi146$、$\phi127$、$\phi108$、$\phi89$ 几种，劳动强度大，设备能量消耗大，钻进效率不高，台月效率在 40～60m；同时，钢粒钻进取心效果差，冲洗液直接对岩心进行冲刷，往往在卵石粒径较小、地层含砂量较大时出现提钻后无岩心或只有少量卵石及岩心对磨严重等情况，尤其关键的砂层、细颗粒物质无法采取等。

20 世纪 80 年代中后期，逐步采用金刚石钻进以及 SM 植物胶冲洗液，钻进效率及取心效果得到极大提高。

1. 设备机具选择

（1）选用国内生产的 SGZ-Ⅲ 型钻机（主要参数见表 12-1）具有以下特点：结构紧凑，稳定性好，拆装容易、搬运方便；转速范围宽，可以满足钢粒、硬质合金、金钢石钻进等工艺需要；设有液压给进、液压移机、液压卡盘，减轻劳动强度；立轴内径 60mm，可供绳索取心钻进和使用直径 $\phi42$、$\phi50$、$\phi53$mm 三种钻杆钻进。

表 12-1　　　　　　　　　SGZ-Ⅲ型钻机主要参数表

钻进深度（m）	300
立轴转速（r/min）	128；200；300；514；800；1200
立轴行程（mm）	500
立轴通孔直径（mm）	60

续表

立轴最大起重力/加压力（kN）	36/22.5
卷扬机单绳最大提升力（kg）	2000
卷扬速度（m/s）	0.24；0.37；0.55；0.94；1.46；2.18
卷扬机钢丝绳直径及容量（m）	13mm 钢丝绳 42m
主动钻杆	$\phi89\times79\times6000$
动力机	柴油机 485Q 型、电动机 YBK180M-4
整机重量（不含动力）（kg）	920
外形尺寸（长×宽×高，mm×mm×mm）	1800×1095×1562

（2）选用 BW-150 型泥浆泵具有如下特点：可满足大、小口径钻机所需的各档流量，流量调节范围大；活塞为碗形加尼龙靠背的自封式 S 形聚氨酯橡胶活塞，使用寿命高；拉杆上设有五道防尘密封圈，以防止液力端的泥浆带入动力端和动力端润滑油滤；进排水阀采用钢球，在阀盖上设有减声橡胶垫，以减少冲击噪声；可拆性好，便于维修和搬迁。

（3）选用厚壁套管，其型号分别为 $\phi168\times10$、$\phi127\times9$ 两种，另外配备 $\phi108$ 薄壁套管。

（4）选用 $\phi130$ 单管钢砂钻具、$\phi108$ 单管钢砂钻具、$\phi94$ 双管金刚石钻具、$\phi76$ 双管金刚石钻具。

2. 钻孔实例

（1）某钻孔河谷覆盖层为漂卵石层（厚度 15.29m）孔深 100.17m，基岩为泥质粉砂岩和炭质页岩，岩层软而破碎，并穿过断层破碎带，可钻性级别Ⅲ～Ⅴ级。覆盖层采用 $\phi127$ 口径单管钢砂钻进，基岩是 $\phi91$ 单管合金钻进，一径到底。全孔采用 SM 植物胶无黏土冲洗液护壁，覆盖层中 SM 浓度 2%，基岩中 1%。覆盖层钻进采用立轴转速 150～250r/min，基岩中立轴转速为 250～600r/min。全孔共计 21 个台班竣工，计 4.77m/台班。

（2）某钻孔河谷覆盖层深度 14.61m，孔深 17.10m，采用 $\phi76$ 双管金刚石钻具钻进，SM 无固相冲洗液护壁，立轴转速 250～600r/min，全孔共计 6 个台班竣工，计 2.85m/台班。

（3）某钻孔相距前两孔孔位不到 100m，地层条件基本一样，孔深 110.37m，共用了四种不同口径钻具才钻进至终孔孔深（后两级用金刚石双管钻具钻进）。首先采用 3000～5000ppm 的 PHP 无固相冲洗液护壁，由于护壁效果差，孔底常堆 7～8m，无法下钻，并有缩径现象，用套管隔离后采用低固相泥浆才勉强通过。

3. 钻探效果

在采用 SM 植物胶冲洗液及金刚石钻进钻孔时，孔壁稳固，排砂能力强，孔内干净，钻机负荷正常，起下钻顺利。钻孔终孔停钻 4 天后探测孔深只差 0.1m 到底。

钻探质量上，地质人员满意，金刚石钻进时，覆盖层中夹砂和基岩顶板的风化层均已取出，使地质专业获得了过去很难取得的岩心样品，从而对地基的建坝方案提供了数据。

✸ 第二节　瀑布沟水电站

一、工程简介

瀑布沟水电站位于长江流域岷江水系的大渡河中游，是大渡河流域水电开发的控制性水库之一。

河谷覆盖层分别由左岸二级阶地含砂漂卵石层、河床底部含砂卵碎石层、左岸一级阶地及河床中部含漂卵石层夹砂层透镜体以及河床表部和滩地的含砂漂（块）卵石层四大层组成，结构特征如下：第一层：含砂漂卵石层（Q_3）。为漂卵石夹薄层卵砾石组成。粒径相差悬殊，漂石粒径 300～800mm，卵石粒径一般 20～50mm。其结构较密实，但局部有架空结构存在，架空结构空穴直径最大可达 300mm。下部为含泥、砂卵石层，中部为含砂卵石层，上部为含泥、砂漂卵石层夹薄层含砂卵砾石层。结构密实，并具局部架空结构特点。第二层：含砂卵石层（Q_4^{al}）。为杂色卵石夹少量漂石组成，下部为含泥卵碎石层，残留厚度 8～12m，上部为含砂卵石层，残留厚度 15～20m。层内卵石粒径均一，磨圆度较好，仅含个别漂石，卵石粒径 20～60mm，漂石 300～960mm。分选性较好，结构密实，局部受潜蚀作用有架空结构存在。第三层：含漂卵石层夹砂层透镜体（Q_4^{al}）。该层下部之砂层透镜体在平面空间上有两处：上游两块中细砂层透镜体在空间分布上有上、下两个砂层透镜体间接叠置分布特点，主要为含砾石中细砂组成，颗粒成分以石英、长石为主，含少量云母和暗色矿物，局部含粘粉粒条带或乌木碎块，结构较密实；下游细砂层透镜体颗粒组成以粉—细砂为主，局部微含砾或泥质纹泥条带及少量木屑，结构较密实。第四层：含漂（块）卵石层（Q_4^{al}）。卵石粒径一般 20～60mm，漂石 300～800mm，浅表层漂块石较多，最大块径 2000mm 以上，磨圆度多成次元或半棱角状。下部含漂（块）卵石层，一般结构较密实，层内局部有架空结构存在。

瀑布沟水电站覆盖层具有局部架空夹层和较强～强透水性能的特点。其间所夹砂层透镜体，空间分布虽有一定范围，但埋藏较深，结构一般较密实。

瀑布沟水电站覆盖层中漂石粒径大，常规钢砂、钢粒及硬质合金跟管钻进时，跟进套管是很困难甚至根本无法跟进。覆盖层的架空结构在钻进时会出现冲洗液的大量漏失，以及跟管钻进时套管出现偏斜甚至折断而造成孔内事故。含漂卵石层夹砂层透镜体以中细砂、粉—细砂为主，采用常规的钢砂、钢粒以及硬质合金钻进时取心极困难，尤其是原状样或近似原状样根本无法获取。

二、钻探

20 世纪 80 年代初期，对于瀑布沟电站覆盖层含砂漂卵石、含砂卵石层钻进主要采用 XU-2 钻机进行钢砂、钢粒单管钻具常规钻进，而护壁堵漏则采用黏土泥浆及跟进多重套管。钻进效率只有 20～40m/台月、岩心采取率只有 30%～50%。

20 世纪 80 年代中期，水电系统主要采用国内生产的 SGZ-Ⅲ 及 SGZ-Ⅳ 型钻机进行钢砂、钢粒单管钻具常规钻进，以及金刚石钻进。由于该型钻机扭矩相对较小，在瀑布沟含砂漂卵石、含砂卵石层中钻进比较困难，因此，钻进效率并不理想。

20 世纪 80 年代后期，水电系统将 SGZ-Ⅲ 及 SGZ-Ⅳ 型钻机更换为扭矩相对较大，且配备多档高转速的 XY-2 型钻机，为解决钻进效率、岩心采取低及其他问题，采用金刚石钻进，使得钻进效率及取心质量极大提高。

1. 设备及机具

钻机选用相对于 SGZ-Ⅲ 及 SGZ-Ⅳ 型钻机扭矩更大，且配备多档高转速的 XY-2 型钻机。

泥浆泵选用性能能满足现场钻探作业及试验要求的 BW-150 型泥浆泵。泥浆搅拌机选用 NJ300。

配备相应系列的套管，包括厚壁套管和薄壁套管，且套管用左丝连接，其型号分别为 $\phi168\times10$、$\phi127\times9$ 两种，另外配备 $\phi108$ 薄壁套管。使用单动双管钻具，为达到好的取心效果，配备单动性能较好的 $\phi94$ 和 $\phi77$ 单动双管钻具。

砂卵石覆盖层金刚石钻进一般采用孕镶钻头。根据地层松散和不稳定的特点，为了增加钻头整体的强度、耐磨性和减少抽吸作用，选择厚胎体、少水口、高硬度、多保径的钻头。

2. 冲洗液

为提高岩心采取率，并在薄砂层、砂层和软弱地层随钻取样，采用无固相 SM 植物胶作为冲洗液。这类冲洗液具有较好的护胶作用，能保护软弱破碎岩心和砂样，减少溃散和对磨的可能性，达到提高岩心采取率和随钻取样的目的。

3. 钻进工艺参数

在砂卵石覆盖层中进行金刚石钻进，由于地层结构特点、冲洗液的特殊功能和出于随钻取样的目的，钻进参数特点为小压力、高转速、小泵量，见表 12-2。

表 12-2　　　　　　　　　　　　钻进参数表

孔径（mm）	钻压（kN）	转速（r/min）	泵量（L/min）	泵压（MPa）
94	5～10	500～800	30～50	＜0.5
77	4～7.5	500～800	30～40	＜0.5

未胶结的砂卵石地层是非均质的、不稳定的松散地层。压力大，容易产生岩心堵塞，因此采用较低的钻压（2～4MPa）。但钻进大漂石时则采用相对较大的钻压。为了避免岩心堵塞，一般不在钻进中途改变压力。

孔内返浆、孔壁稳固、孔底较清洁时，采用高转速；当孔内漏失严重、不返浆、孔壁不稳固、孔底不干净而钻机负荷较重时，则降低转速。新钻头下孔初磨阶段，转速为 30r/min 左右；孔内正常的情况下，转速为 800r/min。

覆盖层中钻进一般采用较小泵量。$\phi94$ 钻头，泵量为 $30\sim50\text{L/min}$；对于特别松散、漏失地层，将泵量降低到 20L/min。$\phi77$ 钻头，泵量为 $30\sim40\text{L/min}$；对于特别松散、漏失地层，将泵量降低到 $15\sim20\text{L/min}$。

4. 护壁堵漏

根据钻孔深度要求及覆盖层厚度，开孔跟入 $\phi127$ 或 $\phi168$ 厚壁套管。当地层结构紧密时，跟入深度为 $5\sim10\text{m}$；当地层比较松散时，跟入深度为 $20\sim30\text{m}$ 不等。裸孔钻进时，遇局部漏失则采用加入纤维物质的泥球、水泥球、水泥浆等进行堵漏。在钻孔深部，由于地层松散或有地下水活动，SM 植物胶无固相冲洗液护壁困难，在浆液中加入膨润土，配制成低固相泥浆以提高护壁效果，或下入（或跟入）套管护壁。

5. 提高岩心采取率和随钻取样

为了达到提高岩心采取率，并随钻获取薄砂层、砂层等软质地层的近似原状岩样，采取如下工艺措施：保证钻具单动性能良好，经常对单动接头清洗加油；保证内外岩心管同心度好，弯曲的及时更换；卡簧座与钻头内台阶的距离不超过 5mm；钻头与岩层性质要适应，保障快速钻进，减少冲洗液冲刷岩心的时间，是提高岩心采取率和随钻取样的重要因素。因此，研磨性大的砂卵石层，使用胎体硬度高的孕镶钻头；研磨性弱的和软质覆盖层，使用胎体硬度低的孕镶钻头或聚晶钻头。砂卵石层双管钻进容易产生岩心堵塞。当发生岩心堵塞时，适当活动钻具，即可继续进尺；若活动数次无效，则立即起钻。否则，长时间提动和强行钻进，冲洗液将钻头底部的细颗粒岩心全部冲跑，而降低取样效果。钻进中遇砂层和薄砂层时，往往进尺较快，钻进平稳。此时不得改变钻进参数，尽量一次性钻穿砂层，进入卵石层 10cm 以上或钻穿一个孤石再起钻。钻进中遇厚砂层一个回次钻不穿时，回次末将泵量减到最小或停泵，加大压力钻进半分钟（或进尺 10cm 左右），使砂在钻头处自然堵塞再起钻。起钻时提升速度要慢且匀速，拧卸钻杆要平稳，防止岩样脱落。退出岩心时细心操作，不将钻具吊起敲打。而是卸掉单动接头，倾倒出岩心管上部浆液后，再退出岩心。

6. 套管护壁及跟管钻进

使用泥浆护壁、植物胶浆液护壁手段难以保持孔壁稳定，影响钻进时使用套管护壁，一般在松散砂卵石层及局部架空而造成浆液漏失严重地层中使用。通常采用先钻进取心后再锤击跟管、孔内爆破跟管及孔底扩孔跟管等套管护壁手段。

7. 常见事故的处理

常见事故有卡埋钻事故、断钻具事故和套管事故。

卡埋钻事故发生后，首先向孔内灌注浓浆保护孔壁，然后用吊锤敲打，即可拔出；断钻具事故发生后，同样的首先向孔内灌注浓浆保护孔壁，然后下入口径适合公锥或母锥进行打捞处理；套管事故是砂卵石层金刚石钻进中较难处理的事故。表现有跟管钻进时的炸坏底部套管，钻进中的反脱套管或折断套管。反脱或折断套管有时可将套管卸成几段，并产生错位，不仅护壁发生困难，而且钻具通不过。发现了套管脱扣事故后需要立即处理。如果不能对位上扣，则下入小一级套管径钻进；如果错位不严重，采用卡具将套管全部拔出重新下入。

8. 钻孔实例

61-3 号试验孔，覆盖层为河床漂卵石和崩坡积块碎石，深度 75.05m，孔深 101.14m。0～63.34m 孔段采用 ϕ94 金刚石双管钻具钻进，SM 无黏土冲洗液护壁。由于 SM 粉备货不够，63.34～101.14m 孔段改用 MY-1A 交联液护壁，ϕ76 金刚石钻进。钻压 6～10kN，立轴转速为 514～800r/min（部分时间开到 1200r/min），泵量 47L/min，泵压不到 0.5MPa。

61-3 号试验孔钻进中孔壁稳固，排砂能力强，孔底干净。转速有时开到 1200r/min（圆周速度 5.9m/s），钻机负荷仍然正常。金刚石钻头无非正常磨损，刚体表面光滑，工作层出刃也很好，创造了两年来覆盖层中金刚石钻头最高寿命：单个最高寿命达到 39.77m，平均寿命为 36.14m（在两个钻孔中投入 3 个 ϕ94 钻头，总进尺 108.41m，其中 SM 作冲洗液进尺 59.84m）。61-3 号覆盖层漂卵石之间充填有多层夹砂，夹泥。据统计。0～63.34m 孔段有 19 个回次取出了砂、泥岩心，部分夹砂及多数夹泥呈圆柱状取出，平均砂、泥取心率达到 81%，全部岩心采取率达到 87%，较过去提高 37%～57%。

1990 年和 1991 年在河床漂砾石覆盖层中试验钻孔 4 个，采用将内管内壁磨光的 SD108、SD94 及 SD77 钻具，SM 无固相和低固相冲洗液，合计钻进 160.54m，孔深 55～60m。其中 1991 年试验的 ZK56 和 ZK62 孔，平均岩心采取率达到 94%，而"六五"期间两个工地 9 个试验孔平均岩心采取率只有 71%。在 ZK56 孔，岩心采取率为 100% 的回次数占总试验回次数的 61.8%，ZK62 孔岩心采取率为 100% 的回次数占总回次数的 54%。

ZK56 和 ZK62 两个试验孔取出的原结构的圆柱状砂卵石岩样的回次数分别占总回次数的 62% 和 88%。

内管磨光后，减小了岩心进入内管的阻力，减少了岩心堵塞，提高了回次进尺。在砂卵石层中全孔平均回次进尺 0.8～0.9m，最高 1.5m 以上，比过去普通钻具平均回次进尺 0.6m 提高 30%～50%。使用 SD94-S 取砂钻具在 ZK62 孔 43.95～51.24m 孔段厚砂层随钻取样 5 次，克服了砂样脱落现象，采取率达 100%，与该孔的真空活塞式取样器的砂样对比，其物性指标数值基本一致，大多数数据都在"土工 84 规定"的范围内。

9. 效果

采用金刚石单动双管钻具，避免了岩心被直接冲刷，在 SM 植物胶护胶作用的保护下，岩心采取率大幅度提高，全孔平均采取率可达 60%～90%，较过去提高 30%～40%。比较密实的薄砂层、砂夹砾石层和夹泥层采取率可达 100%，并实现随钻取出近似原状岩样，解决了多年来无法解决的薄砂层取样难题。同时，由于裸孔钻进，为综合物探测试提供了井孔技术条件，拓宽了勘探手段，做到了一孔多用。不仅提高了勘探精度，而且可节约钻探工作量 1/4～1/3，缩短了水电工程的前期工作周期。

⊛　第三节　冶　勒　水　电　站

一、工程简介

冶勒水电站位于四川省西部南桠河上游，是南桠河流域开发的龙头水库电站工程。该水电站位置高寒多雨、坝基为深厚覆盖层、地质条件极为复杂。

冶勒盆地内堆积厚 500 余米的中、上更新统冰水—河湖相卵砾石、粉质壤土夹炭化植物碎屑层（见表 12-3）。冶勒水电站坝段内第四系主要地层为中、上更新统卵砾石层、粉质壤土层及块碎石土夹黄色硬质土层，最大厚度 500 余米，为一套冰水—河湖相沉积层。根据其沉积韵律、岩性变化及工程地质特征自下而上大致划分为五大岩组。第一岩组，弱胶结卵砾石层：以厚层卵砾石为主，偶夹薄层状粉砂层，卵砾石成分主要为闪长岩、花岗岩、玄武岩和大理岩，凝灰岩少量。该岩组深埋于盆地及河谷之底部，具有一定含水、透水性，构成盆地及坝址区深部承压含水层。承压水头高出孔口 40m，水量在

表 12-3　　　　　　　　　　**冶勒盆地第四系地层简表**

地层系统			代号	岩性	厚度（m）	沉积相	分布特征
系	统	岩组					
第四系	全新统		Q_4	卵砾石、泥块碎石	0～50	冲积、洪积、坡积	广布盆地周边及河床内
	上更新统	冰水堆积层	$fglQ_3^3$	浅黄色砾质土、卵砾石土、块碎石土、粉质土、泥包砾等	6～120	冰水冲洪积相	分布于Ⅲ级阶地以上的盆地表面及勒丫河、石灰窑河之上游河谷内
		第五岩组	Q_3^{2-3}(Ⅴ)	青灰、浅灰色粉质壤土、粉质砂壤土夹炭化植物碎屑层	90～1107	冰水湖沼相	盆地上部及河谷两岸广泛出露
		第四岩组	Q_3^{2-2}(Ⅳ)	弱胶结卵砾石层夹透镜状细沙或粉质壤土	65～85	冰水河湖相	盆地内及河谷两岸分布广泛
		第三岩组	Q_3^{2-1}(Ⅲ)	弱胶结卵砾石层与青灰色超固结粉质壤土互层，夹数层炭化植物碎屑层	46～154	冰水湖沼相	盆地内及河床下部分布广泛
		第二岩组	Q_3^1(Ⅱ)	褐黄、灰绿色超固结块碎石土夹硬质黏性土	10～150	冰碛相	三岔河 U 形谷内及盆地下部，其厚度由盆地边缘向中心变薄或尖灭
	中更新统	第一岩组 上段	Q_2^2(Ⅰ)	弱胶结卵砾石层夹浅黄、黄绿色砂，砂壤土	15～152	冰水河湖相	深埋盆地底部
		第一岩组 下段	Q_2^1(Ⅰ)	深灰色碎石土夹黏性土，超固结状	20～40	冰碛相	深埋盆地底部及靠盆地边缘底部
	下更新统	昔格达组 上段	Q_{1x}^2	浅灰、浅黄色钙质粉砂岩、细砂岩夹薄层状含钙黏土岩	>15	冰水河湖相	盆地出口右岸坡及其下游河谷两岸皆有分布
		昔格达组 下段	Q_{1x}^1	灰绿色块碎石土，半成岩状	>20	冰碛相	盆地下游沿南桠河谷坡及河床下部分布

ϕ89 管内最高达 450L/min。第二岩组，褐黄、灰黄、灰绿色块碎石土夹硬质土层：系冰川（水）堰塞堆积物，物质主要来源于三岔河等古冰川。以近源石英闪长岩块为主夹少量辉绿岩、花岗岩块，粒径大小悬殊，其间为黏性土所充填，具泥砾混杂堆积特征，结构密实。该岩组具有较好的隔水性能，构成深层承压含水层隔水顶板。第三岩组，卵砾石层与粉质壤土互层：总厚 46～154m 不等。卵砾石成分杂，主要由大理岩、玄武岩、闪长岩及花岗岩等组成。粉质壤土呈青灰、浅灰色薄层状，其间夹数层炭化植物碎屑层或粉质砂壤土、含砾粉质壤土透镜体。第四岩组，弱胶结卵砾石层：出露厚度65～85m。卵砾石成分以大理岩、玄武岩、闪长岩为主，花岗岩、辉绿岩次之。泥钙质孔隙式弱胶结为主，局部基底式钙质胶结卵砾石层多呈层状或透镜状分布，地貌上多形成陡壁，存在溶蚀现象。该岩组具有较弱的含水、透水性能。第五岩组，粉质壤土、粉质砂壤土夹炭化植物碎屑层：系一套以湖沼相为主的冰水—河湖相沉积层，厚 90～107m，与下伏巨厚卵砾石层呈整合接触。粉质壤土单层厚度一般为 15～20m，最厚达 30 余米，青灰、浅灰、浅黄色薄层状，层纹清晰，遇水易软化，其间夹数层厚 5～15m 的炭化植物碎屑层，工程地质性状极差。层内间夹 3～8 层砾石层，具有单层厚度薄 0.8～5m、粒度小、胶结程度相对较差的特点。

冶勒水电站第四系主要地层结构松散，钻进中孔壁稳定性差。若泥浆性能调节不好，时有坍塌、掉块甚至埋钻等现象发生；粉质壤土及碎块石夹硬质土层水敏性强，自然造浆严重，孔壁出现缩径；弱胶结卵砾石层具有一定含水、透水性，深部承压含水层。地层深厚，层次结构复杂变化频繁，为保证钻进顺利，达到较高的取心质量，必须掌握好钻头选择、钻进规程、冲洗液性能及特殊情况的处理等重要环节。

二、钻探

1985 年开始对冶勒水电站进行钻探作业，选用国内生产的 SGZ-Ⅲ型钻机、BW-150 变量泵，采用钢粒（或硬质合金）清水钻进。由于地层岩性属于弱胶结卵砾石层含硬质黏性土及粉质壤土，吸水性强，水化造浆强烈，缩径严重，孔壁容易垮塌，孔内涌砂等（最大涌砂在右岸坝肩某孔孔深 100m 时，孔内涌砂堆积近 20m），使得钻进困难、效率低。

20 世纪 80 年代后期及 90 年代初期，选用国内生产的 XY-2 型钻机、XU600 型钻机及 BW-150 型泥浆泵、NJ-300 泥浆搅拌机，并根据地层结构复杂、软硬变化大、岩粉颗粒细、金刚石不易自磨出刃的特点，使用了聚晶高低齿及普通孕镶金刚石钻头。DF 高低齿钻头胎体较软，在粉质壤土、黏土及植物炭化碎屑层中钻进，金刚石出刃正常，以切削方式破岩且由于水口断面较大，水路畅通，利于岩粉排除，因而钻进效率较高。但在钻进卵砾石层时，胎体磨损较快，金刚石聚晶时有崩落，影响钻头寿命，据统计该型钻头的使用寿命为 30～40m。普通钻头在相同的地层条件下，金刚石自磨出刃不正常，排粉不畅，钻进效率较低，但钻头寿命较高，X27 号孔使用两个 ϕ94 加厚孕镶钻头钻进了 170 余米，平均使用寿命高达 85m 以上。

在钻孔结构上根据地层的复杂程度和孔深情况，采用多级口径和多种钻进方法，即上部适当增大钻孔直径至 ϕ110、ϕ130。采用合金钻进，下入必要的护壁套管，然后换

用 $\phi94$ 的金刚石钻进，根据地层稳定情况或者一径终孔，或者继续下入隔离套管依次换小一级至二级的金刚石钻头钻进，但最小终孔直径不小于 $\phi56$。例如 X9 号孔，设计孔深 420m，由于上部地层松散和隔离含水层的需要，孔深 240m 左右已下入多层套管，最小直径为 $\phi73$mm，最后使用 $\phi56$ 金刚石一径钻至设计孔深；又如 X27 号孔，设计孔深为 250m，上部 70m 采用合金钻进，下入 $\phi127$、$\phi108$ 两级套管，最后使用 $\phi94$ 的金刚石一径钻至设计孔深。

为确保安全顺利钻进并保证取心质量，钻进参数遵循"中速、低压、小泵量"的原则。根据不同的钻头直径采用的转速 $300\sim655$r/min、钻压 $4\sim7$kN、泵量 $25\sim40$L/min；并根据孔内情况，正确及时地调整钻压、转速，适当控制给进速度，即在砂、土层中，用速度 $10\sim12$cm/min，卵砾石层中用速度 $4\sim7$cm/min，不宜过快；下钻后用较大泵量冲孔，而后降低泵量钻进。此外，在操作上还注意了以下几个环节：

（1）经常检查双管钻具的单动性能，尤其是轴承的灵活性；及时拆洗加油，更换密封圈；合理调节内、外管的间隙。在砂、土层中，将卡簧座与钻头间隙增大到 $8\sim10$mm，以防止水路堵塞，卵砾石层中则控制在 $3\sim5$mm。

（2）回次进尺控制在 $1.2\sim1.5$m，一旦发现堵塞，立即提钻。

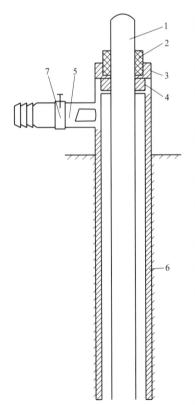

图 12-1　孔口封闭装置示意图
1—钻杆；2—垫圈；3—接手；4—胶塞；
5—三通；6—套管；7—阀门

（3）降低起下钻速度，尤其注意裸孔段。避免了钻具抽吸产生的压力激荡，影响孔壁稳定。

（4）孔口管上设置三通与水泵回水管相连接，起钻时继续开泵进行回灌，以保持泥浆液面，维持孔壁稳定。

（5）注意泥浆维护，每班清理循环槽，每周清理淀箱及水源箱，并进行换浆。

孔内遇见承压水时使用加入重晶石粉加重泥浆防喷以维持正常钻进，由于双管钻具间隙太小极易堵塞，所以只能使用金刚石单管钻具。

配制加重泥浆时，先搅好基浆，而后逐渐加入所需的重晶石粉。为保证有足够的悬浮能力，基浆内膨润土的加量为 $8\%\sim10\%$，比重为 $1.06\sim1.08$；为了改善泥浆的性能，还加入了 SM 植物胶粉 $0.2\%\sim0.3\%$。泥浆的性能每天测定一次，根据性能变化及时调节配方。

X28 号孔在孔深 78m 时，孔内承压水涌水量较大，流速较高，实测涌水量 450L/min，高出孔口的水头压力为 0.39MPa，水泵送入的加重泥浆迅速被稀释并涌出孔外，无法形成平衡液柱，导致止涌失败。在这种情况下在孔口设置了三通管封闭装置并加装调节阀门（见图 12-1），并按下列步骤：将钻具下入孔；利用立轴油缸压紧胶塞封闭孔内套管与钻杆间的环状间隙，使承压水通过闸阀泄出；调节闸阀使水量小于 50L/min；泵送加重泥浆，直至返出浓浆；立轴油缸卸荷进行正常钻进。

在结构松散、非固结卵砾石层中，采用多级口径和多种钻进方法配合 SM 植物胶冲洗液及加重泥浆，共完成 93 个钻孔计 6887m 的钻探，成功解决了钻孔缩径、坍塌、涌砂、承压水等问题，极大地提高了岩心采取率和钻进效率，并查明了各含水或透水岩组与相对隔水岩组的埋深、厚度、岩性岩相变化和空间分布范围，以及深部承压水和浅层承压水的水头、水量和埋藏条件，为设计部门研究在高地震烈度区深厚覆盖层上建高土石坝的坝型及基础防渗处理措施等问题提供了可靠的基础数据。

⁂ 第四节　锦屏一级水电站

一、工程简介

锦屏一级水电站位于四川省凉山州盐源县、木里县交界的雅砻江上，是雅砻江水能资源最富集的中、下游河段五级水电开发中的第一级水电站。

坝址区覆盖层系山体堆积与河床冲积而成，主要由块碎石层、砂卵石层组成。河床冲积层厚度一般在 30m 左右，最深为 35.92m。河谷覆盖层物质以砂卵砾石、漂石、砂层组成，成分砂岩、大理岩、花岗岩为主；粒径 4～8cm、18～30cm 不等，较密实。上部多为含漂砂卵石，结构松散。中下部有厚约 6～14m 的含黏质土砾、碎石及砂、砂壤土透镜体，较疏松～中密。冲积层底部往往夹块碎石。

覆盖层结构松散，小颗粒沉积物极易溃散，地下水活动厉害，孔壁稳定性差，导致在钻孔钻进中为控制回次进尺而频繁起下钻以及孔内事故增多、钻头寿命短、管材消耗严重、取心困难等。

二、钻探

锦屏一级水电站 S112、S116、S117 三个钻孔在河床砂卵石覆盖层中，S310 钻孔在滑动蠕变岩体中进行绳索取心钻进。其中，S112 作为先导试验孔，探索 S94 绳索取心钻具对河床砂卵石覆盖层的适应性及泥浆系统设计的合理性，其余三个钻孔是在先导孔试验成果的基础上，采用了经过改进 S95 钻具进行。

1. 设备及机具选择

（1）钻机选用 XY-2B 型大立轴通孔钻机，其参数见表 12-4。

表 12-4　　　　　　　　　XY-2B 型钻机主要技术参数

钻孔深度（m）	φ50 钻杆	380
立轴转速（r/min）	正转	57；99；157；217；270；470；742；1024
	反转	45；212

立轴最大扭矩（N·m）		3330	
钻孔倾角（°）		0～90	
立轴最大起拔力（kN）		60	
立轴行程（mm）		560	
卷扬单绳最大提升力（kN）		30	
立轴通孔直径（mm）		96	
油泵		SCB32/12 双联齿轮油泵	
配备动力	电动机（kW）	22	
	柴油机（kW）	19.85	
外形尺寸（长×宽×高，mm×mm×mm）		2220×900×1880	
钻机质量（不含动力机）（kg）		1200	

（2）泥浆泵选用性能能满足现场钻探要求的 BW-150 型变量泥浆泵。

（3）泥浆搅拌机选用 $0.3m^3$ 立式泥浆搅拌机。

（4）连续除泥离心机选用 WL-230 型连续除泥离心机。

（5）选用 S94 绳索取心钻具、钻杆夹持器、提引器、绞车等，以及轻便式提引器和大通孔水龙头。

2. 钻孔结构

钻孔采用 $\phi130$ 硬质合金钻进表层松软结构层，并跟入 $\phi168$ 套管进行护壁。然后根据孔内情况及 $\phi168$ 套管跟入深度与孔深关系，确定是否下入 $\phi127$ 套管进行护壁，采用 S94 绳索取心钻具一径钻穿覆盖层。钻孔结构情况见表 12-5。

表 12-5　　　　　　　　　　钻孔结构表

孔号	孔径（mm）	孔深范围	跟（下）入套管深度（m）			钻进方法
			$\phi168$	$\phi127$	$\phi108$	
S112	130	0～5.55	4.75	5.4		硬质合金
	S94	5.55～24.37				绳索取心
S116	130	0～5.68	5.22			硬质合金
	S94	5.68～26.26				绳索取心
S117	130	0～5.16	5.1	12.38		硬质合金
	S94	5.16～29.15				绳索取心
S310	110	0～36.44			36.44	硬质合金
	S94	36.44～72.54				绳索取心

3. 钻进工艺参数

钻进采用的基本参数见表 12-6。

表 12-6 　　　　　　　　　　　**钻进参数表**

钻具	钻压（kN）	转速（r/min）	泵量（L/min）	泵压（MPa）
S94	5～7	500	20～30	<0.6

冲洗液采用浓度 2％的 SM 植物胶冲洗液，配备以离心式连续除泥器为主体的浆液循环系统，如图 12-2 所示。

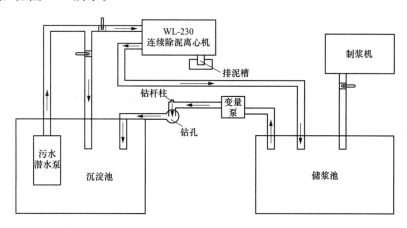

图 12-2　浆液循环系统示意图

4. 现场操作

（1）确认从钻杆柱中投入的内管总成已坐落预定位置后，才开始扫孔钻进。在干孔中，采用具有干孔送入机构的打捞器送入，或在钻杆柱内注入冲洗液，然后迅速将内管投入。

（2）当岩心堵塞或岩心充满后，泵压骤然上升，立即停止钻进，捞取岩心。此时，严禁上下窜动钻具、加大钻压等方法继续钻进，否则将加剧钻头内径的磨损，严重的将导致卡簧座倒扣，内管总成上下顶死弹卡不能向内收拢，造成打捞失败和提升钻杆柱。

（3）将钻具提离孔底一小段距离，卡断岩心，拧开机上钻杆，钻机退离孔口。从孔口钻杆中放入打捞器，打捞器在冲洗液中下降的速度约为 1.5～2m/s。当打捞器到达孔底，缓慢地提动钢丝绳，冲洗液由钻杆中溢出时，打捞可能成功。内管提出后，缓慢放下摆平，以免将调节螺杆墩弯。

（4）提升钻具及打捞内管时，及时向孔内回灌一定数量的冲洗液，以避免钻杆柱内外之间压力差导致的孔壁失稳坍塌。提升钻柱时，先打捞出内管总成，以增大冲洗液的流通断面，减小抽吸作用和压力激荡对孔壁的影响；下钻时，先钻柱，再下内管。

（5）现场操作过程中，根据钻具存在的不足进行了改进，其改进如下：

1）结合覆盖层的岩性特点和钻孔深度，重新设计加工新型金刚石钻头，其性能参数见表 12-7。

表 12-7　　　　　　　　　　　　　　**钻头性能参数表**

内径 （mm）	外径 （mm）	工作层厚 （mm）	金刚石 品级	金刚石浓度 （%）	胎体硬度 （HRL、HRC）	内外保径 聚晶颗粒数
62	94	5	JR4	100	50	内外各 5

2）通过在悬挂环上加垫子来缩小内管弹卡室的活动间隙，使弹卡与弹卡挡头的距离为 2mm，钻头内台阶至卡簧座距离在钻进过程中最大不超过 5mm。

3）将钻具长度缩短为 3.20m，内管长度缩短为 1.50m，以改善钻具的单动性能；内管采用磨光内管，以减小岩心进入内管的阻力。

4）取消到位报信机构和岩心堵塞报信机构，并在卡簧座上开水口，以使泵压维持在正常状态。取消该机构后，泵压由原来的 4MPa 左右降至 1MPa 左右。在卡簧座上开水口，增大了冲洗液的过流面积，又使泵压进一步下降至正常值 0.5MPa 左右。

5）使用改进设计的机上捞心易拆式防抽吸水龙头。

5. 效果

完成 4 孔的 S94 绳索取心钻进后，对完成情况进行简单统计，钻进效果见表 12-8。

表 12-8　　　　　　　　　　　　　　**钻进效果统计表**

孔号	有效回次数	有效进尺（m）	岩心采取率（%）	平均回次进尺（m/回次）	柱状岩心回次数	散砂样回次数	台班进尺（m/台班）	钻头寿命（m）	提钻间隔（m）	内管打捞成功率（%）
S112			82.3	0.9			4.72	6.3	4.9	100
S116	11	12.45	85.2	1.13	8	3	5.99	20.58	12.48	100
S117	9	9.45	92	1.05	8	1	6.25	25.72	5.65	100
S310	28	36.1	95.5	1.29	27	1	6.88	27.8	27.8	100

对松散结构的覆盖层钻进，岩心采取率较高，达到 90% 以上，且能随钻取样，层次清晰，满足地质要求。由于绳索取心钻进减少了跟管、拔管和起下钻工序，从而增加了纯钻时间，提高了钻进效率。在覆盖层中使用绳索取心钻进，较使用普通金刚石小口径钻具配合跟管钻进的 4～5m 的台班进尺要高。由于减少了起下钻次数和起下套管工序，不仅节约了时间，而且节约了劳动力，减轻了人工劳动强度。由于绳索取心钻杆外壁平滑，与孔壁间隙小，钻杆旋转时与孔壁接触面积大，减弱了对孔壁的敲击。同时，起钻次数少，不仅减少了对孔壁的撞击、冲洗液压力激荡对孔壁的破坏，而且可以有效防止探头石、掉块卡钻和塌孔埋钻；增设了防抽吸装置，有效地防止了孔内抽吸，保持了孔壁稳定，使孔内事故得到减少和有效控制。绳索取心钻进平稳及起下钻次数少，使钻头与孔壁碰撞和扫孔较少，因而增加了钻头使用寿命。覆盖层绳索取心钻进减少了跟管，自身可作套管使用，从而减少了管材占用和消耗。由于绳索取心钻进河床砂卵砾石

覆盖层地质效果好、钻进效率高、事故少、钻头寿命高、减少了管材消耗，因而降低了覆盖层钻探成本。

❀　第五节　泸定水电站

一、工程简介

泸定水电站位于四川省甘孜州泸定县境内大渡河上，枢纽建筑物主要由黏土心墙堆石坝进行挡水、左右岸泄洪洞泄洪及右岸岸边式发电厂房。

泸定水电站河谷覆盖层深厚，层次结构复杂。上坝址覆盖层厚度一般为 120～130m，最厚达 148.6m，按其物质组成、结构特征、成因和分布情况等自下而上（由老至新）分为四大层七亚层。层次结构相对简单，但透水性较强。

第①层：漂（块）卵（碎）砾石层（$fglQ_3$）。粗颗粒成分以弱风化花岗岩、闪长岩为主，少量辉绿岩；次圆～次棱角状。漂（块）石粒径多为 250～400mm；卵（碎）砾石粒径以 30～80mm 为主；细粒以中～细砂为主，充填于粗颗粒间，局部集中时呈透镜状展布。该层粗颗粒基本形成骨架，结构密实。第②层：系晚更新世晚期冰缘冻融泥石流、冲积混合堆积（$pegl+alQ_3$），根据其物质组成及结构特征，可分为三个亚层。②-1 亚层：漂（块）卵（碎）砾石层夹砂层透镜体。物质组成性状与第①层基本相同。②-2 亚层：碎（卵）砾石土层。呈灰绿色或灰黄色，碎（卵）砾石成分为近源闪长岩、花岗岩，次棱角状为主，间有次圆～圆状，粒径以 10～40mm 及 60～80mm 居多，局部见砂层或粉土层透镜体。②-3 亚层：粉细砂及粉土层，呈透镜体展布于河谷Ⅵ线上游及横Ⅲ～横Ⅳ线的河床左侧。第③层：系全新世早中期冲、洪积堆积（$al+plQ_4$），按其物质组成分为两个亚层。③-1 亚层：含漂（块）卵（碎）砾石层。粗颗粒成分以弱风化花岗岩、闪长岩为主，少量辉绿岩。呈次圆～次棱角状。③-2 亚层：砾质砂层。以中、粗砂为主，少量砾石，偶见卵石，次圆状为主。第④层：漂卵砾石层系全新世现代河流冲积堆积（alQ_4）。漂卵砾石成分以弱风化闪长岩、花岗岩为主，磨圆度较好，次圆～圆状。

覆盖层中漂卵石粒径大，常规钢砂、钢粒、硬质合金及金刚石小口径跟管钻进时，跟进套管是很困难甚至根本不能跟进以及冲洗液的大量漏失；粉细砂及粉土层钻进时取心困难，尤其是原状样或近似原状样根本无法获取；地层不稳定因素导致的孔壁垮塌、掉块、涌砂等，甚至造成卡钻、埋钻以及跟管钻进时套管出现偏斜、脱落、折断等孔内事故。

二、钻探

泸定水电站覆盖层钻探主要采用 SM 植物胶护壁、金刚石钻具跟管钻进取心工艺，钻孔采取多级变径，即采用 $\phi130$ 金刚石钻具钻进跟入 $\phi168$ 套管，$\phi110$ 金刚石钻具钻进跟入 $\phi127$ 厚壁套管至下部结构较为紧密、易于裸孔钻进的层位，后改用 $\phi94$ 及 $\phi77$

金刚石钻具至终孔。同时，泸定水电站覆盖层钻探还进行了潜孔锤取心跟管钻进生产性试验。

1. 金刚石回转钻进

钻机选择 XY-2B 型岩心钻机。泥浆泵选用 BW-150 型泥浆泵。由于套管需经多次反复起、下，重复使用，对套管的丝扣连接、同心度、垂直度、热处理等均有严格要求。

为了便于起拔套管，尽量减少起拔时的摩阻力，厚壁套管连接方式采用管身直接车丝公母扣连接，其型号有 $\phi219\times12$、$\phi168\times10$、$\phi140\times9$ 三种，同时配备 $\phi108$ 薄壁套管。选用孕镶金刚石钻头，其型号有 $\phi140$、$\phi130$、$\phi110$、$\phi94SD$、$\phi77SD$。钻头胎体硬度范围主要在 $30°\sim45°$。

根据地层的复杂程度和孔深情况，采用多级口径和多种钻进方法，即上部增大钻孔直径至 $\phi219$、$\phi168$、$\phi130$。采用金刚石钻进，先钻进取心再跟入护壁套管，同时采用 SM 植物胶冲洗液、金刚石"双套钻具＋半合管"进行取心钻进，分回次钻进取心后，分别利用吊锤下打 $\phi219$、$\phi168$、$\phi140$ 套管，如此循环作业至孔内不坍塌、密实层后采用 SM 植物胶冲洗液护壁、$\phi94$ 及 $\phi76$ 金刚石钻具裸孔钻进至终孔。

钻进参数遵循如下原则：钻压随孔深的延深逐渐减小，甚至减压钻进；对于砂层、砂卵砾石层，冲洗液量尽可能小，以浆液能返出钻具即可；在钻进平稳的情况下，尽量增大转速；为确保钻孔质量、取心质量，控制钻速。

2. 潜孔锤取心跟管钻探

选择 SBZK-7 号钻孔、SBZK-13 号钻孔作为试验孔。钻机选择 XY-2 立轴式钻机（Y160L-4 型 15KW 电动机驱动，配 JD1A-40D 电磁调速控制器，控制最低转速 20r/min）；空气压缩机选择 VHP700E 移动式空气压缩机（电动，轴功率 184kW，容积排量 $19.8m^3/min$，排气压力 1.2MPa）；钻杆选择 $\phi73$，采用专门设计制造的六方插接式防拧紧钻杆接头及 $\phi50$（外平）普通钻杆；冲击器为 DHD-350R 型；套管选择 $\phi168$ 套管，并为左旋螺纹连接。试验情况如下：

（1）试验时间与试验孔段。试验时间：2004 年 9 月 29 日～10 月 17 日。试验机组每天开动一个班，工作时间 8h。在试验期间，除国庆节休假 2 天，共 17 天，实际工作台时（按每天 24h 计算）5.7 天，0.19 台月。扣除设备故障等时间，为 0.15 台月。2004 年 12 月 27 日～2005 年 1 月 11 日。采用 8h 工作制，即每天开动一个班，工作时间 8h。在试验期间，元旦放假 6 天。实际试验时间 8 天，实际台日（按每天 24h 计算）3.16 日（76h）。

0～37.07m。钻至 36.07m 时，由于套管阻力变大，地层变细，地质要求进行重力标贯试验等原因，因此潜孔锤取心跟管钻进试验于 2004 年 10 月 17 日 19：00 钻至 37.07m 时结束。0～36.55m。试验至 35.85m，由于该回次提钻至孔口时发生跑钻，孔内水位又低（静态水位 16m 左右，动态水位大约在孔底），跑钻冲击作用使套管钻头卡死（不能相对套管旋转），随后采用 $\phi127$ 钻具振动处理均无效。试验于孔深 36.55m 结束。

（2）取心情况。9 月 29 日，直接采用 GGQX-168 空气潜孔锤取心跟管钻具开孔，刚开始钻进两个回次，进尺 1.68m，岩心为 0。其原因为：由于地层为纯粗砂层，岩心很容易脱落，即沙漏现象；其次由于钻具内管短节与 $\phi89$ 岩心管的插接处轴向间隙较大（可轴向移动 15mm），部分高压空气从短节处串（漏）入 $\phi89$ 岩心管内冲刷岩心，导致岩心不能自卡。随即采用 $\phi128$ 单管取心钻具补采岩心，岩心采取（补采）率 100%。后来，通过增加垫圈调节 GGQX-168 取心跟管钻具的内管短节与 $\phi89$ 岩心管的插接处的轴向间隙（可轴向移动 10mm），消除了串漏风故障，从根本上解决了 GGQX-168 取心跟管钻具的取心问题。

10 月 3 日，孔深 9.20m 见水位。在 9.85～11.65m 孔段（2 个回次），取出的岩心为块状（碎石块），无砂和泥质等充填物。从孔口既不返风，又不返水，钻进速度较快（其中有大约 300mm 段钻进仅用 2min），取出的岩心又无扰动和水洗等现象。分析认为，该层位属架空层，无充填物。10 月 4 日，11.65～15.0m 孔段（3 个回次），其中 2 回次采用不带 $\phi108$ 衬管（岩心容纳管）的 $\phi128$ 单管取心钻具钻进，孔口返风水，取出的岩心仅为碎石块（有明显水洗现象），而无充填物；后经采用 GGQX-168 取心跟管钻具跟管钻进，补采出含充填物的岩心，从两种钻具钻进的取心效果和水洗岩心现象分析，不带衬管的 $\phi128$ 取心钻具由于岩心直径 92mm，钻具内径（$\phi127$ 管）109mm，两者间隙较大，岩心在管内严重扰动，加之空气抽吸形成负压，将充填物从管内带出，造成取心质量差。后期使用的 $\phi128$ 取心钻具均安装了衬管，取出的岩心从未出现不含充填物的情况。

提钻取心时，岩心一般都紧紧充填在岩心管内，并且钻遇松散层具有轻微的轴向岩心压缩现象，必须采用 8p 锤敲打退心。在岩心管的上部，一般都存在一定长度（100mm 左右）的沉垫砂，所取沉淀砂都剔除并丢弃，即不入岩心箱和不计岩心长度。

（3）钻进速度。在 0～36.07m 孔段，除配套冲击器不合理外，跟管取心钻进速度都比较快，一般跟管取心钻进速度接近 3m/h；孔内 $\phi168$ 套管也从未出现脱口、损伤等异常现象。

（4）钻具到位和中心取心提升情况。在整个试验期间，大多数情况下，钻具差200～400mm 才到位（系 $\phi168$ 套管内沉淀砂所造成），由于判断准确和采取了正确的操作技术，中心取心钻具每回次都能准确到位，从未出现误操作和误判断的情况。

（5）钻具磨损情况。整个试验期间，GGQX-168 取心跟管钻具和 $\phi128$ 取心钻具整体结构可靠、跟管取心钻进性能稳定，未出现其他异常磨损情况。

3. 潜孔锤取心跟管钻探工艺

（1）采用潜孔锤取心跟管钻具直接开孔。开孔时，由于套管容易错位，将套管靴直接放到孔位，采用简易的定位措施将其定位；将中心钻具下入套管内并使其到位，送风和开动钻机进行冲击回转钻进。

（2）钻具到位判断。准确记录孔内钻具（包括钻杆、机上钻杆）长度 L_z 和套管长度 L_t，结合机高计算和记录钻具到位情况下的机上余尺 L_y，丈量和计算精确到厘米，以此作为判断钻具到位的依据。

钻杆下完后，采用钻机立轴控制钻具下行，当接近 $L_y+210mm$ 时，采用管钳旋转钻具使中心取样钻头（内凹花键槽）进入套管钻头（内凸花键）处于配合状态，其直观表现是下方遇阻的中心钻具再下行 210mm，然后检查实际机上余尺与计算余尺 L_y 是否吻合（约相等），吻合则说明钻具到位，可以进行正常钻进操作；如实际机上余尺大于（$L_y+210mm$），说明钻具尚未到位，不能进行钻进操作。

（3）钻进规程参数。正常钻进时，根据卵砾石覆盖层的密实程度、漂石和卵砾石的硬度及粒径大小等，在以下范围内调整钻进规程参数。其调整原则为：地层较松散，采用小钻压和大风量为主的规程参数；遇较大的漂石，采用低转速和大钻压为主的钻进规程参数。钻进规程参数见表 12-9。

表 12-9　　　　　　　　潜孔锤取心跟管钻进规程参数

钻具规格（mm）	$\phi 168$	$\phi 146$	$\phi 127$
钻压（kN）	4～6	3～5	2～4
转速（r/min）	20～30	20～40	20～40
风量（m³/min）	18～20	18～20	9～20
风压（MPa）	1.2	1.2	1.2
回次进尺（m）	1.2（1.7）	1.2（1.7）	1.2（1.7）

必要时可采用较大钻压，尽量减轻高频冲击振动的反弹力对岩心的破坏。

（4）取心质量控制措施。由于在覆盖层钻进，为了保证取心质量，要控制回次进尺长度；同时为了冲击功能有效传到孔底钻头。一般采用 1m 或 1.5m 长的岩心管。1m 长的岩心管，控制回次进尺为 1.20m，1.5m 长的岩心管控制为 1.7m。

潜孔锤取心跟管钻进生产性试验实际完成工作量 73.62m，取得岩心长度 73.62，岩心采取率为 100%，跟管钻进效率平均为 2.17m/h（其中，GGQX-168 钻具 2.6m/h，$\phi 127$ 钻具 1.65m/h），台月效率为 296.63m/台月（两次分别为 247.13m/台月、346.12m/台月），套管钻头寿命>30m。

⚒ 第六节　藏　木　水　电　站

一、工程简介

藏木水电站位于我国西部高原山区，地处雅鲁藏布江中游峡谷出口处。

坝址区第四系松散堆积物主要有冰水积（fglQ₃）、冲积（alQ₄）、崩坡积（col＋dlQ₄）等。冰水积（fglQ₃）、冲积（alQ₄）堆积物主要分布于河床、漫滩及阶地部位。坝址区河谷覆盖层厚 10.4～45.1m，总体呈两岸浅中间深。河床上部为冲积含漂砂卵砾石（alQ₄），下部为冰水积含漂砂卵（碎）砾石层（fglQ₃），无连续分布的砂层。由下至上、由老至新分述如下：第①层：冰水堆积含漂砂卵（碎）砾石层（fglQ₃），分布于河床下部，厚度3.9～22.1m，顶板埋深10.1～26.45m，高程为3221.15～3235.6m。漂、卵（碎）、砾石成分以花岗岩为主，含少量砂岩，磨圆度较好，部分呈棱角状、次圆状。漂石含量约10%；卵（碎）石含量为20%～30%；砾石含量为40%～50%；砂土含量为10%～20%，结构较密实。第②层：冲积含漂砂卵砾石层（alQ₄），分布于现代河床上部、漫滩。厚度10.1～26.0m。漂、卵、砾石成分以花岗岩为主，含少量砂岩，磨圆较好。漂石含量约10%；卵石含量为25%～35%；砾石含量为35%～45%；砂为灰黄色中细砂，含量为20%～30%。崩坡积块碎石土（col＋dlQ₄）主要分布在两岸坡脚及斜坡地带，块碎石成分以花岗岩为主，棱角状，结构松散，架空现象普遍。洪积（plQ₄）碎砾石土主要分布于两岸冲沟沟口，结构较松散。

藏木水电站覆盖层主要为含漂砂卵砾石层，采用常规金刚石小口径加无固相冲洗液钻进取心困难，对于获取钻孔原状样或近似原状样尤为困难。

二、钻探

1. 机具选择

钻机选用XY-2型钻机，泥浆泵选用BW-150型泥浆泵。选用相应系列的套管，包括厚壁套管和薄壁套管，且套管用左丝连接，其型号主要有$\phi168\times10$、$\phi140\times9$两种，另外配备$\phi127\times9$厚壁套管及$\phi108$薄壁套管备用。使用单动双管钻具，而且单动性能要好才能达到好的取心效果，因此配备$\phi94$和$\phi77$单动双管钻具。

2. 钻孔结构

钻孔上部以小口径取心结合大口径扩孔跟管钻进为主，钻孔开孔$\phi94$双套金刚石钻具钻进取心，然后采用$\phi140$金刚石钻具扩孔跟进$\phi168$套管循环至孔深25m后，改用$\phi94$双套金刚石钻具钻进取心，跟进$\phi140$套管至基岩顶板。钻孔结构见表12-10。

表12-10　　　　　　　　　　　　　　钻孔结构表

孔径（mm）	孔深范围（m）
168	0～25
140	25～50
94（或77）	50～终孔

3. 钻进参数

一般采用较低钻压，不致使岩心堵塞而降低回次进尺；在可能的条件下，一般采用较高的转速；为保证岩心质量，一般在结构紧密地层选择较大泵量，在结构比较松散的地层选择较小的泵量。钻进参数见表12-11。

表 12-11 　　　　　　　　　　　　　　钻进参数表

孔径（mm）	钻压（kN）	转速（r/min）	泵量（L/min）	泵压（MPa）
94	5～7	600～800	20～40	＜0.5

4. 钻进操作工艺

采用 SM 植物胶冲洗液、SD 金刚石钻具进行取心钻进，分回次钻进取心后，分别利用吊锤下打 ϕ168、ϕ140 套管，如此循环作业至孔内不坍塌、密实层后采用 SM 植物胶冲洗液护壁、ϕ94 及 ϕ76 金刚石钻具裸孔钻进至终孔。

钻具下入孔内后，先用低钻压、慢转速扫孔到底，直至孔内钻具负荷不大才开始正常钻进。为防止岩心堵塞，在钻头正常钻进时不随意改变钻进参数，也不随意提动钻具。当发生岩心堵塞时，适当活动钻具，可继续进尺；而活动数次无效后，则立即起钻。

当需要采取原状样时，采用 SD94（或 SD77）金刚石双套钻具，并将钻具内管更换为半合管进行取样（取心）。

跟管钻进时遇到大孤石及漂、块石致跟管困难，采用孔内爆破将石块炸碎或炸裂，或扩孔后继续跟管。

跟管钻进过程中，吊锤锤击套管时掉落孔底的岩块采用钢丝钻头进行打捞干净后，再下入金刚石钻具进行钻进。

5. 对孔壁不稳定的处理

钻进过程中，造成孔壁不稳定的因素有：①孔内上覆土层总压力、冲洗液的液柱压力、地下水压力等压力失去平衡，地层本身强度不够，难以承受额外分配的应力；②起下钻时，钻具在孔内的上下运动产生抽吸压力和激荡压力，影响孔内原有的压力平衡；③冲洗液对裸露层的冲刷和水化作用。遇到以上情况，采取如下方法处理：

（1）保持孔内压力平衡。对于孔壁不稳定的处理主要是调整冲洗液浓度，确保液柱压力可以平衡地层压力又不至于压裂地层。同时，严格控制起下钻的速度，避免因此产生的抽吸压力和激荡压力破坏孔内原有的压力平衡状态。

（2）严格控制冲洗液性能。钻进过程中全部采用 SM 植物胶作为钻孔冲洗液，并对冲洗液浓度进行随钻监控，并及时清除浆液中的泥砂及杂物，保证冲洗液的性能良好。

（3）处理措施。提钻过程中，冲洗液面会随着钻具的上提而下降，所以边提钻边往孔内补浆。钻进时不使用弯曲的钻杆，特别是裸露层，因为弯曲的钻杆会对孔壁产生强烈的碰撞敲打作用。掌控好起下钻速度，以慢、稳为准则，以减小激荡压力和抽吸压力。对于裸露层，在可行的条件下，加快钻进速度，快速达到下一级套管的设计深度，下入套管，以缩短不稳定地层裸露在外的时间。

采用 SM 植物胶及 SD 金刚石双套钻具小口径取心、大口径扩孔跟管钻进，岩心平均采取率达 90% 以上，并随钻取出圆柱状薄砂层、夹泥层、卵砾石夹砂层等近似原状岩样，为地质人员提供了直观的岩心样品；钻进效率得到提高，平均台班效率达 5m 以上，客观上缩减了勘探周期。

⊛ 第七节　ML 水库电站

一、工程简介

ML 水库电站工程河谷覆盖层超深厚，初拟用碎石土心墙堆石坝，具多年调节能力，为大（1）型工程。

坝址河谷覆盖层超深厚且层次结构复杂，最厚达 567.60m。按成因类型主要有冲洪积、堰塞湖相沉积、冰积与冰水堆积，以及坡洪积、泥石流堆积、风积等。河谷覆盖层从下而上可分为四大层，其中堰塞湖相沉积的第③层按物质组成又分为三个亚层。第③层以细颗粒土为主，物质组成为含砾中粗砂层夹中细砂透镜体和粉质黏土及砂质粉土层。第①层：冰水堆积（Q^{fgl+gl}）的块碎石层。主要分布于河谷底部，分布连续，铺满整个河床。该层物质组成以灰黄色块碎石为主。块碎石岩性以片麻岩为主，多呈棱角状，少量的次棱角状，具有弱胶结和泥包砾现象，块碎石中充填灰色中粗砂，颜色和组成较单一。第②层：冲洪积堆积（Q_3^{al+pl}）的含块砂卵（碎）砾石层。分布于河谷底部，上覆于第①层，分布连续，铺满整个河床，该层物质组成以灰色含孤块、碎（卵）砾石砂层为主。块碎（卵）石多为棱角～次棱角状，部分次圆～圆状，岩性以片麻岩为主。第③层：河湖相堆积层（Q_3^{al+l}），分布于河谷中上部，上覆于第②层，主要由深灰色～灰黑色含砾中粗砂层夹中细砂层透镜体、粉质黏土及砂质粉土层等组成。第④层：主要为冲积堆积（Q_4^{al}），分布于河谷表部的现代河谷表部。

由于覆盖层深厚，且主要以块碎石、孤块、碎（卵）砾石砂、含砾中粗砂层夹中细砂层透镜体、粉质黏土及砂质粉土组成。钻探中面临的问题主要有：①成孔；②取心及取样；③护壁堵漏；④钻孔防斜与纠斜；⑤特殊情况处理。

二、钻探

1. 设备及机具选择

钻塔选用 4T13Z 型四角管子塔，该钻塔具有重量轻、负荷能力大、安装使用方便等特点；由于 ML 水库钻孔覆盖层巨厚，因此选择扭矩、提升力强大，并操作方便、能分解运输、易于维护的 XY-1000 型岩心钻机。选用 BW-250 型和 BW-150 型泥浆泵；这两种泥浆泵动力配置较小，其性能能满足现场钻探作业及试验要求。套管跟进的爆破跟管技术，由于 ML 水库覆盖层特点，需要跟进的套管口径大（最大 $\phi219$）、跟入深度深（最大深度超过 300m）。因此，会同相关厂家设计重达 300kg 的吊锤（见图 12-3）。

为起拔套管，研发了专用拔管机，拔管机通孔直径能起拔 $\phi219$ 套管，起拔力兼顾套管自身丝扣连接强度及起拔套管的摩阻力。上拔力太大易把套管拔断，上拔力太小又达不到起拔套管的要求，鉴于此，相关技术人员对拔管机进行了全新设计。其技术参数见表 12-12。

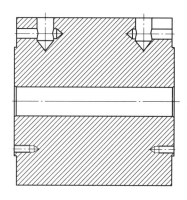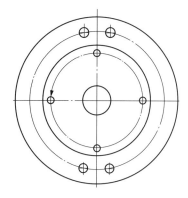

图 12-3　吊锤结构示意图

表 12-12　　　　　　　　　拔管机主要技术参数

型号	BG-80	额定起拔力（kN）	700
拔管直径（mm）	60-219	液压系统额定压力（MPa）	30
拔管深度（m）	260	最大部件（kg）	180
最大拔出转速（mm/min）	590	电机功率（kW）	5.5
油缸行程（mm）	500	液压站外形尺寸（长×宽×高，mm×mm×mm）	730×640×430

由于套管需经多次反复起、下，重复使用，对套管的丝扣连接、同心度、垂直度、热处理等均严格要求。为了便于起拔套管，尽量减少起拔时的摩阻力，厚壁套管连接方式采用管身直接车丝公母扣连接，同时满足冲击载荷冲击高度 4.5m、冲击载荷 3000N。因此，选用厚壁套管，其型号分别为：$\phi219×12$、$\phi168×10$、$\phi140×9$、$\phi114×9$。同时，为了保证能工人搬运，每根套管重量不超过 60kg，所以每种型号套管长度分别为：$\phi114$ 最长 2.5m、$\phi140$ 最长 2m、$\phi168$ 最长 2m、$\phi219$ 最长 1.2m。

2. 钻孔结构

钻孔上部以小口径取心结合大口径扩孔跟管钻进为主，尽可能的增大每一级套管的跟管深度，下部以泥浆护壁金刚石钻具裸孔钻进至终孔。部分钻孔结构见表 12-13。

表 12-13　　　　　　　　　部分钻孔结构表

孔号	孔深范围（m）						覆盖层深度（m）
	$\phi219$	$\phi168$	$\phi140$	$\phi114$	$\phi94$	$\phi76$	
Y001	0～60.60	60.60～142.61	142.61～199.59	199.59～248.50	248.50～401.90		371.6
Y002	0～66.36	66.36～158.17	158.17～230.77	230.77～247.86	247.86～479.45		455.62

孔号	孔深范围（m）						覆盖层深度（m）
	$\phi219$	$\phi168$	$\phi140$	$\phi114$	$\phi94$	$\phi76$	
Y003	0～68.60	68.60～121.86	121.86～206.76	206.76～237.00	237.00～421.20		405.4
Y004	0～57.80	57.80～140.40	140.40～219.80	219.80～255.20	255.20～519.05		未击穿覆盖层
Y005	0～63.60	63.60～136.99	136.99～166.20		166.20～440.88	440.88～451.60	
Y006	0～21.66	21.66～93.83	93.83～151.00	151.00～208.63	208.63～534.79		512.83
Y007	0～4.45	4.45～137.83	137.83～212.95	212.95～300.23	300.23～402.30		378.6
Y008	0～53.50	53.50～143.90	143.90～175.40	175.40～231.30	231.30～580.33		567.6
Y009		0～12.00	12.00～37.80		37.80～100.80		未击穿覆盖层

3. 钻进工艺

采用小口径取心、大口径扩孔跟（下）管钻进工艺成孔。

0～70.0m 孔深段、70.0～150.0m 孔深段、150.0～230.0m 孔深段、230.0～300.0m 孔深段主要采用 SM 植物胶冲洗液、$\phi94$ 金刚石"双套钻具＋半合管"进行取心钻进，分回次钻进取心后，分别利用吊锤下打 $\phi219$、$\phi168$、$\phi140$、$\phi114$ 套管，如此循环作业至孔深 300m。300m 到终孔段采用 SM 植物胶冲洗液护壁、$\phi94$ 及 $\phi76$ 金刚石钻具裸孔钻进至终孔。

随着孔深增加，起下钻难度增大，为了减少起下钻频率，特别定制 2.5m 及以上长半合管取心，以降低劳动强度，提高工作效率。针对不同的地层条件采用不同的钻进参数，见表 12-14。

表 12-14　　　　　　　　　　　　　**不同地层钻进参数表**

钻具	SD94			备注
参数 地层	钻压 （kg/cm²）	冲洗液量 （L/min）	转速 （r/min）	钻杆每增加 10m， 钻进压力适当减小
砂层	0.4～0.6	32～47	400～700	
砂卵砾石	0.6～1.0	47～52	400～700	

钻进参数除参照上表执行外，还遵循如下原则：钻压随孔深的延深逐渐减小，甚至减压钻进；对于砂层、砂卵砾石层，冲洗液量尽可能小，以浆液能返出钻具即可；在钻

进平稳的情况下，可尽量增大转速；为确保钻孔质量、取心质量，控制钻速。

4. 孔内爆破

当钻进遇卵石致套管跟进困难，同时孔内出现浆液漏失情况。对此，采用了孔内爆破跟管方法进行处理。由于钻孔深度较大，常规的孔内爆破往往效果不佳或不起爆。因此，将以往的以炸药包扎成药包的方式改变为以爆破器形式。

爆破器采用铁皮卷成适宜直径的圆筒，装入炸药，两端严加封闭，形成筒状爆破器。由于现场条件，有时也用其他包装物将炸药包装成棒状体，然后装入硬壳筒内，构成爆破器，如玻璃瓶、竹筒等。为防止钻孔内的水浸湿炸药，须在爆破器上敷设防水保护层。雷管的放置位置取决于被爆物需要的爆炸力的集中方向。设计爆破器时，考虑投放爆破器的钻孔孔径，爆破器的外径需比钻孔直径小 20mm，以便顺利投放爆破器，进行安全引爆。

爆破器制作的同时还要考虑炸药的装药量，装药量一般根据爆破物的性质、爆破目的，经计算确定，也可根据经验数据确定。

用于处理孔内事故钻具或事故套管的爆破器，其经验装药量为：先装上 0.70～1.00kg 的炸药进行试爆，若试爆无效时，再酌情增加装药量。

5. 防斜纠斜

ML 水库河谷覆盖层深厚（>500m），以砂卵砾石层为主，含砾中粗砂层夹中细砂层透镜体、粉质黏土及砂质粉土，该类地层最容易出现孔斜，除采用常规的一些防斜措施外，还有一些针对性的防斜措施。

（1）预防措施。设备安装前，地基平整、坚实，基台木要水平、稳固。钻塔滑轮、立轴、钻孔三点一线，立轴中心要与钻孔中心一致；开孔前用罗盘仔细检查立轴角度是否与设计角度一致；使用立轴松动的钻机开孔，机上钻杆或主动钻杆不得过长，并固定在卡盘中心；孔口管要下正，并按设计方向固牢及随时对孔口管进行校正。开孔粗径钻具要直，随孔深的延伸而加长。

正确选用钻具：严格器材管理，经常检查钻杆和钻具的弯曲程度，对于弯曲的钻杆或钻具及时进行更换，以提高整个钻柱的平直度，避免因钻具弯曲导致的钻孔弯曲；钻具要求刚性好，直而圆，不弯曲，不偏心，连接后同心度好，岩心管长度尽量长；在扩孔或换径时，钻具必须带有扶正和导向装置，以提高钻具的稳定性和导正作用，避免钻具偏倒导致的钻孔弯曲。

采用合理的钻进方法和规程参数：尽可能采用金刚石钻进，不得频繁地更换钻进方法，以免造成孔壁间隙的不均匀，同时也有利于减小孔壁间隙，防止钻孔弯曲；合理的钻进规程参数能保证较高机械钻速，减小孔壁间隙，减小下部钻具弯曲；钻压、转速应控制在规程以内，过大的钻压及过高的转速都会使钻杆过度弯曲；在孔壁不稳定的砂卵砾石层、含砾中粗砂层夹中细砂层透镜体、粉质黏土及砂质粉土中，采用优质泥浆护孔，防止钻孔超径。

（2）纠斜措施。选用的纠斜器具为 ϕ108mm 双滑块连续造斜器，当钻孔出现偏斜后，采用"ϕ114mm 天然表镶金刚石钻头＋ϕ108mm 双滑块连续造斜器＋ϕ50mm 钻杆＋

定向接头＋$\phi71mm$绳索取心钻杆＋变径接头＋主动钻杆"的钻具组合进行纠斜。例：某钻孔孔深 52m 时，钻孔顶角为 2.58°，造斜钻进 1h12min，造斜进尺 0.50m，在造斜钻进完成后，采用短钻具又钻进 2 个回次，共计 2.40m，随后采用常规钻具钻进 0.80m，钻至孔深 55.70m 时，测得顶角为 1.78°，顶角降低了 0.8°，纠斜成功。

Y011 钻孔孔深 210.40m 时，钻孔顶角为 5.1°，造斜钻进 1h10min，造斜进尺 1.10m，在造斜钻进完成后，采用短钻具又钻进 2 个回次，随后采用常规钻具钻进，钻至孔深 216m 时，测得顶角为 3.6°，顶角降低了 1.5°，纠斜成功。

6. 特殊情况处理

当孔内出现垮孔、漏浆等情况时，采用相应的跟管、加重泥浆、水泥封孔等堵漏措施进行处理。如：

(1) Y002 孔：240.5～306.6m，孔内涌砂较多、垮孔严重，多次采用水泥封孔处理。360.0～377.56m，垮孔严重，采用水泥封孔处理。ZKm03 孔：251.0～268.0m 垮孔严重，多次采用水泥封孔后效果不佳，后采用水泥封孔后结合高固相泥浆护壁成功解决该孔段垮孔问题。

(2) Y005 孔：108.94～113.31m，垮孔严重，粉土层中跟管困难，采用清水将钻孔进行冲洗、浸泡三天后，用合金钻头镶嵌钢丝进行扫孔，顺利跟进套管。145.0～157.7m，垮孔严重，采取往孔内投入黏土球成功进行了堵漏。167.17～171.05m、195.8～206.41m、236.97～244.71m，漏浆严重，采取往孔内投入黏土球成功进行了堵漏。185.6～204.5m、294.91～297.03m、299.48～305.4m 垮孔严重，采取水泥封孔护壁方法进行处理。313.2～317.8m 垮孔严重并伴有漏浆现象，采取水泥封孔护壁方法进行处理。

(3) Y006 孔：24.28～60.78m 为淤泥质粉土层。采用 SM 植物胶＋干钻取心，跟进 $\phi168$ 套管，并利用 $\phi127$ 钻具对淤泥层反复扫孔，同时采取清水大泵量冲孔、浸泡等方法成功隔离淤泥层。100.68～119.8m 为淤泥质粉土层。采用 SM 植物胶＋干钻取心，跟进 $\phi140$ 套管，但套管跟进困难。利用钻具对淤泥层反复扫孔，同时利用拔管机上提套管 2.0～5.0m 后再用吊锤锤击下打连续跟进套管，且不停班作业直至成功隔离。151.0～180.0m、293.0～307.01m 垮孔严重，采用水泥封孔处理。200.15～204.62m、205.22～208.01m、259.59～261.39m 漏浆严重，采取往孔内投入黏土水泥球堵漏。279.0～282.0m 漏浆严重，采用水泥封孔处理。

(4) Y009 孔：在钻进至孔深 29.0m 时，孔内出现漏浆情况。采用扩孔后跟进 $\phi140$ 套管方法处理。孔深 31.57～32.84m、32.84～34.11m、34.43～36.30m 处遇卵石致套管跟进困难，同时孔内出现浆液漏失情况。采用孔内爆破跟管方法进行处理。

7. 效果

(1) 由于钻孔全孔采用 SM 植物胶冲洗液、SD94（或 SD76）半合管取心工艺，保证了钻孔岩心采取率及取心质量。从图 12-4 中可以看出，取出的岩心层次、结构清晰、明了。钻孔岩心经地质人员描述、统计后得出采取率大于 97%，岩心原状样保存很好，得到了地质人员的好评。

图 12-4　部分岩心照片图

（2）深孔水下爆破技术解决了水下爆破跟管的难题，实现了水下 300m 孔内爆破；远远超越了以往爆破跟管的深度。

（3）采用多级套管的配套，套管护壁深度达 320m，有效地解决了钻孔护壁问题。

（4）超深复杂覆盖层深孔防斜纠斜得到很好的应用并取得良好的效果，为超深、特深覆盖层钻孔孔斜控制提供了必要的技术手段。

（5）钻进工效在超深复杂覆盖层中明显。通过对部分钻孔的统计，从表 12-15 可以看出：

1）用于生产的工时利用率达到了 97.23%，而用于钻进的工时利用率则只有 27.65%；生产中的辅助时间占总时间的 54.15%、扩孔时间占总时间的 9.27%、跟管时间占总时间的 6.16%，三者合计占总时间的百分比高达 69.58%。说明在覆盖层钻孔施工中，大量的工作是辅助、扩孔、跟管等工作，而用于纯钻进的时间不多。

2）钻进工效达到了 9.27m/台班，生产工效则只达到 2.64m/台班，平均工效则达到了 2.56m/台班。说明在深厚覆盖层钻孔施工中，纯钻进的效率是比较高的。

表 12-15

部分钻孔工效分析表

孔号	开竣工日期	孔深 (m)		钻孔进尺 (m)	工时利用情况 (min)							工时利用率 (%)		工效 (m/台班)		
		自	至		钻进	辅助	扩孔	跟管	故障	停等	总工时	钻进	生产	钻进	生产	平均
Y005	2010.12.18~2011.5.5	0.00	451.60	451.60	24480	45347	5263	7060	1560	1040	84750	28.88	96.93	8.85	2.64	2.56
Y002	2010.11.27~2011.5.14	0.00	479.70	479.70	22791	54990	8100	7089	440	240	93650	24.34	99.27	10.10	2.48	2.46
Y003	2011.6.13~2011.10.5	0.00	421.20	421.20	21400	46350	6125	5660	1260	640	81435	26.28	97.67	9.45	2.54	2.48
Y004	2011.7.29~2011.10.15	0.00	402.30	402.30	24385	43250	18645	2380	—	1490	90150	27.05	98.35	7.92	2.18	2.14
Y006	2011.6.9~2011.10.25	0.00	534.79	534.79	28595	54355	4425	5895	4040	590	97900	29.21	95.27	8.98	2.75	2.62
Y009	2015.11.5~2015.11.19	0.00	100.80	100.80	3935	4850	1460	635	320	780	11980	32.85	90.82	12.30	4.45	4.04
Y010	2015.11.27~2015.12.21	0.00	148.80	148.80	5845	8275	30	560	230	530	15470	37.78	95.09	12.22	4.86	4.62
合　计	—	—	—	2539.19	131431	257417	44048	29279	7850	5310	475335	27.65	97.23	9.27	2.64	2.56

🎋 第八节 岷江航电老木孔水电站

一、工程简介

老木孔航电工程位于四川省乐山市五通桥牛化镇境内的岷江干流，岷江（乐山—宜宾段）为通航河段，航道原为Ⅳ级标准，规划达到Ⅲ级航道标准。老木孔水电站是岷江下游河段（乐山—宜宾）6级航电梯级规划的第1个梯级。

水库区第四系松散堆积层主要分布在河床、心滩、边滩和Ⅰ、Ⅱ级阶地及两岸坡脚与缓坡低洼地带。其中，Ⅰ级阶地具二元结构，上部为泥质粉砂或砂质粉土，下部为含漂卵砾石；Ⅱ级阶地上部为粉质黏土，下部为泥卵石层。

防洪堤主要为Ⅰ级阶地和漫滩。上部为冲积堆积（Q_4^{al}）①-2层泥质粉砂或砂质粉土，下部为①-1层含漂砂卵砾石。含漂砂卵砾石粗粒成份以花岗岩、闪长岩、玄武岩等为主，次为砂岩，少量石英及其他，多呈次圆状、少量圆状。上、下坝址区河谷覆盖层（Q_4^{2al}②层）为含漂砂卵砾石层，两岸Ⅰ级阶地具二元结构，上部泥质粉砂或砂质粉土层（Q_4^{lal}①-2层）厚0.8～8.23m，下部含漂砂卵砾石（Q_4^{lal}①-1层）厚6.83～14.7m，分布特征见表12-16。

河床和两岸Ⅰ级阶地下部含漂卵砾石层粗粒成分以花岗岩、闪长岩、玄武岩等为主，少量石英及其他，多成次圆状、少量圆状。

表 12-16   **上、下坝址覆盖层分布特征表**

部位		上坝址		部位		下坝址	
		覆盖层厚度（m）	底板高程（m）			覆盖层厚度（m）	底板高程（m）
左岸阶地	①-2层	5.59～6.8	345.21～348.3	左岸阶地	①-2层	0.9～7.99	342.58～346.57
	①-1层	9.66～14.4	334.4～335.5		①-1层	6.91～13.26	332.46～338.51
	合计	15.25			合计	12.7～16.56	
河床②层		2.85～15.78（平均9.47）	334.0～339.8	河床②层		5.8～13.74（平均10.08）	332.28～341.32
右岸阶地	①-2层	4.82～5.2	348.1～351.1	右岸阶地	①-2层	0.8～8.23	342.16～346.28
	①-1层	12.4～14.7	333.32～334.7		①-1层	6.83～11.7	335.4～338.88
	合计	19.53			合计	9.2～15.06	

老木孔水电站覆盖层结构主要为泥质粉砂或砂质粉土、含漂卵砾石及粉质黏土、泥卵石层，钻探主要面临地层不稳定而导致的孔壁垮塌、掉块、涌砂等。

二、钻探

1. 钻孔结构

钻孔开孔孔径采用SD110金刚石钻具钻进，跟进 ϕ168 套管，终孔孔径为SD94

（SD77）。钻孔结构见表 12-17。

表 12-17　　　　　　　　　　　　　钻孔结构表

孔径（mm）	孔深范围
168	0～10
130	10～20
94（或 77）	20～终孔

2. 钻进参数

一般采用较低钻压，不致使岩心堵塞而降低回次进尺；在可能的条件下，一般采用较高的转速；为保证岩心质量，一般在结构紧密地层选择较大泵量，在结构比较松散的地层选择较小的泵量。钻进参数见表 12-18。

表 12-18　　　　　　　　　　　　钻进技术参数表

孔径（mm）	钻压（kN）	转速（r/min）	泵量（L/min）	泵压（MPa）
SD108	6～8	500～600	30～40	<0.5
SD94	5～7	600～800	20～40	<0.5
SD77	4～5	800	20～30	<0.5

3. 钻进操作工艺

开孔时跟入 $\phi168$ 套管（或 $\phi127$ 厚壁套管），直至结构紧密、孔壁在 SM 植物胶保护下稳定不塌孔止，而后采用 SM 植物胶裸孔金刚石双套钻具钻进。跟管钻进中遇到大孤石及漂、块石致跟管困难时，采用孔内爆破将石块炸碎或炸裂，继续跟管。跟管钻进过程中，吊锤锤击套管时掉落孔底的岩块采用钢丝钻头进行打捞干净后，再下入金刚石钻具进行钻进。钻具下入孔内后，先用低钻压、慢转速扫孔到底，直至孔内钻具负荷不大才开始正常钻进。为防止岩心堵塞，在钻头正常钻进时不随意改变钻进参数，也不随意提动钻具。当发生岩心堵塞时，适当活动钻具，即可继续钻进；而活动数次无效后，则立即起钻。当需要采取原状样时，采用 SD94（或 SD77）金刚石双套钻具，并将钻具内管更换为半合管进行取样（取心）。

采用 SM 植物胶及 SD 金刚石双套钻具钻进，岩心采取率均大于 80％，并可随钻取出圆柱状薄砂层、夹泥层、卵砾石夹砂层等近似原状岩样，为地质人员提供了直观的岩心样品；钻进效率得到提高，客观上缩减了勘探周期。

⚅　第九节　伊朗水电站

一、工程简介

伊朗卡尔赫（Karkheh）水电站位于伊朗西南部波斯湾边缘，是伊朗国家重点工程。由伊朗水力资源开发公司开发建设、马高咨询工程师进行设计和监理。这里 5～11 月为旱季，平均气温 50℃。

卡尔赫水电站地层为第四系泥质胶结砾岩，结构松散，砾石直径 10～100mm，磨圆度极好，坚硬。

二、钻探

1. 钻孔结构

取心无试验钻孔。开孔选择 φ110 单动双管金刚石钻具钻进，然后下入 φ108 套管 3.0～15.0m，隔断上部松散层，再用 φ94 单动双管金刚石钻具钻进至终孔。

注（压）水试验钻孔。由于地层结构松散，孔径易扩大，开孔时尽量缩小孔径以利于试验。采用 φ110 钻具开孔，下入 φ108 套管，再用 φ94 金刚石钻具钻进 3m 并取出岩心后，进行注水试验。然后边钻进边跟进 φ108 套管，直至钻穿松散层（覆盖层），下入 φ89 套管进行隔离，再采用 φ77 钻具钻进至终孔。

2. 钻进参数

由于砾石坚硬，选择金刚石钻头金刚石品级 RJ4、浓度 100％、粒度 60～80 目、胎体硬度 HRC35～HRC40。钻头外径 94mm，转速 300～400r/min，钻压 60～80kN，泵量 18～30L/min，钻速 2～4cm/min。

3. 冲洗液

冲洗液采用浓度 2％（质量比）的 SM 植物胶冲洗液，配置时加入 5％（质量比）的纯碱，PHP 浓度为 500mg/L。地面设置泥浆循环槽，浆液回出孔口后通过循环槽进行沉淀将浆液中的泥砂过滤。

4. 岩心保护

由于地层结构松散，岩心不成柱状而松散，退心时采用螺旋丝杠推出或液压推出岩心。

5. 效果

通过对孔深 45～110m 的 24 个钻孔，共计 1846m 的钻探作业，其中的 13 个取样孔大于 10cm 柱状岩心获得率为 54％，远大于设计要求的 40％；全部 24 个钻孔的岩心采取率 91％，远大于设计要求的 80％。并在工期上比业主要求的 10 个月提前 1 个月完工，得到业主和监理单位的赞誉，在伊朗有了信誉，为祖国争了光，并以钻进速度快、取样质量好、工作认真的优势在伊朗水电勘探市场站住了脚。

✸　第十节　温 哥 华 广 场

一、工程简介

成都温哥华广场位于成都市清江东路，是成都城西地区标志性建筑物之一，大楼共 33 层，总建筑面积 30000m²。大厦地基地貌类型单一，属成都平原岷江水系Ⅰ级阶地。

地基地层为第四系全新统人工填土层（Q_4^{ml}），第四系全新统冲洪积层（Q_4^{al+pl}），覆盖层厚度约 39m。其岩性特征自下而上如下：

（1）第四系全新统人工填土层（Q_4^{ml}）杂色，干～稍湿。主要由建渣及房屋砖块混凝土和块石组成，分布整个场地。灰、黄灰色，湿，结构松散，以黏性土为主，含少量碎砖、卵石、混凝土碎块，分布整个场地。层厚 0.5～2.10m。

（2）第四系全新统冲洪积层（Q_4^{al+pl}）黄、灰黄色，中密，湿～饱和，含少量黏粒，底部含薄层砂粒团块。层厚 0.5～2.80m；黄色为主，松散，湿。成分以长石、石英为主，含少量云母片、暗色矿物。呈透镜状分布于卵石层顶板，层厚 0.5～2.70m；绿黄～灰黄色，稍密～中密，饱和。以长石、石英、云母为主，含少量砾石，以夹层或透镜体形式分布于卵石层中，层厚 0.9～1.50m；主体呈灰黄色、绿灰色。卵石成分多为闪长岩、花岗岩及石英岩类，次为灰岩，多呈亚圆形～圆形，磨圆度较好，坚硬，粒径一般 2～8cm，大粒 8～20cm，含少量漂石。卵石含量为 50％～75％，充填物以中砂为主；卵石层顶面埋深 3.2～6.10m，层顶面起伏较大。

二、钻探

1. 设备及机具选择

作为建筑地基勘探，钻孔深度较浅，选用 XY-2PC 钻机，其主要技术参数见表 12-19，选用 BW-150 型泥浆泵。

表 12-19　　　　　　　　　　　**XY-2PC 钻机主要参数表**

钻进深度（m）	ϕ50 钻杆	150
立轴转速（r/min）	正转	81、164、298、334、587、1190
	反转	98、199
立轴最大扭矩（N·m）		1110
钻孔倾角（°）		0～90
立轴最大起拔力（kN）		45
立轴行程（mm）		500
卷扬机单绳最大提升（kN）		20
立轴通孔直径（mm）		76
配备动力	柴油机（kW）	13.2
	电动机（kW）	17/11
钻机质量（kg）		650
外形尺寸（长×宽×高，mm×mm×mm）		1720×800×1300

为了便于起拔套管，尽量减少起拔时的摩阻力，厚壁套管连接方式采用管身直接车丝公母扣连接，同时满足一定的冲击载荷。因此，选用 ϕ127×9 厚壁套管。

为了取得优质的岩心，钻具选用 SD94 单动双管（内管为半合管）钻具。钻头则选用胎体硬度为 35°～40°孕镶金刚石钻头。

2. 钻孔结构

开孔时采用 ϕ127 短钻具进行开孔，孔深达到 1.0m 时，改用 SD94 钻具钻进并跟进

$\phi127$ 厚壁套管，$\phi127$ 厚壁套管跟进深度为隔离表层松散土（约 3.0m）。

3. 钻进工艺

全孔采用 SM 植物胶护壁，SD94 单动双管（内管为半合管）钻具取心钻进，钻进过程中随时检查 SM 植物胶浆液浓度，对已经被孔内地下水稀释的浆液进行及时补充及更换；孔内浆液回出孔口后，在地面设置浆液循环槽，循环槽中设置隔板对随浆液返出孔口的泥砂进行沉淀分离，并不定时对循环槽中的泥砂进行清除。

钻进过程中的钻进参数一般选择钻压 5～6kN、转速不低于 800r/min、泵量 25～35L/min、泵压不大于 0.5MPa。每回次进尺尽量达到岩心管内管（半合管）长度。

回次结束提钻时，卷扬机提升速度均匀、无顿挫，使用管钳拧卸钻杆时，先将已经用垫叉叉好的钻杆轻轻拧动，使垫叉把紧贴钻机底座，然后再用力拧卸钻杆。

钻具提出孔口后，使用预先准备的岩心箱置于钻具底部，防止钻具内岩心脱落再度掉入孔内或掉于地面而使岩心散开；拆卸钻具时小心轻触，避免敲打；当内管（半合管）退出后，小心将半合管拆开，按从上到下、从左到右的顺序将岩心放置于岩心箱内。

4. 效果

通过对 4 个钻孔约 200m 的钻探，取出卵砾石圆柱状样，取心率达 100%，得到了业主及设计的一致好评。

参 考 文 献

[1] 中国电建集团成都勘测设计研究院有限公司. 超深复杂覆盖层钻探技术研究 [R]. 成都.

[2] 中国水电顾问集团成都勘测设计研究院. 架空层钻进取心技术专题研究报告 [R].

[3] 彭土标. 水力发电工程地质手册 [M]. 北京：中国水利水电出版社，2011.

[4] 李月良，等. SM 植物胶冲洗液研究报告 [R]. 1985.

[5] 李月良，崔金海. 复杂地层用 SD 钻具 [J]. 探矿工程，1992 (5)：18-20.

[6] 李月良. 河床漂卵石层金刚石钻进和随钻取样 [J]. 西部探矿工程，1990 (3).

[7] 徐键，吴锡贤. 420m 深厚卵砾石层的金刚石钻进工艺 [J]. 西部探矿工程，1990 (3).

[8] 能源部，水利部，水利水电规划设计总院. 水利水电工程钻探工具图册，1994.

[9] 邢斌. 水利水电工程地质钻探 [M]. 北京：水利电力出版社，1983.

[10] 张光西. 几种特殊地层钻探 [M]. 全国水利水电勘探及岩土工程技术实践与创新，2015.

[11] 杨建，彭仕雄，等. 紫坪铺水利枢纽工程重大工程地质问题研究 [M]. 北京：中国水利水电出版社，2007.

[12] 李进元，等. ML 水库电站规划加深研究坝基河床超深厚覆盖层工程地质特性研究专题报告 [R].

[13] 任华江，米猛，等. 西藏自治区雅鲁藏布江藏木水电站可行性研究报告（4：工程地质）[R].

[14] 彭仕良，崔中涛，等. 四川省大渡河泸定水电站可行性研究报告（4：工程地质）[R].

[15] 吴力文，孟澍森. 勘探掘进学 第三分册 井巷掘进与支护 [M]. 武汉：地质出版社，1981.

[16] 张咸恭. 工程地质学 [M]. 北京：地质出版社，1983.

[17] 《工程地质手册》编委会. 工程地质手册. 北京：中国建筑工业出版社，2006.

[18] 张有良. 最新工程地质手册 [M]. 北京：中国知识出版社，2006.

[19] 武汉地质学院. 岩石钻探设备及设计原理 [M]. 北京：地质出版社，1980.

[20] 武汉地质学院. 钻探工艺学 [M]. 北京：地质出版社，1980.

[21] 吉林大学建设工程学院. 多工艺空气钻探 [R]. 1987.

[22] 李世忠. 钻探工艺学 [M]. 北京：地质出版社，1992.

[23] 鄢泰宁. 岩土钻掘工艺学 [M]. 长沙：中南大学出版社，2014.

[24] БИ. 沃兹德维任斯基. 岩心钻探学 [M]. 北京：地质出版社，1985.

[25] 胡辰光. 钻探工程技术及标准规范实务全书 [M]. 合肥：安徽文化音像出版社，2003.

[26] 郭守忠，等. 水利水电工程勘探与岩土工程作业技术 [M]. 北京：中国水利水电出版社，2002.

[27] 李祥麟. 潜孔锤钻进技术 [M]. 北京：地质出版社，1988.

[28] 张培丰，贾绍宽，朱文鉴，等. TGSD-50 型声频振动取样钻机的研制 [J]. 探矿工程，2010 (1)：36-38.

[29] 李国智. 冲抓锥在地基与基础工程作业中的应用 [J]. 西部探矿工程，2014 (3)：J26-19.

[30] 罗强，刘良平，等. YGL-S100 型声波钻机在向家坝水电站深厚覆盖层成孔取样的作业技术 [M]. 全国水利水电勘探及岩土工程技术实践与创新，2015.

[31] 张国忠. 气动冲击设备及设计 [M]. 北京：机械出版社，1989.

[32] 张永群. 多介质反循环复合钻探技术的研究 [J]. 探矿工程，2000 (4).

[33] 袁聚云，徐超，赵春风，等. 土工试验与原位测试. 上海：同济大学出版社，2004.

[34] 郭绍什. 钻探手册［M］. 武汉：中国地质大学出版社，1993.

[35] 曾祥熹，陈志超，等. 钻孔护壁堵漏原理［M］. 北京：地质出版社，1986.

[36] 朱宗培，吴飞. 充气泡沫泥浆护壁防漏机理探讨［J］. 探矿工程，1993（2）：6-8.

[37] 鄢捷年. 钻井液工艺学（修订版）［M］. 北京：中国石油大学出版社，2014.

[38] 钱书伟，张绍和，李锋，刘杰. 软弱易冲蚀地层钻探作业技术［J］. 探矿工程，2013（10）：29-31.

[39] 卢敦华，吴烨，徐联军. 套管隔离液在巨厚松散层套管起拔中的应用［J］. 探矿工程，2007，（4）：42-44.

[40] 谈耀麟. 钻孔下套管方法综述［J］. 探矿工程，1991（6）：52-57.

[41] 余来根. 伸缩式扩孔钻具［J］. 探矿工程，1983（5）：28.

[42] 翟东旭. 豫东地区中深孔厚覆盖地层钻探套管护壁和泥浆护壁效果对比［J］. 探矿工程，2013（8）：6-9.

[43] 李子章，李政昭，张道云，钱峰. 空气潜孔锤取心跟管钻进技术［J］. 探矿工程，2009，增刊：158-166.

[44] 牛美峰，叶桂明，许启云，张明林，周光辉. 江苏响水近海风电场钻探作业技术浅析［M］. 全国水利水电勘探及岩土工程技术实践与创新，2015.

[45] 张成志，武相林，辛志相，等. 深谷河床水上钻探平台设计及应用［M］. 全国水利水电勘探及岩土工程技术实践与创新，2015.

[46] 姜笑阳，柳逢春，刘权富，杨海亮. 东勘系列钻探平台简介［M］. 水利水电勘探及岩土工程作业新技术，2017.

[47] 许启云，周光辉，张明林，牛美峰，叶桂明. 海上风电场钻探技术研究［M］. 水利水电勘探及岩土工程作业新技术，2017.

[48] 彭振斌，孙贺平，曹函，等. 复杂地层钻探技术. 长沙：中南大学出版社，2015.

[49] 刘晓阳. 松辽盆地上第三系含砾石砂岩、砂砾石层取心技术研究［R］. 北京核工业局科研报告，2000.

[50] 中国地质调查局. 水文地质手册. 2版［M］. 北京：地质出版社，2016.

[51] 袁聚云，徐超，赵春风，等. 土工试验与原位测试［M］. 上海：同济大学出版社，2004.

[52] 杜明祝，等. 四川省南桠河冶勒水电站初步设计报告（第三篇：工程地质）［R］.

[53] 曾本伦，等. 大渡河瀑布沟水电站可行性研究报告（第三篇：工程地质）［R］.

[54] 刘琳，古安，周光明，等. 岷江航电老木孔工程预可行性研究报告（第二册）［R］.

[55] 路殿忠. 伊朗卡尔赫水电站坝址松散砾岩钻探工艺［J］. 探矿工程，1994（3）.

[56] 卢敦华，何忠明，李奋强. 巨厚松散层的钻进技术［J］. 矿冶工程，2006（5）：6-8.

[57] 中国科学院北京植物研究所植物室植物胶组. 半乳甘露聚糖植物胶的资源、性能及其应用［G］.

[58] 朱宗培，吴隆杰. 聚丙烯酰胺不分散低固相泥浆及无固相冲洗液［J］. 探矿工程，1979（1）：37-40.

[59] 曾祥熹，彭振斌. 聚丙烯酰胺适度交联冲洗液的研究与应用［J］. 地质与勘探，1982（5）.

[60] 白先祥，唐维森，李建设. SM-KHm超低固相泥浆在钻探施工中的应用，西部探矿工程，2010（2）：86-88.

[61] 杨永俊. 布袋灌注水泥堵塞溶洞方法［J］. 探矿工程，1981.

[62] 汤松然，周韶光. LBM低粘增效粉在绳取钻探中的应用［J］. 探矿工程，1992（2）：16-19.

[63] 罗冠平. LG植物胶无固相冲洗液在富煤二矿906号孔的应用［J］. 探矿工程，2011（2）：19-23.